“十三五”江苏省高等学校重点教材（编号：2020-2-137）

风力发电机组及海上风电机群控制技术

王　冰　袁　越　袁晓玲
陈玉全　霍志红　/编 著

南京大学出版社

内容简介

随着对生态环境的关注和可持续发展的需求，新能源的开发利用备受关注，而风力发电作为发展最快、前景最好的绿色能源，其开发与研究方兴未艾。近年来，由于风电人才培养的需要，越来越多的专业将风力发电作为课程列入培养方案，对于风电教材的需要也日趋迫切。本书对现有教材的优点兼容并蓄，从章节设置入手，增强各章节间的逻辑性和章节内容的新颖性。前三章主要集中于风电机组的基础知识，使学生对风电机组有较为深入的理解；从第四章到第六章，重点讲述风电机组中主要的控制问题和控制方法，聚焦于永磁风电机组和双馈风电机组的控制问题；最后四章则关注海上风电中的研究热点，具体包括网络拓扑、故障诊断和自愈问题，以及海上风电机群的分布式控制、主从控制和互补控制等。整体上，教材具有清晰的层次感：从风电机组本体到风电机组控制，从陆上风电到海上风电，从单机控制到机群控制，层层深入，循序渐进。既加强对基本知识和控制方法的说明，又注重风电领域最新研究成果的引入。本教材可在多个相关专业加以使用，能够满足自动化、新能源、机械等专业人才培养的教学需求。

图书在版编目(CIP)数据

风力发电机组及海上风电机群控制技术/王冰等编著. —南京：南京大学出版社，2021.8
ISBN 978-7-305-24816-0

Ⅰ. ① 风… Ⅱ. ① 王… Ⅲ. ① 风力发电机—发电机组—控制系统 ② 海上工程—风力发电机—发电机组—控制系统 Ⅳ. ① TM315

中国版本图书馆 CIP 数据核字(2021)第 146064 号

出版发行　南京大学出版社
社　　址　南京市汉口路 22 号　　　邮　　编　210093
出 版 人　金鑫荣

书　　名　风力发电机组及海上风电机群控制技术
编　　著　王　冰　袁　越　袁晓玲　陈玉全　霍志红
责任编辑　李　博　　　编辑热线　025-83686722

照　　排　南京开卷文化传媒有限公司
印　　刷　江苏凤凰通达印刷有限公司
开　　本　787×1092　1/16　印张 18　字数 408 千
版　　次　2021 年 8 月第 1 版　2021 年 8 月第 1 次印刷
ISBN 978-7-305-24816-0
定　　价　55.00 元

网　　址：http://www.njupco.com
官方微博：http://weibo.com/njupco
微信服务号：njupress
销售咨询热线：(025)83594756

前　言

进入新世纪以来，能源与环境成为人类生存和发展所要解决的紧迫问题。对可再生能源的开发利用，特别是对风能的开发利用，受到各国的高度关注。我国的风电产业发展迅猛，目前风电总装机已达221 GW，稳居世界第一。近年来，为完成能源产业链升级和节能减排的目标，我国提供了大量政策和财政支持，鼓励企业在可再生能源领域开展研发工作。风电行业不仅是可再生能源行业的排头兵，也是国家能源可持续发展战略的重要组成部分。“十四五”规划及国家能源发展战略对风电尤其是海上风电发展提出了更高的要求，为实现我国节能减排的承诺和经济建设的战略目标，必须认真总结近二十年风电发展的经验和教训，走出一条适合我国国情的风力发电技术发展道路。

本书在总结国内外风电机组和风电场控制相关理论与实践的基础上，由单机控制到机群控制、由陆上风电到海上风电，从风力机、发电机、控制器设计、网络拓扑、机组协调等方面，阐述安全可靠、绿色环保、高效经济的风电机组控制和风电场协调的内容。作者在多年科研工作和教学实践的基础上，对原有同类书籍的内容进行了较大的调整和补充，不仅引入了控制方面的新理论和方法，而且增加了海上风电方面多章节内容，对近十年来最新的研究成果加以总结和整理，填补了海上风电方面的内容空白。因此，本书系统深入阐述了风电机组控制技术与海上风电机群控制技术的原理、方法和技术，充分反映了该领域的前沿性和时代性。

本书特点包括：首先，模块清晰，体系完整。伴随着风电产业的快速发展，风电机组控制理论和技术发展迅速，新成果不断涌现。本书整合了风电机组控制的基本理论、传统控制和最新方法，先介绍风电机组的结构、分类、模型和相关理论，再给出风电机组控制的主要问题和方法；针对两大主流风电机组（直驱永磁和双馈感应风电机组）的控制问题进行具体论述；在陆上风电机组研究的基础上，进一步研究海上风电机组，具体包括故障诊断、网络自愈与多机组协调，因此，体系更为完整，适用性更强。其次，内容新颖，紧扣前沿。风电作为新兴的热点领域，近十年成果丰富。本书内容合理吸收了风电领域国内外最新理论和实践成果，融入了新理论、新机型、新方法和新策略；尤其是近年来海上风电发展的重要控制成果，从单机控制延伸到机群控制，从网络拓扑的角度研究多机的故障检测与自愈控制问题，填补了同类课程教学资料方面的空白，也体现了本书的新颖性和前沿性。再次，注重理实结合，由浅入深。风电机组控制是针对跨学科复杂对象的复杂控制问题。本书综合多学科的相关理论和应用实例，理论联系实际，阐述风电机组控制的核心思想和关键技术；从基础理论到实际应用，从单机控制到机群协调，从陆上风场到海上风场，由浅入深，循序渐进，展开相关内容，便于读者分层次、模块化学习。本书可作为高校本科高年级学生的课程教材，也可作为高校科研人员和研究生进行风电控制研究的参考资料，以及新能源领域工程技术人员的参考用书。

本书结构如下：第 1 章是绪论部分，主要介绍风力发电的研究背景、发展现状、风电机组类型以及相关控制技术；第 2 章是风力发电机组结构和主要理论，其中包括风电机组基本结构、分类、基础理论和主要机型的数学模型，特别介绍了后续章节中多次用到的拉格朗日系统和 Hamilton 系统；第 3 章是定桨距与变桨距风力发电机组，从风电机组发展历史出发，重点介绍传统的定桨距风电机组、变桨距风电机组和变速风电机组；第 4 章是风力发电机组控制，主要阐述传统风电机组中的控制问题及主要控制方法，特别介绍了 PID 控制的应用，并按照额定风速以上和以下两种情况说明转速控制和功率控制；第 5 章是双馈风力发电机组预测与控制，包括风速预测、非线性控制、协调控制、低电压穿越控制等新型控制方法；第 6 章是永磁风力发电机组非线性控制，从 Lyapunov 稳定性理论出发，进行非线性控制、Hamilton 控制、切换控制等新型控制器设计；第 7 章是海上风电及拓扑结构变化，研究海上风电场集电系统和通信系统的拓扑结构，探究无线通信和自愈方法；第 8 章是海上风电机组故障诊断与自愈控制，按照故障诊断技术、故障定位、网络拓扑自愈的思路，展开相关研究；第 9 章是海上双馈机群分布式协调控制研究，基于图论和分布式 Hamilton 设计，展开分布式协同控制、主从控制和互补控制的研究；第 10 章是海上双馈风电机群不确定协调控制研究，包括非谐波扰动抑制和时滞控制策略设计。本书遵循由浅入深，逐步递进的原则，除第 1 章绪论外，本书可划分为以下三个模块：第一模块包括第 2 章、第 3 章和第 4 章，针对常规风电机组结构和模型，阐述相关理论和传统控制方法；第二模块包括第 5 章和第 6 章，分别针对双馈风电机组和永磁风电机组两类主流机型，阐述非线性控制、协调控制、切换控制、低电压穿越控制等新型控制方法；第三模块包括第 7 章、第 8 章、第 9 章和第 10 章，针对海上风电系统，阐述拓扑结构、故障诊断、自愈控制、分布式控制、协调控制等内容。

本书的出版得到了国家自然科学基金（NO. 51777058）的资助。在本书撰写过程中，得到了河海大学各位领导和老师的关心和支撑，在此对他们表示由衷的感谢！同时我们还得到一些研究生的直接帮助，特别要提到的是吴晓月、程明曦、张秋桥、汪海姗、邓燕国、徐林、方尚尚、韦玲艳等同学，在此对他们表示诚挚的谢意！

由于编著者水平有限，书中难免存在一些缺点和错误，敬请读者给予批评和指正。

王　冰

2021 年 7 月于南京

目　录

微信扫一扫

下载电子资源

第1章 绪论

1.1 研究背景

能源、环境是当今人类生存和发展所要解决的紧迫问题。常规能源以煤、石油、天然气为主，它们不仅资源有限，而且造成了严重的大气污染。因此，对可再生能源的开发利用尤为重要。如图1-1所示，目前广泛使用的四种可再生能源分别是风能、太阳能、生物质能和海洋能。特别是对风能的开发利用，已受到世界各国的高度重视。风是人类最熟悉的一种自然现象，风无处不在。太阳辐射造成地球表面大气层受热不均，引起大气压力分布不均。在不均压力作用下，空气沿水平方向运动就形成风。流动的空气所具有的能量，也就是风所具有的动能，称之为风能。风能是一种最具活力的可再生能源，它实质上

(a) 风能　(b) 太阳能

(c) 生物质能　(d) 海洋能

图1-1　四种可再生能源类型

是太阳能的转化形式，取之不尽，用之不竭，不存在资源衰竭问题[1-5]。随着人类对生态环境的要求和能源的需要，近年来可再生能源的开发利用越发受到重视，而风力发电是其中最廉价、最有希望的绿色能源。因而风力发电在全球得到了迅速发展，无论在发展规模还是发展水平上，都有了很大提高[6,7]。

风能是一种无污染的、具有丰富储存量的可再生能源。据估计，全球的风能蕴含量约为 2.74×10^9 MW，其中可利用量约为 2×10^7 MW。在利用矿物燃料产生能量的过程中，会存在 CO_2、SO_2、CO 等气体的排放，这些气体会使环境受到污染，其排放量的增长会导致温室效应、酸雨等现象的出现，而风是风力发电的原动力，风能转化为电能时，不存在化石能源的消耗，所以不会对环境造成污染。如果是从全能量系统的角度进行考虑的话，在生产、制造和安装风电设备以及其原材料的过程中需要消耗一定的化石能源，这对环境具有一定的污染性，但与风力发电机组发出的电力相比其排放量是微不足道的[8]。自 20 世纪 70 年代以来，很多专家和学者开始对石油、天然气和煤炭的储存量以及开采年限进行估算与推测，得出的结论为：非再生的化石能源的耗尽是无法避免的，依据当前的技术水平对开采量进行计算，据 2000 年统计结果预计，全球石油剩余可开采储量的可开采年限为 40 年，全球天然气的可开采年限为 61 年，全球煤炭的可采开年限在 220 年以上，但其开采价值会受到高开采成本以及严重的环境问题的影响而大打折扣[9,10]。所以，从自身能源安全需要方面进行考虑，许多发达国家开始对化石资源采取限制消费的措施，并且对于本国化石能源的开采进行特别限制。为满足国内化石能源市场的需求，他们大量地进口化石能源，重视风能等可再生能源的开发利用，并实施了相关的鼓励政策和措施[11-13]。

近 10 多年来，全球风力发电事业迅速发展，无论是产业还是技术均取得重大进展。全球风力发电正以年增长 35％的速度发展，德、美、意等国高达 50％，成为发展大趋势，全球风力发电年产值已超 50 亿美元。全球风能理事会(GWEC)的最新报告指出：2020 年全球新增风电装机为 93 GW，其中前三名分别是中国、美国和巴西，中国和美国作为两个最大的风能市场，2020 年新装机容量占全球新增的 75％，累计风电装机达到全球总量的一半以上。德国风力发电在 2050 年将达到总发电量的 50％。欧洲风能研究会指出，最近 6 年来，人类从风力上得到的能源年增 30％，使风电成为发展最快的清洁电能。同时风力发电技术也在不断发展，而且风电机组的运行性能也在逐步提高。由国际风力发电技术的趋势可见，风力发电机组的单机容量逐步增大，陆地风力发电机组的单机容量以 1.5 MW 或者 2 MW 的机型为主，近海风力发电机组的单机容量以3 MW 以上的机型为主，目前双馈型变速恒频风电机组是国际风力发电市场上的主流机型[14,15]。

我国拥有非常丰富的风能资源，在陆地上的风电场主要位于东北、华北和西北地区，陆地上可开发的风电场的装机容量为 2.5 亿千瓦；在海上的风电场主要位于辽宁、山东沿海、东南沿海，海上可开发的风电场的装机容量为 7.5 亿千瓦。我国的风力发电事业发展快速，原定的中长期规划：2010 年全国风电总装机容量达到 500 万千瓦，2020 年达到 3 000 万千瓦，但就现在的发展情况，2008 年我国风电总装机容量达到 12 153 MW，占全国总发电装机容量的 1.53％，2020 年底全国风电装机容量已经突破 288 GW，到 2025 年则至少可达 320 GW。我国风力发电事业快速发展,2008 年兆瓦级以上的风力发电机组已成为市场发展的趋势,其中风力发电机组的单机容量以 1.5 MW 为主。各地风电场迅速发展,机组功率等级从 1 MW 提高到 2.5 MW[16]。

目前,世界各国都已加入风能开发的行列,主要形式是建设风力发电厂,利用风能发电。如图 1-2 所示,为全球风能协会(GEWC)发布的 2005 年至 2020 年全球风电累计装机容量。

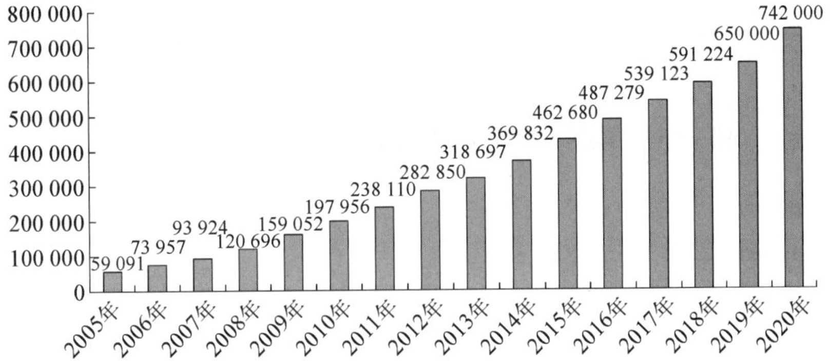

图 1-2 全球风电累计装机容量

1.2 国内外风力发电发展现状

1.2.1 国外风电发展现状

2020 年是全球风电行业创纪录的一年,全球新增装风电机装机 93 GW,比 2019 年增加了 53%。海上风电仍然是欧洲市场的亮点,截至 2020 年底,欧洲继续保持全球最大海上风电市场地位,全球近 69%的海上风电设施位于 11 个欧洲国家的近海水域。其中,英国是目前全球最大的海上风电市场国,累计装机容量 10 206 MW,占全球装机容量的 31%。中国和印度仍是亚洲风电增长的主要驱动力,两个国家新增装机容量总和相当于 2020 年全球新增装机容量的 54%,2020 年全球海上风电新增装机容量约有 51%发生在亚洲,特别是中国。日本政府在退出核电发展后,更加大力鼓励可再生能源发电,海上风电成为一个充满潜力的发展方向,日本已经开始了 4 个海上风电相关的项目,对海上风电市场进行开拓。美国国会延长了风能生产税抵减(PTC)政策,这一政策是美国风电市场出现反弹,2020 年新增装机容量 16 913 MW。从 2009 年起,巴西政府已组织了三次大型可再生能源项目招标,截止至 2020 年,其累计装机容量已达到 17 750 MW。非洲各地小型项目蓬勃发展,最令人瞩目的是南非在经历几年的观望和准备期后,政府终于开始了推动风电发展的实际行动。

2010—2020 年全球风电累计和新增装机变化趋势如图 1-3 所示:

2020 年全球风电新增装机前十位国家如图 1-4 所示:

2020 年全球风电累计装机前十位国家如图 1-5 所示:

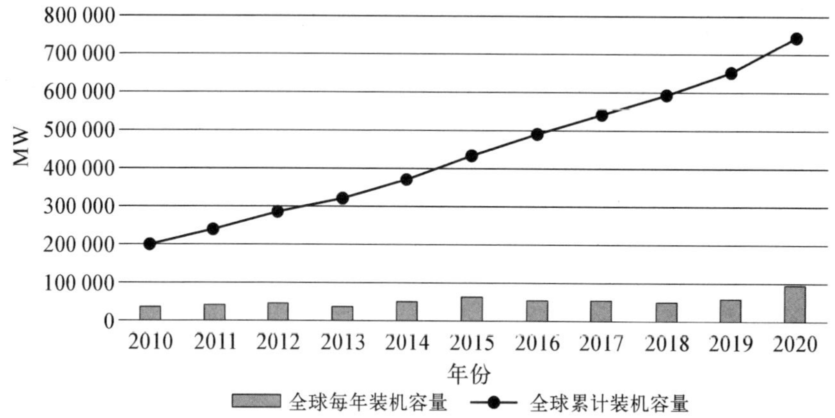

图 1-3　全球风电累计和新增装机变化趋势(2010—2020 年)

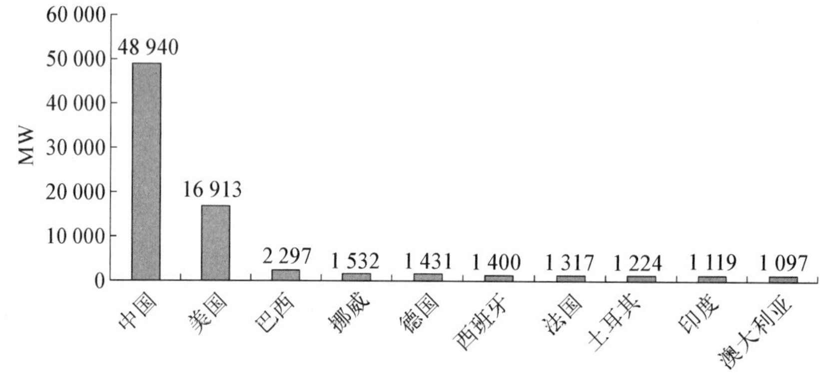

图 1-4　2020 年全球风电新增装机前十位国家

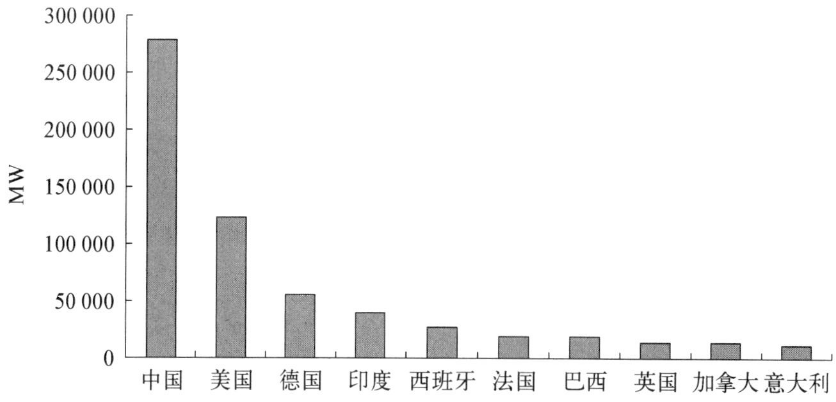

图 1-5　2020 年全球风电累计装机前十位国家

1.2.2　国内风电发展现状

目前,中国风力发电产业发展势头良好,风电市场在历经多年的快速增长后正步入稳健发展期[18]。2020 年中国新增装机容量 71.67 GW,中国风电在历经多年的快速增长后步入稳健发展期。截止至 2020 年底,中国风电累计装机规模达到 281.72 GW,继续保持全球风电装机容量第一的地位。至2020年年底，中国有30个省、市、自治区(不含港、澳、台)有了自己的风电场，风电累计装机超过1 GW的省份超过10个，其中超过2 GW的省份9个。领跑中国风电发展的地区仍是内蒙古自治区，其累计装机17.59 GW，紧随其后的是河北、甘肃和辽宁，累计装机容量都超过5 GW。

海上风电场因海上风能资源丰富、不占陆地、受制约限制少等优点，其能量收益比一般陆上风电场高约20%～40%[19-21]。我国拥有幅员辽阔的海域，东南沿海及辽东半岛等周边海域的风能资源非常丰富，十分具有开发价值。截至2020年底，我国海上风电累计装机约900万千瓦。据《中国“十四五”电力发展规划研究》，我国将主要在广东、江苏、福建、浙江、山东、辽宁和广西沿海等地区开发海上风电，重点开发7个大型海上风电基地，大型基地2035年、2050年总装机规模分别达到7 100万、1.32亿千瓦。表1-1是我国东南沿海部分地区2035及2050年的海上风电场规划容量。

表1-1 我国东南沿海部分省份2035年及2050年海上风电场规划容量详情

基地	2035年风电场规划容量/MW	2050年风电场规划容量/MW
广东沿海基地	3 000	6 500
江苏沿海基地	1 500	2 000
福建沿海基地	300	1 000
浙江沿海基地	600	1 000
山东沿海基地	900	1 400
辽宁沿海基地	300	500
广西沿海基地	500	800
总计	7 100	13 200

我国在可再生能源规划中指出，在2025年前，上海、江苏、山东等海域将建成几个百万千瓦级大型海上风电场，初步形成江苏、山东沿海千万千瓦级海上风电基地。此外，在其他海域建设10个以上千瓦级海上风电场。2018年，我国已成功建成500万千瓦级海上风电场，形成成熟完善的海上风电场产业链；我国海上风电于2018年后进入了规模化发展的阶段，现已达到国际先进技术水平。

2017年风电新增并网接近17 GW，基本上与全年吊装容量相当，并网难的问题得到了初步的缓解。全国风电并网容量累计达到了47.84 GW。虽然风电并网的速度不断加快，但是并网困难问题依然存在[22]，并且由于电网企业对风电装备技术条件要求提升，风电并网开始从物理“并网难”，向技术“并网难”转化。

2017年中国风电新增装机市场排名前五的制造商分别为金风科技、华锐风电、联合动力、明阳和东汽，其中国电联合动力技术有限公司2017年装机达到2 847 MW，比前一年增长73%。中国累计风电装机市场排名前五的企业分别为华锐风电、金风科技、东汽、联合动力和维斯塔斯，金风和华锐在装机容量上都比上年有所下降，但仍然保持了中国市场第一和第二的位置。

至2017年底，中国省级地区累计风电装机容量前10位统计如图1-6所示：

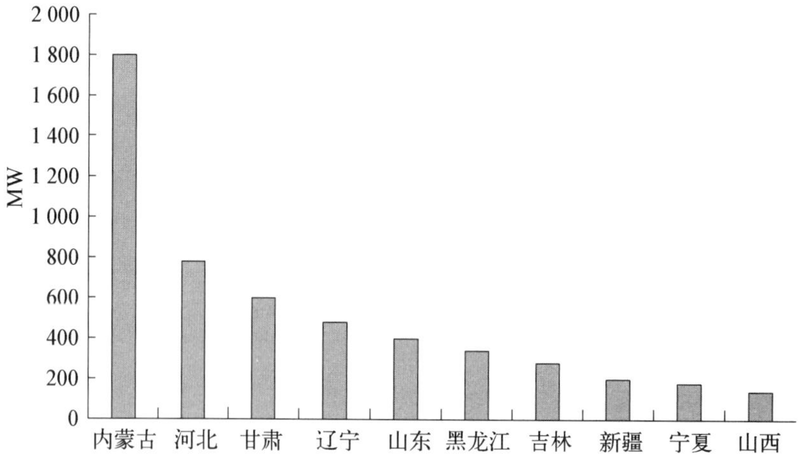

图 1-6　2017 年底中国省级地区累计风电装机容量前十位统计

1.3 风力发电机组的类型

按照不同的分类方式，风力发电机可分为以下几种类型：

(1) 按风轮轴方向分类，分为水平轴机组和垂直轴机组。水平轴机组是风轮轴基本上平行于风向的风电机组；垂直轴机组是风轮轴垂直于风向的风电机组。

(2) 按照功率调节方式分类，分为定桨距型机组、变桨距型机组和主动失速型机组。其中定桨距型机组叶片固定安装在风轮上，角度不能变，风力机的功率调节完全依靠叶片的气动特性；当风速过高时，变桨距型机组通过改变桨距角使功率输出保持稳定，同时在启动过程中通过变桨距来获得足够的启动力矩[23]；主动失速型机组是以上两种机组的组合，当达到额定功率后，相应的增加攻角，使叶片的失速效应加深。

(3) 按传动形式分类，分为齿轮箱升速型和直接驱动型。齿轮箱升速型机组通过齿轮箱将风轮在风力作用下所产生的动力传递给发电机并使其得到相应的转速；直接驱动型机组则应用多级同步发电机可以去掉常见的齿轮箱，让风力机直接拖动发电机转子运转在低速状态。

(4) 按发电机分类主要分为异步型和同步型。异步型风力发电机包括笼型单速异步发电机、笼型双速变极异步发电机和绕线式双馈异步发电机；同步型风力发电机包括永磁同步发电机和电励磁同步发电机。

1.4 风力发电控制技术

1.4.1 风力发电机组常规控制技术

(1) 变桨距控制技术

风电行业刚起步时，由于风力发电机组可靠性不高，定桨距风力发电机组在前期得到了大量的应用，定桨距风机桨叶固定不可调节[24]。从1990年开始，随着风力发电机组的可靠性大幅度提高，变桨距风力发电机组得到广泛的应用，其桨叶不像定桨距风力发电机组一样是固定的，可随着风速的变化进行调节，改变迎风角度，调节吸收的风能，进而调节风力发电机的输出功率。随着变桨距技术的不断提高，变速风力发电机组开始进入市场，由于这种机组对于风能的利用效率更高，运行方式更加灵活，基于变桨距的变速恒频风力发电机组已成为目前风电行业应用的主流机型[25]。变桨距控制技术一般采用PID控制算法，文献[26]设计了基于PID控制器的变桨距控制策略，而改进的PID控制算法也得到了广泛的研究，文献[27]在分析PID变桨距控制器缺点的基础上，提出模糊前馈与模糊PID结合的新型变桨距控制方法。

变桨距风力发电机组的总体结构示意图如图1-7所示：

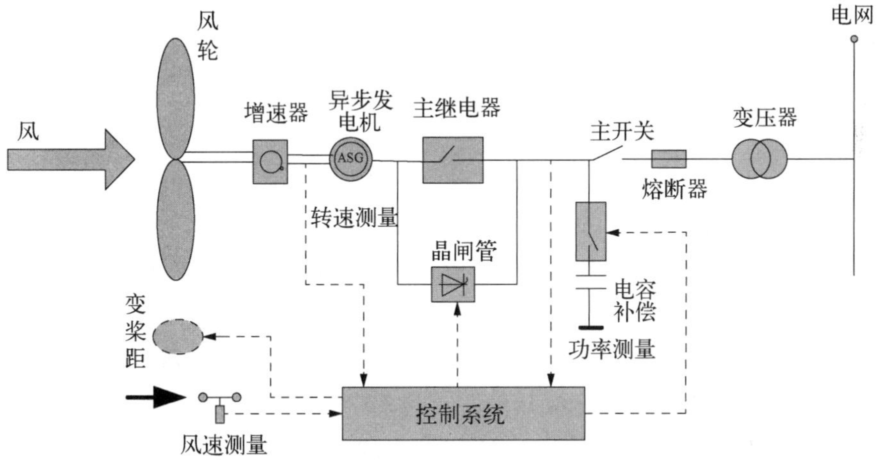

图1-7 变桨距风力发电机组结构

目前比较成熟的变桨距控制结构框图如图1-8所示，系统采用双闭环结构，其中风速和转速差值作为转速控制器的输入信号，得到桨距角的给定值；而后将桨距角给定值与实际桨距角进行比较，控制变桨距机构改变桨距角，从而跟随桨距角的给定值。通过变桨距机构后得到桨距角β的值，将其输入风轮。功率控制器的主要任务是根据发电机转速给出相应的功率曲线，调整发电机转差率，并确定速度控制器的速度给定。

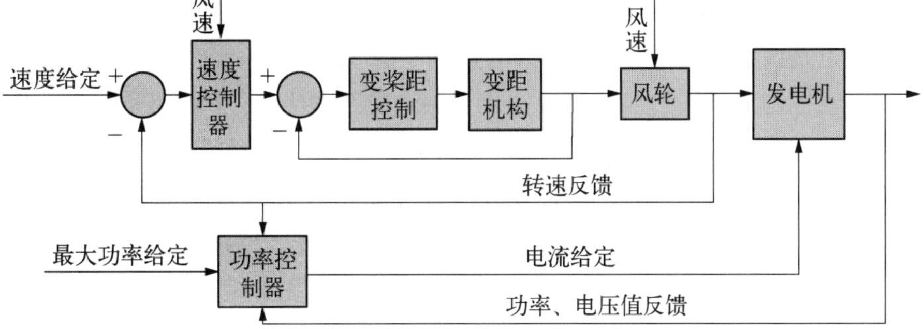

图1-8 变桨距控制系统(根据需要后移)

(2) 变速恒频控制技术

变速恒频风电机组的一个主要特点就是发电机转速跟随风速的变化而变化，风力发电机组通过风力机桨距角控制和发电机转矩控制，获取最大能量，这是风力发电机组控制的主要目标[28-30]。比较流行的交流电机调速控制策略有矢量控制(FOC)和直接转矩控制(DTC)等。

德国学者首先提出磁场控制理论(即矢量控制理论)，解决了交流电机解耦与转矩控制问题，极大地推动了交流调速的发展。经过各国学者的共同努力，矢量控制技术成功的运用到了工业生产实践，并产生了巨大的经济效益。矢量控制的基本思路为，采取坐标变换方法，把三相系统转变成两相系统，完成定子磁链分量与转矩电流分量的解耦，获取和直流电机相同的良好的静、动态性能。文献[31]针对永磁同步电机，通过推导建立了其基于矢量控制下的简化的数学模型，仅通过控制电机交轴电流就可对其进行控制。文献[32]利用定子磁链定向矢量控制方法，在同步坐标系下，双馈电机模型的基础上，建立了矢量控制方程式，通过控制转子电流的转矩分量和励磁分量来调节定子输出的有功功率和无功功率。

直接转矩控制系统简称 DTC(Direct Torque Control)是在 20 世纪 80 年代中期继矢量控制技术之后发展起来的一种高性能异步电动机变频调速系统。直接转矩控制的目标是：通过选择适当的定子电压空间矢量，使定子磁链的运动轨迹为圆形，同时实现磁链模值和电磁转矩的跟踪控制，和矢量控制相比直接转矩控制具有结构简单、转矩响应速度快、对参数变化鲁棒性强的优点。直接转矩控制的主要缺点是在低速时转矩脉动大，其主要原因是：由于转矩和磁链调节器采用滞环比较器，不可避免地造成了转矩脉动；在电动机运行一段时间之后，电机的温度升高，定子电阻的阻值发生变化，使定子磁链的估计精度降低，导致电磁转矩出现较大的脉动。文献[33]针对变速恒频无刷双馈风力发电系统，提出采用直接转矩控制方法，通过控制发电机转矩和功率因数来调节其有功功率，进而实现最大风能捕获，提高发电效率。文献[34]分析了双馈风力发电机传统的直接转矩控制原理，提出了一种电压估算的 SVPWM 直接转矩控制方法。

1.4.2 风力发电机组非线性控制技术

(1) 增益调度控制技术

增益调度控制技术是目前常用的非线性控制技术之一。虽然自适应算法可以包括增益调度方法，但是两者还是存在着区别：增益调度方法和自适应控制的更新机制是不同的，前者的更新机制是离线的而后者的更新机制是在线的。其原理是通过设计局部控制器，利用插值的方法得到全局控制器；其本质特征是用线性控制器的方法，设计参数随非线性时变的系统控制器。风力发电机组的动态特性是一个非线性系统，其主要参数风速、桨距角和叶尖速比是非线性时变参数，经过模型线性化可以得到线性变参数模型，对于兆瓦级风力发电机组的发电系统，将增益调度和 H_∞ 控制理论相结合，利用增益调度设计方法完成风力发电机组控制器的设计[35]。

图 1-9 是带有增益调度控制器的风电机组变桨距控制策略的框图：

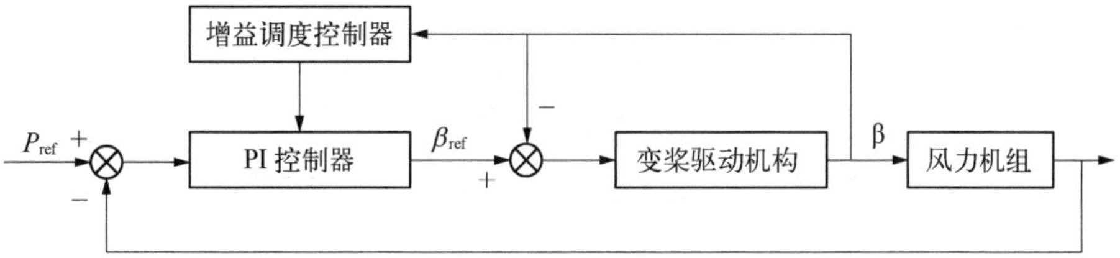

图 1-9 带增益调度控制器的变桨距控制策略

(2) 滑模控制

滑模控制又称变结构控制，为一种特殊的非线性控制，具有能够快速、频繁地切换控制状态，对参数变化及扰动不敏感、设计简单、易于物理实现等优点，目前被广泛应用于电力电子以及风力发电系统。文献[36]围绕双馈感应发电机(DFIG)空载并网问题，提出了一种具有鲁棒性的高阶滑模空载并网控制器，文献[37]基于定子磁场定向的矢量控制方案，结合滑模控制与比例积分控制，得到一种有效的双馈风力发电机功率解耦控制策略。滑模控制在控制状态切换时容易出现抖振，文献[38]设计了一阶动态滑模控制器将常规变结构控制中的切换函数通过微分环节构成新的切换函数，有效降低了抖振。

如图 1-10 是把滑模控制(SMC)和扩张状态观测器(ESO)相结合并应用于永磁同步电机的矢量控制转速环上的控制框图。

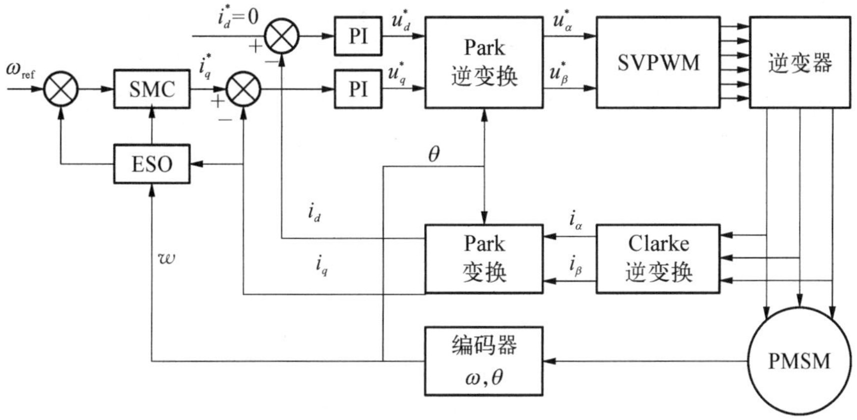

图 1-10 基于 SMC 和 ESO 的永磁同步电机矢量控制图

(3) H_∞ 鲁棒控制

鲁棒控制方面的研究始于 20 世纪 50 年代。当系统存在一定的不确定扰动时，鲁棒控制器能使闭环系统稳定，并保持一定的动态性能品质。H_∞ 鲁棒控制为鲁棒控制的一个分支，可解决包含建模误差、参数不确定或未知干扰系统的控制问题。文献[39]采用 H_∞ 混合灵敏度鲁棒控制原理，开发了风力机的转速控制器，文献[40]利用非线性鲁棒控制技术，设计了能实现发电机输出有功功率和无功功率鲁棒解耦控制。

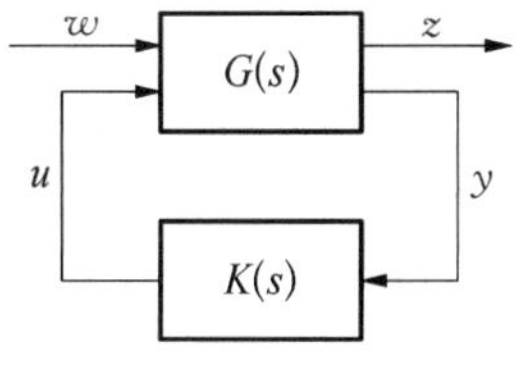

图 1-11 标准 H_∞ 控制框图

图 1-11 是标准 H_∞ 控制框图，图 1-12 是基于 H_∞ 鲁棒控制的直驱永磁同步风力发电系统的结构框图：

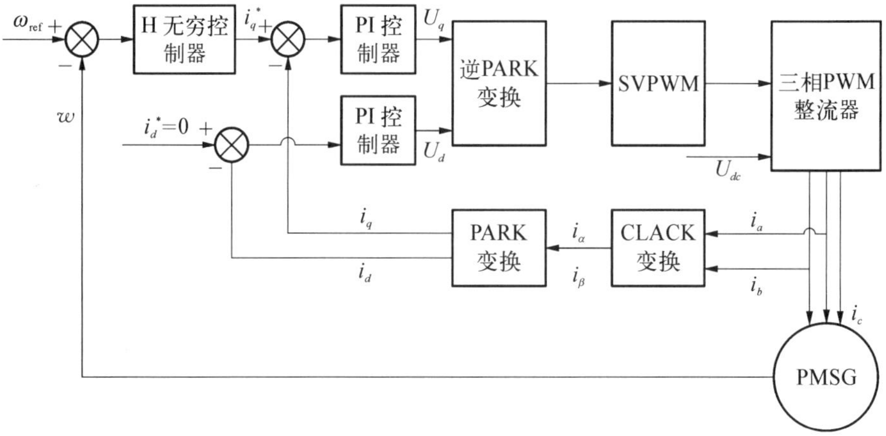

图 1-12 基于 H_∞ 鲁棒控制的直驱永磁同步风力发电系统的结构框图

1.4.3 风力发电机组分布式控制技术

从电力系统的发展历程来看，主要的控制方式大多为集中控制。传统的发电、输电、配电的电力产业模式均采用集中控制模式，通过将整个系统的状态信息传送到一个中央控制器上，再由中控模块计算得到整个系统的控制输入并做出相应的控制决策。此类控制系统结构较为简单，中央控制器计算负担重，整个系统过度依赖于主控模块，导致风险大、灵活性差、可扩展性严重不足[41,42]。在大电网、大功率的电能需求下，大型风电场通常含有上百台发电机组运行发电，机组和集中控制器之间的通信相对繁杂。考虑到海上风电场同时面临海上气候环境恶劣，风电机组维护困难，这些对控制系统提出了更高的可靠性和灵活性的要求，以适应海上复杂环境的变化，提高风电场的发电效率。

风电机群大规模集中控制会使控制中心风险增加，系统容错性差，同时控制方式过于单一，而灵活性更高的分布式控制却可以避免集中控制存在的问题。分布式控制结构利用各子系统之间的协调通信，使每个机组可以从邻近的机组获得相应的状态信息或者参数，并将其用于控制决策。这避免了中央控制器与每个发电机组之间的集中通信的潜在风险，各个发电机组能够通信和做出独立的控制策略，进而合理地调整机组的输出和状态。因此，采用分布式风力发电控制结构，极大地减小系统的通信负担，提高了系统的可扩展性、容错能力以及灵活性[43]。

分布式控制的基本思想是将复杂的系统分成小的、具有通信协调能力的多个智能体，通过各个智能体之间的合作、协调，最终达到控制目标，因其具备良好的自治性、主动性以及协调性，受到广大学者和工程人员的极大关注。随着分布式控制系统发展逐渐趋向于网络化、智能化以及综合化，未来分布式控制方法将在大型电力系统的负荷预测、电力保护、故障定位等方面得到应用。在分布式发电系统中，可将含多台发电机组的海上风电场看作一个分布式网络，风电场中的每台机组就是网络中的一个节点，机组之间通过通信线路相互交换信息，设计相应的分布式控制策略，保证整个海上风电场电能输出的稳定性和可靠性。

近年来，众多国内外学者在风力发电分布式控制领域中开展了较深入的研究，并且取得了一定的进展。文献[44]提出了一种多智能体协作的风电场功率控制模型，将各智能体的基本功能及通信协作机制应用到风电场功率控制中，实现了从集中式管理模式转变到分布式协调的模式；文献[45]将分布式协调方法应用双馈风电机组的频率控制中，根据系统供需情况及时调节机组输出功率，进而有效地改善了风力发电系统的频率响应特性；文献[46]根据不同模式、不同场景下实际消纳能力和储能的运行状态，基于直流配电网的集中-分布式控制架构，提出了一种协调运行策略，并将其应用于直流配电网中有效地提高了直流配电网的电能质量。因此，为实现可再生能源的大规模开发、远距离输送以及大范围消纳，对海上风电场采用分布式控制方式已经成为一个重要的发展方案。

参考文献

[1] 周鹤良.我国风力发电产业发展前景与策略[J].变流技术与电力牵引，2006(02)：4-8，38.

[2] 王晓蓉，王伟胜，戴慧珠.我国风力发电现状和展望[J].中国电力，2004(01)：85-88.

[3] 陈雷，邢作霞，潘建，等.大型风力发电机组技术发展趋势[J].可再生能源，2003(01)：27-30.

[4] 叶杭冶.风力发电机组的控制技术[M].北京：机械工业出版社，2002.

[5] 刘万琨，张志英，李银凤，等.风能与风力发电技术[M].北京：化学工业出版社，2006.

[6] 李建林，许洪华，高志刚，等.风力发电中的电力电子变流技术[M].北京：机械工业出版社，2008.

[7] 李建林，许洪华，胡书举，等.风力发电系统低电压运行技术[M].北京：机械工业出版社，2008.

[8] 施鹏飞.21 世纪风力发电前景[J].中国电力，2000(09)：80-83，86.

[9] 王承煦，张源.风力发电[M].北京：中国电力出版社，2003.

[10] 张正敏.中国风力发电经济激励政策研究[M].北京：中国环境科学出版社，2002.

[11] 栾明奕，王士荣，邓英，等.可编程控制器在风力发电机控制系统中的应用[J].应用能源技术，2003(01)：42-44.

[12] 吴捷，杨俊华.绿色能源与生态环境控制[J].控制理论与应用，2004(06)：864-869.

[13] ERICH H. Wind Turbines: Fundamentals, Technologies, Application, Economics[M]. 2nd ed. Germany: Springer, 2006.

[14] 张希良.风能开发利用[M].北京：化学工业出版社，2005.

[15] 韩俊良.风力发电设备的技术特点及发展前景[J].机械研究与应用，2004(05)：16-18.

[16] ZHANG Yujing, QIAO Ying, LU Zongxiang, et al. Optimisation of offshore wind farm collection systems-based on modified genetic algorithm[J]. The Journal of Engineering. 2017(13): 1045-1049.

[17] 谢旭轩，高世宪.中、印可再生能源合作潜力探析[J].中国能源，2014，36(05)：10-14.

[18] 辛华龙.中国海上风能开发研究展望[J].中国海洋大学学报(自然科学版)，2010，40(06)：147-152.

[19] 刘琦，许移庆.我国海上风电发展的若干问题初探[J].上海电力，2007(02)：144-148.

[20] 刘细平，林鹤云.风力发电机及风力发电控制技术综述[J].大电机技术，2007(03)：17-20，55.

[21] 李永东.中国风力发电的发展现状和前景[J].电气时代，2006(03)：16-18，20.

[22] 马运东，胡祖荣，王俊琦，等.定桨距风力发电机非并网系统内模控制[J].东南大学学报(自然科学版)，2010，40(04)：778-782.

[23] 李军军，吴政球，谭勋琼，等.风力发电及其技术发展综述[J].电力建设，2011，32(08)：64-72.

[24] 霍志红，郑源，左潞，等.风力发电机组控制技术[M].北京：中国水利水电出版社，2010.
[25] 王宏华.风力发电技术系列讲座(3)：风力发电控制技术的发展现状[J].机械制造与自动化，2010，40(03)：192-195.
[26] 王惠斌，徐建军，代文灿.基于PID控制器的兆瓦级变桨距风力发电机组控制策略的研究[J].电气开关，2009，47(03)：55-57，60.
[27] 郭鹏.模糊前馈与模糊PID结合的风力发电机组变桨距控制[J].中国电机工程学报，2010，30(08)：123-128.
[28] 姚骏，廖勇，瞿兴鸿，等.直驱永磁同步风力发电机的最佳风能跟踪控制[J].电网技术，2008(10)：11-15，27.
[29] CHINCHILLA M, ARNALTES S, BURGOS J C . Control of permanent-magnet generators applied to variable-speed wind-energy systems connected to the grid[J]. IEEE Transactions on Energy Conversion. 2006, 21(01): 130-135.
[30] 闫耀民，范瑜，汪至中.永磁同步电机风力发电系统的自寻优控制[J].电工技术学报，2002(06)：82-86.
[31] 刘胜，戚磊，李冰.永磁同步电机空间矢量控制方法设计实现[J].控制工程，2009，16(02)：247-250.
[32] 谭刚雷，郝润科，朱军.双馈变速恒频风力发电系统矢量控制模型的研究[J].电气自动化，2010，32(04)：66-70.
[33] 张凤阁，金石.变速恒频无刷双馈风力发电机的直接转矩控制[J].太阳能学报，2012，33(03)：419-424.
[34] 李燕.双馈风力发电机直接转矩控制系统的研究[D].西安：西安理工大学，2010.
[35] 邓英.风力发电机组设计与技术[M].北京：化学工业出版社，2011.
[36] 郑雪梅，郭玲，徐殿国，等.双馈感应发电机空载并网的高阶滑模控制策略[J].电力系统自动化，2012，36(07)：12-16.
[37] 刘远涛，杨俊华，谢景凤，等.双馈风力发电机有功功率和无功功率的滑模解耦控制[J].电机与控制应用，2010，37(04)：39-43.
[38] 胡雪松，孙才新，廖勇，等.永磁同步风力发电机转矩动态滑模控制器设计[J].重庆大学学报，2011，34(07)：57-62.
[39] 贾要勤，曹秉刚，杨仲庆.风力发电系统的 H_{∞} 鲁棒控制[J].太阳能学报，2004(01)：85-91.
[40] 任丽娜，焦晓红，邵立平.双馈型变速恒频风力发电系统的鲁棒控制[J].控制理论与应用，2009，26(04)：377-382.
[41] 马彦宏，杨军亭，汪宁勃，等.甘肃风电分布式发展可行性研究[J].甘肃科技，2013，29(03)：1-5.
[42] 孙庆.分布式光伏并网发电系统的协同控制[D].上海：华东理工大学，2015.
[43] 祁和生，胡书举.分布式利用是风能发展的重要方向[J].中国科学院院刊，2016，31(02)：173-181.
[44] 张晓航.基于多智能体的风电场自动发电控制研究[D].北京：华北电力大学(北京)，2016.
[45] 席嫣娜，王印松.双馈风电机组分布式协调频率控制方法研究[J].中国测试，2019，45(01)：128-133，156.
[46] 杨舒婷，王承民，李骄阳，等.直流配电网的集中——分布式控制策略[J].电网技术，2016，40(10)：3073-3080.

第 2 章

风力发电机组结构和主要理论

2.1 风力发电机组基本结构

风力机的样式虽然很多,但其原理和结构总的来说还是大同小异的。这里以水平轴风力机为例做介绍。它主要由以下几部分组成:风轮、传动机构(增速箱)、发电机、机座、塔架、调速器、限速器、调向器、停车制动器等,如图 2-1 所示。

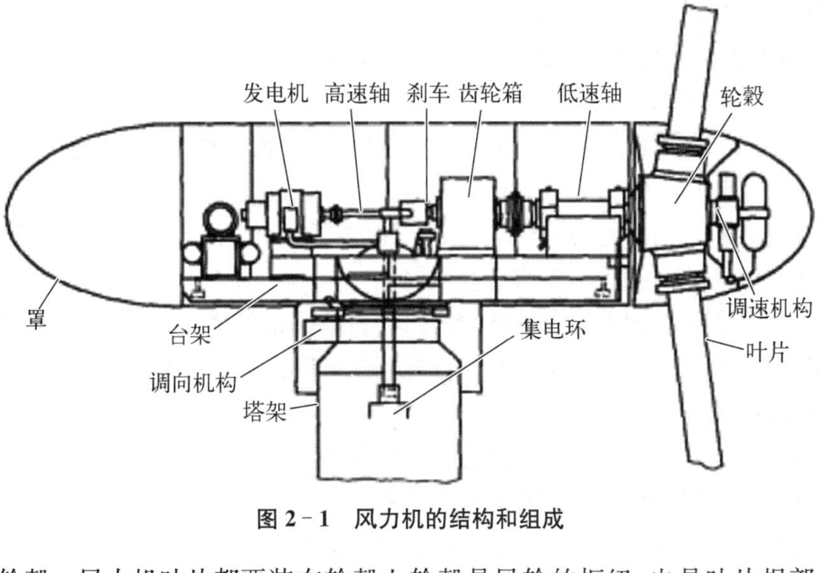

图 2-1　风力机的结构和组成

(1) 轮毂。风力机叶片都要装在轮毂上轮毂是风轮的枢纽,也是叶片根部与主轴的连接件;所有从叶片传来的力,都通过轮毂传递到传动系统,再传到风力机的驱动对象,同时轮毂也是控制叶片的桨距使叶片做俯仰转动的所在,在设计中应保证其拥有足够的强度。

(2) 调速或限速装置。在很多情况下,要求风力机不论风速如何变化,转速总保持恒定或不超过某一限定值。为此,需采用调速和限速装置,当风速过高时,这些装置还用来限制功率，并减小作用在叶片上的力。调速或限速装置有各种各样的类型，但从原理上来看大致有三类：第一类是使风轮偏离主风向；第二类是利用气动阻力；第三类是改变叶片的桨距角。

（3）塔架。塔架载机舱和转子。通常，高的塔架具有优势；管状的塔架对于维修人员更为安全，因为他们可以通过内部的梯子达到塔顶；格状塔架的优点在于比较便宜。风力机的塔架除了要支撑风力机的重量，还要承受吹向风力机和塔架的风压，以及风力机的运行中的动载荷。它的刚度和风力机的振动有密切关系，塔架对于小型风力机影响还不太大，而对大、中型风力机的影响则不容忽视。

（4）机舱。机舱包容着风力机的关键设备，包括齿轮箱、发电机。维护人员可以通过机舱进入风力机。

（5）叶片。捕获风能并将风力传送到转子轴心。现代 600 kW 风机上每个叶片的测量长度大约为 20 m，而且被设计得很像飞机的机翼。

（6）低速轴。风力机的低速轴将转子轴心与齿轮箱连接在一起。在 600 kW 风电机上，转子转速相当慢，为 19～30 r/min。轴中有用于液压系统的导管来激发空气动力闸的运行。

（7）齿轮箱。风力机转子旋转产生的能量，通过主轴、齿轮箱及高速轴传送到发电机，使得齿轮箱可以将风力机转子上较低转速、较高转矩转换为用于发电机上的较高转速、较低转矩。风力机上的齿轮箱通常在转子及发电机转速之间具有单一的齿轮比。对于 600 kW 或 750 kW 机组的齿轮比大约为 1∶50。

（8）高速轴及其机械闸。高速轴以 1 500 r/min 运转，并驱动发电机。它装有紧急机械闸，用于空气动力闸失效时或风力机被维修时使用。

（9）发电机。通常为感应电机或异步发电机，在现代风机上，最大电力输出通常为 500～1 500 kW 或者更大(海上风力机电力输出功率已达到 5 000 kW)。

（10）偏航装置。借助电动机转动机舱，以使转子正对着风。偏航装置由电子控制器操作，电子控制器可以通过风向标来感受风向。

（11）电子控制器。包含一台不断监控风力机状态的计算机，并控制偏航装置，为防止任何故障(即齿轮箱或发电机的过热)，该控制器可以自动停止风力机的转动，并通过电话调制解调器来呼叫风力机操作员。

（12）液压系统。用于重置风力机的空气动力闸。

（13）风速计及风向标。用于测量风速及风向。

（14）冷却系统。发电机在运转时需要冷却。在大部分风力机上，使用大型风扇来空冷，还有一部分制造商采用水冷。水冷发电机更加小巧，而且电效率高，但这种方式需要在机舱内设置散热器，来消除液体冷却系统产生的热量。

2.2 风力发电系统的分类

风力发电系统种类繁多，根据不同的标准可以进行多种分类。

2.2.1　根据发电机类型分类

（1）笼型恒速发电机

笼型异步发电机只能工作在额定转速以上1%～5%，输入风功率既不能太大也不能太小。若发生电机转速超过上限，电机将进入不稳定运行区域。因此，在多数场合需将两台分别为低速和高速的笼型异步发电机配合使用，以充分利用高、中、低风速的风能资源。

（2）双馈异步发电机

双馈异步发电机定子侧与输电网直接连接，转子侧经过变换器与电网相接。定子、转子侧均可实现与输电网之间的双向功率传递。通过转子侧变换器可调节转子电流的幅值、频率以及相角，以实现恒频输出。双馈异步发电机变换器容量相当于电机容量的30%左右，使得变换器的体积和质量大大减小，显著降低了对变换器的依赖，是一种优化的运行方案，广泛应用于目前的风力发电系统[1]。

（3）永磁同步发电机

永磁同步发电机使用的电机是永磁发电机，这种电机无须另外励磁装置，从而减少了其他类型电机中的励磁损耗；它无须电刷与滑环，因此具有效率高、周期长、免维护等优点。在定子侧采用全功率变换器，实现变速恒频控制。所以，尽管永磁发电机成本较高，但其运维成本却得到了降低[2]。

图2-2和图2-3分别为双馈异步发电机和永磁同步发电机的实物图。

针对这两种发电机类型，进行两者性能优劣对比如表2-1所示。

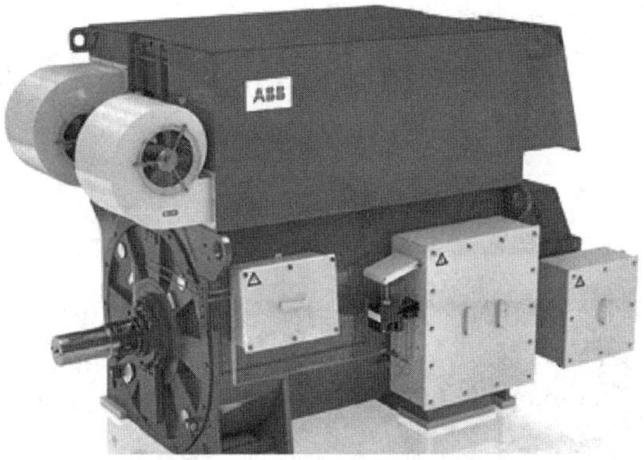

图2-2　双馈异步发电机

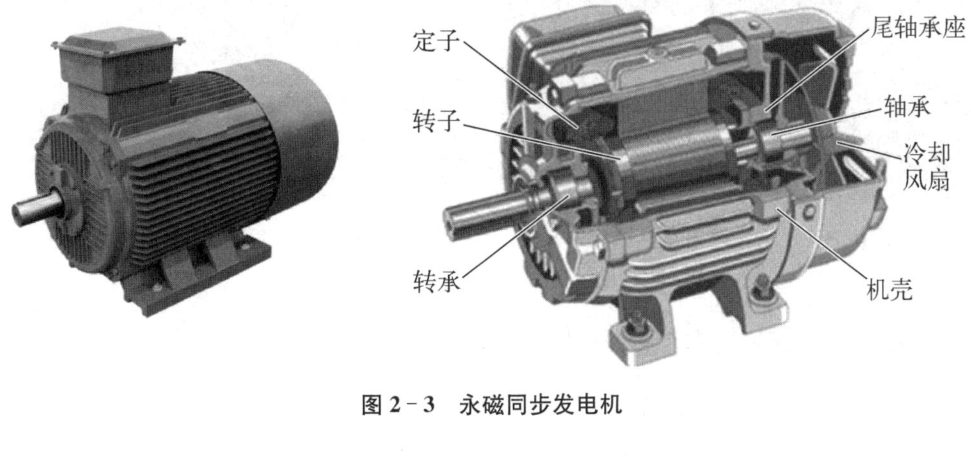

图2-3　永磁同步发电机

表 2-1 永磁同步发电机和双馈异步发电机对比

对比项	永磁同步发电机和双馈异步发电机比较	分 析
电网兼容性	前者更强	前者具备较强电容无功补偿、低电压穿越能力，故障情况下对电网冲击小
空气动力学性能	前者风速限制较小	前者的电磁功率更大、利用率更高
效率	前者效率平均高出后者 10%	后者耗电更多
运输难度	后者更方便运输	前者体积较大，不便于运输
提升空间	前者提升空间更大	前者的制造工艺发展迅速，控制技术更新较快

2.2.2 根据风力发电机主轴方向分类

(1) 水平轴风力发电系统

旋转轴与叶片相垂直，与地面平行，旋转轴处在水平方向的风力发电机。具有叶片旋转空间大、转速较高的特点，适用于大型风力发电场。

(2) 垂直轴风力发电系统

叶片与旋转轴相互平行，与地面相垂直，旋转轴处在垂直方向上的风力发电机。具有抗风等级较强、所需启动风速低、维护简单等优点，但目前尚处于实验阶段，未投入大规模商用。

图 2-4 和图 2-5 分别为水平轴风力发电机和垂直轴风力发电机的实物图。

图 2-4 水平轴风力发电机

图 2-5 垂直轴风力发电机

2.2.3 根据运行特性和控制方式分类

(1) 恒速恒频风力发电系统

早期常见的一种风力发电系统，其机组容量可达兆瓦级，具有性能可靠、控制容易、结构简单的特点。

（2）变速恒频风力发电系统

变速恒频风力发电机的转速可以调节，当风速发生变化时，可以通过调节风力机转子转速，使风机风能利用系数处于最佳状态，从而实现对风能最优捕获。因为优化了风力发电机组的运行状态，从而系统的发电效率相对较高。

图2-6至图2-8依次为恒速恒频风力发电系统、双馈型变速恒频风力发电系统和直驱永磁变速恒频风力发电系统的结构框图。

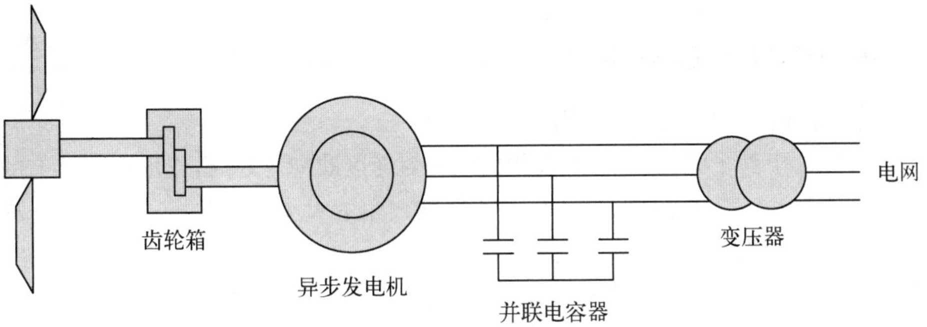

图2-6　恒速恒频风力发电系统

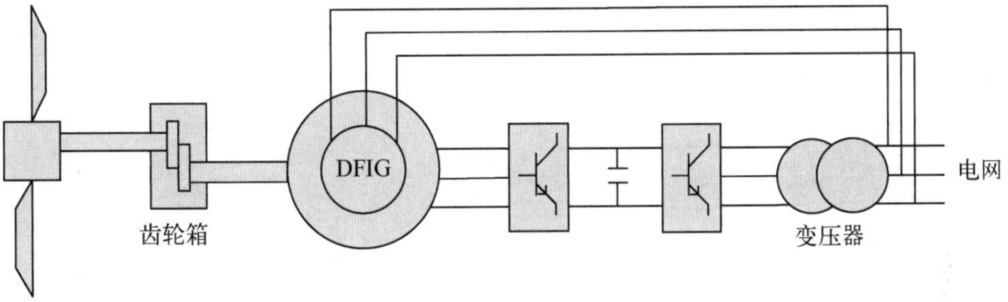

图2-7　双馈型变速恒频风力发电系统

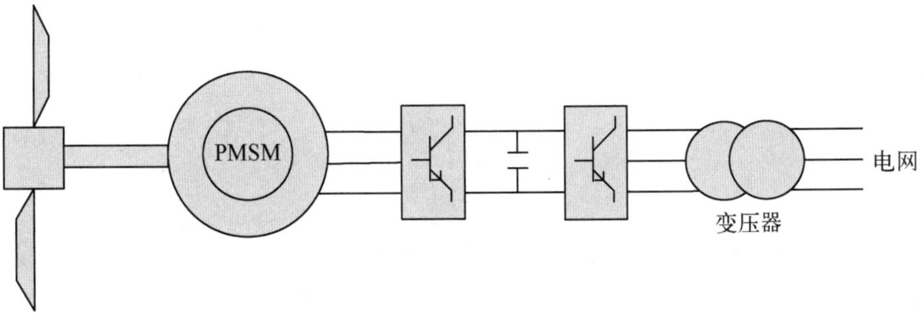

图2-8　直驱永磁变速恒频风力发电系统

2.2.4 按功率调节方式分类

（1）定桨距失速风力发电系统

桨叶与轮毂固定连接，桨距角不随风速而变化。依靠桨叶的动力特性自动失速，当风速超过额定风速时依靠叶片的失速，降低风力发电机组效率，实现对输出功率的限制[3]。

（2）变桨距调节风力发电系统

桨叶不固定，可以根据风速变化调节。风速在额定风速以下时，调整叶片使风机迎风叶片工作在最佳桨距角位置，以获得最大风能。风速在额定风速以上时，变桨距角系统调节桨距角，从而确保输出功率在额定范围内[4]。

2.3 风力发电机组主要理论

2.3.1 风力机的空气动力特性

（1）作用在运动桨叶上的气动力

假定桨叶处于静止状态，令空气以相同的相对速度吹向叶片时，作用在桨叶上的气动力将不改变其大小，气动力只取决于相对速度和攻角的大小。因此，为便于研究，均假定桨叶静止处于均匀来流速度 v 中。

此时，作用在桨叶表面上的空气压力是不均匀的，上表面压力减少，下表面压力增加。按照伯努利理论，桨叶上表面的气流速度较高，下表面的气流速度则比来流低。因此，围绕桨叶的流动可看成由两个不同的流动组合而成：一个是将翼型置于均匀流场中时围绕桨叶的零升力流动，另一个是空气环绕桨叶表面的流动。而桨叶升力则由于在桨叶表面上存在一速度环量，如图 2-9 所示。

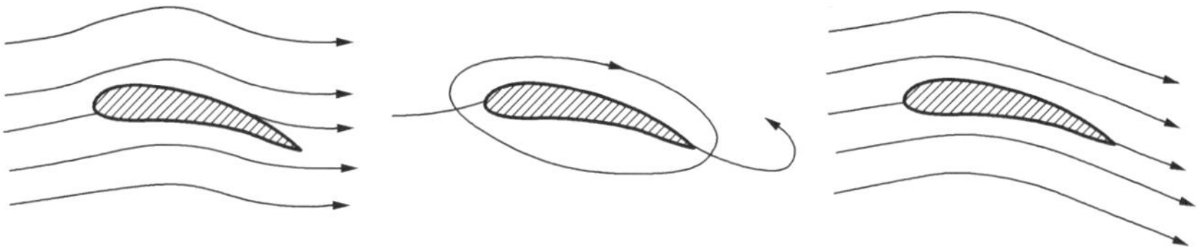

图 2-9　气流绕翼叶的流动

为了表示压力沿表面的变化，可作桨叶表面的垂线，用垂线的长度 K_p 表示各部分压力的大小

$$K_p=\frac{p-p_0}{\frac{1}{2}\rho v^2} \tag{2-1}$$

式中，p 为桨叶表面上的静压；ρ、p_0、v 为无限远处的来流条件。连接各垂直线段长度 K_p 的端点，如图 2-10(a)，其中上表面 K_p 为负，下表面 K_p 为正。

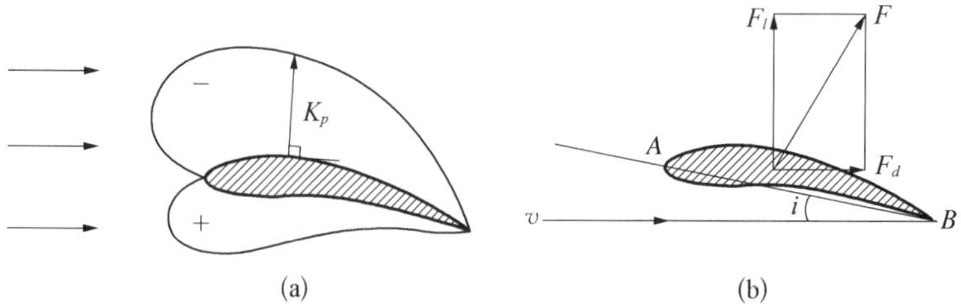

图 2-10　作用在翼叶上的力

作用在桨叶上的力 F 与相对速度的方向有关，并可用下式表示：

$$F=\frac{1}{2}\rho C_r S v^2 \tag{2-2}$$

式中，S 为桨叶面积，等于弦长乘桨叶长度；C_r 为总的气动系数。该力可分为两部分[图 2-10(b)]：分量 F_d 与速度 v 平行，称为阻力；分量 F_l 与速度 v 垂直，称为升力。F_d 和 F_l 可分别表示为：

$$\begin{cases} F_d=\frac{1}{2}\rho C_d S v^2 \\ F_l=\frac{1}{2}\rho C_l S v^2 \end{cases} \tag{2-3}$$

式中，C_d 为阻力系数；C_l 为升力系数。因两个分量是垂直的，故存在：

$$F_d^2+F_l^2=F^2$$
$$C_d^2+C_l^2=C_r^2 \tag{2-4}$$

若令 M 为相对于前缘点的由 F 力引起的力矩，则可求得变距力矩系数 C_M：

$$M=\frac{1}{2}\rho C_M S l v^2 \tag{2-5}$$

式中，l 为弦长。因此，作用在桨叶截面上的气动力可表示为升力、阻力和变距力矩三部分。

图 2-10(b)可看出，对于各个攻角值，存在某一特别的点 C，该点的气动力矩为零，称为压力中心。于是，作用在桨叶截面上的气动力可表示为作用在压力中心上的升力和阻力。压力中心与前缘点之间的位置可用比值 CP 确定。

$$CP=\frac{AC}{AB}=\frac{C_M}{C_l} \tag{2-6}$$

一般 $CP=25\%\sim30\%$。

(2) 升力和阻力系数的变化曲线

1) C_l 和 C_d 随攻角的变化

首先研究升力系数的变化，它由直线和曲线两部分组成。与 C_{lmax} 对应的 i_M 点称为失速点，超过失速点后，升力系数下降，阻力系数迅速增加。负攻角时，C_l 也呈曲线形，C_l 通过一最低点 C_{lmin}。阻力系数曲线的变化则不同，它的最小值对应一确定的攻角值，桨叶的升力和阻力系数曲线图如图 2-11 所示。

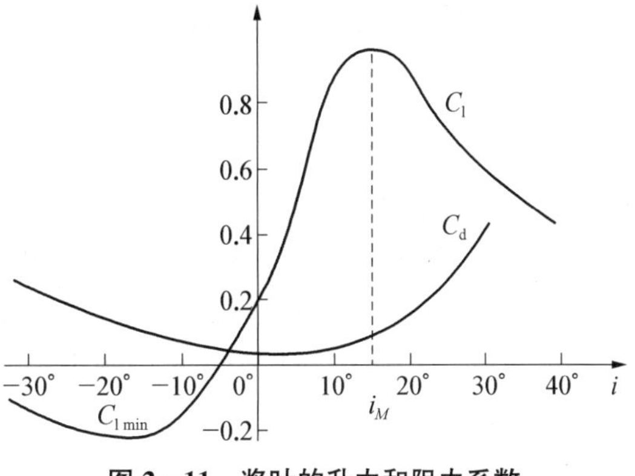

图 2-11　桨叶的升力和阻力系数

当叶片在运行中出现失速以后，噪声常常会突然增加，引起风力机的振动和运行不稳等现象。因此，在选取 C_l 值时，以失速点作为设计点是不好的。对于水平轴型风力机而言，为了使风力机在稍向设计点右侧偏移时仍能很好地工作，所取的 C_l 值，最大不超过 $(0.8 \sim 0.9)C_{lmax}$。

2）埃菲尔极线(Eiffel Polar)

为了便于研究问题，可将 C_l 和 C_d 表示成对应的变化关系，称为埃菲尔极线，见图2-12。其中直线 OM 的斜率是：$\tan\theta = C_l/C_d$。

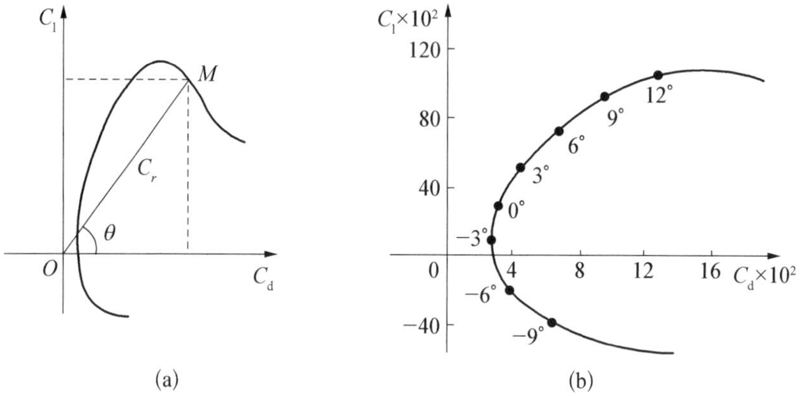

图 2-12　埃菲尔极线

2.3.2　贝兹理论

由流体力学可知，气流的动能为

$$E = \frac{1}{2}mv^2 \tag{2-7}$$

式中，m 为气体的质量，v 为气体的速度。设单位时间内气流流过截面积为 S 的气体的体积为 V，则：

$$V = Sv \tag{2-8}$$

如果以 ρ 表示空气密度，该体积的空气质量为：

$$m = \rho V = \rho S v \tag{2-9}$$

这时气流所具有的动能为：

$$E = \frac{1}{2}\rho S v^3 \tag{2-10}$$

式(2-10)为风能的表达式。在国际单位制中，ρ 的单位是 kg/m^3，V 的单位是 m^3，v 的单位是 m/s，E 的单位是 W。从风能公式可以看出，风能的大小与气流密度和通过的面积成正比，与气流速度的立方成正比。其中 ρ 和 v 随地理位置、海拔、地形等因素而变。

风力机的第一个气动理论是由德国的贝兹(Betz)于 1926 年建立的。贝兹假定风轮是理想的，即它没有轮毂，具有无限多的叶片，气流通过风轮时没有阻力；此外，假定气流经过整个风轮扫掠面时是均匀的，并且气流通过风轮前后的速度为轴向方向。

现研究理想风轮在流动的大气中的情况，如图 2－13 所示，并规定 v_1 为距离风力机一定距离的上游风速，v 为通过风轮时的实际风速，v_2 为离风轮远处的下游风速。设通过风轮的气流其上游截面为 S_1，下游截面为 S_2。由于风轮的机械能量仅由空气的动能降低所致，因而 v_2 必然低于 v_1，所以通过风轮的气流截面积从上游至下游是增加的，即 S_2 大于 S_1。

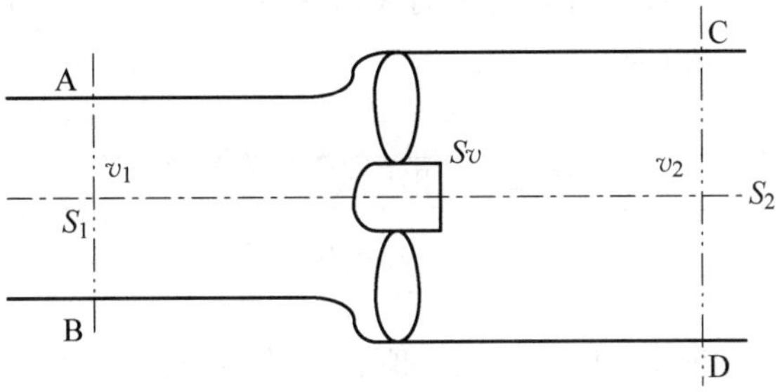

图 2－13 风轮的气流图

如果假定空气是不可压缩的，由连续条件可得图 2－13 中风轮的气流

$$S_1 v_1 = Sv = S_2 v_2 \tag{2-11}$$

风作用在风轮上的力可由 Euler 理论写出：

$$F = \rho Sv(v_1 - v_2) \tag{2-12}$$

故风轮吸收的功率为：

$$P = Fv = \rho Sv^2(v_1 - v_2) \tag{2-13}$$

此功率是由动能转换而来的。从上游至下游动能的变化为：

$$\Delta E = \frac{1}{2}\rho Sv(v_1^2 - v_2^2) \tag{2-14}$$

令式(2－13)与式(2－14)相等，得到：

$$v = \frac{v_1 + v_2}{2} \tag{2-15}$$

作用在风轮上的力和提供的功率可写为：

$$F = \frac{1}{2}\rho Sv(v_1^2 - v_2^2) \tag{2-16}$$

$$P = \frac{1}{4}\rho Sv(v_1^2 - v_2^2)(v_1 + v_2) \tag{2-17}$$

对于给定的上游速度 v_1，可写出以 v_2 为函数的功率变化关系。将式(2－17)微分可得：

$$\frac{dP}{dv_2} = \frac{1}{4}\rho Sv(v_1^2 - 2v_1 v_2 - 3v_2^2) \tag{2-18}$$

式 $\frac{dP}{dv_2}=0$ 有两个解：$v_2=-v_1$，没有物理意义；$v_2=\frac{v_1}{3}$ 对应于最大功率。以 $v_2=\frac{v_1}{3}$ 代入 P 表达式，得到最大功率为：

$$P_{\max}=\frac{8}{27}\rho S v_1^3 \tag{2-19}$$

将式(2－19)除以气流通过扫掠面 S 时风所具有的动能，可推得风力机的理论最大效率(或称理论风能利用系数)为：

$$\eta_{\max}=\frac{P_{\max}}{\frac{1}{2}\rho v_1^3 S}=\frac{\frac{8}{27}\rho v_1^3 S}{\frac{1}{2}\rho v_1^3 S}=\frac{16}{27}\approx 0.593 \tag{2-20}$$

式(2－20)即为著名的贝兹理论的极限值。它说明，风力机从自然风中所能索取的能量是有限的，其功率损失部分可以解释为留在尾流中的旋转动能。能量的转换将导致功率的下降，它随所采用的风力机和发电机的型式而异，因此风力机的实际风能利用系数 $C_p<0.593$。风力机实际能得到的有用功率输出为：

$$P_s=\frac{1}{2}\rho v_1^3 S C_p \tag{2-21}$$

对于每平方米扫风面积则有：

$$P=\frac{1}{2}\rho v_1^3 C_p \tag{2-22}$$

在讨论风力机的能量转换与控制时，以下特性系数需加以关注：

(1) 桨叶节距角 β：轮毂及安装在轮毂上的桨叶构成了风力机的风轮，每只桨叶的叶片必须按照相同的方向旋转，桨叶围绕自身轴心线绕过一个特定的角度，即每个翼片的翼弦与风轮旋转平面构成的一个夹角 β，也称为桨距角、安装角或节距角。在变桨距控制中，通过调整桨距角 β，对功率进行调整。

(2) 风能利用系数 C_p：风力机从自然风能中吸取能量的大小程度用风能利用系数表示，风能的实际利用率远远达不到理想状态的 0.593。由式(2－21)可知

$$C_p=\frac{P_s}{\frac{1}{2}\rho v_1^3 S} \tag{2-23}$$

(3) 叶尖速比 λ：表示风轮在不同风速中的状态，用叶片的叶尖圆周速度与风速之比来衡量，称为叶尖速比，其表示式为：

$$\lambda=\frac{2\pi R n}{v}=\frac{\omega R}{v} \tag{2-24}$$

式中：n 为风轮的转速，单位为 r/s；ω 为风轮的角频率，单位为 rad/s；R 为风轮半径，单位为 m。

风力机不同决定着风能利用系数 C_p 也有所不同，一般 $C_p(\lambda,\beta)$ 曲线与叶尖速比 λ 和桨距角 β 有关，拟合非线性曲线的数学表达式为：

$$\begin{cases} C_p(\lambda,\beta)=C_1\left(\dfrac{C_2}{\lambda_i}-C_3\beta-C_4\beta^{C_5}-C_6\right)e^{-\frac{C_7}{\lambda_i}}-C_8 \\ \lambda_i=\dfrac{1}{\dfrac{1}{\lambda+C_9\beta}-\dfrac{C_{10}}{\beta^3+1}} \end{cases} \tag{2-25}$$

其中 $C_1 \sim C_{10}$ 均为常数，其数值取决于风力机的类型及各类参数。由式(2－25)可以拟合出特性曲线，并对最大功率跟踪问题加以研究。

2.3.3　风力机的能量转换过程

风能是一种能量形式，能量密度较低、随机性较强，风力机的主要作用是实现风能到机械能的转化，风力机通过风叶片旋转扫风，将获得的能量转化并且以转矩的形式传递至发电机，不过吹过的风能不能被完全转化吸收。根据贝兹理论，理论上速度为 v 的风在通过截面面积为 A 的区域时所产生的风能可以表示为：

$$P_\omega=\frac{1}{2}\rho v^3 A \tag{2-26}$$

式中 ρ 表示空气密度。风力机的输入机械功率可表达为：

$$P_m=\frac{1}{2}\rho\pi C_p(\lambda,\beta)v^3R^2 \tag{2-27}$$

式中：P_m 为输入机械功率，ρ 为空气流量密度，R 为风力机叶轮半径，v 为风速，λ 为叶尖速比，β 为桨距角，$C_p(\lambda,\beta)$ 为风能利用系数。

$C_p(\lambda,\beta)$ 作为风力机的风能利用系数，可由式(2－28)表示：

$$C_p(\lambda,\beta)=C_1\left(\frac{C_2}{\lambda_i}-C_3\beta-C_4\right)e^{-\frac{C_5}{\lambda_i}}+C_6\lambda \tag{2-28}$$

三维坐标下 $C_p(\lambda,\beta)$ 曲线如图 2－14 所示：

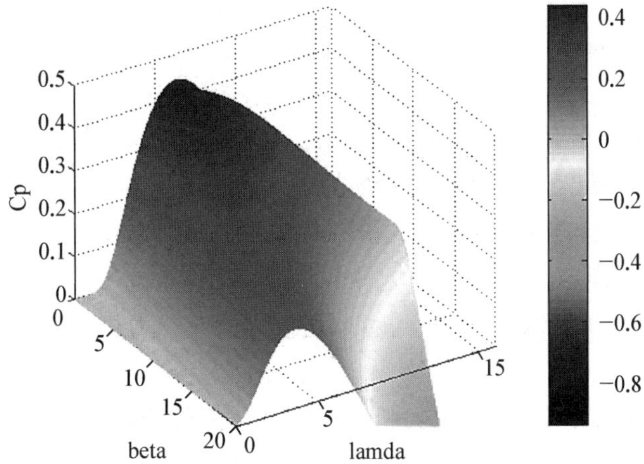

图 2－14　三相坐标下 C_p 随 λ、β 变化曲线

叶尖速比 λ 与桨距角 β 的关系可表示为：

$$\begin{cases}\dfrac{1}{\lambda_i}=\dfrac{1}{\lambda+0.08\beta}-\dfrac{0.035}{\beta^3+1} & (2-29)\\[2ex] \lambda=\dfrac{r\omega}{v} & (2-30)\end{cases}$$

式中，r 表示风机叶片半径，ω 表示风轮角速度，v 表示风速。桨距角是指翼片的翼弦与风轮旋转平面之间的夹角。桨距角越大，风能利用系数 C_p 越小。假设桨距角不变，那么风能利用系数 C_p 的大小只与叶尖速比 λ 相关，两者之间的数学关系可以通过图 2－15 表示。当风力机的桨距角保持不变时，一定存在一个最佳叶尖速比 $\lambda_{\rm opt}$ 对应的风能利用系数 C_p 最大，此时这个风能利用系数就是最大风能利用系数 $C_{p\max}$。由贝兹理论可知，理论上来说，风能利用系数最大值是 0.593，但是由于实际风电系统存在种种损耗，因此实际的 C_p 要小于这个值。

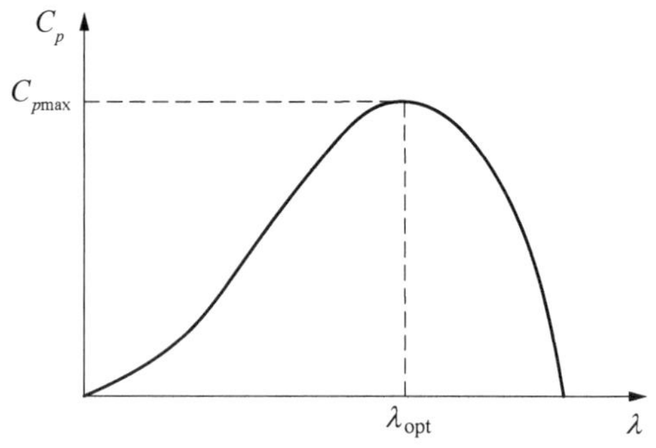

图 2－15 风力机特性曲线

2.3.4 最大风能捕获原理

由图 2－15 可知，风力机以最佳叶尖速比运行时，才能使系统获得最大风能利用系数；偏离最佳叶尖速时，系统风能利用系数小于最大风能利用系数，由此引出最大功率跟踪和最大风能捕获问题。下面对如图 2－16 所示的风力机运行区域做进一步介绍。

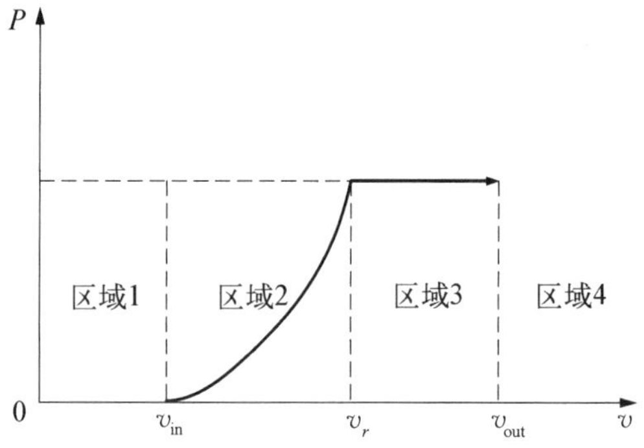

图 2－16 风力机运行区域

在区域 1 中，风速小于切入风速 $v_{\rm in}$，由于风能较小，无法使风力机启动，此时风力机无法投入运行；

在区域 2 中，风速介于切入风速 $v_{\rm in}$ 和额定风速 v_r 之间，对风力机采取控制，使其以最佳叶尖速比运行，即进入最大风能捕获阶段；

在区域 3 中，风速介于额定风速 v_r 和切出风速 $v_{\rm out}$ 之间，此时需要通过调节输入，令风力机以额定功率工作；

在区域 4 中，风速大于切出风速 $v_{\rm out}$，风速过大会对风力机造成损害，风速过大时必须强制停机。

为尽可能提高风能的利用率，风力机运行状态需要随着风速变化进行调整。在区域 2 中，风力机需要进行跟踪最大功率，实现最大风能捕获；在区域 3 中，风力机应该工作在额定功率状态。为让风力机工作在额定功率下，可以对风力机桨距角进行控制。风速在额定风速以下时，风轮可以在一定范围内调整转速，又因为运行转速存在限制，因此其运行状态可以分为以下两种：变速运行状态和恒速运行状态。在变速运行状态时，为尽可能提高风能转化率，应使风轮以 $C_{p\max}$ 运行，风速变化时，对发电机转速进行变速控制，以适应风速的变化。随着风速的增加，风力发电机的转速也会随之增加，最终到达上限，其工作状态由变速运行状态切换为恒速状态，此时发电机以额定转速运行，C_p 值降低，偏离最大风能利用系数运行，不过发电机输出的有功功率还在增加。由此可知，变速风力发电机的转速调节较为灵活，适用于风速不断变化的工作环境，通过控制风力机运行在最佳叶尖速比，可以实现最大风能捕获的控制目标。

要使发电机组运行于最佳叶尖速比，最直接的控制方式就是检测出风速，然后依据叶尖速比算出对应的发电机速度。但是风速的准确检测比较困难，其控制效果动态性能差、精度低、波动大。实际运用中，通过控制发电机的磁阻转矩，间接地控制电机的转速。对转矩的间接控制，动态响应快，平滑性好，并且避免了风速测量误差对控制精度的影响。

如图 2－17 所示，假定在风力 V_3 时风力机稳定运行在 P_{opt} 曲线的 A_1 点上，风力机的输出功率和发电机的输入机械功率相等，均为 P_{A_1}，风力机以转速 ω_1 稳速运行。当风速升至 V_2 时，机械功率跃升至 P_{A_2}，因为惯性和调节的滞后，输出功率仍为 P_{A_1}（A_1 点），输入机械功率大于输出功率，功率失衡导致风力机转速上升。随着转速的增加，风力机的工作点 A_2 沿 V_2 曲线变化，同时输出功率沿 P_{opt} 曲线持续增大，当两条曲线交汇时（A_3 点），风力机的输出功率和发电机输入机械功率再次平衡，达到 P_{A_3}，转速稳定为 ω_2，ω_2 就是对应风速 V_2 的最佳转速。同理，可分析出当风速从 V_1 降至 V_2 时的最大功率跟踪过程。

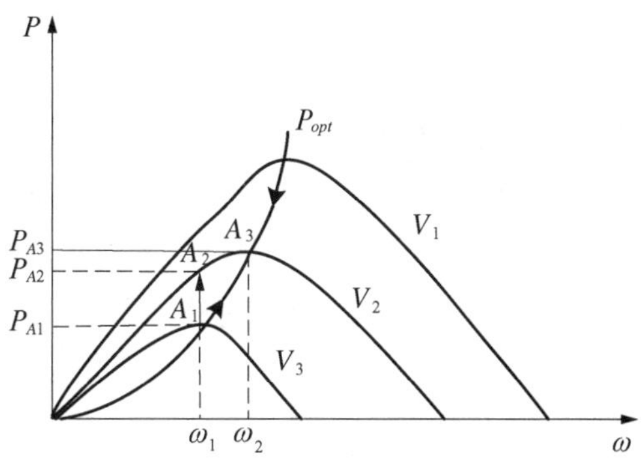

图 2－17　最大风能跟踪

2.4 永磁与双馈风力发电机组模型

2.4.1 永磁风力发电机组模型

风力发电机捕获流动风的动能并将其传送给发电机，是风能与电能转换的媒介，风力发电机组的运行状态关系到风能的捕获以及对电能的输出情况，而对风力发电机组进行理论研究，自然需要建立风力发电机组系统的仿真模型。

一般来说，模型的建立有机理建模和实验建模两种方式。由于风力发电系统结构复杂，且实验条件有限，难以实现实验建模。本节从永磁风力发电机组的运行原理出发，分析和建立永磁风力发电机组的数学模型。

(1) 传动装置模型

永磁风力发电机组的传动装置主要包括风力机转子、低速轴、齿轮箱与高速轴等，如图 2 - 18 所示：

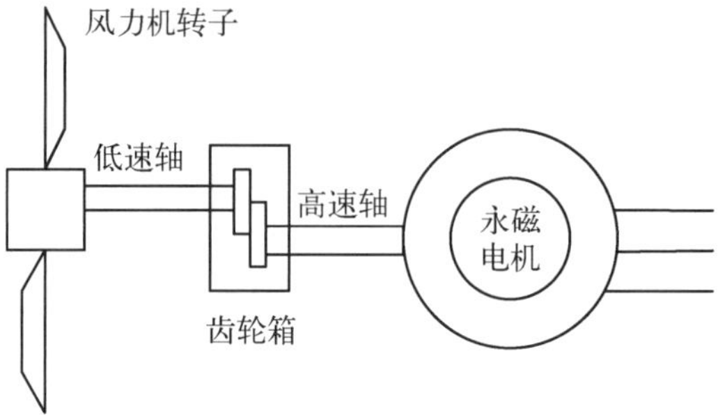

图 2 - 18　风力发电机组传动系统

1) 风力机转子和低速轴的动态特性

$$J_r\ddot{\theta}_r + B_r\dot{\theta}_r = T_m - T_1 \tag{2-31}$$

式中，J_r 是风轮转子的转动惯量，T_m 为传给风机的有效机械转矩，低速轴转矩 $T_1 = k_1(\theta_r - \theta_1) + B_1(\theta_r - \theta_1)$，$\theta_1$、$\theta_2$、$\theta_r$ 分别是低速轴、高速轴和风力机的角位移，B_r 为低速轴的阻尼系数，k_1、k_2 分别为低速轴和高速轴的刚度。机械损失发生在传动轴和齿轮箱上的阻尼 B_r 比较小，可以忽略，式(2 - 31)可简化为：

$$J_r\ddot{\theta}_r = T_m - T_1 \tag{2-32}$$

2) 齿轮箱的动态特性

$$T_1 = n_g T_2 \tag{2-33}$$

$$\theta_2 = n_g \theta_1 \tag{2-34}$$

式中，$n_g = \dfrac{\omega_g}{\omega_r}$ 是齿轮箱的传动比，T_2 为高速轴转矩，θ_2 为高速轴角位移。

3) 高速轴和发电机转子的动态特性

$$J_g\ddot{\theta}_g = T_e - T_2 \tag{2-35}$$

传动装置中惯量和转矩可简化地表示成如下方程：

$$J_t\dot{\omega}_r = T_m - K_t\omega_r - n_g T_e \tag{2-36}$$

式中，$J_t = J_r + n_g^2 J_g$，$K_t = K_r + n_g^2 K_g$。ω_r 为风机转子角速度，ω_g 为发电机转子角速度，J_g 为发电机转子的转动惯量，K_r 为风机的摩擦因数，K_g 为发电机的摩擦因数，T_e 为电磁转矩。

(2) 永磁同步发电机模型

永磁风电机组最核心的部分是永磁同步发电机，发电机模型的建立不仅关系到系统的特性分析，也作为本书后续控制策略提出的重要基础。

三相永磁同步发电机的空间模型如图 2－19 所示：

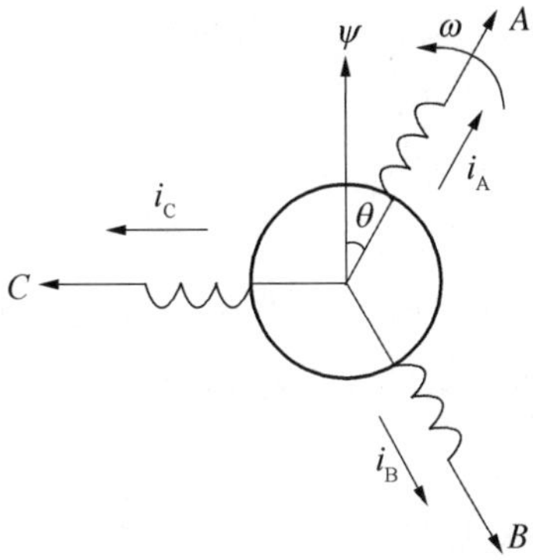

图 2－19　三相永磁同步发电机空间模型

根据 Lenz 定律和基尔霍夫电压定律，三相永磁发电机定子电压方程为：

$$\boldsymbol{u}_s = -\boldsymbol{i}_s\boldsymbol{R}_s + \dot{\boldsymbol{\psi}}_s \tag{2-37}$$

式中，$\boldsymbol{u}_s$ 为各绕组相电压，i_s 为各绕组相电流，ψ_s 为各绕组合成磁链，R_s 为各绕组电阻。各个量分别为：$\boldsymbol{u}_s = [u_A \quad u_B \quad u_C]^T$，$\boldsymbol{i}_s = [i_A \quad i_B \quad i_C]^T$，$\psi_s = [\psi_A \quad \psi_B \quad \psi_C]^T$，$\boldsymbol{R}_s = \mathrm{diag}(R_s \quad R_s \quad R_s)$。

定子每相绕组的合成磁链为自身的自感磁链和其他绕组及转子对他的互感磁链之和，磁链合成方程为：

$$\boldsymbol{\psi}_s = -\boldsymbol{L}_s\boldsymbol{i}_s + \boldsymbol{\psi}e^{j\theta_s} = -\begin{bmatrix} L_{AA} & M_{AB} & M_{AC} \\ M_{BABA} & L_{BB} & M_{BC} \\ M_{CA} & M_{CB} & L_{CC} \end{bmatrix}\begin{bmatrix} i_A \\ i_B \\ i_C \end{bmatrix} + \begin{bmatrix} \psi_A \\ \psi_B \\ \psi_C \end{bmatrix} \tag{2-38}$$

式中，$\boldsymbol{L}_s$ 为等效同步电感；L_{AA}，L_{BB}，L_{CC} 为定子 A，B，C 相电感；M_{AB}，M_{BC}，M_{CA} 为 A，B，C 相之间的互感；ψ_A，ψ_B，ψ_C 为转子磁链在 A，B，C 三相上的分量。其表达式为：

$$\begin{cases} L_{AA} = L_{s0} + L_{s2}\cos 2\theta_s \\ L_{BB} = L_{s0} + L_{s2}\cos 2(\theta_s - 120^\circ) \\ L_{CC} = L_{s0} + L_{s2}\cos 2(\theta_s + 120^\circ) \end{cases} \tag{2-39}$$

$$\begin{cases} M_{AB} = M_{BA} = -M_{S0} + M_{s2}\cos 2(\theta_s + 120^\circ) \\ M_{BC} = M_{CB} = -M_{S0} + M_{s2}\cos 2\theta_s \\ M_{CA} = M_{AC} = -M_{S0} + M_{s2}\cos 2(\theta_s - 120^\circ) \end{cases} \tag{2-40}$$

$$\begin{cases} \psi_A = \psi\cos\theta_s \\ \psi_B = \psi\cos(\theta_s - 120^\circ) \\ \psi_C = \psi\cos(\theta_s + 120^\circ) \end{cases} \tag{2-41}$$

其中，L_{s0}、M_{s0} 为定子自感和互感的平均值，L_{s2}、M_{s2} 为定子自感和互感的二次谐波幅值，ψ 为永磁磁链。

本节研究的永磁同步发电机采用隐极电机，取 $L_{s2}=M_{s2}=0$；对于理想电机，$M_{s0}=\frac{L_{s0}}{2}$。将式(2-38)～(2-41)代入式(2-37)可得：

$$\begin{bmatrix} u_{\mathrm{A}} \\ u_{\mathrm{B}} \\ u_{\mathrm{C}} \end{bmatrix}=\begin{bmatrix} R_s & 0 & 0 \\ 0 & R_s & 0 \\ 0 & 0 & R_s \end{bmatrix}\begin{bmatrix} i_{\mathrm{A}} \\ i_{\mathrm{B}} \\ i_{\mathrm{C}} \end{bmatrix}+\begin{bmatrix} L_{\mathrm{AA}} & M_{\mathrm{AB}} & M_{\mathrm{AC}} \\ M_{\mathrm{BA}} & L_{\mathrm{BB}} & M_{\mathrm{BC}} \\ M_{\mathrm{CA}} & M_{\mathrm{CB}} & L_{\mathrm{CC}} \end{bmatrix}\begin{bmatrix} \frac{\mathrm{d}i_{\mathrm{A}}}{\mathrm{d}t} \\ \frac{\mathrm{d}i_{\mathrm{B}}}{\mathrm{d}t} \\ \frac{\mathrm{d}i_{\mathrm{C}}}{\mathrm{d}t} \end{bmatrix}+\begin{bmatrix} \frac{\mathrm{d}\psi_{\mathrm{A}}}{\mathrm{d}t} \\ \frac{\mathrm{d}\psi_{\mathrm{B}}}{\mathrm{d}t} \\ \frac{\mathrm{d}\psi_{\mathrm{C}}}{\mathrm{d}t} \end{bmatrix} \tag{2-42}$$

三相坐标下的电磁转矩方程为：

$$\begin{aligned} T_e = & pL_{s2}(i_A^2\sin 2\theta_s + i_B^2\sin(2\theta_s+120^\circ)+i_C^2\sin(2\theta_s-120^\circ))+ \\ & pL_{s2}(2i_Ai_B\sin(2\theta_s-120^\circ)+2i_Bi_C\sin 2\theta_s+2i_Ci_A\sin(2\theta_s+120^\circ))- \\ & p\psi(i_A\sin 2\theta_s+i_B\sin(2\theta_s-120^\circ)+i_C\sin(2\theta_s+120^\circ)) \end{aligned} \tag{2-43}$$

式中 p 为极对数。

从以上永磁同步电机三相坐标下的数学表达式可以看出，永磁同步电机的三相模型是一组变系数的微分方程，求解十分困难。为了便于分析，通常利用坐标变换的方法，将变系数的微分方程变换成常系数的微分方程求解。常用的坐标变换是从静止对称三相坐标到静止对称两相坐标的 Clarke 变换以及静止两相对称坐标系到旋转两相对称坐标系的 Park 变换。将三相定子电流 i_{A}、i_{B}、i_{C} 投射到随转子一起旋转的 d、q 轴上，从而得到定子的 d 轴和 q 轴电流 i_d、i_q。这样，定子绕组的等效的 d、q 轴绕组与转子绕组相对静止，从而解决了同步电感 L_s 随着 θ_s 变化的问题。

在三相永磁同步风力发电机模型中，建立固定于转子轴线的参考坐标，将 d、q 坐标的 d 轴与转子磁场轴线设定为重合，顺旋转方向超前 90 度设定为 q 轴。将 A 相绕组轴线作为参考轴线，设 q 轴与 A 相之间的夹角为 θ，坐标如图 2-20 所示。

据此，得到 $d-q$ 旋转坐标系下，永磁同步发电机数学模型为：

$$\begin{cases} u_d = -R_s i_d + \frac{\mathrm{d}\psi_d}{\mathrm{d}t} - p\omega_g\psi_q \\ u_q = -R_s i_q + \frac{\mathrm{d}\psi_q}{\mathrm{d}t} + p\omega_g\psi_d \end{cases} \tag{2-44}$$

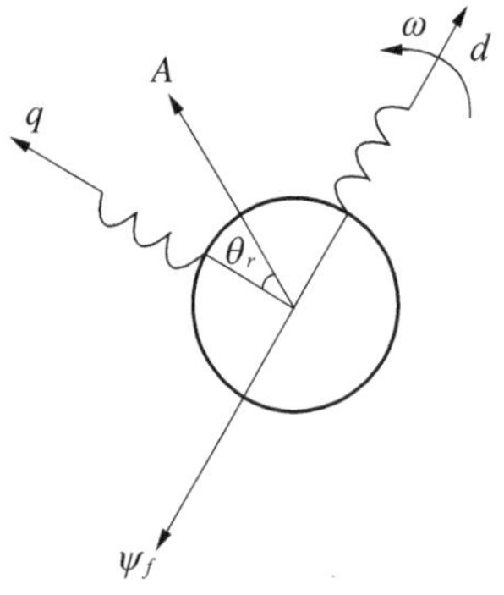

图 2-20 d、q 两相旋转绕组

式中，$\psi_d=-L_di_d+\psi$，$\psi_q=-L_qi_q$；u_d、u_q 为发电机 d、q 轴电压；i_d、i_q 为发电机 d、q 轴电流；ψ_d、ψ_q 为发电机 d、q 轴磁链；L_d、L_q 为发电机 d、q 轴电感；R_s 为定子电阻阻值，ω_g 为发电机转子角速度。其中，$L_d=L_{s0}+M_{s0}-\frac{3}{2}L_{s2}$，$L_q=L_{s0}+$

$M_{s0}+\frac{3}{2}L_{s2}$。

式(2-44)结合传动装置模型式(2-36)，可以得到整个永磁同步风力发电机组的数学模型：

$$\begin{cases} J_t\dot{\omega}_r=T_m-K_t\omega_r-n_gT_e \\ L_d\dot{i}_d=u_d-R_si_d+L_qp\omega_gi_q \\ L_q\dot{i}_q=u_q-R_si_q-L_dp\omega_gi_d-p\omega_g\psi \end{cases} \tag{2-45}$$

式中，机械转矩 $T_m=\frac{1}{2}\rho\pi C_p(\lambda,\beta)v^2R^3/\lambda$，电磁转矩 $T_e=p(L_d-L_q)i_di_q+p\psi i_q$。

2.4.2　双馈风力发电机组模型

随着变速恒频风力发电技术的发展，风力发电机组跟随风速的变化进行变速运行，系统具有转换效率高、功率因数可调等优点。通过调节发电机转子电流的大小、频率和相位来调节转速，系统在风速范围内可以运行在最佳叶尖速比上，进而实现风能最大转换效率；同时，系统可以实现有功、无功功率的独立调节，抑制谐波，减少损耗，提高系统效率。变速恒频风力发电系统广泛使用交流励磁双馈异步发电机，而双馈发电机组的数学模型是实现以上各种控制的基础。

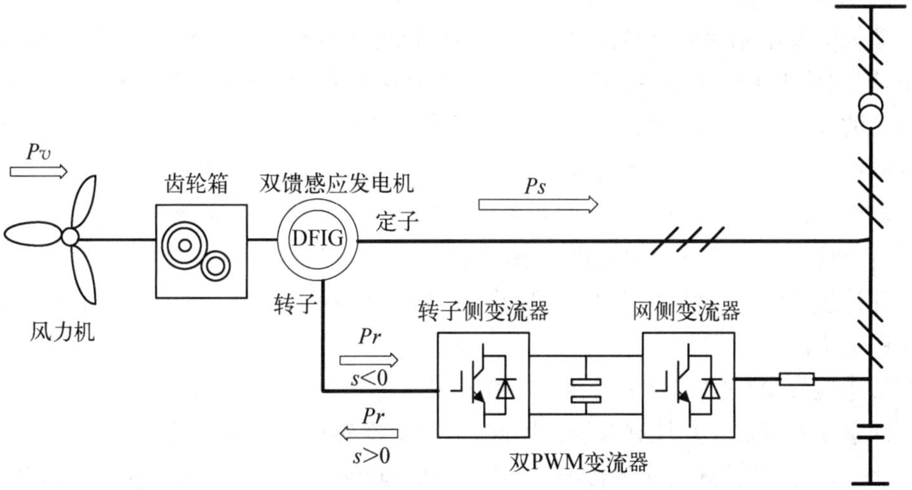

图 2-21　变速恒频双馈风力发电系统结构图

变速恒频双馈风力发电系统结构如图 2-21 所示。由图可见，变速恒频双馈风力发电系统主要由风力机、增速箱、双馈感应发电机、双 PWM(Pulse Width Modulation)变流器组成，双馈感应发电机的定子绕组接工频电网，转子绕组通过双 PWM 变流器与进线电抗器连接电网。转子绕组由具有可调节频率、相位和幅值的三相电源激励，一般采用交—直—交变流器。双 PWM 变流器由转子侧变流器和网侧变流器组成，两变流器中间由大容量电解电容相连。网侧变流器通过一个网侧滤波器与电网相连，网侧滤波器由一个 L

滤波器(或 LCL 滤波器)组成,其可消除由变流器引起的谐波,同样在双馈感应发电机转子与转子侧变流器中间连接着一个 L 滤波器以消除谐波,由于此滤波器阻抗非常小,可忽略不计。风力机吸收的风能,通过发电机的定子和转子侧输送到电网。处于亚同步速时($s>0$)时,能量从电网反馈回转子侧;当发电机处于超同步速时($s<0$),能量从转子侧流向电网。两种情况下的转子侧能量流向是相反的。

根据感应电机定、转子绕组电流产生的旋转磁场相对静止的原理,可以得出双馈感应发电机运行时电机转速与定、转子绕组电流频率关系的数学表达式:

$$f_1=\frac{p_n}{60}\times n\pm f_2 \tag{2-46}$$

式中,f_1 为定子电流频率,因为定子直接连接到电网上,所以定子电流频率 f_1 等于电网频率;p_n 为双馈感应发电机的极对数;n 为双馈感应发电机的转速;f_2 为转子电流频率。当风速变化引起发电机转速变化时,利用变流器调节输入转子的励磁电流频率,以改变转子磁势的旋转速度,使转子磁势相对于定子的转速始终保持在同步速,从而使定子侧输出电流的频率恒定,即当双馈感应发电机转速 n 变化时,通过调节转子电流频率 f_2 来保持定子电流频率 f_1 恒定不变,即 f_1 和电网频率保持相同,实现双馈感应发电机的变速恒频控制。n_1 为同步转速,当 $n<n_1$ 时,双馈感应发电机运行于亚同步速,式(2-46)取正号;当 $n>n_1$ 时,双馈感应发电机运行于超同步速,式(2-46)取负号;当 $n=n_1$ 时,$f_2=0$,励磁系统向双馈感应发电机转子提供直流励磁,此时双馈感应发电机可视为同步电机[5]。

双馈风力发电系统通过变流器对双馈感应发电机进行交流励磁,变流器只要提供转差功率,因此减小了变流器容量的需求;双馈风力发电系统依照风力机的转速变化情况对励磁电流的频率进行相应调节,从而实现了恒定频率输出;双馈风力发电系统可根据励磁电流的幅值和相位的变化进行发电机的有功和无功功率独立调节。此风力发电技术即变速恒频发电,变速恒频发电对风能的获取利用率以及转换效率有显著的提高作用,对风力机的运行条件有明显的改善和优化效果,可使风力发电机组和电网系统两者之间进行很好的柔性连接,便于实现风力发电机组的顺利并网,此风力发电解决方案具有优化性和很好的应用前景。

双馈感应发电机的构成是以普通绕线式异步感应电机为基础,在转子滑环与定子之间接入四象限变流器与其控制系统。因此,可将双馈感应发电机视为一个接有外加电压源、转子为打开的绕线式转子的传统异步发电机。此外加电压源是由变流器引入的,变流器具有励磁电源的作用,可调节转子回路电流的幅值、相位和频率。双馈感应发电机可通过定子将功率馈入电网,还可通过变流器和电网进行转差功率的交换。

变速恒频技术通过调节发电机转子电流的大小、频率和相位,从而实现转速的调节,可以在较宽的风速范围内使风力机运行于最佳叶尖速比,实现风能的最大转换效率;同时又可以采用一定的控制策略灵活调节系统的有功、无功功率,抑制谐波,减少损耗,提高系统效率。在风力发电中采用双馈风力发电系统,具有以下优点:

(1) 在不同的转速下可以通过对励磁电流的频率进行调节以实现恒频发电,满足用电负载和并网的要求,即变速恒频运行。同时可以调节转速实现能量最大转换,提高风力发电机组的经济效益。

(2) 可以通过对励磁电流的有功、无功分量的调节实现发电机的有功、无功功率的独立控制。可以通过调节电网的功率因数实现补偿电网的无功功率的需求，这有助于提高电力系统的静态性能和动态性能。

(3) 可以根据电网电压、电流和发电机的转速来调节励磁电流，使发电机输出电压满足要求。

由于控制方案是在转子电路实现的，取决于交流励磁发电机的转速运行范围的转差功率决定了流过转子电路的功率，流过转子电路的功率只是额定功率的一小部分，这大大降低了变流器的容量及其成本。

(1) 双馈风力发电机的数学模型

1) abc 坐标系下的数学模型

双馈感应发电机的绕组形式分为两种，即定子绕组与转子绕组，它们都是三相绕组。当对称的三相励磁电流流过转子绕组时，会在空间中产生旋转的转子磁场；当此转子磁场切割定子绕组时，会在定子绕组中产生相应的感生电动势。当定子绕组闭合时，在感生电动势的作用下，定子绕组中就会产生相应的感生电流，此感生电流流经定子绕组时同样产生相应的旋转的定子磁场，当定子磁场切割转子绕组时就会对转子绕组中的励磁电流产生不良影响。由此可见，相对于纯粹的感应电机来说，双馈感应发电机的数学模型以及它的控制方法要复杂得多。为了方便分析，本节讨论双馈感应发电机在三相静止坐标系以及两相同步旋转坐标系下的数学模型时，作了以下假设：假设发电机的定、转子三相绕组均为对称绕组且都是星形连接，忽略磁路饱和以及空间谐波，则磁动势将沿着气隙成正弦分布；忽略温度对电机参数的影响；转子侧绕组的参数都折算到定子侧。

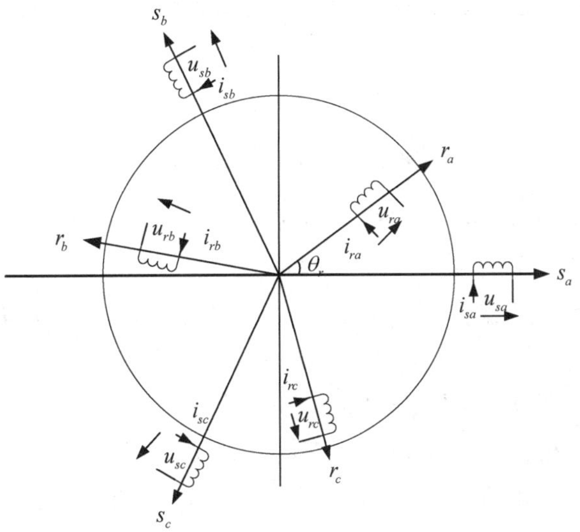

图 2-22 DFIG 的物理模型

图 2-22 中，轴线 s_a、s_b、s_c 为定子三相绕组轴线，在空间是固定的；将参考坐标轴设为 s_a 轴，轴线 r_a、r_b、r_c 为转子绕组轴线，随着转子旋转；θ_r 为空间角位移变量，为转子 r_a

轴和定子 s_a 轴之间的电角度。将定子绕组的输出电流设为正，则各绕组流过正向电流时，产生负值磁链，即定子绕组采用发电机惯例。将转子绕组的输入电流设为正，各绕组流过正向流时，产生正值磁链，即转子绕组采用电动机惯例。

双馈电机的数学模型包括电压方程、磁链方程、运动方程等，三相定子绕组的电压方程如下所示：

$$\begin{cases} u_{sa} = -R_s i_{sa} + \dfrac{d\psi_{sa}}{dt} \\ u_{sb} = -R_s i_{sb} + \dfrac{d\psi_{sb}}{dt} \\ u_{sc} = -R_s i_{sc} + \dfrac{d\psi_{sc}}{dt} \end{cases} \tag{2-47}$$

三相转子绕组的电压方程如下所示：

$$\begin{cases} u_{ra} = R_r i_{ra} + \dfrac{d\psi_{ra}}{dt} \\ u_{rb} = R_r i_{rb} + \dfrac{d\psi_{rb}}{dt} \\ u_{rc} = R_r i_{rc} + \dfrac{d\psi_{rc}}{dt} \end{cases} \tag{2-48}$$

式中，u_{sa}、u_{sb}、u_{sc} 分别为定子绕组相电压的瞬时值；u_{ra}、u_{rb}、u_{rc} 分别是转子绕组相电压的瞬时值；i_{sa}、i_{sb}、i_{sc} 分别为定子绕组相电流的瞬时值；i_{ra}、i_{rb}、i_{rc} 分别为转子绕组相电流的瞬时值；ψ_{sa}、ψ_{sb}、ψ_{sc} 分别是定子各相绕组的磁链；ψ_{ra}、ψ_{rb}、ψ_{rc} 分别为转子各相绕组的磁链；R_s、R_r 分别为定子绕组与转子绕组的等效电阻。磁链方程可以表示为如下矩阵形式：

$$\begin{bmatrix} \boldsymbol{\psi}_s \\ \boldsymbol{\psi}_r \end{bmatrix} = \begin{bmatrix} \boldsymbol{L}_{ss} & \boldsymbol{l}_{sr} \\ \boldsymbol{L}_{sr} & \boldsymbol{L}_{rr} \end{bmatrix} \begin{bmatrix} \boldsymbol{i}_s \\ \boldsymbol{i}_r \end{bmatrix} \tag{2-49}$$

式中，$\boldsymbol{\psi}_s = [\psi_{sa} \quad \psi_{sb} \quad \psi_{sc}]^{\mathrm{T}}$，$\boldsymbol{\psi}_r = [\psi_{ra} \quad \psi_{rb} \quad \psi_{rc}]^{\mathrm{T}}$，$\boldsymbol{i}_s = -[i_{sa} \quad i_{sb} \quad i_{sc}]^{\mathrm{T}}$，$\boldsymbol{i}_r = [i_{ra} \quad i_{rb} \quad i_{rc}]^{\mathrm{T}}$，

$$\boldsymbol{L}_{ss} = \begin{bmatrix} L_{sm}+L_{sl} & -0.5L_{sm} & -0.5L_{sm} \\ -0.5L_{sm} & L_{sm}+L_{sl} & -0.5L_{sm} \\ -0.5L_{sm} & -0.5L_{sm} & L_{sm}+L_{sl} \end{bmatrix}, \boldsymbol{L}_{rr} = \begin{bmatrix} L_{rm}+L_{rl} & -0.5L_{rm} & -0.5L_{rm} \\ -0.5L_{rm} & L_{rm}+L_{rl} & -0.5L_{rm} \\ -0.5L_{rm} & -0.5L_{rm} & L_{rm}+L_{rl} \end{bmatrix},$$

$$\boldsymbol{L}_{rs} = \boldsymbol{L}_{rs}^{-1} = \begin{bmatrix} \cos\theta_r & \cos(\theta_r - 120^\circ) & \cos(\theta_r + 120^\circ) \\ \cos(\theta_r + 120^\circ) & \cos\theta_r & \cos(\theta_r - 120^\circ) \\ \cos(\theta_r - 120^\circ) & \cos(\theta_r + 120^\circ) & \cos\theta_r \end{bmatrix}$$

式中，L_{sm} 是定子各项绕组自感，L_{rm} 是转子各项绕组自感，有 $L_{sm} = L_{rm}$；L_{sl}、L_{rl} 分别为定、转子漏电感；θ_r 是转子位置角（电角度），对 θ_r 取微分就得到转子电角速度 $\omega_r = d\theta_r/dt$。运动方程为：

$$\frac{T_j}{p_n} \times \frac{\mathrm{d}\omega_r}{\mathrm{d}t} = T_m - T_e \tag{2-50}$$

式中，T_j 为机组的转动惯量，p_n 为电机的极对数，T_e 为电机的电磁转矩，T_m 为风力机提供的机械转矩。式(2－47)～式(2－50)是描述双馈感应发电机在三相静止坐标系下数学模型的基本方程。由于风力发电机转子的旋转运动，导致了风力发电机定、转子之间的互感并不为常数。可以看出，描述双馈感应发电机的是一组由时变系数组成的非线性微分方程。因为求解和分析时变系数的非线性微分方程非常困难，所以有必要通过坐标变换对风力发电机数学模型的基本方程进行简化。

2) $d-q$ 坐标系下的数学模型

电机模型下的电机速度控制，其实是通过对电磁转矩的控制来实现的。在直流电机中只需通过有效值便可描述和控制直流量，而交流电机中需要通过幅值、相位和频率三个基本参数来实现一个交流量的描述和控制。可见，与描述直流量相比，描述一个交流量要复杂得多。交流电机是强耦合系统，电磁转矩的产生与相互耦合的定、转子电流及其共同建立的气隙磁场相互作用有关，因此通过控制转矩实现转速控制比较困难。交流电机矢量变换控制(即磁场定向控制)：通过采用适当的 dqn 参照系作为转换平台使交流电机实现解耦控制，使交流电机拥有和直流电机相似的调速性能。矢量解耦是交流电机矢量控制的核心，坐标变换是理论基础。交流电机为异步电机，dqn 参照系即为同步 $dq0$ 参照系。

1971 年德国西门子公司的 F. Blaschke 首次提出了交流矢量变换控制的思想，此思想的提出使交流调速技术产生了质的飞跃，将矢量变换控制应用于双馈调速上，获得的动静态性能大幅提高。磁场定向原理是矢量控制的理论基础，即通过对坐标变换的引入，将原来复杂的双馈电机模型等效为在 $d-q$ 模型的基础上，对坐标轴的交叉耦合信号进行有效的补偿，可以得到类似直流调速的效果。坐标变换的基本思想是：通过坐标变换，在三相静止坐标系、两相静止坐标系以及两相旋转坐标系中任一坐标系下所表示的矢量，都可以用其他两种坐标系表示，通过选取适当的变换矩阵，在保持坐标变化前后功率不变的前提下可以使两坐标系下的矢量保持一致。可以根据不同的研究对象来选取相应的坐标系，从而使方程中的某些变量为零，实现解耦的目的[6]。

对并网型的双馈感应风力发电机而言，由于定子电压以及其频率固定不变，如果忽略了定子绕组的内阻，定子电压矢量在理论上就会滞后于定子磁链 90°，因此，本节采用的坐标系是两相同步旋转坐标系，简称 $dq0$ 坐标系。在本节分析中规定定子绕组磁链的方向与 d 轴一致，由于定子电压矢量超前定子磁链矢量 90°，所以定子电压矢量与 q 轴保持一致，使得定子电压矢量在 d 轴的分量以及定子磁链矢量在 q 轴的分量同时为零，这就简化了双馈感应风力发电机组的控制模型和控制策略。

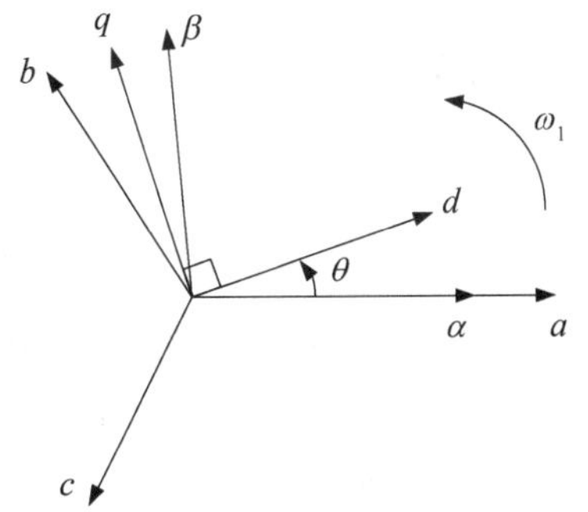

图 2－23　静止坐标系与旋转坐标系的关系图

从三相静止 abc 坐标系到两相同步旋转 $d-q$坐标系的变换矩阵为：

$$\boldsymbol{C}_{3/2}=\sqrt{\frac{2}{3}}\begin{bmatrix}\cos\theta & \cos(\theta-120^\circ) & \cos(\theta+120^\circ)\\ -\sin\theta & -\sin(\theta-120^\circ) & -\sin(\theta+120^\circ)\end{bmatrix} \tag{2-51}$$

同步旋转 $d-q$ 坐标系下的双馈感应发电机的数学模型表示如下：

定子绕组的电压方程：

$$\begin{cases}u_{ds}=-R_s i_{ds}+p\psi_{ds}-\omega_1\psi_{qs}\\ u_{qs}=-R_s i_{qs}+p\psi_{qs}+\omega_1\psi_{ds}\end{cases} \tag{2-52}$$

它的派克变换矩阵为：

$$\boldsymbol{P}_s=\sqrt{\frac{2}{3}}\begin{bmatrix}\cos\theta & \cos(\theta-120^\circ) & \cos(\theta+120^\circ)\\ -\sin\theta & -\sin(\theta-120^\circ) & -\sin(\theta+120^\circ)\end{bmatrix}$$

式中，θ 为同步旋转坐标轴上 d 轴与定子 a 相绕组的夹角；ω_1 为同步旋转电角速度；u_{ds}、u_{qs} 分别为定子电压的 d、q 轴分量；i_{ds}、i_{qs} 分别为定子电流的 d、q 轴分量。

转子绕组的电压方程：

$$\begin{cases}u_{dr}=R_r i_{dr}+p\psi_{dr}-\omega_2\psi_{qr}\\ u_{qr}=R_r i_{qr}+p\psi_{qr}+\omega_2\psi_{dr}\end{cases} \tag{2-53}$$

它的派克变换的矩阵是：

$$\boldsymbol{P}_r=\sqrt{\frac{2}{3}}\begin{bmatrix}\cos(\theta-\theta_r) & \cos(\theta-\theta_r-120^\circ) & \cos(\theta-\theta_r+120^\circ)\\ -\sin(\theta-\theta_r) & -\sin(\theta-\theta_r-120^\circ) & -\sin(\theta-\theta_r+120^\circ)\end{bmatrix}$$

式中，u_{dr}、u_{qr} 分别为转子电压的 d、q 轴分量；i_{dr}、i_{qr} 分别为转子电流的 d、q 轴分量；ψ_{dr}、ψ_{qr} 分别为转子磁链的 d、q 轴分量。θ_r 为转子 a 相绕组 r_a 与定子 a 相绕组 s_a 之间的夹角，并且 q 轴超前于 d 轴 90°；$\omega_2=\omega_1-\omega_r$ 为 $d-q$ 坐标系磁场相对于转子的电角速度，也就是转差电角速度。

定子磁链方程：

$$\begin{cases}\psi_{ds}=-L_s i_{ds}+L_m i_{dr}\\ \psi_{qs}=-L_s i_{qs}+L_m i_{qr}\end{cases} \tag{2-54}$$

转子磁链方程：

$$\begin{cases}\psi_{dr}=L_r i_{dr}-L_m i_{ds}\\ \psi_{qr}=L_r i_{qr}-L_m i_{qs}\end{cases} \tag{2-55}$$

式中，L_m 为 $d-q$ 坐标系下定子与转子同轴等效绕组之间的互感，L_{sl}、L_{rl} 分别为定、转子的漏感；L_s 是在 $d-q$ 坐标系下两相定子等效绕组之间的自感，$L_s=L_m+L_{sl}$；L_r 为在 $d-q$ 坐标系下两相转子等效绕组之间的自感，$L_r=L_m+L_{rl}$。将上面的磁链方程代入为电压方程就可以得到电压与电流之间的关系如下：

$$\begin{bmatrix} u_{ds} \\ u_{qs} \\ u_{dr} \\ u_{qr} \end{bmatrix} = \begin{bmatrix} -R_s - pL_s & \omega_1 L_s & pL_m & -\omega_1 L_m \\ -\omega_1 L_s & -R_s - pL_s & \omega_1 L_m & pL_m \\ -pL_m & \omega_2 L_m & R_r + pL_r & -\omega_2 L_r \\ -\omega_2 L_m & -pL_m & \omega_2 L_r & R_r + pL_r \end{bmatrix} \begin{bmatrix} i_{ds} \\ i_{qs} \\ i_{dr} \\ i_{qr} \end{bmatrix} \tag{2-56}$$

定子电压矢量超前于定子磁链矢量 90°，即定子电压矢量与 q 轴重合：

$$\begin{cases} u_{qs} = U_s \\ u_{ds} = 0 \end{cases} \tag{2-57}$$

忽略定子绕组的内阻 R_s，可得到双馈感应发电机电压电流之间的简化关系式如下：

$$\begin{bmatrix} 0 \\ u_s \\ u_{dr} \\ u_{qr} \end{bmatrix} = \begin{bmatrix} -pL_s & \omega_1 L_s & pL_m & -\omega_1 L_m \\ -\omega_1 L_s & -pL_s & \omega_1 L_m & pL_m \\ -pL_m & \omega_2 L_m & R_r + pL_r & -\omega_2 L_r \\ -\omega_2 L_m & -pL_m & \omega_2 L_r & R_r + pL_r \end{bmatrix} \begin{bmatrix} i_{ds} \\ i_{qs} \\ i_{dr} \\ i_{qr} \end{bmatrix} \tag{2-58}$$

双馈感应发电机运动方程与三相静止坐标系下的运动方程一致。因此，式(2－51)～式(2－55)共同构成了双馈感应发电机在同步旋转坐标系下的数学模型。

(2) 网侧变流器的数学模型

1) *abc* 坐标系下的数学模型

在建立网侧变流器的数学模型时，为便于研究，可做如下假设：三相电网电压源为理想电压源；三相滤波电感为线性，且不考虑饱和；不计开关器件的导通压降和开关损耗。

图 2－24 为双 PWM 变流器的励磁电源系统，通过直流链将两个三相电压源型 PWM 全桥变流器连接起来，通过位于中间的滤波电容 C 实现直流母线电压的稳定。转子侧变流器通过向双馈电机的转子绕组馈入励磁电流，以实现矢量控制，进行最大风能捕获和调节定子无功功率。网侧变流器的作用有：可使能量双向流动，稳定直流母线电压和调节网侧功率因数。将转子侧变流器和双馈电机看作为直流侧负载，网侧变流器的交流侧可视

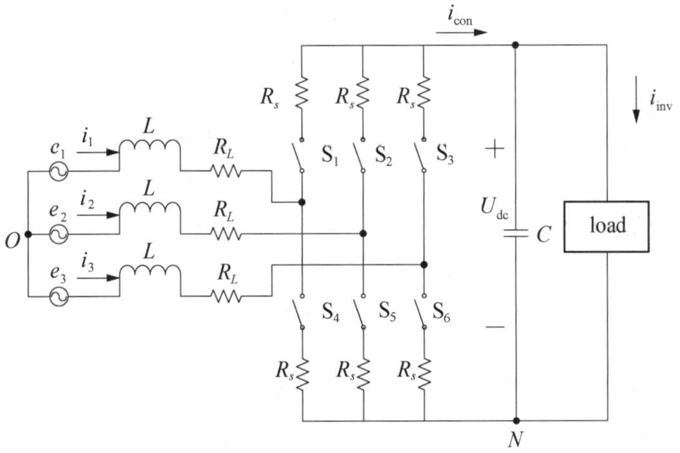

图 2－24　三相 PWM 变流器的主电路结构

为不变，直流侧负载是变化的，控制对象是直流侧物理量。图 2-24 中，e_k、$i_k(k=1,2,3)$ 分别为交流侧三相电压和电流，L 和 R_L 分别为进线电感及其等效电阻，C 为滤波电容，i_{inv} 为网侧变流器负载电流，U_{dc} 为直流母线电压，R_s 是开关管等效导通电阻。当转子侧变流器进行控制，实现最大风能捕获和定子无功功率调节时，网侧变流器负载电流 i_{inv} 会受到影响发生变化，当 $i_{\text{inv}} \neq i_{\text{con}}$ 时，将会对直流母线电容进行充电，直流母线电压 U_{dc} 发生变化。

定义三相桥臂开关函数 $S_k(k=1,2,3)$ 如下：

$$S_k=\begin{cases}1，当开关 S_k 导通且 S_{k+3} 关断\\0，当开关 S_k 导通且 S_{k+3} 导通\end{cases} \tag{2-59}$$

由于每相上下桥臂的开关管不能同时导通，即在同一时刻只能有一个导通，一个关断，所以 $S_k+S_{k+3}=1$。根据图 2-24，对于第 k 相，有：

$$L\frac{\mathrm{d}i_k}{\mathrm{d}t}+R_Li_k=e_k-[(i_kR_s+U_{dc})S_k+(i_kR_s)S_{k+3}+V_{NO}] \tag{2-60}$$

式中，R_s 为开关管等效导通电阻，V_{NO} 为直流侧负端 N 到三相中点 O 的电压。

将 $S_k+S_{k+3}=1$ 代入式(2-60)中，整理得：

$$L\frac{\mathrm{d}i_k}{\mathrm{d}t}+Ri_k=e_k-(U_{\text{dc}}S_k+V_{NO}) \tag{2-61}$$

其中，R 为每相串联电阻的总和，$R=R_L+R_s$。如果三相无中线系统满足 $\sum_{k=1}^{3}i_k=0$，且三相电压是理想对称的，则会有 $\sum_{k=1}^{3}e_k=0$。若使三相电压方程(2-61)的各相相加，化简后可得：

$$V_{NO}=-\frac{U_{\text{dc}}}{3}\sum_{k=1}^{3}S_k \tag{2-62}$$

因此，式(2-61)变为：

$$L\frac{\mathrm{d}i_k}{\mathrm{d}t}+Ri_k=e_k-U_{dc}\left(S_k-\frac{1}{3}\sum_{k=1}^{3}S_k\right) \tag{2-63}$$

对图 2-24 所示电路中的滤波电容 C，有：

$$\mathrm{C}\frac{\mathrm{d}U_{\text{dc}}}{\mathrm{d}t}=-\sum_{k=1}^{3}i_kS_k-i_{\text{inv}} \tag{2-64}$$

这样，图 2-24 中的三相变流器电路便可由式(2-63)和式(2-64)组成的微分方程组进行完整的描述。一般的，可将微分方程写成矩阵形式：

$$\boldsymbol{Z}\dot{\boldsymbol{X}}=\boldsymbol{A}\boldsymbol{X}+\boldsymbol{B}\boldsymbol{U} \tag{2-65}$$

其中，$\boldsymbol{X}=[i_1\quad i_2\quad i_3\quad U_{dc}]^{T}$，$U=[e_1\quad e_2\quad e_3\quad i_{inv}]^{T}$，$\boldsymbol{Z}=\begin{bmatrix}\boldsymbol{L}&0&0&0\\0&\boldsymbol{L}&0&0\\0&0&\boldsymbol{L}&0\\0&0&0&\boldsymbol{C}\end{bmatrix}$，$\boldsymbol{B}=$

$$\begin{bmatrix}1&0&0&0\\0&1&0&0\\0&0&1&0\\0&0&0&-1\end{bmatrix},\boldsymbol{A}=\begin{bmatrix}-R&0&0&-S_1-\frac{1}{3}\sum_{k=1}^{3}S_k\\0&-R&0&-S_2-\frac{1}{3}\sum_{k=1}^{3}S_k\\0&0&-R&-S_3-\frac{1}{3}\sum_{k=1}^{3}S_k\\S_1&S_2&S_3&0\end{bmatrix}。$$

2）$d-q$ 坐标系下的数学模型

三相电流控制通常在两相同步旋转坐标系中实现，因为在同步坐标系中各量稳态时为直流量。为了便于分析系统，将系统模型变换到两相同步旋转的 $d-q$ 坐标系中，以三相 PWM 电压源型变流器的数学模型为基础，采用式(2-66)中的变换矩阵，基于电网电压定向矢量控制方法，建立了三相 PWM 变流器在同步旋转 $d-q$ 坐标系下的数学模型。

由三相静止 abc 坐标系到两相旋转 $d-q$ 坐标系变换矩阵为：

$$\boldsymbol{T}_{3/2}=\frac{2}{3}\begin{bmatrix}\cos\omega t&\cos(\omega t-2\pi/3)&\cos(\omega t+2\pi/3)\\-\sin\omega t&-\sin(\omega t-2\pi/3)&-\sin(\omega t+2\pi/3)\end{bmatrix}\tag{2-66}$$

变换后得到三相 PWM 变流器在两相同步旋转坐标系中的模型为：

$$\begin{cases}L\dfrac{di_d}{dt}=-Ri_d+\omega Li_q+E_d-d_dU_{dc}\\L\dfrac{di_q}{dt}=-Ri_q-\omega Li_d+E_q-d_qU_{dc}\\C\dfrac{dU_{dc}}{dt}=\dfrac{3}{2}(d_di_d+d_qi_q)-i_{inv}\end{cases}\tag{2-67}$$

其中，E_d、E_q、i_d 和 i_q 分别为网侧 d、q 轴电压和电流；U_{dc} 为输出的直流电压；d_d 和 d_q 为开关函数变换到 $d-q$ 坐标系中的 d 轴和 q 轴相应的开关函数；ω 为电网电压的角频率；i_{inv} 为负载电流。

2.5 拉格朗日系统与 Hamilton 系统

本节主要介绍非线性控制中两个重要的系统理论，拉格朗日系统和 Hamilton 系统。其中，拉格朗日系统是 Hamilton 系统基础，Hamilton 系统理论为风力发电机组提供良好的物理结构。

2.5.1　拉格朗日系统

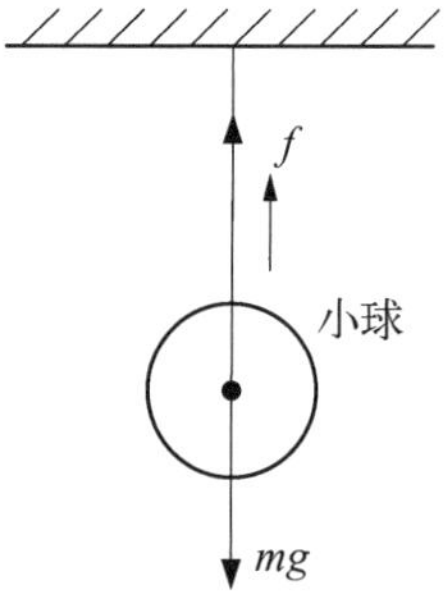

图 2-25　小球示意图

为引入欧拉—拉格朗日方程，选择二维空间里的一个单自由度小球。如图 2-25 所示，设其质量为 m，在竖直方向 y 上运动受限，受外力 f 和重力 mg。由牛顿第二定律可得该小球的运动等式为

$$m\ddot{y}=f-mg \tag{2-68}$$

将等式的左端改写为：

$$m\ddot{y}=\frac{\mathrm{d}}{\mathrm{d}t}(m\dot{y})=\frac{\mathrm{d}}{\mathrm{d}t}\frac{\partial}{\partial\dot{y}}\left(\frac{1}{2}m\dot{y}^2\right)=\frac{\mathrm{d}}{\mathrm{d}t}\frac{\partial K}{\partial\dot{y}} \tag{2-69}$$

式中，$K=\frac{1}{2}m\dot{y}^2$ 为动能。当动能方程是含有多个变量的函数时，用上述偏微分表示，这样与下述系统保持一致。

式(2-68)中的重力可表示为：

$$mg=\frac{\partial}{\partial y}(mgy)=\frac{\partial P}{\partial y} \tag{2-70}$$

式中，$P=mgy$ 为系统的重力势能。定义拉格朗日函数 $L=K-P=\frac{1}{2}m\dot{y}^2-mgy$，则有：

$$\frac{\partial L}{\partial\dot{y}}=\frac{\partial K}{\partial\dot{y}},\frac{\partial L}{\partial y}=-\frac{\partial P}{\partial y} \tag{2-71}$$

式(2-68)可以写为

$$\frac{\mathrm{d}}{\mathrm{d}t}\frac{\partial L}{\partial\dot{y}}-\frac{\partial L}{\partial y}=f \tag{2-72}$$

式(2-72)称为欧拉—拉格朗日方程，该方程和从牛顿第二定律得到的方程是等价的。上述是对单自由度对象在二维空间的欧拉—拉格朗日方程的推导，考虑到更一般的情况，下面将其推广到 n 维空间。二阶非线性微分等式为：

$$\frac{\mathrm{d}}{\mathrm{d}t}\frac{\partial L}{\partial\dot{\boldsymbol{q}}}-\frac{\partial L}{\partial\boldsymbol{q}}=\tau \tag{2-73}$$

式中，q 为 n 维自由度系统的广义坐标，$\boldsymbol{q}=(q_1,q_2,\cdots,q_n)^{\mathrm{T}}$；$L$ 为拉格朗日函数，$\frac{\partial L}{\partial\dot{\boldsymbol{q}}}$ 为拉格朗日函数 L 对广义速度 $\dot{q}_1,\dot{q}_2,\cdots,\dot{q}_n$ 的偏导列向量，$\frac{\partial L}{\partial\boldsymbol{q}}$ 为拉格朗日函数 L 对广义位移 $q_1,q_2,\cdots,q_n$ 的偏导列向量；τ 为作用于系统的广义列向量 $\boldsymbol{\tau}=(\boldsymbol{\tau}_1,\boldsymbol{\tau}_2,\cdots,\boldsymbol{\tau}_n)^{\mathrm{T}}$。

拉格朗日函数为

$$L=K-P=\frac{1}{2}\sum_{i,j}m_{ij}(q)\dot{q}_i\dot{q}_j-P(q) \tag{2-74}$$

其中，动能是向量 $\dot{\boldsymbol{q}}$ 的二次函数，即 $K=\frac{1}{2}\sum_{i,j}m_{ij}(\boldsymbol{q})\dot{\boldsymbol{q}}_i\dot{\boldsymbol{q}}_j=\frac{1}{2}\dot{\boldsymbol{q}}^T\boldsymbol{M}(\boldsymbol{q})\dot{\boldsymbol{q}}$；$n\times n$ 的惯性矩阵 $\boldsymbol{M}(\boldsymbol{q})$ 是对称正定的；势能 $P=P(\boldsymbol{q})$ 独立于 $\dot{\boldsymbol{q}}$。

式(2-74)对 $\dot{\boldsymbol{q}}_k(k=1,2,\cdots,n)$ 求一次微分，有：

$$\frac{\partial L}{\partial\dot{\boldsymbol{q}}_k}=\sum_j m_{kj}\dot{\boldsymbol{q}}_j \tag{2-75}$$

式(2-74)对 $\dot{\boldsymbol{q}}_k(k=1,2,\cdots,n)$ 求二次微分，有：

$$\frac{\mathrm{d}}{\mathrm{d}t}\frac{\partial L}{\partial\dot{\boldsymbol{q}}_k}=\sum_j m_{kj}\ddot{\boldsymbol{q}}_j+\sum_j\frac{\mathrm{d}}{\mathrm{d}t}m_{kj}\dot{\boldsymbol{q}}_j=\sum_j m_{kj}\ddot{\boldsymbol{q}}_j+\sum_{i,j}\frac{\partial m_{kj}}{\partial\boldsymbol{q}_i}\dot{\boldsymbol{q}}_i\dot{\boldsymbol{q}}_j \tag{2-76}$$

式(2-74)对 $\dot{\boldsymbol{q}}_k(k=1,2,\cdots,n)$ 求微分，有：

$$\frac{\partial L}{\partial\boldsymbol{q}_k}=\frac{1}{2}\sum_{i,j}\frac{\partial m_{ij}(\boldsymbol{q})}{\partial\boldsymbol{q}_k}\dot{\boldsymbol{q}}_i\dot{\boldsymbol{q}}_j-\frac{\partial P}{\partial\boldsymbol{q}_k} \tag{2-77}$$

将式(2-76)和式(2-77)带入到式(2-73)中，则有：

$$\sum_j m_{kj}\ddot{\boldsymbol{q}}_j+\sum_{i,j}\left\{\frac{\partial m_{kj}}{\partial\boldsymbol{q}_i}-\frac{1}{2}\frac{\partial m_{ij}}{\partial\boldsymbol{q}_k}\right\}\dot{\boldsymbol{q}}_i\dot{\boldsymbol{q}}_j-\frac{\partial P}{\partial\boldsymbol{q}_k}=\tau_k \tag{2-78}$$

交换求和次序，利用对称性可得

$$\sum_{i,j}\frac{\partial m_{kj}}{\partial\boldsymbol{q}_i}\dot{\boldsymbol{q}}_i\dot{\boldsymbol{q}}_j=\frac{1}{2}\sum_{i,j}\left\{\frac{\partial m_{kj}}{\partial\boldsymbol{q}_i}+\frac{\partial m_{ki}}{\partial\boldsymbol{q}_j}\right\}\dot{\boldsymbol{q}}_i\dot{\boldsymbol{q}}_j \tag{2-79}$$

式(2-79)两边同时加入相同项有

$$\sum_{i,j}\left\{\frac{\partial m_{kj}}{\partial\boldsymbol{q}_i}-\frac{1}{2}\frac{\partial m_{ij}}{\partial\boldsymbol{q}_k}\right\}=\frac{1}{2}\sum_{i,j}\left\{\frac{\partial m_{kj}}{\partial\boldsymbol{q}_i}+\frac{\partial m_{ki}}{\partial\boldsymbol{q}_j}-\frac{\partial m_{ij}}{\partial\boldsymbol{q}_k}\right\}\dot{\boldsymbol{q}}_i\dot{\boldsymbol{q}}_j \tag{2-80}$$

因为 $c_{ijk}=\frac{1}{2}\left\{\frac{\partial m_{kj}}{\partial\boldsymbol{q}_i}+\frac{\partial m_{ki}}{\partial\boldsymbol{q}_j}-\frac{\partial m_{ij}}{\partial\boldsymbol{q}_k}\right\}$，$c_{ijk}$ 称为 Christoffel 符号。对于固定的 k，有 $c_{ijk}=c_{jik}$。定义 $\varphi_k=-\frac{\partial P}{\partial\boldsymbol{q}_k}$，则欧拉—拉格朗日方程为：

$$\sum_j m_{kj}(\boldsymbol{q})\ddot{\boldsymbol{q}}_j+\sum_{i,j}c_{ijk}(\boldsymbol{q})\dot{\boldsymbol{q}}_i\dot{\boldsymbol{q}}_j+\varphi_k(\boldsymbol{q})=\tau_k,k=1,2,\cdots,n \tag{2-81}$$

其矩阵形式为

$$\boldsymbol{M}(\boldsymbol{q})\ddot{\boldsymbol{q}}+\boldsymbol{C}(\boldsymbol{q},\dot{\boldsymbol{q}})\dot{\boldsymbol{q}}+\boldsymbol{g}(\boldsymbol{q})=\boldsymbol{\tau} \tag{2-82}$$

其中，$C(\boldsymbol{q},\dot{\boldsymbol{q}})$ 的第 kj 个元素定义为

$$c_{jk}=\sum_{i=1}^{n}c_{ijk}(\boldsymbol{q})\dot{\boldsymbol{q}}_i=\frac{1}{2}\sum_{i=1}^{n}\left\{\frac{\partial m_{kj}}{\partial \boldsymbol{q}_i}+\frac{\partial m_{ki}}{\partial \boldsymbol{q}_j}-\frac{\partial m_{ij}}{\partial \boldsymbol{q}_k}\right\}\dot{\boldsymbol{q}}_i \tag{2-83}$$

对于多智能体系统，若每个智能体的数学模型都为欧拉—拉格朗日方程，由此组成网络化拉格朗日系统。对式(2-82)进行变形，则网络化拉格朗日系统的第 i 个智能体的数学描述为：

$$\boldsymbol{M}_i(\boldsymbol{q}_i)\ddot{\boldsymbol{q}}_i+\boldsymbol{C}_i(\boldsymbol{q}_i,\dot{\boldsymbol{q}}_i)\dot{\boldsymbol{q}}_i+\boldsymbol{g}_i(\boldsymbol{q}_i)=\boldsymbol{\tau}_i,i=1,2,\cdots,N \tag{2-84}$$

其中，向量 $\boldsymbol{q}_i\in R^m$ 为广义坐标向量；$\boldsymbol{M}_i(\boldsymbol{q}_i)\in R^{m\times m}$ 为正定对称的惯性矩阵；$\boldsymbol{C}_i(\boldsymbol{q}_i,\dot{\boldsymbol{q}}_i)\in R^{m\times m}$ 为离心力矩阵；$\boldsymbol{g}_i(\boldsymbol{q}_i)\in R^m$ 表示重力力矩向量；$\boldsymbol{\tau}_i\in R^m$ 为控制力矩向量。

欧拉—拉格朗日方程包含一些结构上的性质，在之后的理论推导和证明过程中有很大的作用。主要的三条性质如下：

性质 1(参数有界性)：存在正常数 $\boldsymbol{M}_{m,i},\boldsymbol{M}_{M,i},C_{M,i}$，使得 $\|C_i(\boldsymbol{q}_i,\dot{\boldsymbol{q}}_i)\|\leqslant C_{M,i}\|\dot{\boldsymbol{q}}_i\|,M_{m,i}\leqslant\|M_i(\boldsymbol{q}_i)\|\leqslant M_{M,i}$ 对任意 $\boldsymbol{q}_i\in\mathbf{R}^m$ 成立。

性质 2(斜对称性)：矩阵函数 $\dot{M}_i(q_i)-2C_i(q_i,\dot{q}_i)$ 对任意 q_i 和 $\dot{q}_i$ 是斜对称的，即对任意向量 $x\in\mathbf{R}^m$，有 $x^T(\dot{M}_i(q_i)-2C_i(q_i,\dot{q}_i))x=0$。

性质 3(动态参数的线性性质)：对于所有向量 $x,y\in R^m$，存在以下等式成立 $\dot{M}_i(q_i)x+C_i(q_i,\dot{q}_i)y+g_i(q_i)=Y(q_i,\dot{q}_i,x,y)\Theta_i$。其中 $Y(q_i,\dot{q}_i,x,y)\Theta_i$ 是回归量，Θ_i 是与第 i 个智能体相关的常值参数向量。

2.5.2 Hamilton 系统

对欧拉—拉格朗日方程加以推导可以得到端口受控 Hamilton 系统，它们都是通过能量函数来描述系统的动态特性。标准的欧拉—拉格朗日方程为

$$\frac{\mathrm{d}}{\mathrm{d}t}\left(\frac{\partial L}{\partial \dot{\boldsymbol{q}}}(\boldsymbol{q},\dot{\boldsymbol{q}})\right)-\frac{\partial L}{\partial \boldsymbol{q}}(\boldsymbol{q},\dot{\boldsymbol{q}})=\tau \tag{2-85}$$

定义广义列向量 $\boldsymbol{p}=(p_1,p_2,\cdots,p_n)^T=\dfrac{\partial L}{\partial \dot{\boldsymbol{q}}}$，由拉格朗日函数 $L=K-P,K=\dfrac{1}{2}\dot{\boldsymbol{q}}^{\mathrm{T}}M(\boldsymbol{q})\dot{\boldsymbol{q}}$，可得

$$\boldsymbol{p}=\boldsymbol{M}(\boldsymbol{q})\dot{\boldsymbol{q}} \tag{2-86}$$

定义状态向量 $(q_1,q_2,\cdots,q_n,p_1,p_2,\cdots,p_n)^T$，进而将 n 个二阶方程(2-85)改写成 $2n$ 个一阶方程，即

$$\begin{cases}\dot{\boldsymbol{q}}=\dfrac{\partial H(\boldsymbol{q},\boldsymbol{p})}{\partial \boldsymbol{p}}=\boldsymbol{M}^{-1}(\boldsymbol{q})\boldsymbol{p}\\ \dot{\boldsymbol{p}}=-\dfrac{\partial H(\boldsymbol{q},\boldsymbol{p})}{\partial \boldsymbol{q}}+\boldsymbol{\tau}\end{cases} \tag{2-87}$$

其中，

$$H(\boldsymbol{q},\boldsymbol{p})=\frac{1}{2}\boldsymbol{p}^{T}\boldsymbol{M}^{-1}(\boldsymbol{q})\boldsymbol{p}+P(\boldsymbol{q})=\frac{1}{2}\dot{\boldsymbol{q}}^{T}\boldsymbol{M}^{-1}(\boldsymbol{q})\dot{\boldsymbol{q}}+P(\boldsymbol{q}) \tag{2-88}$$

上式表示系统的总能量。式(2-87)称为系统 Hamilton 方程,式(2-88)称为系统的 Hamilton 函数。

对式(2-88)求导,则系统的能量平衡方程可以写成如下形式:

$$\frac{\mathrm{d}}{\mathrm{d}t}H(\boldsymbol{q},\boldsymbol{p})=\frac{\partial^{T}H}{d\boldsymbol{q}}(\boldsymbol{q},\boldsymbol{p})\dot{\boldsymbol{q}}+\frac{\partial^{T}H}{d\boldsymbol{p}}(\boldsymbol{q},\boldsymbol{p})\dot{\boldsymbol{p}}=\frac{\partial^{T}H}{d\boldsymbol{p}}(\boldsymbol{q},\boldsymbol{p})\boldsymbol{\tau}=\dot{\boldsymbol{q}}^{T}\boldsymbol{\tau} \tag{2-89}$$

由上式可知,外界对 Hamilton 系统做的功就等于系统变化的能量,即系统满足能量守恒。进一步对系统(2-87)进行推广,可以得到广义 Hamilton 方程。

$$\begin{cases}\dot{\boldsymbol{q}}=\dfrac{\partial H(\boldsymbol{q},\boldsymbol{p})}{\partial \boldsymbol{p}},\ (\boldsymbol{q},\boldsymbol{p})=(q_1,q_2,\cdots,q_k,p_1,p_2,\cdots,p_n)T \\ \dot{\boldsymbol{p}}=-\dfrac{\partial H(\boldsymbol{q},\boldsymbol{p})}{\partial \boldsymbol{q}}+\boldsymbol{G}(\boldsymbol{q})\boldsymbol{u},\ \boldsymbol{u}\in\mathbf{R}^{m}y=\boldsymbol{G}^{T}(\boldsymbol{q})\dfrac{\partial H(\boldsymbol{q},\boldsymbol{p})}{\partial \boldsymbol{p}}=\boldsymbol{G}^{T}(\boldsymbol{q})\dot{\boldsymbol{q}},\ y\in R^{m}\end{cases} \tag{2-90}$$

式中,$\boldsymbol{G}(\boldsymbol{q})\in R^{k\times m}$ 表示输入力矩矩阵,$\boldsymbol{G}(\boldsymbol{q})\boldsymbol{u}$ 表示控制输入 $\boldsymbol{u}$ 产生的广义力。对式(2-90)进行进一步整理,可得欧拉—拉格朗日系统的 Hamilton 系统模型,如式(2-91)所示:

$$\begin{aligned}&\begin{bmatrix}\dot{\boldsymbol{q}}\\ \dot{\boldsymbol{p}}\end{bmatrix}=\begin{bmatrix}0 & I_n\\ -I_n & 0\end{bmatrix}\begin{bmatrix}\nabla_q H\\ \nabla_p H\end{bmatrix}+\begin{bmatrix}0\\ \boldsymbol{G}(\boldsymbol{q})\end{bmatrix}\boldsymbol{u}\\ &y=[0\quad \boldsymbol{G}(\boldsymbol{q})]\begin{bmatrix}\nabla_q H\\ \nabla_p H\end{bmatrix}\end{aligned} \tag{2-91}$$

取 $\boldsymbol{x}=(\boldsymbol{q},\boldsymbol{p})$,$\boldsymbol{J}(\boldsymbol{x})=\begin{bmatrix}0 & I_k\\ -I_k & 0\end{bmatrix}$,$\boldsymbol{g}(\boldsymbol{x})=\begin{bmatrix}0\\ \boldsymbol{G}(\boldsymbol{q})\end{bmatrix}$,可得欧拉—拉格朗日力学方程的端口受控 Hamilton 系统(port-control Hamiltonian system,PCH)标准形式为:

$$\begin{cases}\dot{x}=\boldsymbol{J}(\boldsymbol{x})\dfrac{\partial H(\boldsymbol{x})}{\partial \boldsymbol{x}}+\boldsymbol{g}(\boldsymbol{x})u\\ y=\boldsymbol{g}^{T}(\boldsymbol{x})\dfrac{\partial H(\boldsymbol{x})}{\partial \boldsymbol{x}}\end{cases} \tag{2-92}$$

若将阻性元件引入到 PCH 系统的端口中,即可引入能量耗散的概念,得到 PCH-D 系统模型,如下式所示:

$$\begin{cases}\dot{\boldsymbol{x}}=[\boldsymbol{J}(\boldsymbol{x})-\boldsymbol{R}(\boldsymbol{x})]\dfrac{\partial H(\boldsymbol{x})}{\partial \boldsymbol{x}}+\boldsymbol{g}(\boldsymbol{x})\boldsymbol{u}\\ y=\boldsymbol{g}^{T}(\boldsymbol{x})\dfrac{\partial H(\boldsymbol{x})}{\partial \boldsymbol{x}}\end{cases} \tag{2-93}$$

式中,$\boldsymbol{J}(\boldsymbol{x})$ 为互联矩阵,$\boldsymbol{J}(\boldsymbol{x})=-\boldsymbol{J}^{T}(\boldsymbol{x})$,表示系统的互联结构;$\boldsymbol{R}(\boldsymbol{x})$ 为阻尼矩阵,$\boldsymbol{R}(x)=\boldsymbol{R}^{T}(\boldsymbol{x})\geqslant 0$,描述端口阻性结构;$H(\boldsymbol{x})$ 为系统 Hamilton 能量函数。由无源性理论可知,若 $H(\boldsymbol{x})$ 有下界,则系统(2-93)是无源系统;$\boldsymbol{g}(\boldsymbol{x})$ 表示外部互联矩阵,反映的

是系统端口特性。

互联矩阵反映系统的互联结构，阻尼矩阵反映系统的阻尼结构，这两类矩阵提供的是系统的内部信息，为系统分析、研究和控制带来方便。在很多机械或电气系统的学习研究中，需要从系统的内部结构入手，深入研究后发现很多系统都可表示为 PCH－D 系统，它们由储能元件、阻尼元件、端口及控制部分互联组成，且满足能量守恒。其内部互联结构如图 2－26 所示。

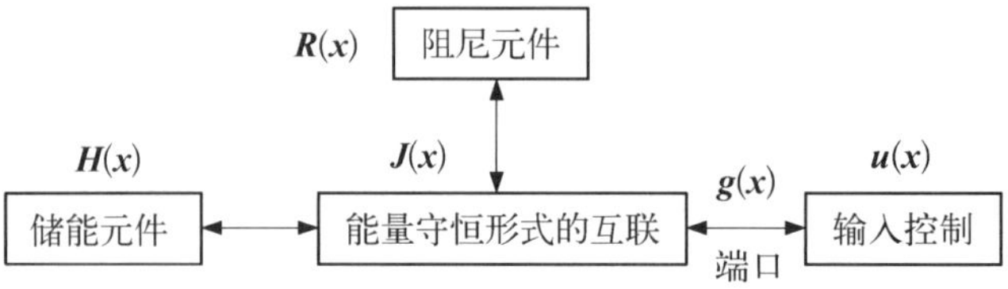

图 2－26　PCH－D 系统的内部结构互联

针对无源控制理论中的 Hamilton 系统镇定问题，Ortega 提出了一种互联与阻尼配置的无源控制方法（IDA-PBC）[7]。IDA－PBC 方法中，用 PCH－D 形式表示系统模型，用 Hamilton 函数表示系统存储的能量，通过阻尼矩阵和互联矩阵描述 PCH－D 系统的内部能量交换。应用 IDA－PBC 方法对系统进行能量成型设计，即通过反馈控制器，将给定的 PCH－D 系统转变成另一个 PCH－D 系统；变换后，闭环系统的互联与阻尼结构保持不变。下面说明 Hamilton 能量成型的主要思路：

对 PCH－D 系统（2－93）寻找一个能量成型控制策略 $u=\beta(x)$，使闭环系统满足如下耗散形式：

$$\dot{\boldsymbol{x}}=[\boldsymbol{J}(\boldsymbol{x})-\boldsymbol{R}(\boldsymbol{x})]\frac{\partial H_d(\boldsymbol{x})}{\partial \boldsymbol{x}} \tag{2-94}$$

且闭环系统 Hamilton 函数 $H_d(\boldsymbol{x})$ 满足：

$$\boldsymbol{g}^T(\boldsymbol{x})\frac{\partial H_d(\boldsymbol{x})}{\partial \boldsymbol{x}}=y+d \tag{2-95}$$

其中，d 为能量成型控制策略中输出的调整值。则系统（2－71）在能量成型控制策略 $u=\beta(x)$ 的作用下可写成以下形式：

$$[\boldsymbol{J}(\boldsymbol{x})-\boldsymbol{R}(\boldsymbol{x})]\frac{\partial H(\boldsymbol{x})}{\partial \boldsymbol{x}}+\boldsymbol{g}(\boldsymbol{x})\boldsymbol{u}=[\boldsymbol{J}(\boldsymbol{x})-\boldsymbol{R}(\boldsymbol{x})]\frac{\partial H_d(\boldsymbol{x})}{\partial \boldsymbol{x}} \tag{2-96}$$

上式满足以下匹配条件：

$$\boldsymbol{g}^{\perp}(\boldsymbol{x})[\boldsymbol{J}(\boldsymbol{x})-\boldsymbol{R}(\boldsymbol{x})](\nabla H_d(x)-\nabla H(\boldsymbol{x}))=0 \tag{2-97}$$

其中，$\boldsymbol{g}^{\perp}(\boldsymbol{x})$ 是一个满秩左零化子，满足 $\boldsymbol{g}^{\perp}(\boldsymbol{x})\boldsymbol{g}(\boldsymbol{x})=0$。若 $\boldsymbol{g}^{\perp}(\boldsymbol{x})$ 为列满秩矩阵，那么能量成型控制策略可表示为：

$$u=\beta(\boldsymbol{x})=[\boldsymbol{g}^T(\boldsymbol{x})\boldsymbol{g}(\boldsymbol{x})]^{-1}g^T(\boldsymbol{x})(\boldsymbol{J}(\boldsymbol{x})-\boldsymbol{R}(\boldsymbol{x}))(\nabla H_d(\boldsymbol{x})-\nabla H(\boldsymbol{x})) \tag{2-98}$$

参考文献

[1] 李忠峰，车焕，屠亚丽，等.基于双馈异步发电机的风力发电系统研究[J].电子测试，2020(15)：110-111.

[2] 殷月月.直驱永磁式风力发电机的探析[J].时代农机，2017，44(08)：109-110.

[3] 陈杰，陈冉，陈志辉，等.定桨距风力发电机组的主动失速控制[J].电力系统自动化，2010，34(02)：98-103.

[4] 朱瑛，程明，花为，等.基于2种变速变桨距方法的双功率流风力发电系统功率控制[J].电力自动化设备，2013，33(09)：123-129.

[5] PENA R，CLARE J C，ASHER G M. Doubly fed induction generator using back-to-back PWM converters and its application to variable-speed wind-energy generation[J]. IET electric power applications，1996，143(03)：231-241.

[6] 刘其辉，贺益康，赵仁德.变速恒频风力发电系统最大风能追踪控制[J].电力系统自动化，2003(20)：62-67.

[7] 王冰，袁越.非线性无源控制理论及其在风电发电机组中的应用[M].北京：科学出版社，2015.

第3章

定桨距与变桨距风力发电机组

本章主要介绍风力发电机组的发展，不同类型风力机组的特点及其相关控制方法。本章在上一章风力发电机组模型的基础上，分别介绍定桨距风力发电机组、变桨距风力发电机组、变速风力发电机组的控制方式及其控制策略。

3.1 风力发电机组的发展

近代以来人类经济急速发展，各种资源的大量消耗，传统的能源比如煤、石油、天然气等几近消耗殆尽。从长远来看人类必须找到其他的替代能源。现主要发展的替代新能源的有风能、核能、太阳能、地热能等。风能作为新能源的主要形式之一，具有低碳、清洁、廉价、丰富等特点。同时，在对风力发电的开发利用中，能源结构得到了改变，生态环境也得到了良好改善，风力发电在新能源开发和利用中受到各国的青睐，也成为能源开发领域重要策略之一。

20 世纪 80 年代开始[1]，定桨风电机组开始进入风电市场，由于该机组桨距角固定，因此风速变化引起机组输出有功功率变化时，控制系统并不进行主动控制，这大大简化了该机组的控制并使其在短时间内实现了商业化运行。但随着风电产业的持续发展，该类型发电机组在实际应用过程中的劣势也不断显现出来，严重制约着风电产业的进步。20 世纪 90 年代中期[2]，变桨风电机组开始进入风电市场，这种风电机组是根据风速来确定桨叶角度的(全叶面调桨)，通过改变桨叶的角度来改变功率因数。通过改变桨叶的角度，桨叶转子的转速和功率将受到影响。如果通过桨叶对风机的受力过大，经过调整后，可以减少过大的受力。风机的转速和桨叶的扭曲程度可以通过电信号反馈给控制系统，这样使得每个桨叶的角度独自地调整。到了 20 世纪 90 年代中后期，基于变桨距技术的各种变速风力发电机组开始进入风电市场[3]。变速与定速风力发电机组控制系统的根本区别在于，变速风力发电机组是把风速信号作为控制系统的输进变量来进行转速和功率控制的，在低于额定风速时，能跟踪最佳功率曲线，使风力发电机组具有最高的风能转换效率；在高于额定风速时，增加了传动系统的柔性，使功率输出更加稳定，特别是解决了高次谐波与功率因素等问题后，达到了高效率、高质量地向电网提供电力的目的。在 21 世纪的今天，风力发电机组是智能化、信息化、自动化的集成体，不仅整体运行效率特别高、运行安全效益好，还减少了人为的干预以及控制，减少了人力资源的投入。伴随着信息技术的全面快速发展，智能技术在风力发电机组中广泛应用，在很大程度上提升了风力发电机组的运行安全。

在我国，发电主力是火电，火力发电是利用可燃物在燃烧时产生的热能，通过发电动力装置转换成电能的一种发电方式；其在我国的发展时期较长，技术较为成熟。但是火力发电排放大量的污染物对环境造成了十分严重的危害[4]。

风力发电作为一种新能源发电技术，更加清洁，对环境几乎没有任何污染；风力为可再生资源，永远不会枯竭，便于采集；而且风力发电的基建周期很短，装机的方式和规模也比较灵活。但是，由于风能的广域分散性、随机性和能量的低密度性，使得风力发电具有出力不稳定的缺点。

与火力发电相比，在同装机容量下，风力发电机组对风能的利用率相对较低，但是风力发电作为一种新型的发电技术，比传统火力发电具有更为明显的优势，风力发电能够节省化石燃料与减少废物排放，在满足社会发展对电力能源需求的基础上，对各类资源的应用方式进行协调优化。对于风能利用率低、出力不稳定等问题，将是未来风力发电所要研究和解决的主要问题。

3.2 定桨距风力发电机组

3.2.1 定桨距风力发电机组的特点

(1) 风轮结构

定桨距风力发电机组的主要结构特点是：桨叶与轮毂的连接是固定的，即当风速变化时，桨叶的迎风角度不能随之变化。这一特点给定桨距风力发电机组提出了两个必须解决的问题。一是当风速高于风轮的设计点风速，即额定风速时，桨叶必须能够自动地将功率限制在额定值附近，因为风力机上所有材料的物理性能是有限度的。桨叶的这一特性被称为自动失速性能。二是运行中的风力发电机组在突然失去电网（突甩负载）的情况下，桨叶自身必须具备制动能力，使风力发电机组能够在大风情况下安全停机。早期的定桨距风力发电机组风轮并不具备制动能力，脱网时完全依靠安装在低速轴或高速轴上的机械刹车装置进行制动，这对于数十千瓦级机组来说问题不大，但对于大型风力发电机组，如果只使用机械刹车，就会对整机结构强度产生严重的影响。

为了解决上述问题，桨叶制造商首先在20世纪70年代用玻璃钢复合材料研制成功了失速性能良好的风力机桨叶，解决了定桨距风力发电机组在大风时的功率控制问题；20世纪80年代又将叶尖扰流器成功地应用在风力发电机组上，解决了在突甩负载情况下的安全停机问题，使定桨距（失速型）风力发电机组在近20年的风能开发利用中始终占据主导地位，现在最新推出的兆瓦级风力发电机组仍有机型采用该项技术。

(2) 桨叶的失速调节原理

当气流流经上下翼面形状不同的叶片时，因突面的弯曲而使气流加速，压力较低；凹面较平缓面使气流速度缓慢，压力较高，因而产生升力。桨叶的失速性能是指它在最大升力系数 C_m 附近的性能。当桨叶的安装角 β 不变时，随着风速增加攻角 i 增大，升力系数 C 线性增大；在接近 C_m 时，增加变缓；达到 C_m 后开始减小。另外，阻力系数 C，初期不断增大，在升力开始减小时，C 继续增大，这是由于气流在叶片上的分离攻角的增大，分离区形成大的涡流，流动失去翼型效应，与未分离时相比，上下翼面压力差减小，致使阻力激增，升力减少，造成叶片失速，从而限制了功率的增加，如图 3－1 所示。

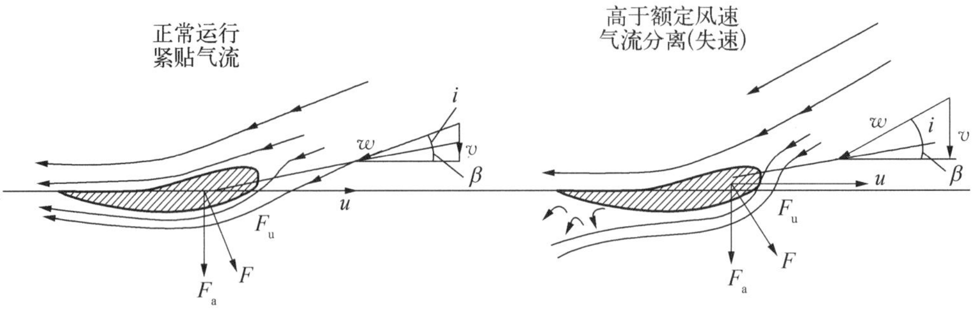

图 3－1　定桨距风力机的气动特性

失速调节叶片的攻角沿轴向由根部向叶尖逐渐减少，因而根部叶面先进入失速，随风速增大，失速部分向叶尖处扩展，原先已失速的部分，失速程度加深，未失速的部分逐渐进入失速区。失速部分使功率减少，未失速部分仍有功率增加，从而使输入功率保持在额定功率附近。

(3) 叶尖扰流器

由于风力机风轮巨大的转动惯量，如果风轮自身不具备有效的制动能力，在高风速下要求脱网停机是不可想象的。早年的风力发电机组正是不能解决这一问题，才使灾难性的飞车事故不断发生。目前所有的定桨距风力发电机组均采用了叶尖扰流器。叶尖扰流器的结构如图 3－2 所示。当风力机正常运行时，在液压系统的作用下，叶尖扰流器与桨叶主体部分精密地合为一体，组成完整的桨叶。当风力机需要脱网停机时，液压系统根据控制指令将扰流器释放并使之旋转 80°～90°形成阻尼板，由于叶尖部分处于距离轴的最远点，整个叶片作为一个长的杠杆，使扰流器产生的气动阻力相当高，足以使风力机在几乎没有任何磨损的情况下迅速减速，这一过程即为桨叶空气动力刹车。叶尖扰流器是风力发电机组的主要制动器，每次制动时都是它起主要作用。

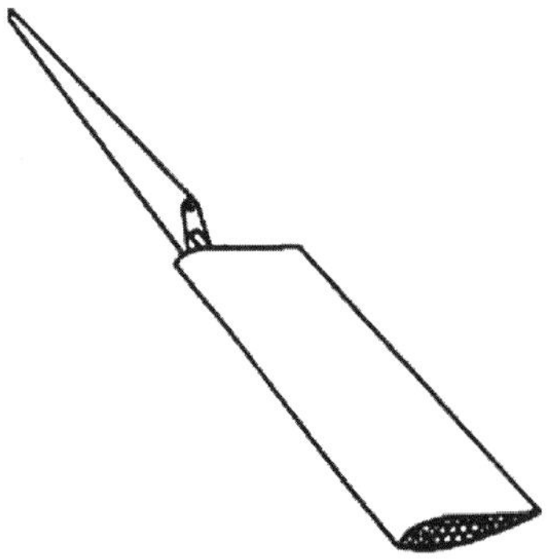

图 3－2　叶尖扰流器的结构

在风轮旋转时，作用在扰流器上的离心力和弹簧力会使叶尖扰流器力图脱离桨叶主体转动到制动位置；而液压力的释放，不论是由于控制系统是正常指令，还是液压系统的故障引起，都将导致扰流器展开而使风轮停止运行。因此，空气动力刹车是一种失效保护装置，它使整个风力发电机组的制动系统具有很高的可靠性。

(4) 双速发电机

事实上，定桨距风力发电机组还存在在低风速运行时的效率问题。在整个运行风速范围内(3 m/s>v>25 m/s)，由于气流的速度是在不断变化的，如果风力机的转速不能随风速的变化而调整，这就必然会使风轮在低风速时的效率降低(而设计低风速时效率过高，会使桨叶过早进入失速状态)。同时发电机本身也存在低负荷时的效率问题，尽管目前用于风力发电机组的发电机已能设计得非常理想，它们在P>30%额定功率范围内，均有高于 90%的效率，但当功率P<25 %额定功率时，效率仍然会急剧下降。为了解决上述问题，定桨距风力发电机组普遍采用双速发电机，分别设计成 4 极和 6 极。一般 6 极发电机的额定功率设计成 4 极发电机的 1/4 到 1/5。例如 600 kW定桨距风力发电机组一般设计成 6 极 150 kW 和 4 极 600 kW；750 kW 风力发电机组设计成 6 极 200 kW 和 4 极 750 kW；最新推出的 1 000 kW 风力发电机组设计成 6 极 200 kW 和 4 极 1 000 kW。这样，当风力发电机组在低风速段运行时，不仅桨叶具有较高的气动效率，发电机的效率也能保持在较高水平，使定桨距风力发电机组与变桨距风力发电机组在进入额定功率前的功率曲线差异不大。采用双速发电机的风力发电机组输出功率曲线如图 3－3 所示。

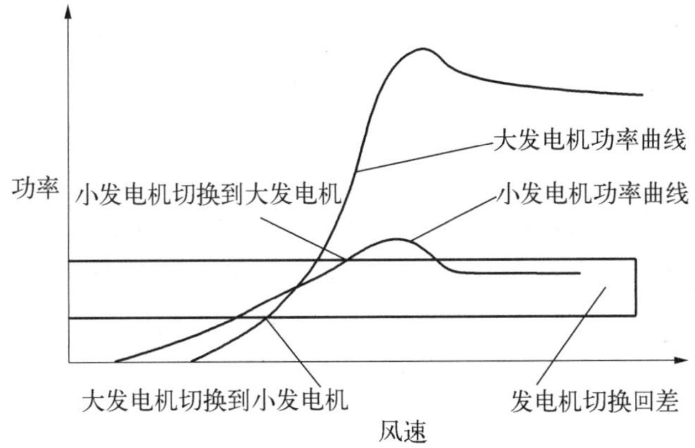

图 3－3　双速发电机功率曲线

(5) 功率输出

根据风能转换的原理，风力发电机组的功率输出主要取决于风速，但除此以外，气压、气温和气流扰动等因素也显著地影响其功率输出。因为定桨距叶片的功率曲线是在空气的标准状态下测出的，这时空气密度 $\rho=1.225\ kg/m^3$。当气压与气温变化时，ρ 会跟着变化，一般当温度变化±10 ℃，相应的空气密度变化±4%。而桨叶的失速性能只与风速有关，只要达到了叶片气动外形所决定的失速调节风速，不论是否满足输出功率，桨叶的失速性能都要起作用，影响功率输出。因此，当气温升高时，空气密度就会降低，相应的功率输出就会减少；反之，功率输出就会增大(见图 3－4)。对于一台 750 kW 容量的定桨距风力发电机组，最大的功率输出可能会出现 30～50 kW 的偏差。因此在冬季与夏季，应对桨叶的安装角各做一次调整。

为了解决这一问题，近年来定桨距风力发电机组制造商又研制了主动失速型定桨距风力发电机组。采取主动失速的风力机开机时，将桨叶节距推进到可获得最大功率位置，当风力发电机组超过额定功率后，桨叶节距主动向失速方向调节，将功率调整在额定值上。由于功率曲线在失速范围的变化率比失速前要低得多，控制相对容易，输出功率也更加平稳。

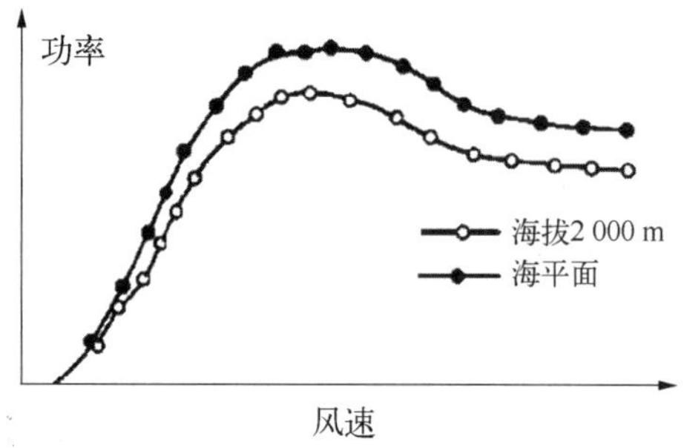

(a) 海拔对定桨距风力机的影响

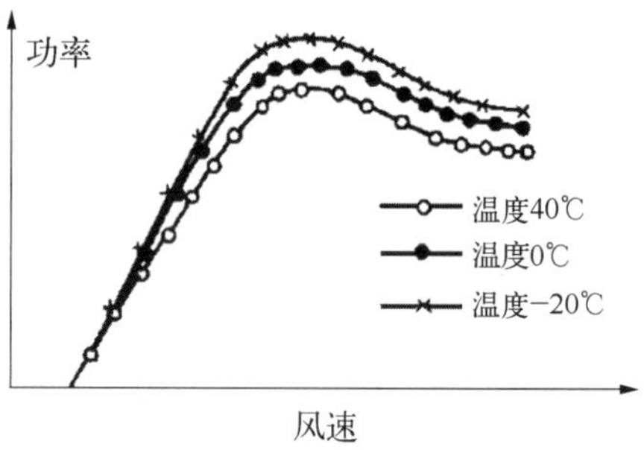

(b) 温度对定桨距风力机的影响

图 3-4　空气密度变化对功率输出的影响

（6）节距角与额定转速的设定对功率输出的影响

定桨距风力发电机组的桨叶节距角和转速都是固定不变的，这一限制使得风力发电机组的功率曲线上只有一点具有最大功率系数，这一点对应于某一个叶尖速比。当风速变化时，功率系数也随之改变。而要在变化的风速下保持最大功率系数，必须保持转速与风速之比不变，也就是说，风力发电机组的转速要能够跟随风速的变化。对同样直径的风轮驱动的风力发电机组，其发电机额定转速可以有很大变化，额定转速较低的发电机在低风速时具有较高的功率系数；额定转速较高的发电机在高风速时具有较高的功率系数，这就是我们采用双速发电机的根据。需说明的是，额定转速并不是按在额定风速时具有最大的功率系数设定的。因为风力发电机组与一般发电机组不一样，它并不是经常运行在额定风速点上，并且功率与风速的 3 次方成正比，只要风速超过额定风速，功率就会显著上升，这对于定桨距风力发电机组来说是根本无法控制的。事实上，定桨距风力发电机组早在风速达到额定值以前就已开始失速了，到额定点时的功率系数已相当小，如图 3-5 所示。

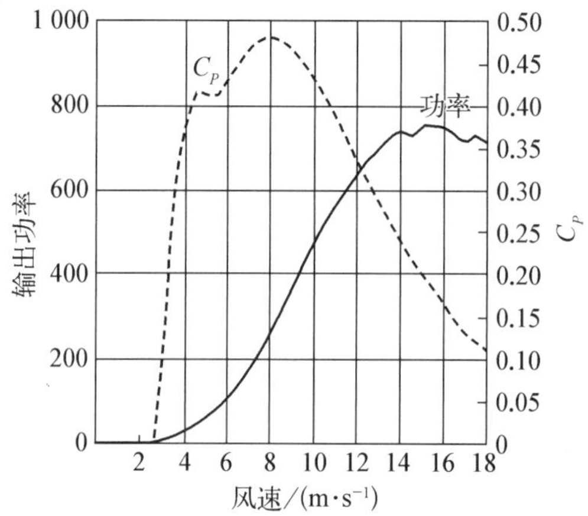

图 3-5　定桨距风力发电机组的功率曲线与功率系数

另外，改变桨叶节距角的设定，也显著影响额定功率的输出。根据定桨距风力机的特点，应当尽量提高低风速时的功率系数和考虑高风速时的失速性能。为此我们需要了解桨叶节距角的改变究竟如何影响风力机的功率输出。图3-6是一组额定功率为200 kW风力发电机组的功率曲线。无论从实际测量还是理论计算所得的功率曲线都可以说明，定桨距风力发电机组在额定风速以下运行时，在低风速区，不同的节距角所对应的功率曲线几乎是重合的。但在高风速区，节距角的变化，对其最大输出功率（额定功率点）的影响是十分明显的。事实上，调整桨叶的节距角，只是改变了桨叶对气流的失速点。根据实验结果，节距角越小，气流对桨叶的失速点越高，其最大输出功率也越高。这就是定桨距风力机可以在不同的空气密度下调整桨叶安装角的根据。

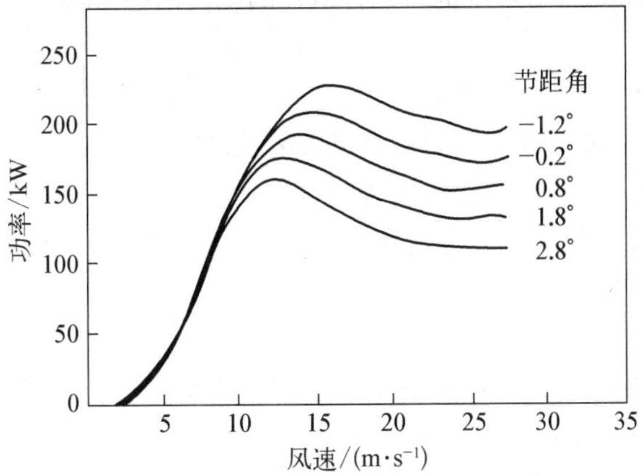

图3-6　桨叶节距角对输出功率的影响

3.2.2　定桨距风力发电机组的运行过程

（1）待机状态

当风速 $v>3$ m/s，但不足以将风力发电机组拖动到切入的转速；或者风力发电机组从小功率（逆功率）状态切出，没有重新并入电网时，这时的风力机处于自由转动状态，称为待机状态。待机状态除了发电机没有并入电网，机组实际上已处于工作状态。这时控制系统已做好切入电网的一切准备：机械刹车已松开；叶尖阻尼板已收回；风轮处于迎风状态；液压系统的压力保持在设定值上；风况、电网和机组的所有状态参数均在控制系统检测之中，一旦风速增大，转速升高，发电机即可并入电网。

（2）风力发电机组的自起动

风力发电机组的自起动是指风轮在自然风速的作用下，不依靠其他外力的协助，将发电机拖动到额定转速。早期的定桨距风力发电机组不具有自起动能力，风轮的起动是在发电机的协助下完成的，这时发电机作电动机运行，通常称为电动机启动(Motor start)。直到现在，绝大多数定桨距风力机仍具备起动的功能。由于桨叶气动性能的不断改进，目前绝大多数风力发电机组的风轮具有良好的自起动性能。一般在风速 $v>4$ m/s 的条件下，即可自起动到发电机的额定转速。

(3) 自起动的条件

正常起动前 10 min,风力发电机组控制系统对电网、风况和机组的状态进行检测。这些状态必须满足以下条件:

1) 电网

① 连续 10 min 内电网没有出现过电压、低电压;

② 电网电压 0.1 s 内跌落值均小于设定值;

③ 电网频率在设定范围之内;

④ 没有出现三项不平衡等现象。

2) 风况

连续 10 min 风速在风力发电机组运行风速的范围内(3 m/s$<v<$25 m/s)。

3) 机组

机组本身至少应具备以下条件:

① 发电机温度、增速器油温度应在设定值范围以内;

② 液压系统所有部位的压力都在设定值;

③ 液压油位和和齿轮润滑油位正常;

④ 制动器摩擦片正常;

⑤ 扭缆开关复位;

⑥ 控制系统 DC24V、AC24V、DCSV、DC±15 V 电源正常;

⑦ 非正常停机后显示的所有故障均已排除;

⑧ 维护开关在运行位置。

上述条件满足时,按控制程序机,机组开始执行“风轮对风”与“制动解除”指令。

(4) 风轮对风

当风速传感器测得 10 min 平均风速 $v>3$ m/s 时,控制器允许风轮对风。

偏航角度通过风向仪测定。当风力机向左或右偏离风向确定时,须延迟 10 s 后才执行向左或向右偏航,以避免在风向扰动情况下的频繁起动。

释放偏航刹车 1 s 后,偏航电动机根据指令执行左右偏航;偏航停止时,偏航刹车投入。

(5) 制动解除

当自起动的条件满足时,控制叶尖扰流器的电磁阀打开,压力油进入桨叶液压缸,扰流器被收回与桨叶主体合为一体。控制器收到叶尖扰流器已回收的反馈信号后,压力油的另一路进入机械盘式制动器液压缸,松开盘式制动器。

(6) 风力发电机组并网与脱网

当平均风速高于 3 m/s 时,风轮开始逐渐起动;风速继续升高到大于 4 m/s 时,机组可自起动直到某一设定转速,此时发电机将按控制程序被自动地联入电网,一般总是小发电机先并网;当风速继续升高到 7~8 m/s,发电机将被切换到大发电机运行;如果平均风速处于 8~20 m/s,则直接从大发电机并网。

发电机的并网过程,是通过三相主电路上的三组晶闸管完成的。当发电机过渡到稳定的发电状态后,与晶闸管电路平行的旁路接触器合上,机组完成并网过程,进入稳定运行状态。为了避免产生火花，旁路接触器的开与关，都是在晶闸管关断前进行的。

1）大小发电机的软并网程序

① 发电机转速已达到预置的切入点，该点的设定应低于发电机同步转速。

② 连接在发电机与电网之间的开关元件晶闸管被触发导通（这时旁路接触器处于断开状态），导通角随着发电机转速与同步转速的接近而增大，随着导通角的增大，发电机转速的加速度减小。

③ 当发电机达到同步转速时，晶闸管导通角完全打开，转速超过同步转速进入发电状态。

④ 进入发电状态后，晶闸管导通角继续完全导通，但这时绝大部分的电流是通过旁路接触器输送给电网的，因为它比晶闸管电路的电阻小得多。

并网过程中，电流一般被限制在大发电机额定电流以下，如超出额定电流时间持续3.0 s，可以断定晶闸管故障，需要安全停机。由于并网过程是在转速达到同步转速附近进行的，这时转差不大，冲击电流较小，主要是励磁涌流的存在，持续30～40 ms。因此，无须根据电流反馈调整导通角。晶闸管按照0°、15°、30°、45°、60°、75°、90°、180°导通角依次变化，可保证起动电流在额定电流以下。晶闸管导通角由0°增大到180°完全导通，时间一般不超过6 s，否则被认为故障。

晶闸管完全导通1 s后，旁路接触器吸合，发出吸合命令1 s内应收到旁路反馈信号，否则旁路投入失败，正常停机。在此期间，晶闸管仍然完全导通，收到旁路反馈信号后，停止触发，风力发电机组进入正常运行。

2）从小发电机向大发电机的切换

为提高发电机运行效率，风力发电机采用了双速发电机。低风速时，小发电机工作，高风速时，大发电机工作。小发电机为6极绕组，同步转速为1 000 r/min，大发电机为4极绕组，同步转速1 500 r/min，小发电机向大发电机切换的控制，一般以平均功率或瞬时功率参数为预置切换点。例如NEG Ncon 750 k机组以10 min平均功率达到某一预置值 P_1 或以4 min平均功率达到预置值 P_2，作为切换依据。采用瞬时功率参数时，一般以5 min内测量的功率值全部大于某一预置值 P_1 或1 min内的功率全部大于预置值 P_2，作为切换的依据。

执行小发电机向大发电机的切换时，首先断开小发电机接触器，再断开旁路接触器。此时，发电机脱网，风力将带动发电机转速迅速上升，在到达同步转速1 500 r/min附近时，再次执行大小发电机的软并网程序。

3）大发电机向小发电机的切换

当发电机功率持续10 min内低于预置值 P_3 时，或10 min内平均功率低于预置值 P_4 时，将执行大发电机向小发电机的切换。

首先断开大发电机接触器，再断开旁路接触器。由于发电机在此之前仍处于出力状态，转速在1 500 r/min以上，脱网后转速将进一步上升。由于存在过速保护和计算机超速检测，因此，应迅速投入小发电机接触器，执行软并网，由电网负荷将发电机转速拖到小发电机额定转速附近。只要转速不超过超速保护的设定值，就允许执行小发电机软并网。

由于风力机是一个巨大的惯性体；当它转速降低时要释放出巨大的能量，这些能量在过渡过程中将全部加在小发电机轴上而转换成电能，这就必然使过渡过程延长。为了使切换过程得以安全、顺利地进行，可以考虑在大发电机切出电网的同时释放叶尖扰流器，使转速下降到小发电机并网预置点以下，再由液压系统收回叶尖扰流器。稍后，发电机转速上升，重新切入电网。国产 FD23－200/40 kW 风力发电机组便是采用这种方式进行切换的，NEG Micon 750/200 kW 风力发电机组也是采用这种方式进行切换的。

4）电动机启动

电动机启动是指风力发电机组在静止状态时，把发电机用作电动机将机组起动到额定转速并切入电网。电动机启动目前在大型风力发电机组的设计中不再进入自动控制程序。因为气动性能良好的桨叶在 $v>4$ m/s 的条件下即可使机组顺利地自起动到额定转速。

电动机启动一般只在调试期间无风时或某些特殊的情况下，比如气温特别低，又未安装齿轮油加热器时使用。电动机启动可使用安装在机舱内的上位控制器按钮或是通过主控制器键盘的起动按钮操作，一般作用于小发电机。发电机的运行状态分为发电机运行状态和电机运行状态。发电机起动瞬间，存在较大的冲击电流（甚至超过额定电流的 10 倍），并将持续一段时间（由静止至同步转速之前），因而发电机启动时须采用软起动技术，根据电流反馈值，控制起动电流，以减小对电网冲击和机组的机械振动。电动机起动时间不应超出 60 s，起动电流应小于小发电机额定电流的 3 倍。

3.2.3 定桨距风力发电机组的控制

（1）控制系统的基本功能

并网运行的风力发电机组的控制系统必须具备以下功能：

1）根据风速信号自动进入起动状态或从电网切出。

2）根据功率及风速大小自动进行转速和功率控制。

3）根据风向信号自动对风。

4）根据功率因素自动投入（或切出）相应的补偿电容。

5）当发电机脱网时，能确保机组安全停机。

6）在机组运行过程中，能对电网、风况和机组的运行状况进行监测和记录，对出现的异常情况能够自行判断并采取相应的保护措施，并能够根据记录的数据，生成各种图表，以反映风力发电机组的各项性能指标。

7）对在风电场中运行的风力发电机组还应具备远程通信的功能。

（2）运行过程中的主要参数监测

1）电力参数检测

风力发电机组需要持续监测的电力参数包括电网三相电压、发电机输出的三相电流、电网频率、发电机功率因数等。这些参数无论风力发电机组是处于并网状态还是脱网状态都被监测，用于判断风力发电机组的起动条件、工作状态及故障情况，还用于统计风力发电机组的有功功率、无功功率和总发电量。此外，还根据电力参数，主要是发电机有功功率和功率因数来确定补偿电容的投入与切出。

① 电压测量

电压测量主要检测以下故障。

a. 电网冲击：相电压超过 450 V；

b. 过电压：相电压超过 433 V；

c. 低电压：相电压低于 329 V；

d. 电网电压跌落：相电压低于 260 V；

e. 相序故障。

对电压故障要求反应较快。在主电路中设有过电压保护，其动作设定值可参考冲击电压整定保护值。发生电压故障时风力发电机组必须退出电网，一般采取正常停机，而后根据情况进行处理。

电压测量值经平均值算法处理后可用于计算机组的功率和发电量的计算。

② 电流测量

关于电流的故障，主要有以下情况。

a. 电流跌落：0.1 s 内一项电流跌落 80%。

b. 三相不对称：三相中有一相电流与其他两相相差过大，相电流相差 25%，或在平均电流低于 50 A 时，相电流相差 50%。

c. 晶闸管故障：软起动期间，某相电流大于额定电流或者触发脉冲发出后电流连续 0.1 s为 0。

对电流故障同样要求反应迅速。通常控制系统带有两个电流保护，即电流短路保护和过电流保护。电流短路保护采用断路器，动作电流按照发电机内部相间短路电流整定，动作时间 0～0.05 s。过电流保护由软件控制，动作电流按照额定电流的 2 倍整定，动作时间 1～3 s。

电流测量值经平均值算法处理后与电压、功率因数合成为有功功率、无功功率及其他电力参数。

电流是风力发电机组并网时需要持续监视的参量，如果切入电流不小于允许极限，则晶闸管导通角不再增大，当电流开始下降后，导通角逐渐打开直至完全开启。并网期间，通过电流测量可检测发电机或晶闸管的短路及三相电流不平衡信号。如果三相电流不平衡超出允许范围，控制系统将发出故障停机指令，风力发电机组退出电网。

③ 频率

电网频率被持续测量。测量值经平均值算法处理与电网上、下限频率进行比较，超出时风力发电机组退出电网。电网频率直接影响发电机的同步转速，进而影响发电机的瞬时出力。

④ 功率因数

功率因数通过分别测量电压相角和电流相角获得，经过移相补偿算法和平均值算法处理后，用于统计发电机有功功率和无功功率。

由于无功功率导致电网的电流增加，线损增大，且占用系统容量，因而送入电网的功率，感性无功分量越少越好，一般要求功率因数保持在 0.95 以上。为此，风力发电机组使用了电容器补偿无功功率。考虑到风力发电机组的输出功率常在大范围内变化，补偿电容器一般按不同容量分成若干组，根据发电机输出功率的大小来投入与切出。这种方式投入补偿电容时，可能造成过补偿。此时会向电网输入容性无功。

电容补偿并未改变发电机运行状况。补偿后，发电机接触器上电流应大于主接触器电流。

⑤ 功率

功率可通过测得的电压、电流、功率因数计算得出，用于统计风力发电机组的发电量。

风力发电机组的功率与风速有固定函数关系，如测得功率与风速不符，可以作为风力发电机组故障判断的依据。当风力发电机组功率过高或过低时，可以作为风力发电机组退出电网的依据。

2）风力参数监测

① 风速

风速通过机舱外的数字式风速仪测得。计算机每秒采集一次来自风速仪的风速数据；每 10 min 计算一次平均值，用于判别起动风速（风速 $3<v\leqslant 8$ m/s 时，起动小发电机，$v>8$ m/s 起动大发电机）和停机风速（$v>25$ m/s）。安装在机舱顶上的风速仪处于风轮的下风向，本身并不精确，一般不用来产生功率曲线。

② 风向

风向标安装在机舱顶部两侧，主要测量风向与机舱中心线的偏差角。一般采用两个风向标，以便互相校验，排除可能产生的误信号。控制器根据风向信号，起动偏航系统。当两个风向标不一致时，偏航会自动中断。当风速低于 3 m/s 时，偏航系统不会起动。

3）机组状态参数检测

① 转速

风力发电机组转速的测量点有两个，即发电机转速和风轮转速。

转速测量信号用于控制风力发电机组并网和脱网，还可用于起动超速保护系统，当风轮转速超过设定值 n_1 或发电机转速超过设定值 n_2 时，超速保护动作，风力发电机组停机。

风轮转速和发电机转速可以相互校验。如果不符，则提示风力发电机组故障。

② 温度

有 8 个点的温度需被测量，用于反映风力发电机组系统的工作状况。这 8 个点包括：增速器油温；高速轴承温度；大发电机温度；小发电机温度；前主轴承温度；后主轴承温度；控制盘温度（主要是晶闸管的温度）；控制器环境温度。

由于温度过高引起风力发电机组退出运行，在温度降至允许值时，仍可自动起动风力发电机组运行。

③ 机舱振动

为了检测机组的异常振动，在机舱上应安装振动传感器。传感器由一个与微动开关相连的钢球及其支撑组成。异常振动时，钢球从支撑它的圆环上落下，拉动微动开关，引起安全停机。重新起动时，必须重新安装好钢球。

机舱后部还设有桨叶振动探测器（TAC84 系统）。过振动时将引起正常停机。

④ 电缆扭转

由于发电机电缆及所有电气、通信电缆均从机舱直接引入塔筒，直到地面控制柜。如果机舱经常向一个方向偏航，会引起电缆严重扭转。因此，偏航系统还应具备扭缆保护的功能。偏航齿轮上安有一个独立的计数传感器，以记录相对初始方位所转过的齿数。当风力机向一个方向持续偏航达到设定值时，表示电缆已被扭转到危险的程度，控制器将发出停机指令并显示故障。风力发电机组停机并执行顺时针或逆时针解缆操作。为了提高可靠性，在电缆引入塔筒处(即塔筒顶部)还安装了行程开关，行程开关触点与电缆相连，当电缆扭转到一定程度时可直接拉动行程开关，引发安全停机。

为了便于了解偏航系统的当前状态，控制器可根据偏航计数传感器的报告，以记录相对初始方位所转过的齿数显示机舱当前方位与初始方位的偏转角度及正在偏航的方向。

⑤ 机械刹车状况

在机械刹车系统中装有刹车片磨损指示器，如果刹车片磨损到一定程度，控制器将显示故障信号，这时必须更换刹车片后才能起动风力发电机组。

在连续两次动作之间，有一个预置的时间间隔，刹车片装置有足够的冷却时间，以免重复使用使刹车盘过热。根据不同型号的风力发电机组，也可用温度传感器来取代设置延时程序。这时刹车盘的温度必须低于预置的温度才能起动风力发电机组。

⑥ 油位

风力发电机的油位包括润滑油位、液压系统油位。

4) 各种反馈信号的检测

控制器在以下指令发出后的设定时间内应收到动作已执行的反馈信号：① 回收叶尖扰流器；② 松开机械刹车；③ 松开偏航制动器；④ 发电机脱网及脱网后的转速降落信号。否则将出现相应的故障信号，执行安全停机。

5) 增速器油温的控制

增速器箱体内一侧装有 PT100 温度传感器。运行前，保证齿轮油温高于 0 ℃(根据润滑油的要求设定)，否则加热至 10 ℃再运行。正常运行时，润滑油泵始终工作，对齿轮和轴承进行强制喷射润滑。当油温高于 60 ℃时，油冷却系统起动，油被送入增速器外的热交换器进行自然风冷或强制水冷。油温低于 45 ℃时，冷却油回路切断，停止冷却。

目前大型风力发电机组增速器均带有强制润滑冷却系统和加热器。但油温加热器与箱外冷却系统并非缺一不可。例如对于我国南方，如广东省的沿海地区，气温很少低于 0 ℃，可不用考虑加热器。对一些气温不高的地区，也可不用设置箱外冷却系统。

6) 发电机温升控制

通常在发电机的三相绕组及前后轴承里面各装有一个 PT100 温度传感器，发电机在额定状态下的温度为 130～140 ℃，一般在额定功率状态下运行 5～6 h 后达到这一温度。当温度高于 150～155 ℃时，风力发电机组将会因温度过高而停机。当温度降落到 100 ℃以下时，风力发电机组又会重新起动并入电网(如果自起动条件仍然满足)。发电机温度的控制点可根据当地情况进行现场调整。

对在安装在湿度和温差较大地点的风力发电机组，发电机内部可安装电加热器，以防止大温差引起发电机绕组表面的冷凝。

一般用于风力发电机组的发电机均采取强制风冷。但新推出的 NM750/48 风力发电机组设置了水冷系统。冷却水管道布置在定子绕组周围，通过水泵与外部散热器进行循环热交换。冷却系统不仅直接带走发电机内部的热量，同时通过热交换器带走齿轮润滑油的热量，如图 3-7 所示，从而使风力发电机组的机舱可以设计成密封型。采用强制水冷，大大提高了发电机的冷却效果，提高了发电机的工作效率。并且由于密封性良好，避免了舱内风沙雨水的侵入，给机组创造了有利的工作环境。

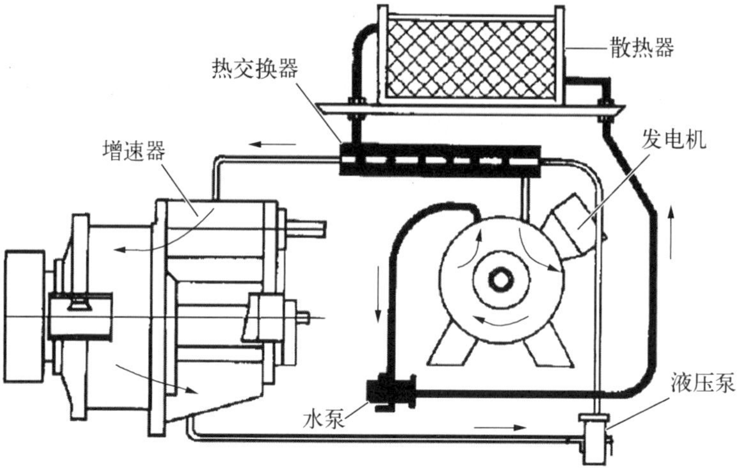

图 3-7 发电机增速器循环冷却系统

7)功率过高或过低的处理

① 功率过低

如果发电机功率持续(一般 30～60 s)出现逆功率，其值小于预置值 P_s，风力发电机组将退出电网，处于待机状态。脱网动作过程为：先断开发电机接触器，再断开旁路接触器。

重新切入可考虑将切入预置点自动提高 0.5%，但转速下降到预置点以下后升起再并网时，预置值自动恢复到初始状态值。

重新并网动作过程如下：闭合发电机接触器，软启动后晶闸管完全导通。当输出功率超过预置值 P_s 3 s 时，投入旁路接触器，转速切入点变为原定值。功率低于 P_s 时由晶闸管通路向电网供电，这时输出电流不大，晶闸管可连续工作。

这一过程是在风速较低时进行的。发电机出力为负功率时，吸收电网有功，风力发电机组几乎不做功。如果不提高切入设置点，起动后仍然可能是电动机运行状态。

② 功率过高

一般说来，功率过高现象由两种情况引起的：一是由于电网频率波动引起的。电网频率降低时，同步转速下降，而发电机转速短时间不会降低，转差较大，各项损耗及风力转换机械能瞬时不突变，因而功率瞬时会变得很大。二是由于气候变化，空气密度增加引起的。功率过高如持续一定时间，控制系统应做出反应。可设置为：当发电机出力持续 10 min 大于额定功率的 15%后，正常停机；当功率持续 2 s 大于额定功率的 50%，安全停机。

8）风力发电机组退出电网

风力发电机组各部件受其物理性能的限制，当风速超过一定的限度时，必须脱网停机。例如风速过高将导致叶片大部分严重失速，受剪切力矩超出承受限度而导致过早损坏。因而在风速超出允许值时，风力发电机组应退出电网。

由于风速过高引起的风力发电机组退出电网有以下几种情况：

① 风速高于25 m/s，持续10 min。一般来说，由于受叶片失速性能限制，在风速超出额定值时发电机转速不会因此上升。但当电网频率上升时，发电机同步转速上升，要维持发电机出力基本不变，只有在原有转速的基础上进一步上升，可能超出预置值。这种情况通过转速检测和电网频率监测可以做出迅速反应。如果过转速，释放叶尖扰流器后还应使风力发电机组侧风90°，以便转速迅速降下来。当然，只要转速没有超出允许限额，只需执行正常停机。

② 风速高于33 m/s，持续2 s，正常停机。

③ 风速高于50 m/s，持续1 s，安全停机，侧风90°。

（3）风力发电机组的基本控制策略

1）风力发电机组的工作状态

风力发电机组总是工作在如下状态之一：运行状态、暂停状态、停机状态、紧急停机（紧停）状态。每种工作状态可看作风力发电机组的一个活动层次，运动状态处在最高层次，紧停状态处在最低层次。风电机组在各种状态条件下控制系统是如何反应的，必须对每种工作状态作出精确的定义。这样，控制软件就可以根据机组所处的状态，按设定的控制策略对调向系统、液压系统、变桨系统、制动系统、晶闸管等进行操作，实现状态之间的转换。

以下给出了四种工作状态的主要特征及其简要说明。

① 运行状态

a. 机械刹车松开；

b. 允许机组并网发电；

c. 机组自动调向；

d. 液压系统保持工作压力；

e. 叶尖阻尼板回收或变桨距系统选择最佳工作状态。

② 暂停状态

a. 机械刹车松开；

b. 液压泵保持工作压力；

c. 自动调向保持工作状态；

d. 叶尖阻尼板回收或变桨距系统调整桨叶节距角向90°方向；

e. 风力发电机组空转。

这个工作状态在调试风力发电机组时非常有用，因为调试风力机的目的是要求机组的各种功能正常，而不一定要求发电运行。

③ 停机状态

a. 机械刹车松开；

b. 液压系统打开电磁阀使叶尖阻尼板弹出，或变桨距系统失去压力而实现机械旁路；

c. 液压系统保持工作压力；

d. 调向系统停止工作。

④ 紧急停机状态

a. 机械刹车与启动刹车同时动作；

b. 紧急电路(安全链)开启；

c. 计算机所有输出信号无效；

d. 计算机仍在运行和测量所有输入信号。

当紧停电路动作时，所有接触器断开，计算机输出信号被旁路接触器阻断，使计算机没有可能去激活任何机构。

2) 工作状态之间转变

定义了风力发电机组的四种工作状态之后，我们进一步说明各种工作状态之间是如何实现转换的。

按图 3-8 箭头所示，提高工作状态层次只能一层一层地上升，而要降低工作状态层次可以是一层或多层。这种工作状态之间转变方法是基本的控制策略，它主要出发点是确保机组的安全运行。

如果风力发电机组的工作状态要往更高层次转化，必须一层一层往上升，用这种过程确定系统的每个故障是否被检测。当系统在状态转变过程中检测到故障，则自动进入停机状态。

当系统在运行状态中检测到故障，并且这种故障是致命的，那么工作状态不得不从运行直接到紧停，这可以立即实现而不需要通过暂停和停止。

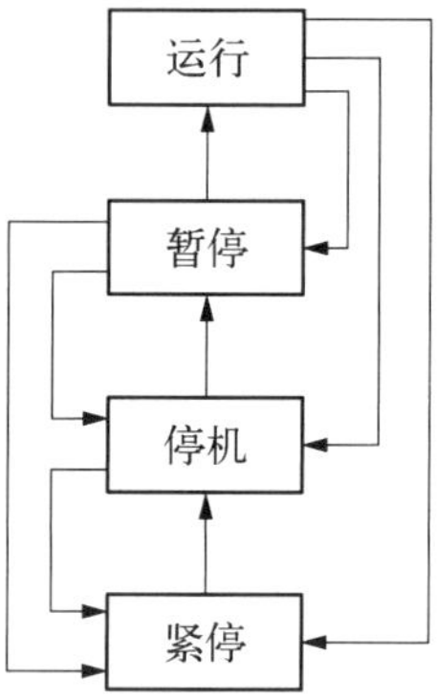

图 3-8 工作状态之间转换

下面进一步说明当工作状态转换时，系统是如何动作的。

① 工作状态的提升

➢ 紧停→停机

如果停机状态的条件满足，则：

a. 关闭紧停电路；

b. 建立液压工作压力；

c. 松开机械刹车。

➢ 停机→暂停

如果暂停的条件满足，则：

a. 起动偏航系统；

b. 对变桨距风力发电机组，连通变桨距系统压力阀。

➢ 暂停→运行

如果运行的条件满足，则：

a. 核对风力发电机组是否处于上风向；

b. 叶尖阻尼板回收或变桨距系统投入工作；

c. 根据所测转速，发电机是否可以切入电网。

② 工作状态层次下降

包括3种情况：

a. 紧急停机。紧急停机包含了三种情况，即停止→紧停、暂停→紧停、运行→紧停，其主要控制指令为：

(a) 打开紧停电路；

(b) 置所有输出信号于无效；

(c) 机械刹车作用；

(d) 逻辑电路复位。

b. 停机。停机操作包含两种情况，即暂停→停机、运行→停机。

➢ 暂停→停机

(a) 停止自动调向；

(b) 打开气动刹车或变桨距机构回油阀(使失压)。

➢ 运行→停机

(c) 变桨距系统停止自动调节；

(d) 打开气动刹车或变桨距机构回油阀(使失压)；

(e) 发电机脱网。

c. 暂停

(a) 如果发电机并网，调节功率降到0后通过晶闸管切出发电机；

(b) 如果发电机没有并入电网，则降低风轮转速至0。

3) 故障处理

图3-8所示的工作状态转换过程实际上还包含着一个重要的内容：当故障发生时，风力发电机组将自动地从较高的工作状态转换到较低的工作状态。故障处理实际上是针对风力发电机组从某一工作状态转换到较低的状态层次可能产生的问题，因此检测的范围是限定的。

为了便于介绍安全措施和对发生的每个故障类型处理，我们给每个故障定义如下：

a. 故障名称；

b. 故障被检测的描述；

c. 当故障存在或没有恢复时工作状态层次；

d. 故障复位情况(能自动或手动复位，在机上或远程控制复位)。

① 故障检测。控制系统设在顶部和地面的处理器都能够扫描传感器信号以检测故障，故障由故障处理器分类，每次只能有一个故障通过。只有能够引起机组从较高工作状态转入较低工作状态的故障才能通过。

② 故障记录。故障处理器将故障存储在运行记录表和报警表中。

③ 对故障的反应。对故障的反应有三种情况。

a. 降入暂停状态；

b. 降为停机状态；

c. 降为紧急停机状态。

④ 故障处理后的重新起动。在故障已被接受之前，工作状态层不可能任意上升。故障被接受的方式如下：

a. 如果外部条件良好，一些外部原因引起的故障状态可能自动复位。

b. 一般故障可以通过远程控制复位，如果操作者发现该故障可接受并允许起动风力发电机组，那么可以复位故障。

c. 有些故障是致命的，不允许自动复位或远程控制复位，必须有工作人员到机组工作现场检查，这些故障必须在风力发电机组内的控制面板上得到复位。

d. 故障状态被自动复位后 10 min 将自动重新起动。但一天发生次数应有限定，并记录显示在控制面板上。

e. 如果控制器出错，可通过看门狗控制器(watch dog)重新起动。

3.2.4 定桨距风力发电机组的制动与保护

(1) 定桨距风力发电机组的制动系统

定桨距风力发电机组的制动系统由叶尖启动刹车和机械盘式刹车组成。

叶尖扰流器形式的气动刹车，是目前定桨距风力发电机组设计中普遍采用的一种刹车方式。当风力发电机组处于运行状态时，叶尖扰流器作为桨叶的一部分起吸收风能的作用，保持这种状态的动力是风力发电机组中的液压系统。液压系统提供的压力油通过旋转接头进入安装在桨叶根部的液压缸，压缩叶尖扰流器机构中的弹簧，使叶尖扰流器与桨叶主体平滑地连为一体；当风力发电机需停机时，液压系统释放压力油，叶尖扰流器在离心力作用下，按设计的轨迹转过 90°，在空气阻力下起制动作用。

盘式刹车系统在中大型风力发电机组中主要作为辅助刹车装置，并且在大型风力发电机组上，机械刹车都被安排在高速轴上。因为随着风力发电机组容量的增大，主轴上的转矩成倍增大，如用盘式刹车装置作为主刹车，那么刹车盘的直径就很大，使整个风力发电机组的结构变大，同时当液压系统的压力增大时，整个液压系统的密封性能要求高，漏油的可能性增大。所以，在大中型风力发电机组中，盘式刹车装置只是当机组在需要维护检修时作刹车制动用。

制动系统是风力发电机组安全保障的重要环节，风力发电机组运行时均由液压系统的压力保持其处于非制动状态。制动系统一般按失效保护的原则设计，即失电时或液压系统失效时处于制动状态。控制器在发出指令 1 s 内应收到机械刹车已松开的反馈信号，否则将出现制动器故障信号，执行安全停机。根据风速、风轮转速、发电机转速及刹车的反馈信号，可以判断故障原因。如有风速、有转速，但未收到制动解除信号，应该是刹车已松开，信号回路故障，否则是制动器故障。

制动过程有三种情况：

1) 正常停机

① 发电机没有联网

a. 电磁阀失电，释放叶尖扰流器。

b. 风轮转速低于设定值时，第一部机械刹车投入。

c. 如果叶尖释放后转速继续上升，则第二部机械刹车立即投入(大型风力发电九组通常设有两组以上机械刹车)。

d. 下一次刹车时，先投入第二部刹车，再投入第一部刹车。

e. 停机后叶尖扰流器收回。

② 发电机已经联网

a. 通过电磁阀释放叶尖扰流器。

b. 当发电机转速(无论是大或小)降至同步转速时，发电机主接触器动作，发电机与电网解裂。

c. 风轮转速低于设定值时，第一部刹车投入。

d. 如果叶尖扰流器释放后转速继续上升，则第二部刹车立即投入。

e. 下一次使用刹车系统时，第二个投入的刹车先投入。

f. 停机后叶尖扰流器收回。

从大发电机工作状态刹车时，叶尖扰流器释放 2 s 后发电机转速超速 5%，或 15 s 后风轮转速仍未降至 20 r/min，为不正常情况，执行安全停机。

2) 安全停机

① 叶尖扰流器释放同时投入第一部刹车。

② 当发电机转速降至同步转速时，发电机主接触器跳开，第二部机械刹车被投入。

③ 叶尖扰流器不收回。

3) 紧急停机

① 所有的继电器、接触器失电。

② 叶尖扰流器和两部机械刹车同时投入，发电机同时与电网解裂(发电机主接触器跳开)。

(2) 超速保护

当转速传感器检测到发电机或风轮转速超过额定转速的 110%时，控制器将给出正常停机指令。在 NM750/48 风力发电机组上采用了振动保护传感器(TAC84)，它可以检测任何在风轮旋转面上的低频振动频率，因而可以准确地指示风轮过速情况，用作转速传感器的自我校验。

风力发电机组上另设有一个完全独立于控制系统的、通过作用于液压系统引起叶尖扰流器动作的紧急停机系统。在控制叶尖扰流器的液压缸与油箱之间，并联了一个受压力控制可突然开启的突开阀(突开阀在压力失去后也不能自动关闭)。作用在叶尖扰流器上的离心与风轮转速的平方成正比。风轮超速时，液压缸中的压力迅速升高，达到设定值时，突开阀被打开，压力油被泄回油箱，叶尖扰流器在离心力的作用下，迅速脱离桨叶主体，旋转 90°成为阻尼板，使机组在控制系统或检测系统或电磁阀失效的情况下得以安全停机。有两种突开阀，一种为一次性突开阀，一旦动作后自身被破坏，不可再使用；另一种复位后可重新使用。

(3) 电网失电保护

风力发电机组离开电网的支持是无法工作的。一旦失电，控制叶尖空气动力刹车和机械刹车的电磁阀就会立即打开，液压系统失去压力，制动系统动作，相当于执行紧急停机程序。这时舱内和塔架内的照明可以维持 15～20 min。对由于电网原因引起的停机，控制系统将在电网恢复正常供电 10 min 后自动恢复正常运行。

(4) 电气保护

1) 过电压保护

控制器对通过电缆传入控制柜的瞬时冲击，具有自我保护能力。控制柜内设有瞬时冲击保护系统。以 NEG Micon 750/200 kW 风力发电机组的控制系统为例，其瞬时冲击保护系统的单相额定放电能力为 15 kA，最大放电能力为 40 kA，电压保护能力为 2 kV。控制器内还设有绝缘屏障，以释放剩余的电压。

2) 感应瞬态保护

① 晶闸管的瞬时过电压屏蔽；

② 计算机的瞬时过电压屏蔽；

③ 所有传感器输入信号的隔离；

④ 通信电缆的隔离。

3) 雷击保护

雷击保护的原理是使机组所有部件保持电位平衡，并提供便捷的接地通道以释放雷电，避免高能雷电的积累。事实上，机组可以承受很高的电压和电流而不至于影响机组的正常运行。

① 机舱的保护。钢结构的机舱底座，为舱内机械提供了基本的接地保护。若没有直接与机舱底座连接的部件，可与接地电缆相连。机舱体后部若安装避雷针，高度应在风速风向仪之上。机舱底座通过电缆与塔架连接，塔架与地面控制柜通过电缆与埋入基础内的接地系统相连。

② 桨叶的保护。桨叶的雷击保护是通过安装在叶尖上的雷电接收器（该装置由叶片制造商提供）并借助于叶尖气动刹车机构作为传导系统来实现的。从风轮到机舱底座，是通过电刷和集电环来连接的。雷击时，连接主轴与轴承座的电刷可将瞬态电流不经过轴承而安全地转移到机舱底座进入接地网。

(5) 紧急安全链

安全链是独立于计算机系统的最后一级保护措施。采用反逻辑设计，将可能对风力发电机组造成致命伤害的故障节点串联成一个回路，一旦其中一个动作，将引起紧急停机反应。一般将如下传感器的信号串接在紧急安全链中：紧急停机按钮、控制器看门狗（watch dog）、显示叶尖扰流器液压缸液压的压力继电器、扭缆传感器、振动传感器、控制器 DC24V 电源失电。

此外，如果控制计算机发生死机、风轮过转速或发电机过转速、大发电机向小发电机切换时风轮过转速等信号时，也起动安全链。紧急停机后，只能手动复位后才能重新起动。

3.3 变桨距风力发电机组

从空气动力学角度考虑，当风速过高时，只有通过调整桨叶节距，改变气流对叶片功角，从而改变风力发电机组获得的空气动力转矩，才能使功率输出保持稳定。同时，风力机在启动过程也需要通过变距来获得足够的起动转矩。因此，最初研制的风力发电机组都被设计成可以全桨叶变距的。但由于一开始设计人员对风力发电机组的运行工况认识不足，所设计的变桨距系统，其可靠性远不能满足风力发电机组正常运行的要求，灾难性的飞车事故不断发生，变桨距风力发电机组迟迟未能进入商业化运行。所以，当失速型桨叶的起动性能得到了改进，人们便纷纷放弃变桨距机构而采用了定桨距风轮，以至于后来商品化的风力发电机组大都是定桨距失速控制的。

经过 10 多年的实践，设计人员对风力发电机组的运行工况和各种受力状态已有了深入的了解，不再满足于仅仅提高风力发电机组运行的可靠性，而开始追求不断优化的输出功率曲线，同时采用变桨距机构的风力发电机组可使桨叶和整机的受力状况大为改善，这对大型风力发电机组的总体设计十分有利。因此，进入 20 世纪 90 年代以后，变桨距控制系统又重新受到了设计人员的重视。目前已有多种型号的变桨距风力发电机组进入市场。其中较为成功的有丹麦 VESTAS 的 V42－600 kW～V90－3.0 MW 系列风力发电机组。从今后的发展趋势看，在大型风力发电机组中将会普遍采用变桨距技术。

3.3.1　变桨距风力发电机组的特点

(1) 输出功率特性

变桨距风力发电机组与定桨距风力发电机组相比，具有在额定功率点以上输出功率平稳的特点，如图 3－9 和图 3－10 所示。变桨距风力发电机组的功率调节不完全依靠叶片的气动性能。当功率在额定功率以下时，控制器将叶片节距角置于 0°附近，不做变化，可认为等同于定桨距风力发电机组，发电机的功率根据叶片的气动性能随风速的变化而变化。当功率超过额定功率时，变桨距机构开始工作，调整叶片节距角，将发电机的输出功率限制在额定值附近。但是，随着并网型风力发电机组容量的增大，大型风力发电机组的单个叶片已重达数吨，要操纵如此巨大的惯性体，并且响应速度要能跟得上风速的变化是相当困难的。事实上，如果没有其他措施，变桨距风力发电机组的功率调节对高频

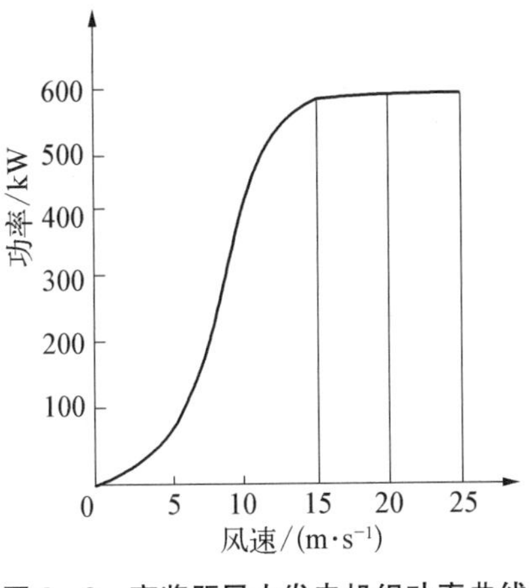

图 3－9　变桨距风力发电机组功率曲线

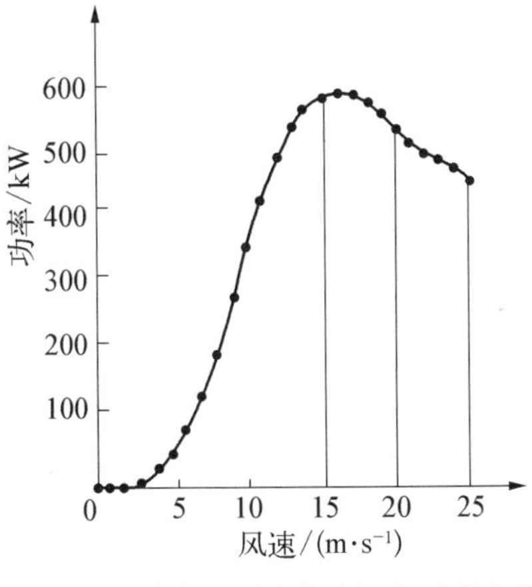

图 3－10　定桨距风力发电机组功率曲线

风速变化仍然是无能为力的。因此,近年来设计的变桨距风力发电机组,除了对桨叶进行节距控制以外,还通过控制发电机转子电流来控制发电机转差率,使得发电机转速在一定范围内能够快速响应风速的变化,以吸收瞬变的风能,使输出的功率曲线更加平稳。

(2) 在额定点具有较高的风能利用系数

变桨距风力发电机组与定桨距风力发电机组相比,在相同的额定功率点,额定风速比定桨距风力发电机组要低。对于定桨距风力发电机组,一般在低风速段的风能利用系数较高。当风速接近额定点,风能利用系数开始大幅下降。因为这时随着风速的升高,功率上升已趋缓,而过了额定点后,桨叶已开始失速,风速升高,功率反而有所下降。对于变桨距风力发电机组,由于桨叶节距可以控制,无须担心风速超过额定点后的功率控制问题,可以使得额定功率点仍然具有较高的功率系数。

(3) 确保高风速段的额定功率

由于变桨距风力发电机组的桨叶节距角是根据发电机输出功率的反馈信号来控制的,它不受气流密度变化的影响。无论是由于温度变化还是由海拔引起的空气密度变化,变桨距系统都能通过调整叶片角度,使之获得额定功率输出。这对于功率输出完全依靠桨叶气动性能的定桨距风力发电机组来说,具有明显的优越性。

(4) 起动性能与制动性能

变桨距风力发电机组在低风速时,桨叶节距可以转动到合适的角度,使风轮具有最大的起动力矩,从而使变桨距风力发电机组比定桨距风力发电机组更容易起动。在变桨距风力发电机组上,一般不再设计电动机启动的程序。当风力发电机组需要脱离电网时,变桨距系统可以先转动叶片使之减小功率,在发电机与电网断开之前,功率减小至零,这意味着当发电机与电网脱开时,没有转矩作用于风力发电机组,避免了在定桨距风力发电机组上每次脱网时所要经历的突甩负载的过程。

3.3.2　变桨距风力发电机组的运行状态

变桨距风力发电机组根据变距系统所起的作用可分为三种运行状态,即风力发电机组的起动状态(转速控制)、欠功率状态(不控制)和额定功率状态(功率控制)。

(1) 起动状态

变距风轮的桨叶在静止时,节距角为90°(图3-11),这时气流对桨叶不产生转矩,整个桨叶实际上是一块阻尼板。当风速达到起动风速时,桨叶向0°方向转动,直到气流对桨叶产生一定的攻角,风轮开始起动。在发电机并入电网以前,变桨距系统的节距给定值由发电机转速信号控制。转速控制器按一定的速度上升斜率给出速度参考值,变桨距系统根据给定的速度参考值,调整节距角,进行所谓的速度控制。为了确保并网平稳,对电网产生尽可能小的冲击,变桨距系统可以在一定时间内,保持发电机转速在同步转速附近,寻找最佳时机并网。虽然在主电路中也采用了软并网技术,但由于并网过程的时间短(仅持续几个周期),冲击小,可以选用容量较小的晶闸管。

为了使控制过程比较简单,早期的变桨距风力发电机组在转速达到发电机同步转速前对桨叶节距并不加以控制。在这种情况下,桨叶节距只是按所设定的变距速度将节距角向0°方向打开。直到发电机转速上升到同步速附近,变桨距系统才开始投入工作。转速控制的给定值是恒定的，即同步转速。转速反馈信号与给定值进行比较，当转速超过同步转速时，桨叶节距就向迎风面积减小的方向转动一个角度，反之则向迎风面积增大的方向转动一个角度。当转速在同步转速附近保持一定时间后发电机即并入电网。

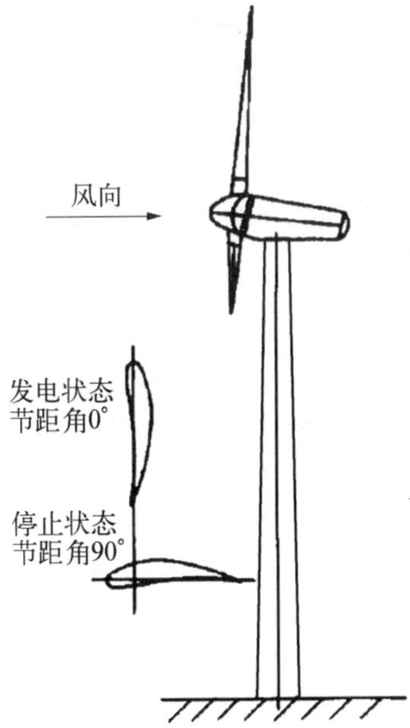

图3－11　不同节距角时的桨叶截面

(2) 欠功率状态

欠功率状态是指发电机并入电网后，由于风速低于额定风速，发电机在额定功率以下的低功率状态运行。与转速控制相同的道理，在早期的变桨距风力发电机组中，对欠功率状态不加控制。这时的变桨距风力发电机组与定桨距风力发电机组相同，其功率输出完全取决于桨叶的气动性能。

近年来，以 Vestas 为代表的新型变桨距风力发电机组，为了改善低风速时桨叶的气动性能，采用了 Optitip 技术，即根据风速的大小，调整发电机转差率，使其尽量运行在最佳叶尖速比上，以优化功率输出。当然，能够作为控制信号的只是风速变化稳定的低频分量，对于高频分量并不响应。这种优化只是弥补了变桨距风力发电机组在低风速时的不足之处，与定桨距风力发电机组相比，并没有明显的优势。

(3) 额定功率状态

当风速达到或超过额定功率后，风力发电机组进入额定功率状态。在传统的变桨距控制方式中，这时将转速控制切换到功率控制，变桨距系统开始根据发电机的功率信号进行控制。控制信号的给定值是恒定的，即额定功率。功率反馈信号与给定值进行比较，当功率超过额定功率时，桨叶节距就向迎风面积减小的方向转动一个角度，反之则向迎风面积增大的方向转动一个角度，其控制系统框图如图3－12所示。

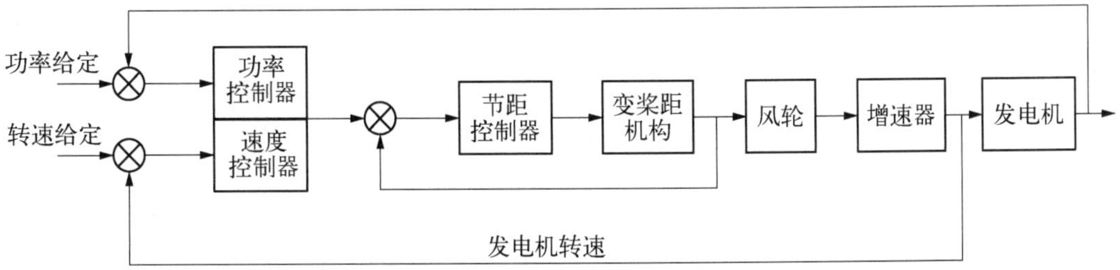

图3－12　传统的变桨距风力发电机组的控制框图

由于变桨距系统的响应速度受到限制，对快速变化的风速，通过改变节距来控制输出功率的效果并不理想。因此，为了优化功率曲线，最新设计的变桨距风力发电机组在进行功率控制的过程中，其功率反馈信号不再作为直接控制桨叶节距的变量。变桨距系统由风速低频分量和发电机转速控制，风速的高频分量产生的机械能波动，通过迅速改变发电机的转速来进行平衡，即通过转子电流控制器对发电机转差率进行控制，当风速高于额定风速时，允许发电机转速升高，将瞬变的风能以风轮动能的形式储存起来；当风速降低时，再将动能释放出来，使功率曲线达到理想的状态。

3.3.3 变桨距控制系统

新型变桨距控制系统框图如图 3－13 所示。

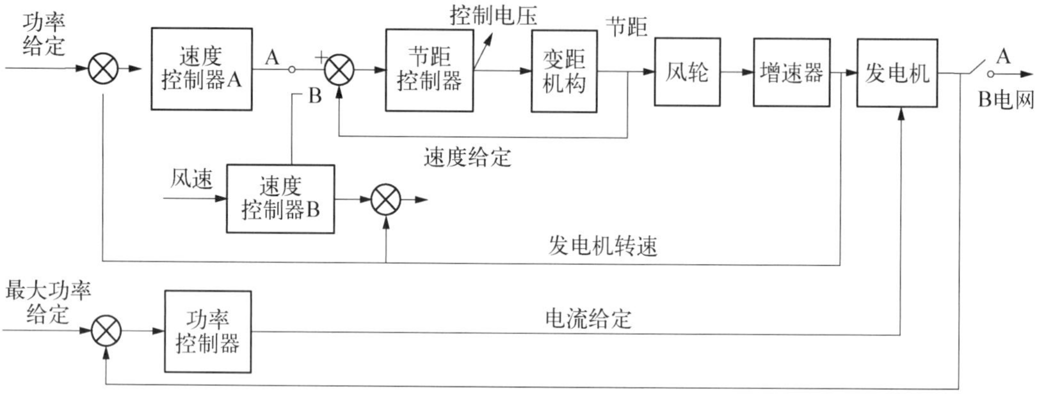

图 3－13 控制系统分布图

在发电机并入电网前，发电机转速由速度控制器 A 根据发电机转速反馈信号与给定信号直接控制；发电机并入电网后，速度控制器 B 与功率控制器起作用。功率控制器的主要任务是根据发电机转速给出相应的功率曲线，调整发电机转差率，并确定速度控制器 B 的速度给定。

节距的给定参考值由控制器根据风力发电机组的运行状态给出。如图 3－13 所示，当风力发电机组并入电网前，由速度控制器 A 给出；当风力发电机组并入电网后由速度控制器 B 给出。

(1) 变桨距控制

变桨距控制系统实际上是一个随动系统，其控制过程如图 3－14 所示。

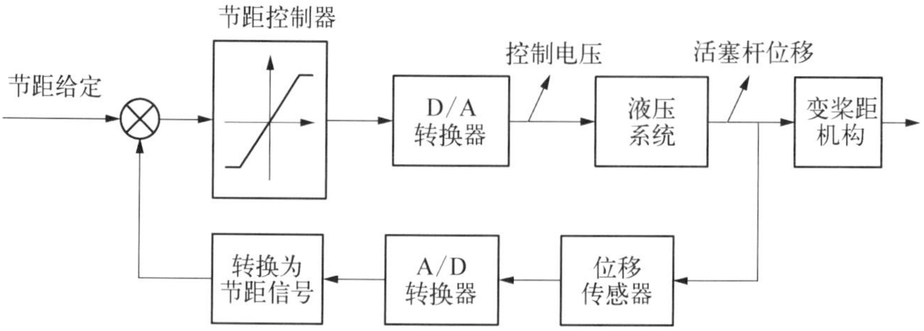

图 3－14 变桨距控制系统

变桨距控制器是一个非线性比例控制器，它可以补偿比例阀的死带和极限。变桨距系统的执行机构是液压系统，节距控制器的输出信号经 D/A 转换后变成电压信号控制比例阀(或电液伺服阀),驱动液压缸活塞,推动变桨距机构,使桨叶节距角变化。活塞的位移反馈信号由位移传感器测量,经转换后输入比较器。

(2) 转速控制器 A(发电机脱网)

转速控制系统 A 在风力发电机组进入待机状态或从待机状态重新起动时投入工作,如图 3-15 所示在这些过程中通过对节距角的控制,转速以一定的变化率上升。控制器也用于在同步转速(50 Hz 时 1 500 r/min)时的控制。当发电机转速在同步转速±10 r/min 内持续 1 s,发电机将切入电网。

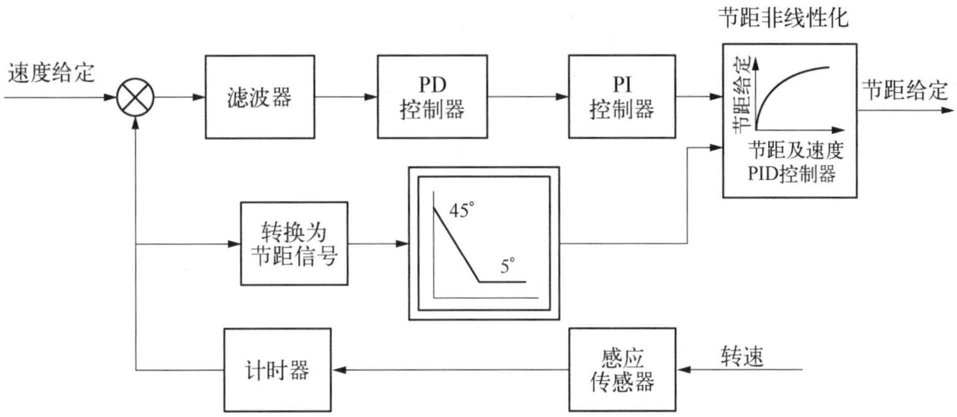

图 3-15　速度控制器 A

控制器包含常规的 PD 和 PI 控制器,接着是节距角的非线性化环节,通过非线性化处理,增益随节距角的增加而减小,以此补偿由于转子空气动力学产生的非线性。因为当功率不变时,转矩对节距角的比是随节距角的增加而增加的。

当风力发电机组从待机状态进入运行状态时,变桨距系统先将桨叶节距角快速地转到 45°,风轮从空转状态进入同步转速。当转速从 0 增加到 500 r/min 时,节距角给定值从 45°线性地减小到 5°。这一过程不仅使转子具有高起动力矩,而且在风速快速地增大时能够快速起动。

发电机转速通过主轴上的感应传感器测量,每个周期信号被送到微处理器进一步处理,以产生新的控制信号。

(3) 转速控制器 B(发电机并网)

发电机切入电网以后,转速控制器 B 作用。如图 3-16 所示,转速控制器 B 受发电机转速和风速的双重控制。在达到额定值前,速度给定值随功率给定值按比例增加。额定的速度给定值是 1 560 r/min,相应的发电机转差率是 4%。如果风速和功率输出一直低于额定值,发电机转差率将降低到 2%,节距控制将根据风速调整到最佳状态,以优化叶尖速比。

如果风速高于额定值,发电机转速通过改变节距来跟踪相应的速度给定值。功率输出将稳定地保持在额定值上。从图 3-16 中可以看到,在风速信号输入端设有低通滤波器,节距控制对瞬变风速并不响应。

与速度控制器 A 的结构相比，速度控制器 B 增加了速度非线性化环节。这一特性增加了小转差率时的增益，以便控制节距角加速趋于 0°。

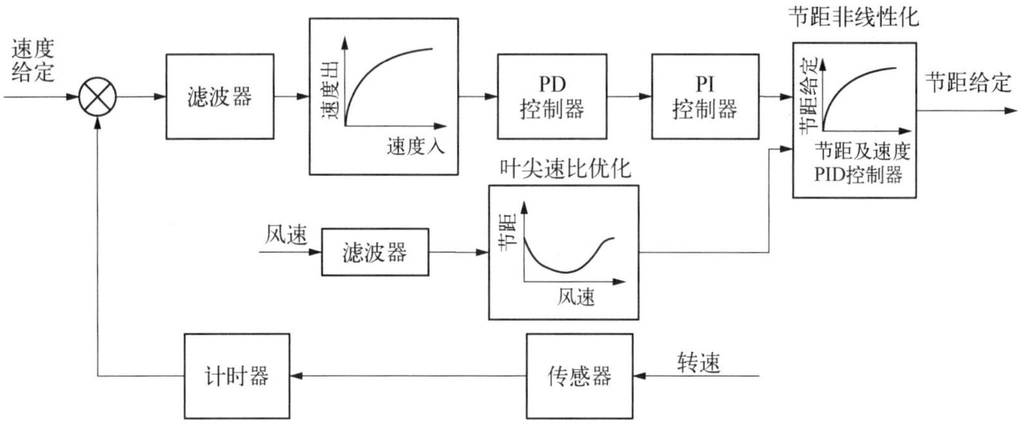

图 3-16　速度控制器 B

3.3.4　变桨距风力发电机组功率控制

为了有效地控制高速变化的风速引起的功率波动，新型的变桨距风力发电机组采用了 RCC(Rotor Current Control)技术，即发电机转子电流控制技术。通过对发电机转子电流的控制来迅速改变发电机转差率，从而改变风轮转速，吸收由瞬变风速引起的功率波动。

(1) 功率控制系统

如图 3-17 所示，功率控制系统由两个控制环组成。外环通过测量转速产生功率参考曲线。发电机的功率参考曲线如图 3-18 所示，参考功率以额定功率的百分比的形式给出，在点画线限制的范围内，功率给定曲线是可变的。内环是一个功率伺服环，它通过转子电流控制器(RCC)对发电机转差率进行控制，使发电机功率跟踪功率给定值。如果功率低于额定功率值，这一控制环将通过改变转差率，进而改变桨叶节距角，使风轮获得最大功率。如果功率参考值是恒定的，电流参考值也是恒定的。

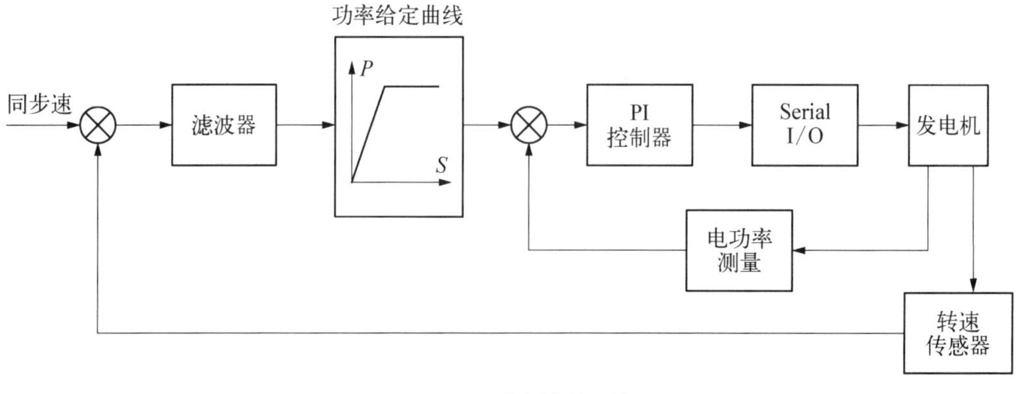

图 3-17　功率控制系统

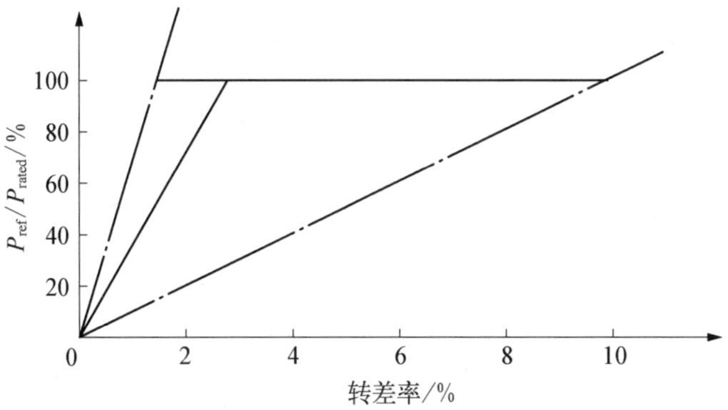

图 3-18　功率给定曲线

(2) 转子电流控制器原理

图 3-17 所示的功率控制环实际上是一个发电机转子电流控制环，如图 3-19 所示。转子电流控制器由快速数字式 PI 控制器和一个等效变阻器构成。它根据给定的电流值，通过改变转子电路的电阻来改变发电机的转差率。在额定功率时，发电机的转差率能够从 1%到 10%(1 515～1 650 r/min)变化，相应的转子平均电阻从 0 到 100%变化。当功率变化即转子电流变化时，PI 调节器迅速调整转子电阻，使转子电流跟踪给定值，如果从主控制器传出的电流给定值是恒定的，那么它将保持转子电流恒定，从而使功率输出保持不变。与此同时，发电机转差率却在做相应的调整以平衡输入功率的变化。

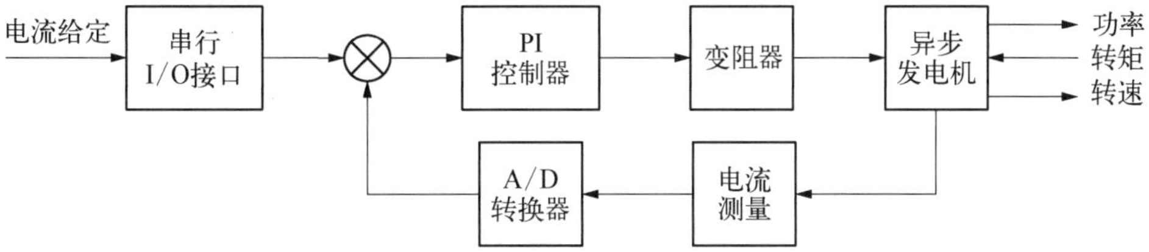

图 3-19　转子电流控制系统

为了进一步说明转子电流控制器的原理，我们从电磁转矩的关系式来说明转子电阻与发电机转差率的关系。从电机学可知，发电机的电磁转矩为：

$$T_e = \frac{m_1 p U_1^2 \dfrac{R_2'}{s}}{\omega_1 \left[\left(R_1 + \dfrac{R_2'}{s} \right)^2 + (X_1 + X_2')^2 \right]} \qquad (3-1)$$

式中，p 为电机极对数；m_1 为电机定子相数；ω_1 为定子角频率，即电网角频率；U_1 为定子额定相电压；s 为转差率；R_1 是定子绕组的电阻；X_1 为定子绕组的漏抗；R_2' 为折算到定子侧的转子每相电阻；X_2' 为折算到定子侧的转子每相漏抗。

由式(3-1)可知，只要 R_2'/s 不变，电磁转矩 T_e 就可保持不变，从而发电机功率就可保持不变。因此，当风速变大时，风轮及发电机的转速上升，即发电机转差率 s 增大。故我们只要改变发电机的转子电阻 R_2'，使 R_2'/s 保持不变，就能保持发电机输出功率不变。

如图 3-20 所示，当发电机的转子电阻改变时，其特性曲线由 1 变为 2；运行点也由 a 点变到 b 点，而电磁转矩 T_e 保持不变，发电机转差率则从 s_1 上升到 s_2。

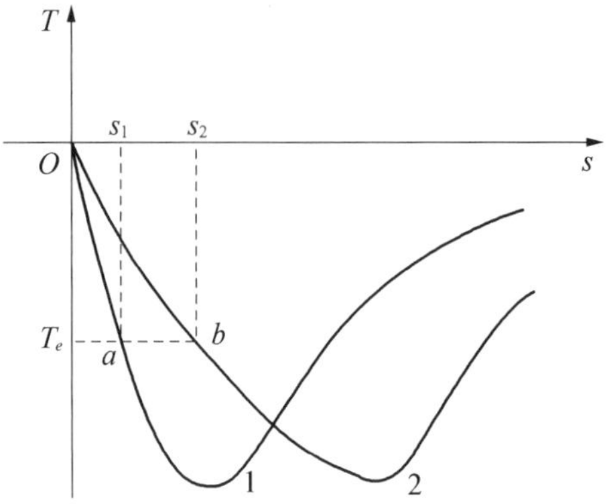

图 3-20　发电机运行特性曲线的变化

(3) 转子电流控制器的结构

转子电流控制器技术必须使用在绕线转子异步发电机上，用于控制发电机的转子电流，使异步发电机成为可变转差率发电机。采用转子电流控制器的异步发电机结构如图 3-21 所示。

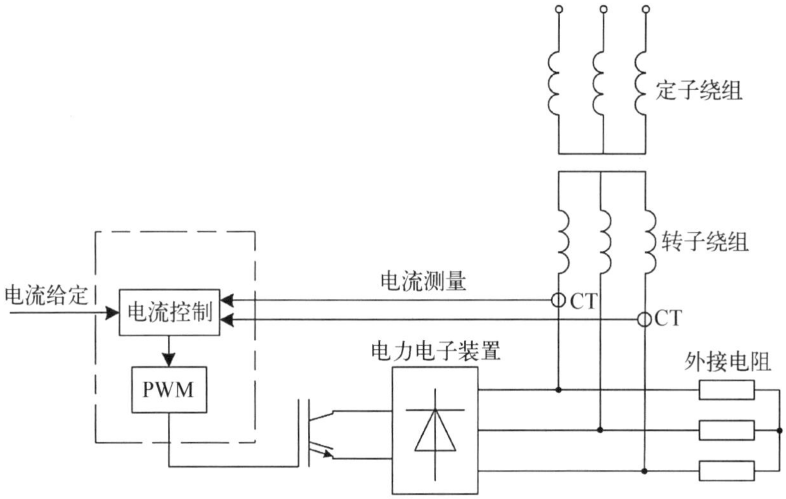

图 3-21　可变转差率发电机结构示意图

转子电流控制器安装在发电机的轴上，与转子上的三相绕组连接，构成一个电气回路。将普通三相异步发电机的转子引出，外接转子电阻，使发电机的转差率增大至 10%，通过一组电力电子元器件来调整转子回路的电阻，从而调节发电机的转差率。转子电流控制器电气原理如图 3-22 所示。

RCC 依靠外部控制器给出的电流基准值和两个电流互感器的测量值，计算出转子回路的电阻值，通过 IGBT(绝缘栅极双极型晶体管)的导通和关断来进行调整。IGBT 的导通与关断受一宽度可调的脉冲信号(PWM)控制。

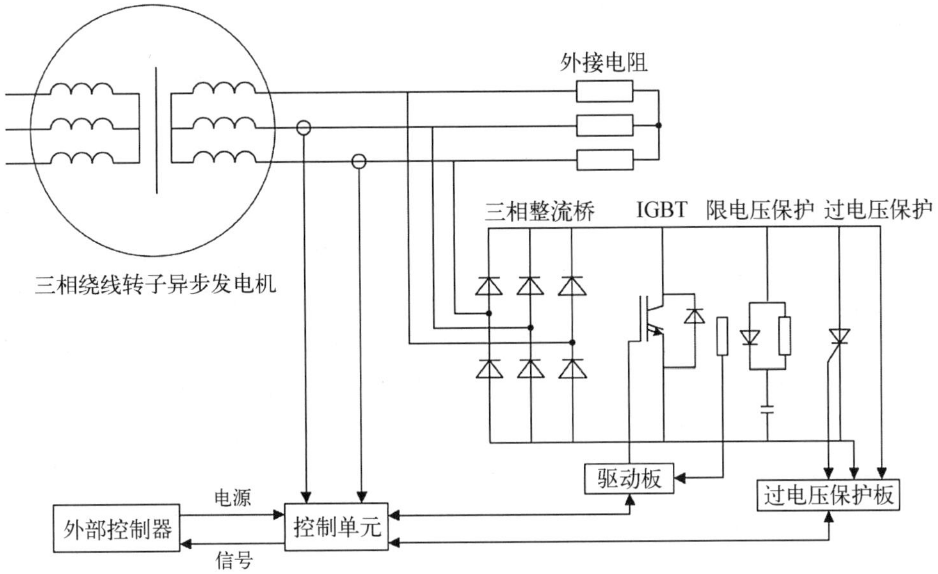

图 3-22　转子电流控制器原理图

IGBT 是双极型晶体管和 MOSFET(场效应晶体管)的复合体,所需驱动功率小,饱和压降低,在关断时不需要负栅极电压来减少关断时间,开关速度较高;饱和压降低减少了功率损耗,提高了发电机的效率;采用脉宽调制(PWM)电路,提高了整个电路的功率因数,同时只用一级可控的功率单元,减少了元件数,电路结构简单,由于通过对输出脉冲宽度的控制就可控制 IGBT 的开关,系统的响应速度加快。

转子电流控制器可在维持额定转子电流(即发电机额定功率)的情况下,在 0 至最大值之间调节转子电阻,使发电机的转差率在 0.6%(转子自身电阻)至 10%(IGBT 关断,转子电阻为自身电阻与外接电阻之和)之间连续变化。

为了保护 RCC 单元中的主元件 IGBT,设有阻容回路和过压保护,阻容回路用来限制 IGBT 每次关断时产生的过电压峰值,过电压保护采用晶闸管,当电网发生短路或短时中断时,晶闸管全导通,使 IGBT 处于两端短路状态,转子总电阻接近于转子自身的电阻。

(4) 采用转子电流控制器的功率调节

如图 3-16 所示,并网后,控制系统切换至状态 B,由于发电机内安装了 RCC 控制器,发电机转差率可在一定范围内调整,发电机转速可变。因此,在状态 B 中增加了转速控制环节,当风速低于额定风速时,转速控制环节 B 根据转速给定值(高出同步转速 3%~4%)和风速,给出一个节距角,此时发电机输出功率小于最大功率给定值,功率控制环节根据功率反馈值,给出转子电流最大值,转子电流控制环节将发电机转差率调至最小,发电机转速高出同步转速 1%,与转速给定值存在一定的差值,反馈回速度控制环节 B,速度控制环节 B 根据该差值调整桨叶节距参考值,变桨距机构将桨叶节距角保持在零度附近,以优化叶尖速比。当风速高于额定风速,发电机输出功率上升到额定功率,当风轮吸收的风能高于发电机输出功率时,发电机转速上升,速度控制环节 B 的输出值变化,反馈信号与参考值比较后又给出新的节距参考值，使得叶片攻角发生改变，减少风轮能量吸入，将发电机输出功率保持在额定值上；功率控制环节根据功率反馈值和速度反馈值，改变转子电流给定值，转子电流控制器根据该值，调节发电机转差率，使发电机转速发生变化，以保证发电机输出功率的稳定。

如果风速仅为瞬时上升，由于变桨距机构的动作滞后，发电机转速上升后，叶片攻角尚未变化，风速下降，发电机输出功率下降，功率控制单元将使 RCC 控制单元减小发电机转差率，使得发电机转速下降，在发电机转速上升或下降的过程中，转子的电流保持不变，发电机输出的功率也保持不变；如果风速持续增加，发电机转速持续上升，转速控制器 B 将使变桨距机构动作，改变叶片攻角，使得发电机在额定功率状态下运行。风速下降时，原理与风速上升时相同，但动作方向相反。由于转子电流控制器的动作时间在毫秒级以下，变桨距机构的动作时间以秒计，因此在短暂的风速变化时，仅仅依靠转子电流控制器的控制作用就可保持发电机功率的稳定输出，减少对电网的不良影响；同时也可降低变桨距机构的动作频率，延长变桨距机构的使用寿命。

(5) 转子电流控制器在实际应用中的效果

由于自然界风速处于不断地变化中，较短时间(3～4 s 内)的风速上升或下降总是不断地发生，因此变桨距机构也在不断的动作，在转子电流控制器的作用下，其桨距实际变化情况如图 3－23 所示。

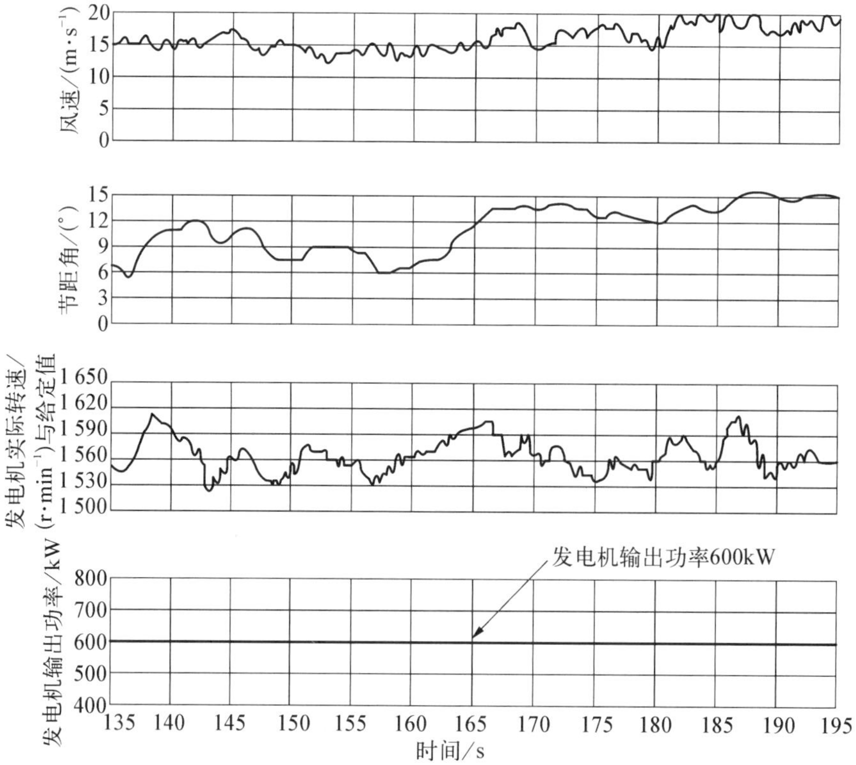

图 3－23 变桨距风力发电机在额定风速以上运行时的风速节距角、转速与功率曲线

从图上可以看出，RCC 控制单元有效地减少了变桨距机构的动作频率及动作幅度，使得发电机的输出功率保持平衡，实现了变桨距风力发电机组在额定风速以上的额定功率输出，有效地减少了风力发电机因风速的变化而造成的对电网的不良影响。

3.4 变速风力发电机组

3.4.1 风力发电机组的基本特性

(1) 风力机的特性

风力机的特性通常由一簇功率系数 C_P 的无因次性能曲线来表示，功率系数是风力机叶尖速比 λ 的函数，如图 3－24 所示。

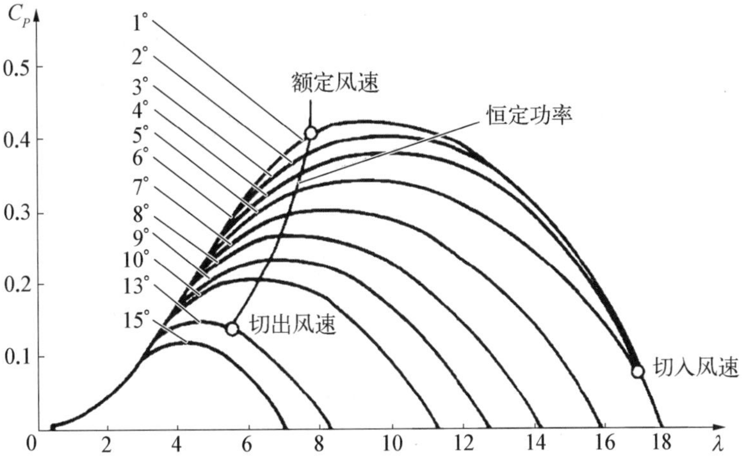

图 3－24　风力机性能曲线

$C_P(\lambda)$ 曲线是桨叶节距角的函数。从图上可以看到 $C_P(\lambda)$ 曲线对桨叶节距角的变化规律；当桨叶节距角逐渐增大时 $C_P(\lambda)$ 曲线将显著地缩小。

如果保持节距角不变，我们用一条曲线就能描述出它作为 λ 的函数的性能和表示从风能中获取的最大功率。图 3－25 是一条典型的 $C_P(\lambda)$ 曲线。

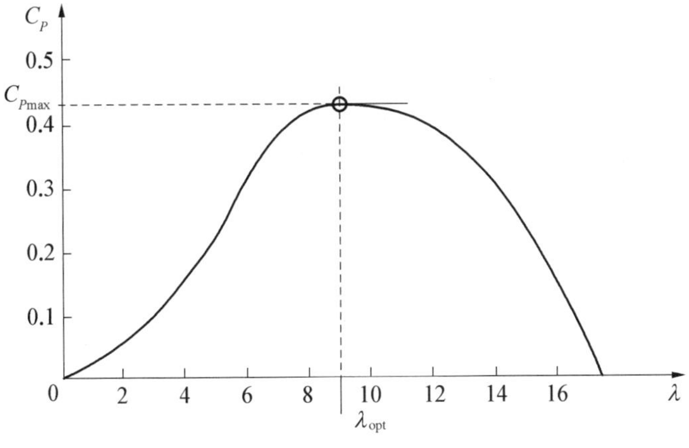

图 3－25　定桨距风力机的性能曲线

叶尖速比可以表示为

$$\lambda = \frac{R\omega_r}{v} = \frac{v_T}{v} \tag{3-2}$$

式中：ω_r 为风力机风轮角速度；R 为叶片半径；v 为主导风速；v_T 为叶尖线速度。

对于恒速风力发电机组，发电机转速的变化只比同步转速高百分之几，但风速的变化范围可以很宽。按式(3-2)，叶尖速比可以在很宽范围内变化，因此它只有很小的机会运行在 $C_{P\max}$ 点。由上述章节可知，风力机从风中捕获的机械功率为：

$$P_m = \frac{1}{2}\rho S C_P v^3 \tag{3-3}$$

由上式可见，在风速给定的情况下，风轮获得的功率将取决于功率系数。如果在任何风速下，风力机都能在 $C_{P\max}$ 点运行，便可增加其输出功率。根据图 3-24，在任何风速下，只要使得风轮的叶尖速比 $\lambda = \lambda_{opt}$，就可维持风力机在 $C_{P\max}$ 下运行。因此，风速变化时，只要调节风轮转速，使其叶尖速度与风速之比保持不变，就可获得最佳的功率系数，这就是变速风力发电机组进行转速控制基本目标。

根据图 3-25，获得最佳功率系数的条件是：

$$\lambda = \lambda_{\text{opt}} = 9 \tag{3-4}$$

这时，$C_P = C_{P\max} = 0.43$，而从风能中获取的机械功率为：

$$P_m = kC_{P\max}v^3 \tag{3-5}$$

式中：k 为常系数，$k = \dfrac{1}{2\rho S}$。

设 v_{TS} 为同步转速下的叶尖线速度，即：

$$v_{TS} = 2\pi R n_S \tag{3-6}$$

式中，n_S 为在发电机同步转速下的风轮转速。

对于任何其他转速 n_r，有

$$\frac{v_T}{v_{TS}} = \frac{n_r}{n_S} = 1 - s \tag{3-7}$$

根据式(3-2)、式(3-4)和式(3-7)，我们可以建立给定风速 v 与最佳转差率 s（最佳转差率是指在该转差率下，发电机转速使得风力机运行在最佳的功率系数 $C_{P\max}$）的关系式：

$$v = \frac{1-s}{\lambda_{\text{opt}}} = \frac{1-s}{9} \tag{3-8}$$

这样，对于给定风速的相应转差率可由式(3-8)来计算。但是由于风速测量的不可靠性，很难建立转速与风速之间直接的对应关系。实际上，我们并不是根据风速变化来调整转速的。

为了不用风速控制风力机，可以修改功率表达式，以消除对风速的依赖关系，按已知

的 $C_{P\max}$ 和 λ_{opt} 计算 P_{opt}。如用转速代替风速，则可以导出功率是转速的函数，立方关系仍然成立，即最佳功率 P_{opt} 与转速的立方成正比：

$$P_{\text{opt}}=\frac{1}{2}\rho SC_{P\max}\left[(R/\lambda_{\text{opt}})\omega_r\right]^3 \tag{3-9}$$

从理论上讲，输出功率是无限的，它是风速立方的函数。但实际上，由于机械程度和其他物理性能的限制，输出功率是有限度的，超过这个限度，风力发电机组的某些部分便不能工作。因此，变速风力发电机组受到两个基本限制：

1）功率限制，所有电路及电力电子器件受功率限制；

2）转速限制，所有旋转部件的机械强度受转速限制。

（2）风力机的转矩—速度特性

如图 3-26 所示，是风力机在不同风速下的转矩—速度特性。由转矩、转速和功率的限制线画出的区域为风力机安全运行区域，即图中由 $OABC$ 所围的区域，在这个区间中有若干种可能的控制方式。恒速运行的风力机的工作点为直线 XY。从图上可以看到，恒速风力机只有一个工作点运行在 $C_{P\max}$ 上。变速运行的风力机的工作点由若干条曲线组成，其中在额定风速以下的 ab 段运行在 $C_{P\max}$ 曲线上。a 点与 b 点的转速，即变速运行的转速范围。由于 b 点已达到转速极限，此后直到最大功率点，转速将保持不变，即 bc 段为转速恒定区，运行方式与定桨距风力机相同。在 c 点，功率已达到限制点，当风速继续增加，风力机将沿着 cd 线运行以保持最大功率，但必须通过某种控制来降低 C_P 值，限制气动力转矩。如果不采用变桨距方法，那就只有降低风力机的转速，使桨叶失速程度逐渐加深以限制气动力转矩。从图上可以看出，在额定风速以下运行时，变速风力发电机组并没有始终运行在最大 C_P 线上，而是由两个运行段组成。除了风力发电机组的旋转部件受到机械强度的限制原因以外，还由于在保持最大 C_P 值时，风轮功率的增加与风速的三次方成正比，需要对风轮转速或桨叶节距作大幅调整才能稳定功率输出。这将给控制系统的设计带来困难。

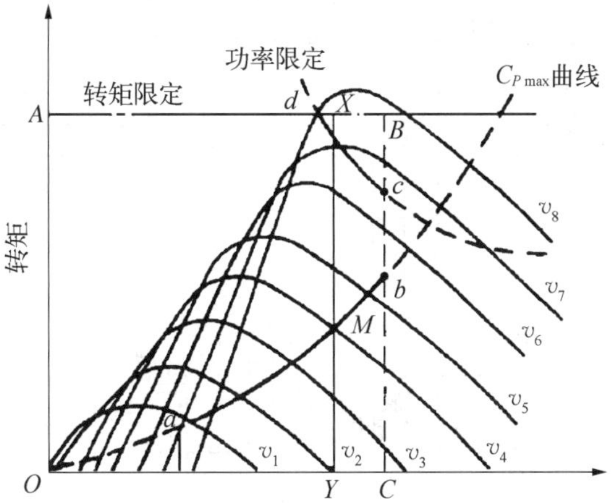

图 3-26　不同风速下的转矩—速度特性

3.4.2 变速发电机及其控制方式

变速风力发电机组的基本构成如图 3-27 所示。为了达到变速控制的要求,变速风力发电机组通常包含变速发电机、整流器、逆变器和变桨距机构。变速发电机目前主要采用双馈异步发电机,也有采用低速永磁同步发电机。在低于额定风速时,通过整流器及逆变器来控制发电机的电磁转矩,实现对风力机的转速控制;在高于额定风速时,考虑系统对变化负荷的承受能力,一般采用节距调节的方法将多余的能量除去。这时,机组有两个控制环同时工作:内部的发电机转速(电磁转矩)控制环和外部桨叶节距控制环。

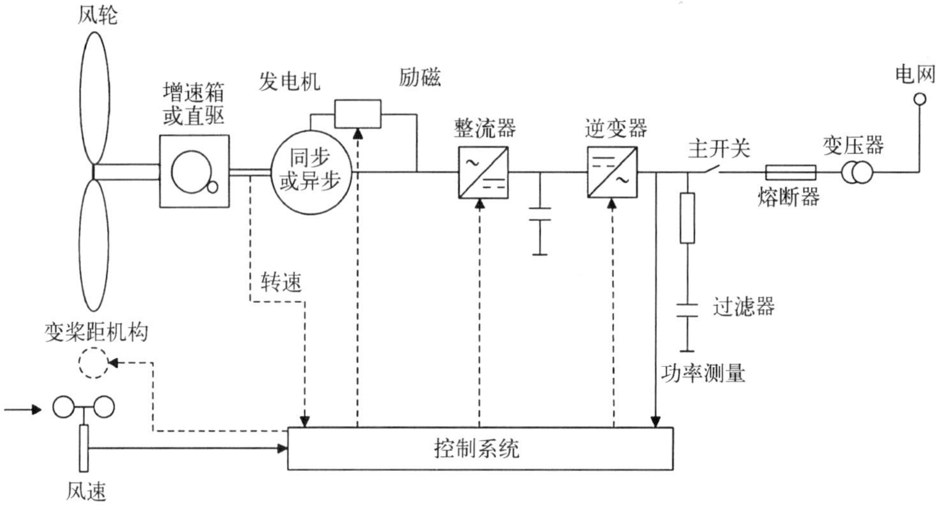

图 3-27 变速风力发电机组的基本结构

(1) 双馈异步发电机

如图 3-28 所示,双馈异步发电机由绕线转子异步发电机和在转子电路上带交流励磁变频器组成。发电机向电网输出的功率由两部分组成,即直接从定子输出的功率和通过变频器从转子输出的功率。风力机的机械速度是允许随着风速而变化的。通过对发电机的控制,使风力机运行在最佳叶尖速比,从而使整个运行速度的范围内均有最佳功率系数。

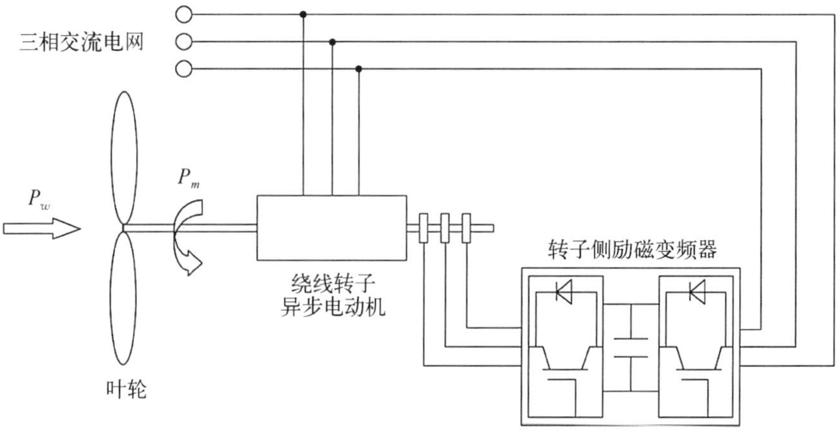

图 3-28 双馈异步发电机

1)交流励磁变速恒频发电原理

双馈异步发电机的变速运行是建立在交流励磁变速恒频发电技术基础上的。交流励磁变速恒频发电是在异步发电机的转子中施加三相低频交流电流实现励磁，调节励磁电流的幅值、频率、相序，确保发电机输出功率恒频恒压。同时采用矢量变换控制技术，实现发电机有功功率、无功功率的独立调节。调节有功功率可调节风力机转速，进而实现最大风能捕获的追踪控制；调节无功功率可调节电网功率因数，提高风电机组及所并电网系统的动、静态运行稳定性。

当风速变化引起发电机转速 n 变化时，应控制转子电流的频率 f_2 使定子输出频率 f_1 恒定，其关系式为：

$$f_1 = pf_m \pm f_2 \tag{3-10}$$

当发电机的转速 n 低于气隙旋转磁场的转速 n_1 时，发电机处于亚同步速运行，此时变频器向发电机转子提供正相序励磁，式(3－10)取正号；当发电机转速 n 高于气隙旋转磁场的转速 n_1 时，发电机处于超同步速运行，式(3－10)取负号；当发电机转速 n 等于气隙旋转磁场的转速 n_1 时，发电机处于同步速运行，$f_2=0$，变频器应向转子提供直流励磁。

在不计铁耗和机械损耗的情况下，可以得到转子励磁双馈发电机的能量流动关系：

$$\begin{cases} P_{\text{mech}} + P_2 = P_1 + P_{\text{Cu1}} + P_{\text{Cu2}} \\ P_2 = s(P_1 + P_{\text{Cu1}}) + P_{\text{Cu2}} \end{cases} \tag{3-11}$$

式中，P_{mech} 为转子轴上输入的机械功率；P_2 为转子励磁变频器输入的电功率；P_1 为定子输出的电功率；P_{Cu1} 为定子绕组铜耗；P_{Cu2} 为转子绕组铜耗；s 为转差率。等号左侧以输入功率为正，右侧以输出功率为正，在忽略定、转子绕组铜耗条件下，可近似为

$$P_2 \approx sP_1 \tag{3-12}$$

由式(3－12)可知，当发电机处于亚同步状态时，$s>0$，$P_2>0$，变频器向转子绕组输入电功率；当发电机处于超同步状态时，$s<0$，$P_2<0$，变频器从转子绕组吸收电功率。

综上可知，在变速恒频风力发电中，由于风能的不稳定性和捕获最大风能的要求，发电机转速在不断地变化，而且经常在同步速上、下波动，这就要求转子交流励磁电源不仅要有良好的变频输入、输出特性，而且要有能量双向流动的能力。在目前电力电子技术条件下，可采用 IGBT 器件构成的 PWM 整流—PWM 逆变形式的交—直—交静止变频器作为其励磁电源。

2) 变速恒频发电机的控制策略

交流励磁变速恒频发电方案中采用双馈异步发电机。由双馈发电机的功率关系可知：

$$\begin{cases} P_1 = P_e - P_{cu1} - P_{fe1} \\ P_e = \dfrac{P_M - P'_m}{1-s} = \dfrac{P_m}{1-s} \\ P_e = \dfrac{P_2 \pm P'_2}{s} \end{cases} \tag{3-13}$$

式中，P_1、P_{cu1}、P_{fe1} 分别为发电机定子的输出功率、铜耗和铁耗；P_e 为发电机电磁功率；s 为发电机转差率；P_M、P'_m、P_m 分别为发电机输入机械功率、机械损耗和吸收的净机械功率；P_2、P'_2 为发电机转子功率和转子损耗。

令 $P_M = P_{\text{out}} = K\omega_m^3$，从而有：

$$\begin{cases} P_1 = \dfrac{P_{\max}}{1-s} - \Delta P = \dfrac{K\omega_m^3}{1-s} - \Delta P \\ \Delta P = P_{\text{cu1}} + P_{\text{fe1}} + \dfrac{P'_m}{1-s} \end{cases} \tag{3-14}$$

在变速发电运行中，通过实时检测转速 ω_m，按式(3-14)计算出 P_1 作为发电机的有功功率 P^*，实现最大风能的追踪和捕获。

根据上述分析，为了实现风力机组的最大能量转换效率和满足电网对输入电力的要求，风力发电机必须变速恒频运行；为了控制发电机转速和输出的功率因数，必须对发电机有功功率 P、无功功率 Q 进行解耦控制。这一过程是采用磁场定向的矢量变换控制技术，通过对用于励磁的 PMW 变频器各分量电压、电流的调节来实现的。

3) 发电机矢量变换控制系统结构

按 $U_{m1}=0$,$U_{t1}=-U_1$ 关系，发电机的功率方程为

$$\begin{cases} P = -U_1 I_{t1} \\ Q = -U_1 I_{m1} \end{cases} \tag{3-15}$$

可以看出，有功功率 P、无功功率 Q 分别与定子电流在 m、t 轴上的分量成正比，调节转矩电流分量 I_{t1} 和励磁电流分量 I_{m1} 可分别独立调节 P 和 Q。

由前面发电机的电压和磁链方程可以导出

$$\begin{cases} U_{m2} = U'_{m2} + \Delta U_{m2} \\ U_{t2} = U'_{t2} + \Delta U_{t2} \end{cases} \tag{3-16}$$

式中 U'_{m2}、U'_{t2} 分别为与 I_{m2}、I_{t2} 具有一阶微分关系的电压分量；ΔU_{m2}、ΔU_{t2} 为电压补偿分量，即

$$\begin{cases} U'_{m2} = (R_2 + bp) I_{m2} \\ U'_{t2} = (R_2 + bp) I_{t2} \end{cases} \tag{3-17}$$

$$\begin{cases} \Delta U_{m2} = -b\omega_s I_{t2} \\ \Delta U_{t2} = a\omega_s \Psi_1 + b\omega_s I_{m2} \end{cases} \tag{3-18}$$

其中，$a=-L_m/L_s$，$b=L_r-L_m^2/L_s$。U'_{m2}、U'_{t2} 为实现转子电压、电流解耦控制的解耦项，ΔU_{m2}、ΔU_{t2} 为消除转子电压、电流交叉耦合的补偿项。这样将转子电压分解为解耦项和补偿项后，既简化了控制，又能保证控制的精度和动态响应的快速性。

根据发电机数学模型和交流电机矢量变换控制原理，可设计出如图 3-29 所示的交流励磁变速恒频发电机定子磁链定向的矢量变换控制系统。

系统采用双闭环结构，外环为功率控制环，内环为电流控制环。在功率环中，有功功率参考值 P^* 按式(3-14)计算，无功功率参考值 Q^* 可根据电网对无功功率的要求计算，也可从发电机的功率消耗角度来计算。P^* 和 Q^* 参考值与反馈值进行比较，差值经功率调节器(PI型)运算，输出定子电流无功及有功分量的参考值 i_{m1}^* 和 i_{t1}^*。i_{m1}^* 和 i_{t1}^* 通过计算可得转子电流的无功和有功分量的参考值 i_{m2}^* 和 i_{t2}^*，i_{m2}^* 和 i_{t2}^* 与转子电流反馈量比较后的差值送入电流调节器(PI型)，调节后输出电压分量 u'_{m2} 和 u'_{t2}，再加上电压补偿分量就可获得转子电压指令 u'_{m2} 和 u'_{t2}，经旋转变换就得到发电机转子三相电压控制量 u_a^*、u_b^* 和 u_c^*。

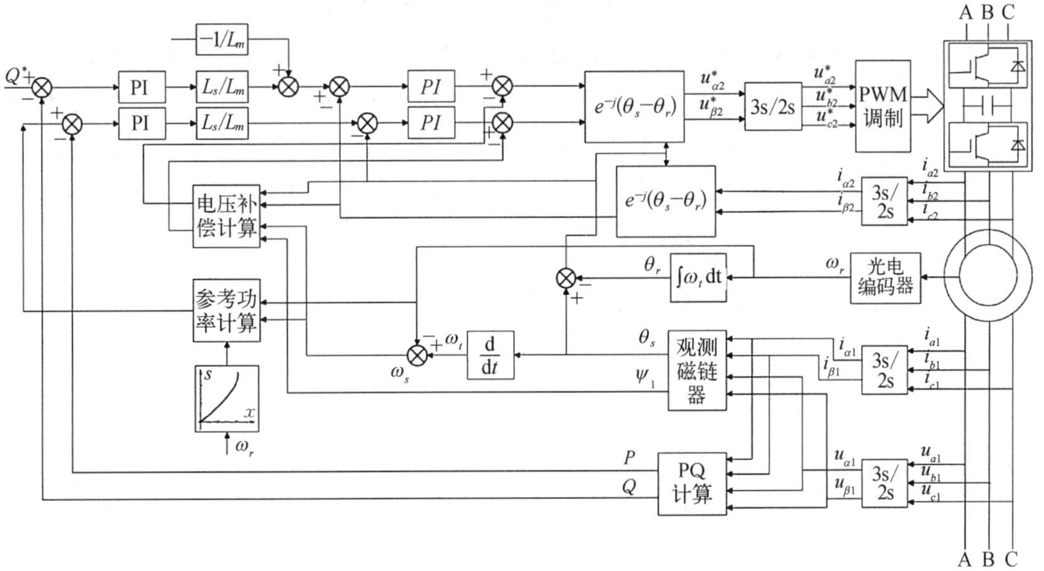

图3-29　变速恒频风力发电机矢量控制系统框图

(2) 低速永磁同步发电机

用同步发电机发电是今天最普遍的发电方式。然而，同步发电机的转速和电网频率之间是刚性耦合的，如果原动力是风力，那么变化的风速将给发电机输入变化的能量，这不仅给风力机带来高负荷和冲击力，而且不能以优化方式运行。

如果在发电机和电网之间使用频率转换器，那么转速和电网频率之间的耦合问题将得以解决。变频器的使用使风力发电机组可以在不同的速度下运行，并且使发电机内部的转矩得以控制，从而减轻传动系统应力。通过对变频器电流的控制，就可以控制发电机转矩，而控制电磁转矩就可以控制风力机的转速，使之达到最佳运行状态。

带变频系统的同步发电机结构如图3-30所示。所使用的是凸极转子和笼型阻尼绕组同步发电机。变频器由一个三相二极管整流器、一个平波电抗器和一个三相晶闸管逆变器组成。

同步发电机和变频系统在风力发电机组中的应用已有实验样机的测试结果，系统在不同转速下运行情况良好。实验表明，通过控制电磁转矩和实现同步发电机的变速运行，并减缓在传动系统上的冲击是可以实现的。如果考虑变频器连接在定子上，同步发电机

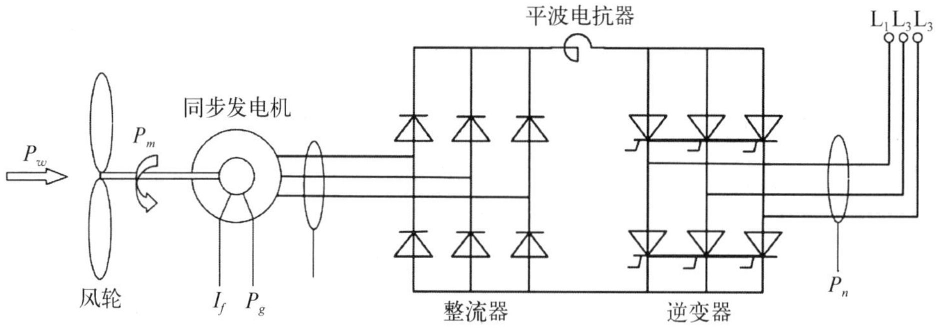

图 3-30 带变频器的同步发电机

或许比感应发电机更适用些。感应发电机会产生滞后的功率因数且需要进行补偿，而同步发电机可以控制励磁来调节它的功率因数，使功率因数达到 1。所以在相同的条件下，同步发电机的调速范围比异步发电机更宽。异步发电机要靠加大转差率才能提高转矩，而同步发电机只要加大功角就能增大转矩。因此，同步发电机比异步发电机对转矩扰动具有更强的承受能力，能做出更快的响应。

3.4.3 变速风力发电机组的基本控制策略

(1) 变速风力发电机组的运行区域

与变桨距风力发电机组类似，变速风力发电机组的运行根据不同的风况可分为三个不同阶段。

第一阶段是起动阶段，发电机转速从静止上升到切入速度。对于目前大多数风力发电机组来说，风力发电机组的起动，只要当作用在风轮上的风速达到起动风速便可实现，(发电机被用作电动机来起动风轮并加速到切入速度的情况例外)。在切入速度以下，发电机并没有工作，机组在风力作用下做机械转动，因而并不涉及发电机变速的控制。

第二阶段是风力发电机组切入电网后运行在额定风速以下的区域，风力发电机组开始获得能量并转换成电能。这一阶段决定了变速风力发电机组的运行方式。从理论上说，根据风速的变化，风轮可在限定的任何转速下运行，以便最大限度地获取能量，但由于受到运行转速的限制，不得不将该阶段分成两个运行区域，即变速运行区域(C_P 恒定区)和恒速运行区域。为了使风轮能在 C_P 恒定区运行，必须设计一种变速发电机，其转速能够被控制，以跟踪风速的变化。

在更高的风速下，风力发电机组的机械和电气极限要求转子速度和输出功率维持在限定值以下，这个限制就确定了变速风力发电机组的第三运行阶段，该阶段称为功率恒定区。对于定速风力发电机组，风速增大，能量转换效率反而降低，而从风力中可获得的能量与风速的三次方成正比，这样对变速风力发电机组来说，有很大的余地可以提高能量的获取。例如，利用第三阶段的大风速波动特点，将风力机转速充分地控制在高速状态，并适时地将动能转换成电能。

图 3-31 是输出功率为转速和风速的函数的风力发电机组的等值线图。图上给出了变速风力发电机组的控制途径。在低风速段，按恒定 C_P (或恒定叶尖速比)途径控制风力

发电机组，直到转速达到极限，然后按恒定转速控制机组，直到功率达到最大，最后按恒定功率控制机组。

图 3-31 还给出了风轮转速随风速的变化情况。在 C_P 恒定区，转速随风速呈线性变化，斜率与 λ_{opt} 成正比。转速达到极限后，便保持不变。转速随风速增大而减少时功率恒定区开始，转速与风速呈线性关系，因为在该区域 λ 与 C_P 是线性关系。为使功率保持恒定，C_P 必须设置为与 $\frac{1}{v^3}$ 成正比的函数。

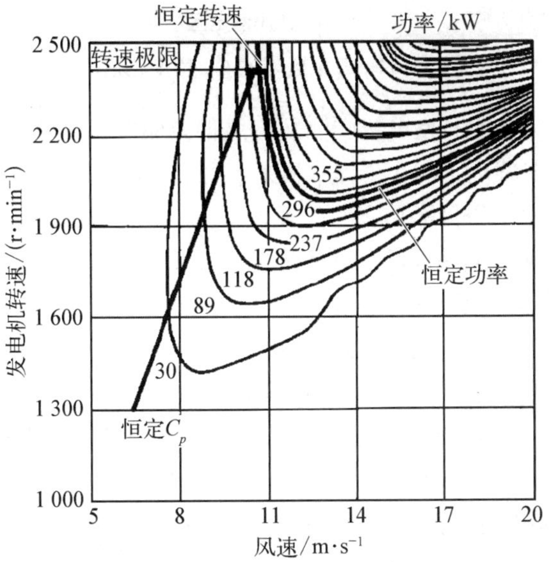

图 3-31　典型风力发电机组对的等值线图

(2) 理想情况下总的控制策略

根据变速风力发电机组在不同区域的运行，我们将基本控制策略确定为：低于额定风速时，跟踪 $C_{P\max}$ 曲线，以获得最大能量；高于额定风速时，跟踪 $P_{\max}$ 曲线，并保持输出稳定。

为了便于理解，我们先假定变速风力发电机组的桨叶节距角是恒定的。当风速达到起动风速后，风轮转速由零增大到发电机可以切入的转速，C_P 值不断上升（参见图 3-24），风力发电机组开始做发电运行。通过对发电机转速进行控制，风力发电机组逐渐进入 C_P 恒定区（$C_P = C_{P\max}$），这时机组在最佳状态下运行。随着风速增大，转速亦增大，最终达到一个允许的最大值，这时，只要功率低于允许的最大功率，转速便保持恒定。在转速恒定区，随着风速增大，C_P 值减少，但功率仍然增大。达到功率极限后，机组进入功率恒定区，这时随风速的增大，转速必须降低，使叶尖速比减少的速度比在转速恒定区更快，从而使风力发电机组在更小的 C_P 值下做恒功率运行。图 3-32 给出了变速风力发电机组在三个工作区运行时，C_P 值的变化情况。

1) C_P 恒定区

在 C_P 恒定区，风力发电机组受到给定的功率—转速曲线控制。P_{opt} 的给定参考值随转速变化，由转速反馈算出。P_{opt} 以计算值为依据，连续控制发电机输出功率，使其跟踪

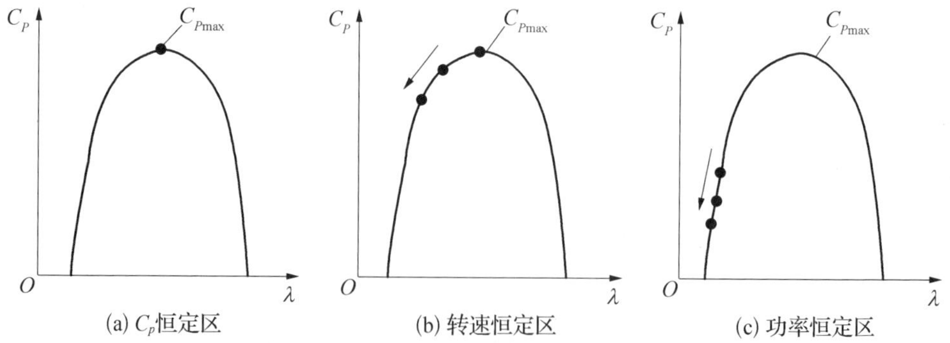

图 3-32　三个区域的 C_P 值变化情况

P_{opt} 曲线变化。用目标功率与发电机实测功率之偏差驱动系统达到平衡。

功率—转速特性曲线的形状由 $C_{P\max}$ 和 λ_{opt} 决定。图 3-33 给出了转速变化时不同风速下风力发电机组功率与目标功率的关系。

如图 3-33,假定风速是 v_2，点 A_2 是转速为 1 200 r/min 时发电机的工作点,点 A_1 是风力机的工作点,它们都不是最佳点。由于风力机的机械功率(A_2 点)大于电功率(A_2 点),过剩功率使转速增大(产生加速功率),后者等于 A_1 和 A_2 两点功率之差。随着转速增大,目标功率遵循 P_{opt} 曲线持续增大。同样,风力机的工作点也沿 v_2 曲线变化。工作点 A_1 和 A_2 最终将在 A_3 点交汇,风力机和发电机在 A_3 点功率达成平衡。

当风速是 v_3，发电机转速大约是 2 000 r/min。发电机的工作点是 B_2，风力机的工作点是 B_1。由于发电机负荷大于风力机产生的机械功率,故风轮转速减小。随着风轮转速的减小,发电机功率不断修正,沿 P_{opt} 曲线变化,风力机输出功率也沿 v_3 曲线变化。随着风轮转速降低,风轮功率与发电机功率之差减小,最终二者将在 B_3 点交汇。

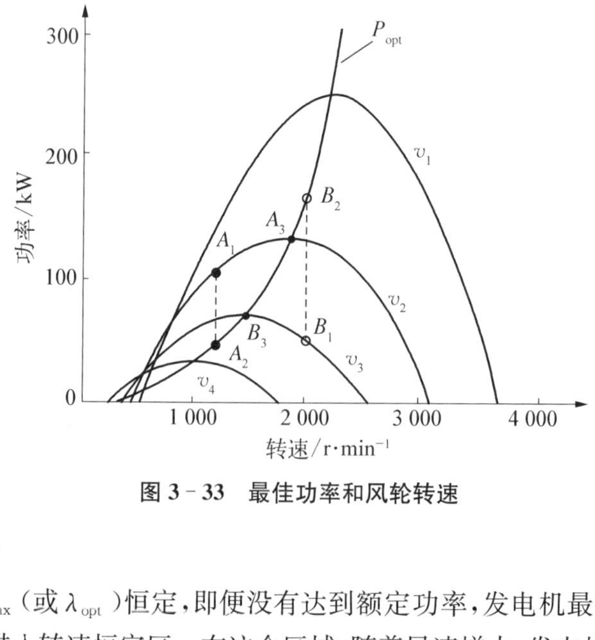

图 3-33　最佳功率和风轮转速

2)转速恒定区

如果保持 $C_{P\max}$(或 λ_{opt})恒定,即便没有达到额定功率,发电机最终将达到其转速极限。此后,风力机进入转速恒定区。在这个区域,随着风速增大,发电机转速保持恒定,功率在达到极限之前一直增大。控制系统按转速控制方式工作。风力机在较小的 λ 区（$C_{P\max}$ 的左面）工作。

图 3-34 给出了发电机在转速恒定区的控制方案。其中，n 为转速当前值，Δn 为设定的转速增量，n_r 为转速限制值。

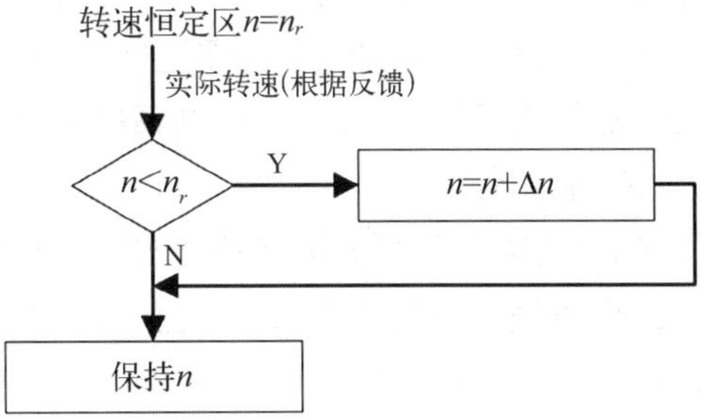

图 3-34　转速恒定区的实现

3）功率恒定区

随着功率增大，发电机和变流器将最终达到其功率极限。在功率恒定区，必须靠降低发电机的转速使功率低于其极限。随着风速增大，发电机转速降低，使 C_P 值迅速降低，从而保持功率不变。增大发电机负荷可以降低转速，但是风力机惯性较大，要降低发电机转速，将有动能转换为电能。

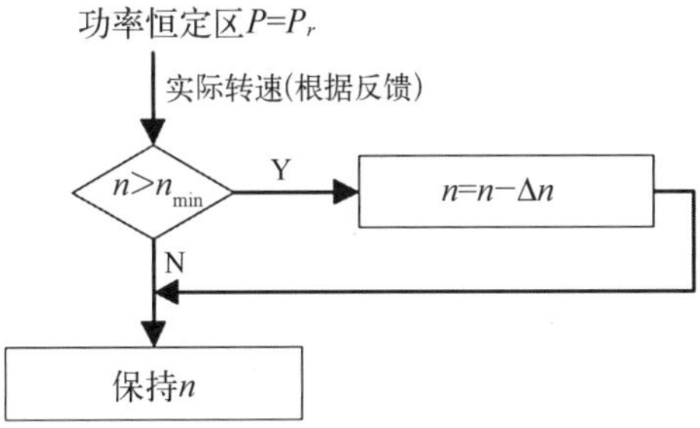

图 3-35　恒定功率的实现

如图 3-35 所示，其中 n 为转速当前值，Δn 为设定的转速增量。以恒定速度降低转速，从而限制动能变成电能的能量转换。为降低转速，发电机不仅有功率抵消风的气动能量，而且抵消惯性释放的能量。因此，要考虑发电机和变流器两者的功率极限，避免在转速降低过程中释放过多功率。例如，把风轮转速降低率限制到 1 r/min，按风力机的惯性，这大约相当于额定功率的 10%。

由于系统惯性较大，必须增大发电机的功率极限，使之大于风力机的功率极限，以便有足够空间承接风轮转速降低所释放的能量。这样，一旦发电机的输出功率高于设定点，就直接控制风轮以降低其转速。因此，当转速慢慢降低，功率重新低于功率极限以前，功率会有一个变化范围。

高于额定风速时，变速风力发电机组的变速能力主要用来提高传动系统的柔性。为了获得良好的动态特性和稳定性，在高于额定风速的条件下采用节距控制得到了更为理想的效果。在变速风力机的开发过程中，对采用单一的转速控制和加入变桨距控制两种方法均做了大量的实验研究。结果表明：在高于额定风速的条件下，加入变桨距调节的风力发电机组，显著提高了传动系统的柔性及输出的稳定性。因为在高于额定风速时，我们追求的是稳定的功率输出。采用变桨距调节，可以限制转速变化的幅度。根据图 3－23，当桨叶节距角向增大方向变化时，C_P 值得到了迅速有效的调整，从而控制了由转速引起的发电机反力矩及输出电压的变化。采用转速与节距双重调节，虽然增加了额外的变桨距机构和相应的控制系统的复杂性，但由于改善了控制系统的动态特性，仍然被普遍认为是变速风力发电机组理想的控制方案。

在低于额定风速的条件下，变速风力发电机组的基本控制目标是跟踪 $C_{P\max}$ 曲线。根据图 3－24，改变桨叶节距角会迅速降低功率系数 C_P 值，这与控制目标是相违背的，因此在低于额定风速的条件下加入变桨距调节是不合适的。

参考文献

[1] 刘柯.我国风力发电现状及其技术发展[J].河南建材，2016(05)：255-256.
[2] 谭忠富，鞠立伟.中国风电发展综述：历史、现状、趋势及政策[J].华北电力大学学报(社会科学版)，2013(02)：1-7.
[3] 汪旭旭，刘毅，江娜，等.风力发电技术发展综述[J].电气开关，2013，51(03)：16-19.
[4] 徐蔚莉，李亚楠，王华君.燃煤火电与风电完全成本比较分析[J].风能，2014(06)：50-55.

第 4 章

风力发电机组的控制

风力发电系统中的控制技术和伺服传动技术是关键技术。这是因为自然风速的大小和方向是随机变化的，风力发电机组切入和切出（电网）、输入功率的限制、风轮的主动对风以及运行过程中故障的检测和保护必须能够自动控制。同时，风力资源丰富的地区通常都是海岛、边远地区甚至海上，分散布置的风力发电机组通常要求能够无人值班运行和远程监控，这就对风力发电机组控制系统的可靠性提出了很高的要求。

4.1 风力发电机组中的控制问题

4.1.1 风电机组控制系统结构及风机运行过程

风电机组控制系统的结构图如图 4－1 所示。

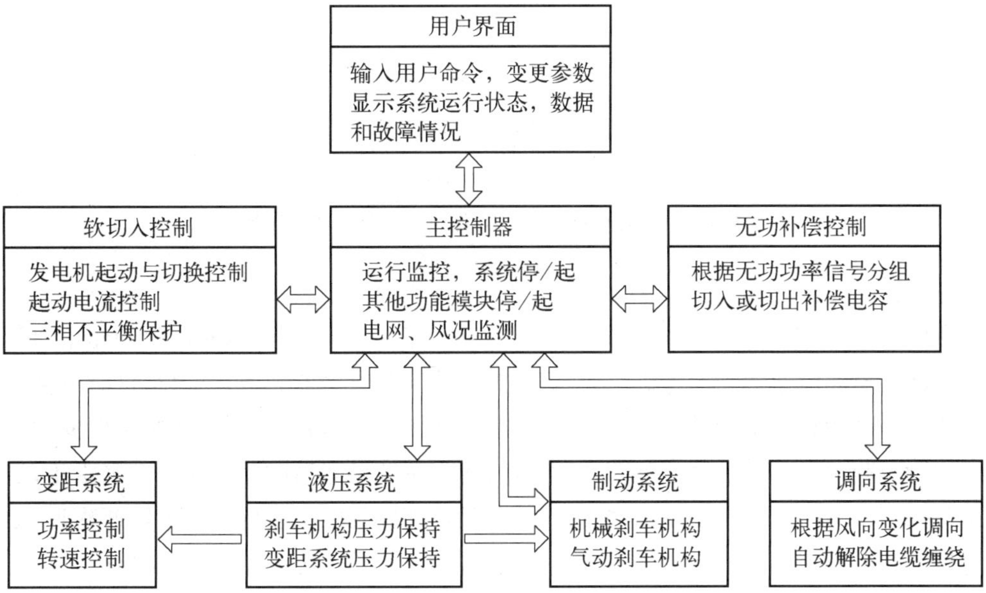

图 4－1　风电机组控制系统的总体结构

针对上述结构，目前绝大多数风力发电机组的控制系统都选用集散型或分布式(DCS)工业控制计算机。采用这种分布式控制系统最大的优点是有各种功能的专用模块可供选择，可以方便地实现就地控制，许多控制模块可直接布置在控制对象的工作点，就地采集信号进行处理。避免了各类传感器和机内执行机构与地面主控制器之间大量的通信线路及控制线路。同时 DCS 现场适应性强，便于控制程序现场调试及在机组运行时可随时修改控制参数。主控制器通过各类安装在现场的模块，对电网、风况及风力发电机组运行参数进行监控，并与其他功能模块保持通信，对各方面的情况作出综合分析后，发出各种控制指令。

风电机组运行的过程中一般分为三个运行状态：起动状态、欠功率状态和恒功率状态。风电机组的三个运行状态中，叶片的旋转速度、风力机的输出功率和叶片桨距角(变桨距风机)随着风速变化[1]，如图 4-2 所示。

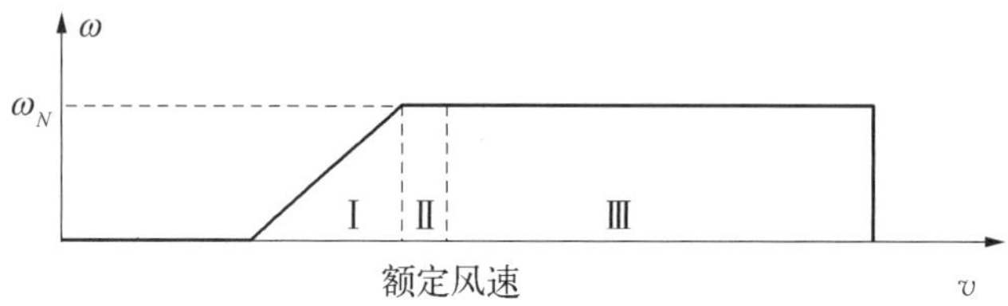

A. 叶片的旋转速度与风速

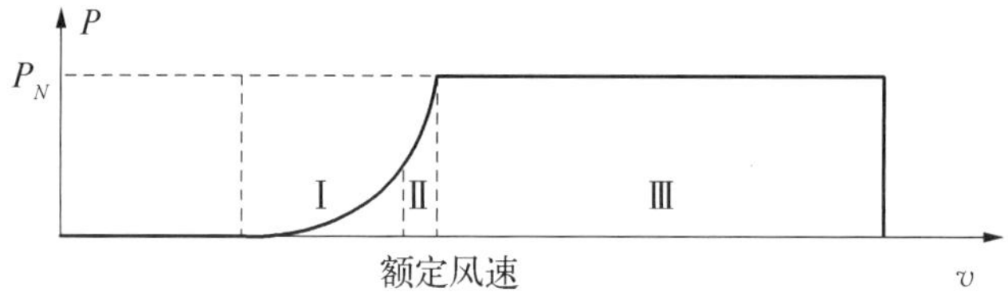

B. 风力机输出功率与风速

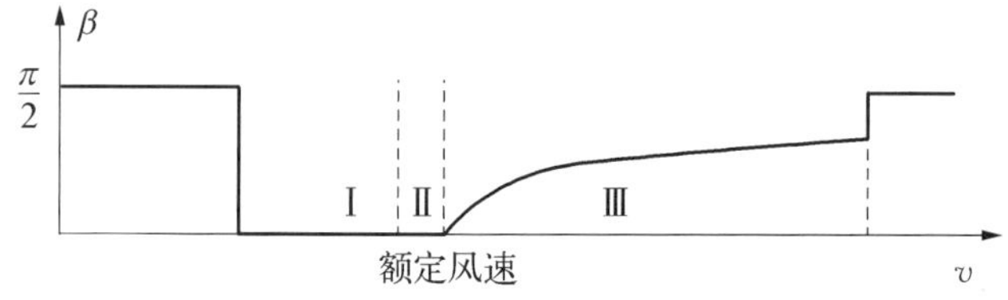

C. 桨距角与风速

图 4-2 转速、输出功率和桨距角与风速变化情况

(1) 起动状态

在停机时，风电机组的桨距角为 90°，叶片相当于一个阻尼板，风对叶片的作用力不会产生旋转转矩。风速达到风力机起动风速时，叶片桨距角朝着 0°方向变化，这时风会在叶片上产生一个旋转转矩，使得风力机开始转动。在风电机组并网之前，桨距角根据发电机转速进行控制，变桨距控制系统根据发电机转速和系统设定值的差值来调节桨距角，进行变桨距控制。风电机组为了平稳过渡到并网运行，需要发电机运行在同步转速附近，等到合适机会并网。在早期的风电机组中，对这阶段的桨距角不进行控制，桨距角按设定的旋转速度向 0°方向变化，等到发电机运行在同步转速附近才启动变桨距控制系统。

(2) 欠功率运行状态

风电机组并网后，风速还没达到额定风速，叶片的旋转速度也还没达到额定转速，发电机运行在额定功率以下，我们把这一阶段称为欠功率运行状态。风电机组运行在这个状态，变桨距控制的目标是跟踪风电机组的最佳桨距角，使得叶片最大限度的捕获风能，提高风力机的输出功率，从而提高发电机的输出功率。对于风力发电机组，通过调节发电机转矩来调节风力机的转速，保持风电机组运行在最佳叶尖速比附近，使叶片最大限度地捕获风能。这一阶段叶片的旋转速度会随着风速的增大达到额定转速，然而功率还没有达到额定功率，风电机组保持额定转速运行，变桨距控制系统通过调节桨距角，并且桨距角保持在最大值，实现叶片最大限度地捕获风能。早期的风电机组对欠功率运行状态不进行控制，输出功率由叶片的气动特性决定。

(3) 恒功率运行状态

随着风速变化到额定风速或额定风速以上，变桨距控制系统的控制目标是使风电机组的输出功率保持在额定输出功率，这一阶段称为恒功率运行状态。这时风电机组的控制方式由转速控制变换为功率控制，把发电机的输出功率作为反馈信号，变桨距控制系统对桨距角进行控制，使风电机组输出功率恒定为额定输出功率[2]。

4.1.2　风电机组中的控制问题

现行风电机组的发展有着大型化的趋势，也给风电机组在诸多方面提出了许多新的挑战。风电机组的控制主要有以下这些要求[3]：

① 额定风速以下的最大功率追踪；

② 额定风速以上控制风电机组的功率；

③ 抑制风力发电机组的不平衡载荷，减缓叶片的挥舞以及拍打，抑制轮毂的偏航力矩以及俯仰力矩；

④ 减缓风力发电机组各主要部件的振动；

⑤ 电网电压跌落时，风电机组具备低压穿越的能力；

⑥ 数据统计、故障处理以及状态检测。

对风电机组的一系列要求，产生了风电机组控制的一系列控制问题。风电机组中的控制问题主要有：欠功率运行状态下(额定风速以下)的最大功率跟踪问题、恒功率阶段(额定风速以上)的恒功率控制问题、不平衡载荷的控制问题、低压穿越问题、桨距角控制问题、励磁控制问题等。

(1) 变桨距执行机构控制问题

大型风电机组采用可变桨技术日趋增多，变桨距执行机构的控制问题日益凸显。目前，风电机组的变桨距机构有液压变桨距驱动和电动变桨距驱动两种方式。电动变桨距驱动方式为通过对永磁交流伺服电动机的控制，即通过桨距角反馈控制电动机的转速，再由电动机转速控制实现对叶片桨距角控制。液压变桨距控制系统，它是一个典型的位置控制系统，即系统通过控制电液比例阀的输出压力实现对液压缸活塞杆位移的控制。随着风电机组大型化发展，兆瓦级风电机组叶片半径越来越大，导致转动惯量增大，且风电机组变桨距执行机构是一种非线性的系统，可以同时对所有叶片进行驱动。

需要注意两点：① 桨距角的变化范围是受限制的，理想情况下桨距角的变化范围是 $0^\circ \leqslant \beta \leqslant 90^\circ$，然而在实际运行中桨距角由于风电机组的机型不同有一定的区别。文献[4]中给出桨距角的范围是 $-5^\circ \leqslant \beta \leqslant 88^\circ$，文献[5]中给出桨距角的范围是 $0^\circ \leqslant \beta \leqslant 92^\circ$。② 桨距角的变化速率是受限制的，文献[4]给出桨距角变化速率为 $|\beta| \leqslant 15^\circ/s$。

(2) 最大功率跟踪问题

风电机组最大功率点跟踪(Maximum Power Point Tracking，MPPT)控制是一项复杂的技术，关乎机组的安全稳定运行和风电场的效益。所谓风电 MPPT 是指风电机组按照其固有的最大功率点运行，以最大限度地将风能转换为电能，提高系统的效率。但在实际工程应用中，风力发电系统受自身结构特点和自然因素的影响较难实现精确的 MPPT 控制。为了提高发电效率，需要结合机组自身结构、风速等因素对风电系统 MPPT 控制策略进行更细致精准的研究。

影响风力发电系统最大功率捕获的因素可分为外部因素和内部因素。其中外部因素有风速、空气密度，因此，高平均风速和较大的空气密度可以提升风电机组风能最大功率捕获性能。改善 MPPT 跟踪效果。但是风能是一种随机性很强的能源，风速频繁处于波动过程中且很难短期预测。内部因素有风机叶片长度、与风机结构及控制策略相关的风能利用系数。由于风机扫掠面积与叶片长度的二次方成正比，对于不同型号的风电机组而言，较大的风力机半径能够提升风力机加速性能，提高最大风能利用效率，但对叶片的空气动力学设计、制造、运输和安装提出了极大的挑战。此外随着单机容量的不断增大，风机旋转轴系具有很大的转动惯量，导致其很慢的动态响应性能[6]，文献[7]指出应用功率曲线法的大转动惯，风电机组在 MPPT 阶段的实际风能利用系数与理想曲线存在 10% 的差距，使得风力机难以有效跟踪快速波动的风速，甚至会失去跟踪能力。因此，风力发电机组的最大功率跟踪问题仍为风电机组的主要控制问题。

(3) 恒功率控制问题

风力发电机组的变速运行可以使机组在风速大范围内变化时增加能量的获得，但在高风速状态下，能量的获取将受到机组物理性能的限制。风力机的风轮转速和能量转换必须低于某个极限值，否则各部件的机械和疲劳强度将受到挑战。因此在高风速下，当风速做大幅变化时，保持发电机恒定的功率输出，并使风力发电机组的传动系统具有良好的柔性，是高于额定风速时控制系统的基本目标。在这一运行区域，变速风力发电机组的控制系统主要是通过调节风力机的功率系数，将功率输出限制在允许范围之内；同时使发电机转速能随功率的输入做快速变化，这样发电机就可以在允许的转速范围内持续工作并保持传动系统良好的柔性。通常采用两个方法控制风轮的功率系数：一是控制变速发电机的反力矩，通过改变发电机转速来改变风轮的叶尖速比；二是改变桨叶节距角，以改变空气动力转矩。在目前的技术水平下两种方法都是可行的。

(4) 叶片不平衡载荷控制

风电机组在运行中受到的力和力矩称为载荷。风电机组在实际运行中，叶片上的受力情况十分复杂，根据叶片上载荷的性质分类，可以分为静态载荷和动态载荷。叶片的静态载荷是由平均风速产生的，它不随时间而变化或变化很小，它的影响对风电机组来说可以忽略。叶片动态载荷包含瞬态载荷、周期载荷、谐波载荷和随机载荷等，它是随时间而变化的，且载荷的变化速率比较大。风切变、风剪切和塔影效应作用在叶片上会产生动态载荷，因此叶片的动态载荷主要是由于气流作用产生的。动态载荷中包含不平衡载荷和叶片转动力矩，其中叶片的不平衡载荷会造成叶片的挥舞和拍打[8]，叶片的挥舞和拍打会加剧叶片载荷波动，影响风力机的效率和寿命。

在风电机组的运行中，动态载荷是影响风电机组稳定运行的主要因素，所以叶片载荷的控制主要是控制叶片上的动态载荷。由风切变、风剪切和塔影效应在叶片根部产生的不平衡载荷最终会作用到轮毂上，且不平衡载荷之间具有很强的耦合性，它们之间相互影响，在进行独立变桨距研究时要周密分析载荷之间的相互耦合关系。风电机组在运行时叶片和塔架之间产生耦合，它们的耦合表现为：叶片拍打和塔架两侧弯曲的耦合振动，叶片挥舞和塔架前后振动的耦合振动。叶片上的不平衡载荷主要体现为风轮的俯仰力矩和偏航力矩。叶片上不平衡载荷会造成叶片的挥舞和拍打，然而叶片的挥舞和拍打会加剧叶片载荷波动，载荷波动传递到轮毂处，使风轮受到俯仰力矩和偏航力矩的作用。转动力矩驱使叶片旋转，把风能变换为电能，气流对转动力矩影响很大，在严重情况下，转动力矩会出现很大的波动，直接影响风力机对电能的转化。对叶片载荷进行控制一般采取独立变桨距控制策略。控制系统的目标是控制由风切变、风剪切和塔影效应在叶片根部产生的不平衡载荷，而叶片根部的不平衡载荷又反应在风轮的俯仰力矩和偏航力矩上，独立变桨距控制系统根据俯仰力矩和偏航力矩计算输出每个叶片的桨距角，从而实现对每个叶片不平衡载荷的控制。

(5) 低电压穿越控制问题

在电力能源中风力发电所占的比例日趋增大，因而风力发电系统对电网产生的影响越来越大，已经不能忽略。当电网电压降低到一定值时，在常规的风力发电系统中风力发电机组便会自动脱网，以进行自我保护，这种措施可应用于风力发电所占比例不高的电网中；但在电力系统中若风力发电的容量比较大的话，那么风力发电机组的离网会对电网电压和频率产生重大的影响，甚至会致使其崩溃，造成工业生产的巨大损失，这极大地限制了风力发电的大规模应用，使风力发电这种清洁能源的应用无法向前发展。世界各国电力系统针对上述问题对电网的风电场接入进行严格要求，其中包括低电压穿越能力、有功、无功以及频率控制等，在风力发电机组设计制造控制技术中，低电压穿越被认为最具有挑战性，与风力发电机组的大规模应用紧密相连。因此，随着风力发电量的快速增加，新的电网运行准则摒弃了风力发电机组遇到电网故障时便自动脱网的这种方法。新的准则要求：风力发电机组应具有一定的低电压运行能力，在电网电压瞬间跌落时风力发电机组仍能保持并网。

(6) 励磁控制问题

励磁控制问题主要出现在双馈风力发电机中，双馈型异步发电机是绕线式异步发电机的一种，其定子绕组直接接入工频电网，转子绕组接线端由三只滑环引出，因此可以对转子进行交流励磁。其中双馈风力发电机的运行主要是通过励磁变频器对发电机转子实施功率控制来实现的，因而励磁电源的控制对风力发电机的运行性能相当重要。目前有关双馈风力发电机交流励磁电源类型主要有：两电平电压型双 PWM 变换器，交—直—交型电流源和电压源并联变换器，交—交变换器，矩阵式变换器，多电平 PWM 变换器和普通钳位谐振变换器。

4.2 风电机组的主要控制方法

4.2.1 风电机组中的控制方法

目前,风电机组控制器中,PID 或 PI 控制器应用较为广泛。近年来,由于现代控制理论快速发展,各种控制理论也被运用于风电机组控制系统中,例如:鲁棒控制、最优化控制、模糊控制、自适应控制以及神经网络等控制策略,但大部分处于研究试验的阶段[9]。

(1) PID 控制

风电机组的主流控制策略是 PID 控制策略,PID 控制器是最早实用化的控制器,其产生与发展已有百年的历史,至今 PID 控制器依旧是应用最主流的工业控制器。PID 控制器结构与原理简单易懂,使用中不依赖于精确的系统模型,其所具有的这些优势使之成为最为主流的控制器。此外,PID 与其他控制方法相结合的复合控制方法也越来越多地出现在风电机组的控制中,例如基于遗传算法的 PID、基于模糊控制的 PID、基于人工蜂群的 PID、基于神经网络的 PID、参数自适应的 PID。

(2) 最优化控制

最优化控制策略在现代控制理论中扮演了非常重要的角色,它主要运用状态空间分析法、极值原理以及动态规划等,通过搭建风电机组控制系统的数学模型,对控制进行优化。设计变桨变速行控制系统的最优控制器,其控制的性能指标一般是状态输出以及控制输入的加权二次型函数,在设计控制器的同时,还要考虑风机动态性能以及经济指标。从目前看,最优控制主要运用于对桨距角、风机风轮转速以及发电机转矩的控制。

(3) 滑模变结构控制

滑模变结构控制在某种程度上可以看成一个不连续的开关控制。滑模变结构控制的特点是能够减少控制系统的非线性影响,削弱系统参数的不敏感程度。滑模变控制器的设计简单,能够快速切换控制系统的状态,是一种有效的风机机组变桨控制方法,其控制理论具有许多独特的优点。但是,滑模变结构控制由于其开关控制的不连续性,使系统容易发生抖振的现象,增大了系统控制的静态误差。为了解决这些问题,在设计滑模控制器时,需要结合神经网络、模糊控制等其他理论与方法。

(4) 鲁棒控制

鲁棒控制同样在现代控制理论中占有重要的地位,鲁棒控制主要对是控制算法以及控制器稳定性,鲁棒控制主要应用于将系统稳定性以及可靠性作为主要性能指标的控制系统,并要求已知系统的动态特性或控制系统的不确定的因素只在小范围内变化。

(5) 模糊控制

模糊控制是一种基于模糊语言变量、模糊逻辑推理以及模糊集合论的控制方法。模糊控制的主要特点是不需要被控对象的精确控制模型,而是已有的经验和知识通过模糊的语言以及语言规则来表达,以设计控制系统。由于不需要精确的系统模型,模糊控制能够削弱系统非线性所带来的影响,其适用于难以建立精确数学模型的系统。模糊控制对系统的各种不确定参数的变化具有较强的抗干扰性。一般情况下,模糊控制器由模糊化模块、规则库模块、模糊推理模块以及清晰化模块四个部分组成。在这四个部分中，最为重要的模块是规则库模块。由于风机的动态载荷的规则库难以建立，所以在风电机组动态载荷控制上模糊控制器的控制效果不甚理想。

（6）人工神经网络控制

人工神经网络控制简称为神经网络控制或者连接模型，它仿生生物的神经特征，进行分布式的并行信息处理。人工神经网络主要取决于系统的复杂度，通过调节内部各个节点之间的关系，以达到处理信息的目的。在神经网络控制中，各个节点都代表了一种特定的输出函数，这种输出函数被称为激励函数。每两个节点间的连接都代表着权重，以此模拟人的神经网络的记忆。人工神经网络的特点是其具有自适应和自学习的能力，可以分析预先提供的一批相互对应的输入数据与输出数据的潜在规律，并根据所得到的规律，采用新的输入数据来重新演算输出结果，这个过程被称为“训练”。

（7）自适应控制

自适应控制参考和辨识控制对象的模型，结合控制器设计形成的控制策略。其主要特点为对系统未知状态的变化与受控对象的参数变化反应迟钝，被广泛运用于复杂的时变系统与非线性系统。自适应控制的工作原理是：自适应控制器系统对象的性能指标、状态进行参考和辨识控制来推算系统的运行指标，其控制器参数按照系统的广义误差控制来设计，以此确保系统运行于最佳状态。自适应控制系统主要有系统辨识自校正控制和模型参考自适应控制。目前，自适应控制的重中之重是补偿系统参数变化以及增强系统的鲁棒性。

4.2.2　PID 控制模型

风力发电机组进行输出功率控制时，可采用 PID 控制技术。PID 控制利用系统给定值与输出值偏差的比例(P)、积分(I)、微分(D)运算组合构成控制量，对被控对象进行控制。PID 控制技术发展历史久，控制方法成熟，且易于实现，适用面广，在控制领域有着广泛的应用。

（1）模拟 PID

PID 控制技术是利用偏差进行控制的，偏差 $e(t)$ 由给定值 $r(t)$ 与实际输出值 $y(t)$ 相减得到，即：

$$e(t) = r(t) - y(t) \tag{4-1}$$

其中偏差 $e(t)$ 进行 PID 运算后得到控制量 $u(t)$，如图 4-3 所示。

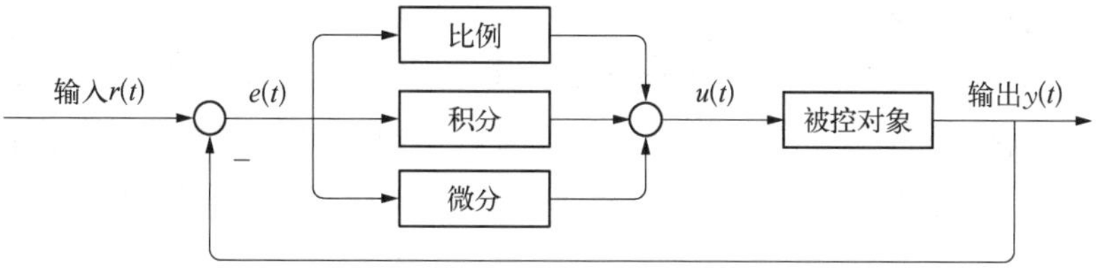

图 4-3　PID 控制规律图

PID 控制的一般控制规律为：

$$u(t) = K_p\left[e(t) + \frac{1}{T_i}\int_0^t e(t)\mathrm{d}t + T_d\frac{\mathrm{d}e(t)}{\mathrm{d}t}\right] \tag{4-2}$$

其传递函数 $G(s)$ 为

$$G(s)=\frac{U(s)}{E(s)}=K_{\mathrm{p}}\left(1+\frac{1}{T_{\mathrm{i}}s}+T_{\mathrm{d}}s\right) \tag{4-3}$$

式中，$u(t)$ 为控制量，$e(t)$ 为实际值与给定值的偏差；K_{p} 为比例系数，T_{i} 为积分时间常数，T_{d} 为微分时间常数。

比例控制的显著特点是有差控制。只要有偏差产生，比例控制立即作用使被控量朝着偏差减小的方向进行，但误差为零时，比例控制便不起作用了。因此，增大比例系数 K_{p}，能够提高系统的快速性，并减小稳态误差提高系统的控制精度。但比例控制无法消除静差，同时比例系数 K_{p} 越大，系统的超调会随之增大，超调增大到一定程度带来的会是系统稳定性的降低，甚至是系统的不稳定。

积分控制的特点是无差控制。当偏差 $e(t)$ 为零时，积分控制的输出会保持在上一时刻的值不变。因此，积分控制是无差控制，但是单独的积分控制会使得系统出现不稳定，且由于积分作用的存在，会降低系统的快速性。

微分控制的特点是超前作用。微分控制能够根据偏差 $e(t)$ 的变化率，来进行控制量 $u(t)$ 的调节，能够在被控量出现较大偏差 $e(t)$ 前开始动作，具有一定的预见性。但偏差 $e(t)$ 变化较慢时，微分控制就可能没有控制量输出或者控制量输出不够，从而使偏差 $e(t)$ 积累得相当大而得不到矫正。微分控制能够减少超调，提高系统稳定性，但同时也可能会放大噪声信号，降低系统的抗干扰能力。

PID 控制集合了比例控制、积分控制、微分控制三者的优点，同时对三者各自的缺点进行了制约。只要 PID 各参数设置得合理，就能得到一个集快速性、准确性、稳定性于一体的最优控制效果。在实际应用中，PID 控制可以根据被控对象的特性和控制要求进行灵活的组合，使其构造成比例控制(P)、比例微分控制(PD)、比例积分控制(PI)等，大大增强了 PID 控制适应性。

(2) 数字 PID

上述的 PID 控制应用在连续控制系统中，是一种模拟 PID 控制方法。随着计算机技术的发展，越来越多的控制系统采用数字 PID 控制方法。相对于模拟 PID 控制，数字 PID 控制方法具有参数易更改、算法改进简单等优点。同时，随着计算机速度的提高，使得数字 PID 控制方法降低稳定性的缺点得到了改善。

数字 PID 控制中的被控量需要经过 ADC 采样后获得，采样信号不是连续的量，而是离散化的量，这就决定了数字 PID 控制规律需要将模拟 PID 控制规律进行离散化。离散化时，可以将积分部分用部分和近似，微分部分用差分方程近似，即积分部分：

$$\int_0^t e(t)\mathrm{d}t \approx \sum_{n=0}^{k} Te(n) \tag{4-4}$$

微分部分：

$$\frac{\mathrm{d}e(t)}{\mathrm{d}t} \approx \frac{e(k)-e(k-1)}{T} \tag{4-5}$$

式中，T 为系统采样周期；k 为系统采样周期序号，$k=0,1,2,\cdots$；$e(k)$、$e(k-1)$ 分别为系统第 k 个和第 $k-1$ 个采样时刻的偏差。

将式(4－4)和式(4－5)代入式(4－2)中，便可得到离散化后的PID输出差分方程，即数字PID控制规律：

$$u(k)=K_p\left\{e(k)+\frac{T}{T_i}\sum_{n=0}^{k}e(n)+\frac{T_d}{T}[e(k)-e(k-1)]\right\} \tag{4-6}$$

式中 $u(k)$ 为第 k 个采样时刻的控制量。当采样时间 T 远小于被控对象时间常数时，这种离散的数字PID控制与连续的模拟PID控制效果接近。

上述数字PID控制方法为位置型算法，式(4－6)中 $u(k)$ 是全值输出，每次的输出值都与执行器的输出一一对应，所以称为位置型PID算法。在计算机中实现位置型PID算法时，由于积分作用是偏差信号的累加，因此需要在软件中定义比较多的变量，占用计算机内存较多，且进行累加计算所占用的计算机CPU时间较长，会对控制效果产生一定的不利影响。

在实际应用中，增量型PID控制算法应用得比较多。由式(4－6)可知，第 $k-1$ 个采样时刻的控制量 $u(k-1)$ 为：

$$u(k-1)=K_p\left\{e(k-1)+\frac{T}{T_i}\sum_{n=0}^{k-1}e(n)+\frac{T_d}{T}[e(k-1)-e(k-2)]\right\} \tag{4-7}$$

将式(4－6)与式(4－7)相减，得到第 k 个采样时刻控制量的增量 $\Delta u(k)$ 为

$$\Delta u(k)=K_p\left\{e(k)-e(k-1)+\frac{T}{T_i}e(k)+\frac{T_d}{T}[e(k)-2e(k-1)+e(k-2)]\right\} \tag{4-8}$$

式中，$\Delta u(k)$ 对应于第 k 个采样控制量的增量，故此式称为增量型PID控制算法。为了程序编写方便，可以将式(4－8)进行改写，使其变为：

$$\Delta u(k)=y_0e(k)+y_1e(k-1)+y_2e(k-2) \tag{4-9}$$

式中，$y_0=K_p\left(1+\frac{T}{T_i}+\frac{T_d}{T}\right)$，$y_1=-K_p\left(1+\frac{2T_d}{T}\right)$，$y_2=K_p\frac{T_d}{T}$。修改后，只需要用到 $e(k)$、$e(k-1)$、$e(k-2)$ 三个偏差数据求出 $\Delta u(k)$。第 k 个采样时刻实际控制量为：

$$u(k)=u(k-1)+\Delta u(k) \tag{4-10}$$

由此可见，增量式PID控制算法程序占用的存储单元少，编程简单，运算速度快。

4.3 PID方法在风力发电机组控制中的应用

4.3.1 最大功率跟踪

由于风能的随机性、不稳定性，所以风能的获取不仅与风力发电机的机械特性有关，

还与其采用的控制方法有关。因此,改善风力发电技术、提高风力发电机组效率即最大功率点跟踪(MPPT)研究具有十分重要的意义。

根据 Betz 理论,风力机输出轴上的机械转矩 T_m 为:

$$T_m = \frac{\rho\pi C_p(\lambda,\beta)R_r^3 v_w^2}{2\lambda} \tag{4-11}$$

式中,v_w 为风速;ρ 为空气密度;C_p 为能量系数;λ 为叶尖速比;β 为桨距角;R_r 为叶轮半径。

由叶尖速比的定义可得:

$$\omega_1^* = \frac{\lambda v_w}{n_p R_r} \tag{4-12}$$

式中 n_p 为发电机极对数。

叶尖速比、桨距角与能量系数间的关系可表达为:

$$C_p(\lambda,\beta) = 0.22\left[116\left(\frac{1}{\lambda+0.008\beta}-\frac{0.035}{\beta^3+1}\right)-0.4\beta-5\right]e^{-12.5\left(\frac{1}{\lambda+0.008\beta}-\frac{0.035}{\beta^3+1}\right)} \tag{4-13}$$

由式(4-13)可知,在定叶尖速比下,桨距角变大,能量系数减少;在零桨距角下,能量系数最大,并随叶尖速比变化且总有一个最优叶尖速比 λ_{opt} 使能量系数最大;最大功率跟踪即为使风机维持最佳叶尖速比的状态。

以直驱永磁风力发电机为例,式(4-14)为直驱永磁同步风力发电机的数学模型:

$$\begin{cases} J_t \dfrac{d\omega_r}{dt} = T_m - K_t\omega_r - n_g p[(L_d - L_q)i_d i_q + \psi i_q] \\ L_q \dfrac{di_q}{dt} = u_q - R_s i_q - L_d p\omega_g i_d - p\omega_g \psi \\ L_d \dfrac{di_d}{dt} = u_d - R_s i_d + L_q p\omega_g i_q \end{cases} \tag{4-14}$$

直驱永磁同步风电系统机侧控制原理如图 4-4 所示。

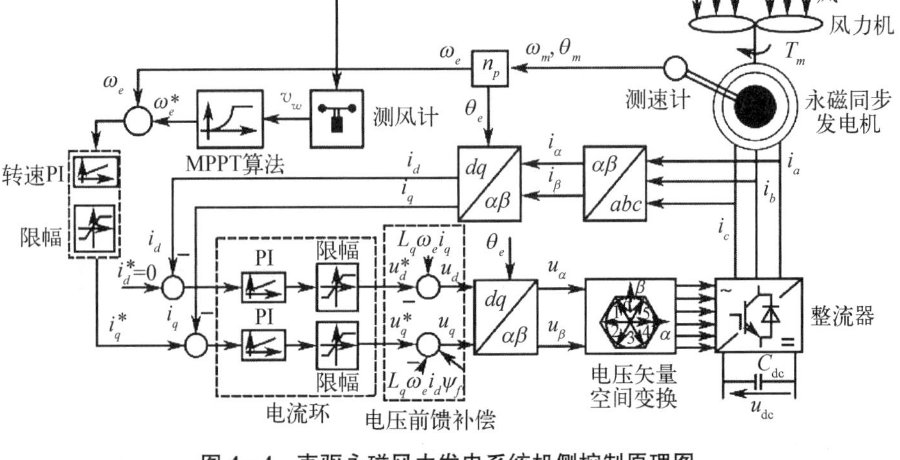

图 4-4 直驱永磁风力发电系统机侧控制原理图

由图4-4可知，风推动风力机转动，产生机械转矩 T_m，带动永磁同步发电机发出交流电，经整流滤波后得到直流电压 u_{dc}。实测风速经 MPPT 算法运算后，得到永磁同步发电机转子电角速度给定值 ω_e^*，与其实际值 ω_e 相比较后，经转速 PI 调节器运算，得到定子电流 q 轴分量给定值 i_q^*，永磁同步发电机三相交流电 i_a、i_b、i_c 经 $abc/\alpha\beta$ 与 $\alpha\beta/dq$ 变换后，得到定子电流 d 轴分量 i_d 与 q 轴分量 i_q；d 轴电流采用 $i_d^*=0$ 控制，i_d^* 与 i_d 相比较，i_q^* 与 i_q 相比较后，分别经 d、q 轴电流 PI 调节器运算，得到 d、q 轴电压的调节参考值 u_d^*、u_q^*，并采用电压前馈补偿抵消 d、q 轴电压的动态耦合项 $\omega_e L_q i_q$ 与 $\omega_e \psi_f-\omega_e L_d i_d$，与 d、q 轴电压的调节参考值叠加后得到系统的控制电压 u_d、u_q，经 $dq/\alpha\beta$ 变换后得到系统的驱动电压 u_α、u_β，经空间矢量脉宽调制(Space Vector Pulse Width Modulation，SVPWM)后产生6路 SVPWM 脉冲信号，以实现对整流器的控制。

(1) 速度环 PI 调节

基于前面的分析，取转速偏差为速度环输入，q 轴电流给定值为输出，从控制简单精准方面考虑，取 PI 控制如下：

$$i_q^*=k_{p1}(\omega_e^*-\omega_e)+k_{i1}\int(\omega_e^*-\omega_e)\mathrm{d}t \tag{4-15}$$

式中，k_{p1}、k_{i1} 分别为比例与积分增益。

(2) 电流环 PI 调节

为避免永磁体的退磁和变流器的无功交换，取零 d 轴电流 PI 控制策略如下：

$$\begin{cases}u_d^*=k_{p2}R_s(i_d^*-i_d)+k_{i2}L_d\int(i_d^*-i_d)\mathrm{d}t\\ u_q^*=k_{p3}R_s(i_q^*-i_q)+k_{i3}L_q\int(i_q^*-i_q)\mathrm{d}t\end{cases} \tag{4-16}$$

式中，k_{p2}、k_{i2} 分别为 d 轴电流内环比例与积分增益；k_{p3}、k_{i3} 分别为 q 轴电流内环比例与积分增益。

(3) 电压前馈补偿

由式(4-14)可知，永磁同步发电机 d、q 轴电压存在 d、q 轴间动态耦合，需通过电压前馈补偿，实现精确线性化，可表达为：

$$\begin{cases}u_d=\omega_e L_q i_q-u_d^*\\ u_q=-\omega_e L_d i_d+\omega_e\Psi_f-u_q^*\end{cases} \tag{4-17}$$

4.3.2 恒功率及不平衡载荷控制

随着风速变化到额定风速或额定风速以上，变桨距控制系统的控制目标是使风电机组的输出功率保持在额定输出功率。这时风电机组的控制方式由转速控制变换为功率控制，把发电机的输出功率作为反馈信号，变桨距控制系统对桨距角进行控制，使风电机组输出功率恒定为额定输出功率，永磁直驱风电机组系统控制框图如图4-5所示。

在风电机组载荷计算时，需要应用相应的坐标系，载荷计算坐标系有塔架坐标系、机

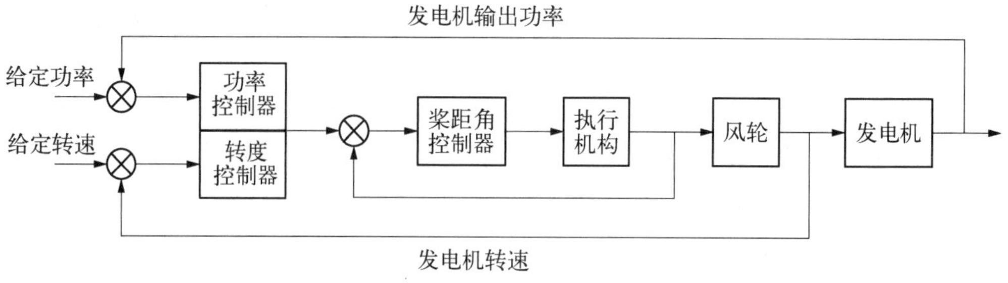

图 4-5　恒功率控制框图

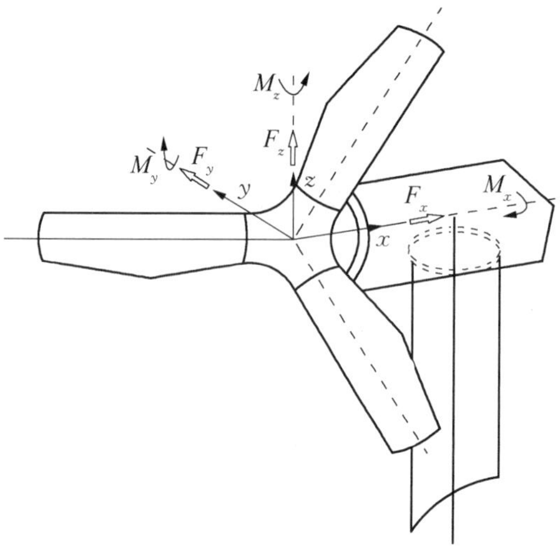

图 4-6　载荷分析图

舱坐标系、轮毂坐标系、风轮坐标系和叶片坐标系等，对叶片上的不平衡载荷进行计算时可以运用轮毂坐标系分析。轮毂坐标系的原点位于风轮平面中心处，也就是轮毂中心。叶片上的不平衡载荷包括拍打方向的力 F_y 和力矩 M_x，叶片挥舞方向的力 F_x 和力矩 M_y，以及变桨距时在俯仰方向与变桨距力矩相平衡的力矩 M_z，实际中，我们把 M_z 称为俯仰力矩 M_{tilt}，把 M_y 称为偏航力矩 M_{yaw}，载荷分析图如图 4-6 所示。

由风切变、风剪切和塔影效应在叶片根部产生的不平衡载荷影响风电机组的工作效率，因此叶片上不平衡载荷是风电机组进行独立变桨控制的主要控制目标，且该叶片根部不平衡载荷跟随叶片的转动做周期性变化。设每个叶片上的不平衡载荷为 M_{z1}、M_{z2} 和 M_{z3}，利用傅立叶级数对每个叶片上的不平衡载荷进行展开，三个叶片上的不平衡载荷为：

$$\begin{cases} M_{z1}=M_{10}+\sum_{i=1}^{n} M_{1i}\cos(i\varphi_1+\theta_i) \\ M_{z2}=M_{20}+\sum_{i=1}^{n} M_{2i}\cos(i\varphi_2+\theta_i) \\ M_{z3}=M_{30}+\sum_{i=1}^{n} M_{3i}\cos(i\varphi_3+\theta_i) \end{cases} \tag{4-18}$$

式中，M_i、M_{i0} 为作用在叶片根部不平衡载荷及其直流分量；M_{1i}、M_{2i}、M_{3i} 分别为桨叶 1、2、3 的 i 阶分量；θ_i 为 i 阶分量的初相位；φ_i 为叶片 i 方位角，叶片方位角依次相差 $\frac{2\pi}{3}$。令 $\varphi_1=\omega t$（ω 为叶片转速），则 $\varphi_2=\omega t+2\pi/3$，$\varphi_3=\omega t+4\pi/3$。

从傅里叶展开式可知，叶片的不平衡载荷包含直流分量、基频分量和高次谐波分量（二次及以上谐波分量为高次谐波分量），高次谐波分量对叶片影响比较小，为了叶片不平衡载荷的简化分析，把不平衡载荷线性化，忽略不平衡载荷中的高次分量，用直流分量和基频分量来表示叶片的不平衡载荷，即为：

$$\begin{cases} M_{z1}=M_{10}+M_{11}\cos(\varphi_1+\theta_1) \\ M_{z2}=M_{20}+M_{21}\cos(\varphi_2+\theta_1) \\ M_{z3}=M_{30}+M_{31}\cos(\varphi_3+\theta_1) \end{cases} \tag{4-19}$$

叶片根部不平衡载荷在轮毂上产生俯仰力矩和偏航力矩，在风电机组独立变桨距控制时，通过对俯仰力矩和偏航力矩的控制实现对叶片根部不平衡载荷的控制。但是在实际中，作用在轮毂上的俯仰力矩和偏航力矩不能直接测得，而是先测量叶片上的不平衡载荷。不平衡载荷是跟随电动机方位角做周期性的变化，造成系统做周期性的改变，为了解决这一问题，且方便独立变桨控制系统控制器的设计，应用 Coleman 变换把不平衡载荷变换到固定坐标系下，避免不平衡载荷的周期性影响。通过 Coleman 变换得到俯仰力矩和偏航力矩为：

$$\begin{bmatrix} M_{\text{tilt}} \\ M_{\text{yaw}} \end{bmatrix}=\frac{2}{3}\begin{bmatrix} \sin\varphi & \sin\left(\varphi+\frac{2\pi}{3}\right) & \sin\left(\varphi+\frac{4\pi}{3}\right) \\ \cos\varphi & \cos\left(\varphi+\frac{2\pi}{3}\right) & \cos\left(\varphi+\frac{4\pi}{3}\right) \end{bmatrix}\begin{bmatrix} M_{z1} \\ M_{z2} \\ M_{z3} \end{bmatrix} \tag{4-20}$$

根据概率论知，桨叶根部不平衡载荷的直流分量的方差为

$$S^2(M_0)=\frac{1}{3}\sum_{i=1}^{3}\left(M_{i0}-\frac{1}{3}\sum_{r=1}^{3}M_{r0}\right)^2 \tag{4-21}$$

由式(4-21)得偏航力矩和俯仰力矩的表达式为

$$\begin{bmatrix} M_{\text{tilt}} \\ M_{\text{yaw}} \end{bmatrix}=\frac{3}{2}\begin{bmatrix} \sqrt{2}\sin(\varphi+\psi) & -\sin\theta_1 \\ \sqrt{2}\cos(\varphi+\psi) & \cos\theta_1 \end{bmatrix}\begin{bmatrix} \sqrt{S^2(M_0)} \\ M_{z1} \end{bmatrix} \tag{4-22}$$

式中 ψ 为常量，其表达式为

$$\psi=\arctan\frac{\sqrt{3}(M_{20}-M_{30})}{2M_{10}-M_{20}-M_{30}} \tag{4-23}$$

以上分析表明，为了对作用在叶片上的不平衡载荷进行有效控制，可以间接控制轮毂处俯仰力矩和偏航力矩来控制叶片上的不平衡载荷，从而提高风电机组的性能和稳定性，保证了风电机组运行在不同风速条件下输出功率稳定在额定功率附近。

根据式(4-23)计算出俯仰力矩和偏航力矩，经过独立变桨距控制系统得到角度 β_d 和 β_q，再通过 Coleman 逆变换得到每个叶片的桨距角 β_1^*、β_2^* 和 β_3^*，从而进行独立变桨控制[10]。角度变换表达式为：

$$\begin{bmatrix} \beta_1^* \\ \beta_2^* \\ \beta_3^* \end{bmatrix}=\begin{bmatrix} \sin\varphi & \cos\varphi \\ \sin\left(\varphi+\frac{2\pi}{3}\right) & \cos\left(\varphi+\frac{2\pi}{3}\right) \\ \sin\left(\varphi+\frac{4\pi}{3}\right) & \cos\left(\varphi+\frac{4\pi}{3}\right) \end{bmatrix}\begin{bmatrix} \beta_d \\ \beta_q \end{bmatrix} \tag{4-24}$$

式中，β_1^*、β_2^* 和 β_3^* 为独立变桨距控制系统根据叶片不平衡载荷得出的桨距角。

通过 Coleman 变换，静止坐标系中的任意空间矢量表示为 $\boldsymbol{x}=[x_1 \quad x_2 \quad x_3]^{\mathrm{T}}$，可以经过坐标系变换把静止坐标系的量变换到 $d-q$ 坐标系中，即 Coleman 变换公式为

$$\begin{bmatrix} x_d \\ x_q \end{bmatrix}=\frac{2}{3}\begin{bmatrix} \sin\varphi_1(t) & \sin\varphi_2(t) & \sin\varphi_3(t) \\ \cos\varphi_1(t) & \cos\varphi_2(t) & \cos\varphi_3(t) \end{bmatrix}\begin{bmatrix} x_1 \\ x_2 \\ x_3 \end{bmatrix} \tag{4-25}$$

而 Coleman 逆变换公式为：

$$\begin{bmatrix} x_1 \\ x_2 \\ x_3 \end{bmatrix}=\begin{bmatrix} \sin\varphi_1(t) & \cos\varphi_1(t) \\ \sin\varphi_2(t) & \cos\varphi_2(t) \\ \sin\varphi_3(t) & \cos\varphi_3(t) \end{bmatrix}\begin{bmatrix} x_d \\ x_q \end{bmatrix} \tag{4-26}$$

由式(4－20)和式(4－24)表明，独立变桨距控制系统通过叶片上不平衡载荷的反馈值，经过 PID 控制器后得到每个叶片的桨距角，通过对叶片桨距角的控制实现叶片桨距角调节叶片上不平衡载荷，从而有效降低不平衡载荷对风电机组运行的影响。独立变桨距控制系统对叶片不平衡载荷控制原理框图如图 4－7 所示。具体过程是：通过测量桨叶根部不平衡载荷 M_{z1}、M_{z2} 和 M_{z3}，经过 Coleman 坐标变换把 M_{z1}、M_{z2} 和 M_{z3} 变换为固定坐标系下的 M_{tilt}、M_{yaw}，把 M_{tilt}、M_{yaw} 与初始值（M_{tilt}、M_{yaw} 的初始给定值为 0）比较后经 PID 控制器得到坐标系下桨距角 β_d、β_q，经 Coleman 坐标逆变换把 β_d、β_q 变换为每个叶片的偏差桨距角 β_1^*、β_2^* 和 β_3^*，再把统一变桨距桨距角 β^* 分别与 β_1^*、β_2^*、β_3^* 求和得到每个叶片的变桨桨距 β_1、β_2、β_3。

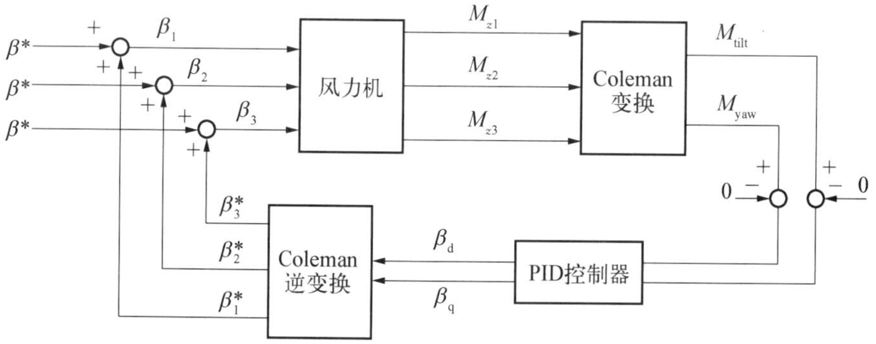

图 4－7　不平衡载荷控制原理图

风电机组的运行受风况影响，根据不同的风况，风电机组采取不同的控制策略。在低风速时，对于小型风电机组，气流作用在叶片上的载荷和力矩比较小，由叶片挥舞、拍打等引起的不平衡载荷对风电机组的运行影响不大，因此叶片上不平衡载荷不是控制系统的控制目标。在低风速运行状态风电机组主要是跟踪最佳叶尖速比，叶片最大限度地捕获风能，气流作用在叶片上的载荷可以忽略。随着风电机组大型化发展，风力机叶片半径和轮毂高度越来越大，由风切变、风剪切和塔影效应在叶片等关键部件上产生的不平衡载荷对风电机组的影响越来越大。由于风切变的影响，气流作用在叶片上的入流角做周期

性的变化，将使桨距角也跟着做周期性变化，这样气流作用在叶片上的载荷也会发生周期性变化。改变桨距角，降低叶片上周期性载荷对风电机组的影响，实现变桨距控制，不仅可以保持风电机组运行在最佳叶尖速比附近，叶片最大限度地捕获风能，还能对叶片上不平衡载荷进行有效控制，降低叶片挥舞和拍打对系统稳定运行的影响，提高风力机的使用寿命。在高风速时，独立变桨距系统要使风电机组的输出功率稳定在额定输出功率附近，还要对叶片上不平衡载荷进行有效控制，降低叶片上不平衡载荷对风电机组稳定运行的影响。特别是大型风电机组，气流作用在叶片上的不平衡载荷变化对风电机组的稳定运行影响十分明显，测量叶片根部的载荷，把测得的载荷值通过 Coleman 变换为风轮的俯仰力矩和偏航力矩，再通过独立变桨距控制器得到桨距角 β_d、β_q，桨距角 β_d、β_q 通过 Coleman 逆变换得到每个叶片的桨距角，从而实现独立变桨距控制。具体变桨距过程为：在额定风速时，启动独立变桨距控制，由系统给定统一桨距角，同时根据叶片上的不平衡载荷得到桨距角的偏差量，把统一桨距角与桨距角偏差量叠加得到每个叶片单独调节的桨距角，实现对每个叶片的桨距角控制。完整的 PID 独立变桨控制系统原理框图如图 4-8 所示。

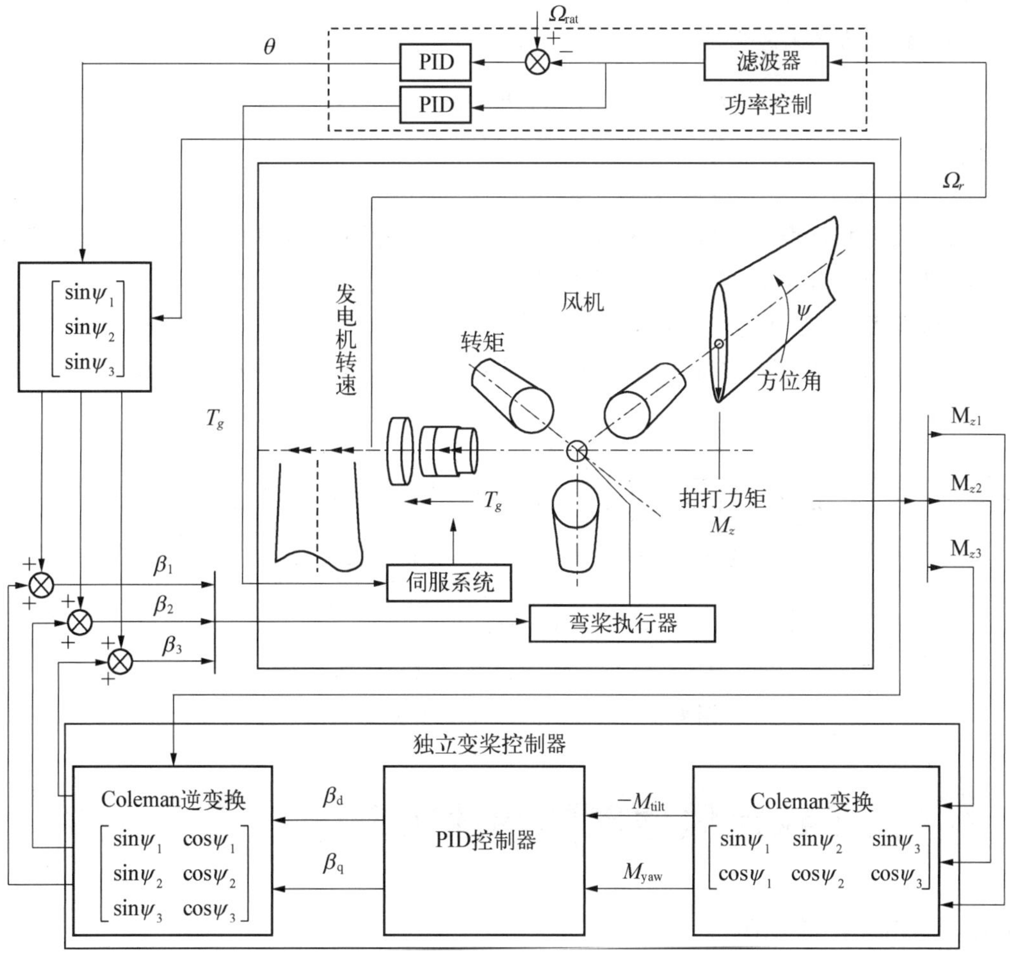

图 4-8　PID 独立变桨距控制系统原理框图

4.3.3 变桨距控制

本节采用液压变桨距控制系统，它是一个典型的位置控制系统，即系统通过控制电液比例阀的输出压力实现对液压缸活塞杆位移的控制。电液比例阀的阀芯运动方程可表示为：

$$\frac{d^2x_v}{dt^2}+2\delta_v\omega_n\frac{dx_v}{dt}+\omega_n^2x_v=K_aK_v\omega_n^2u \tag{4-27}$$

式中，ω_n 为比例阀液压频率，δ_v 为比例阀阻尼比；K_a 为放大器增益，K_v 为比例阀增益；u 为比例阀输入电压。

通过拉普拉斯变换，电液比例阀的传递函数为：

$$\frac{x_v}{u}=\frac{K_aK_v}{\frac{s^2}{\omega_n^2}+\frac{2\delta_v}{\omega_n}s+1} \tag{4-28}$$

在系统工作频率范围内起主导作用的是动力机构环节，与阀控液压缸相比，比例阀动态响应速度很高，可将其等效为比例环节 K_aK_v。

液压缸的传递函数为：

$$\frac{x_p}{x_v}=\frac{K_p/A}{s\left(\frac{s^2}{\omega_h^2}+\frac{2\xi_h}{\omega_h}s+1\right)} \tag{4-29}$$

式中，x_p 为活塞行程，x_v 为比例阀阀芯位移；K_q 为比例阀的流量增益；A 为活塞有效面积；ω_h 为液压固有频率；ξ_h 为液压阻尼比。

位移传感器的响应速度也远远高于动力机构，可将其等效为比例放大环节，其增益为 K_r。本研究中的变桨控制器采用 PID 控制器，其结构如图 4-9 所示。

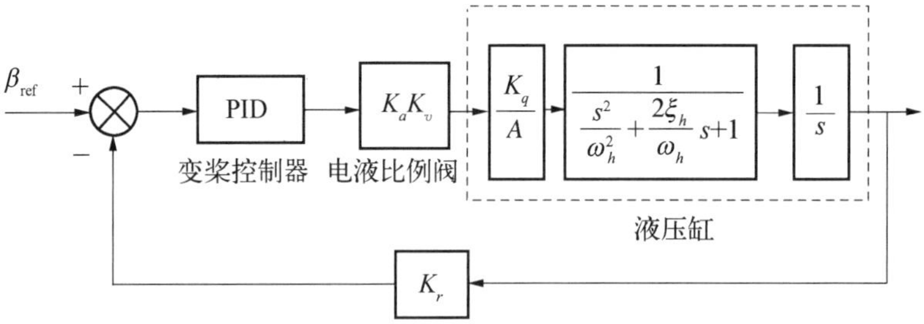

图 4-9 液压变桨控制系统动态结构框图

4.4 低于额定风速时的转速控制

4.4.1 控制策略分析

通常变速风力发电机组的控制是按式(4-30)来设置发电机转矩的：

$$T_e = K_{opt}\omega^2 - B\omega \tag{4-30}$$

式中，K_{opt} 为最佳转速时的比例常数；B 为系统的摩擦损耗。

但在DSC策略中，我们按下式(4-31)设置转速：

$$\omega_{ref} = \sqrt{\frac{T_m}{K_{opt}}} \tag{4-31}$$

式中，T_m 为驱动风力机的机械转矩；ω_{ref} 为转速控制系统的参考速度。

图4-10和图4-11分别是间接速度控制(ISC)和直接速度控制(DSC)策略的框图。由于风力机的转速控制实际上是一个跟踪问题，则对应最大能量捕获的转速值 ω_{opt} 将作为系统的假定输入。ω_{opt} 和有效风速之间的关系可从式(4-32)的叶尖优化速度比得到：

$$\nu = \frac{\omega_{opt}R}{\lambda_{opt}} \tag{4-32}$$

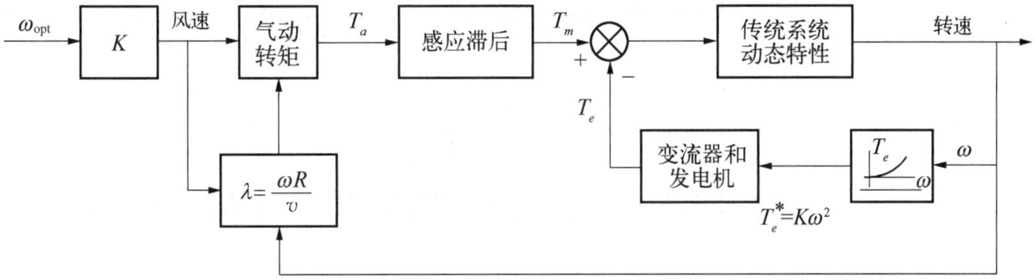

图4-10　间接速度控制策略

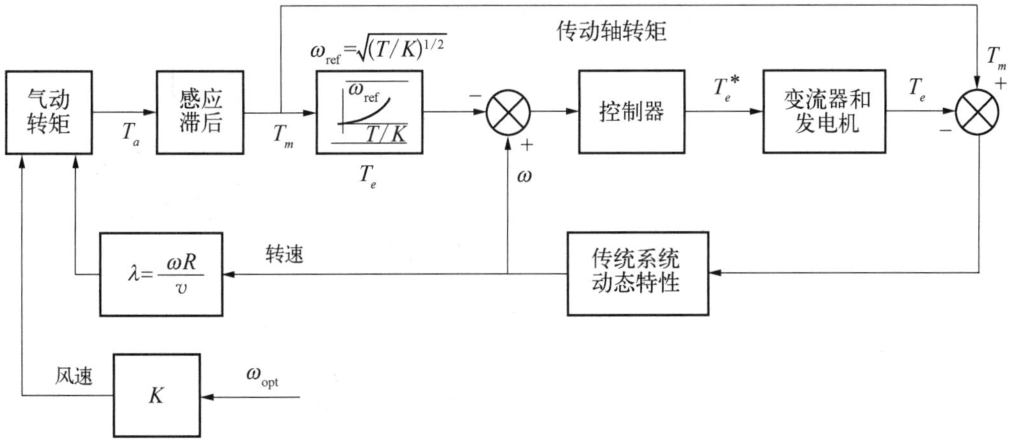

图4-11　直接速度控制策略

当所控制的变速发电机得到转矩的反应时，产生电转矩的延时一般低于10 ms，与机械系统的时间常数相比，可认为是瞬态过程。这一假设简化了风力发电机组的模型，因为所有的电气状态参数都有快速动态特性，相对机械系统可忽略。

(1) DSC策略的小信号模型

稳态时(即 $T_a \approx T_m$)，风力发电机组的机械转矩可由式4-33计算：

$$T_a=\frac{1}{2}\rho\pi C_T(\lambda,\beta)R^3\nu^2 \tag{4-33}$$

式中，R 为桨叶半径；β 为桨叶节距角；C_T 为转矩系数；λ 为叶尖速比；ρ 为空气密度。

根据式(4-33)，气动转矩可以写成：

$$T_a=f(\nu,\omega,\beta) \tag{4-34}$$

在节距角固定时，T_a 在运行点附近的小变化量可表示如下：

$$\Delta T_a=\frac{\partial T_a}{\partial \nu}\Delta\nu+\frac{\partial T_a}{\partial \omega}\Delta\omega \tag{4-35}$$

其中速度控制环节的输入参考量

$$\omega_{\mathrm{ref}}=\sqrt{\frac{\hat{T}_m}{K_{\mathrm{opt}}}}$$

式中假设了一个 T_m 的理想观测值。在最佳运行点 (ν_0,ω_0,T_{m0}) 附近，由 T_m 变化所产生的 ω_{ref} 变化可表示如下：

$$\Delta\omega_{\mathrm{ref}}=\frac{\partial\omega_{\mathrm{ref}}}{\partial T_m}\Delta T_m=\frac{1}{2K_{\mathrm{opt}}}\Delta T_m \tag{4-36}$$

图 4-12 是一个带有理想转矩观测器的 DSC 策略的模型，其中 $K_{\omega\nu}=R/(n\lambda_{\mathrm{opt}})$。

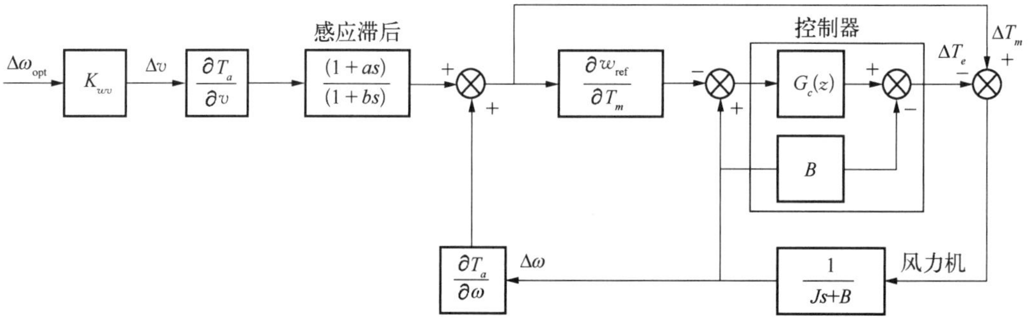

图 4-12 DSC 策略的线性化模型

风力发电机组传动系统动态特性可通过以下一阶系统来描述：

$$K_{t\nu}=\frac{\partial T_a}{\partial \nu};K_{t\omega}=\frac{\partial T_a}{\partial \omega};K_{\omega\mathrm{ref}}=\frac{\partial\omega_{\mathrm{ref}}}{\partial T_m} \tag{4-37}$$

注意在图 4-11 及图 4-12 中，因为在感应滞后的频率响应中，$\Delta\omega$ 的功率谱密度很低，因此假设 $K_{t\omega}\Delta\omega$ 不受感应滞后影响。同时还假设 DSC 控制策略可以使风力机运行始终维持或接近于优化曲线。按照这些假设，优化范围内的函数 $C_T(\lambda)$ 近似为一条直线，如图 4-13 所示。

从图 4-13 可得

$$C_T(\lambda)=-m_\lambda\lambda+n_\lambda \tag{4-38}$$

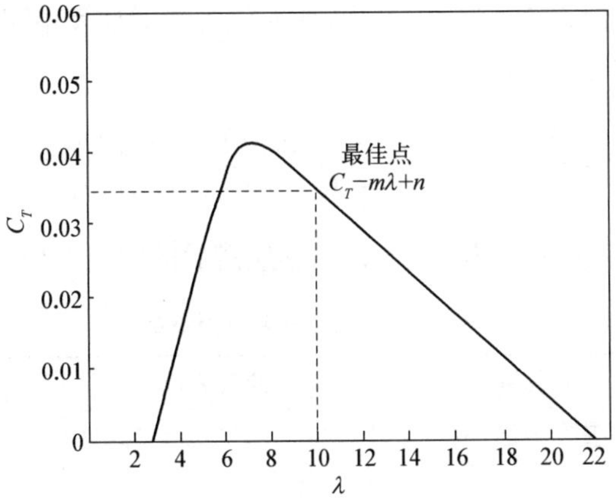

图 4-13 桨叶 $C_T(\lambda)$ 特性曲线

将式(4-38)带入式(4-33),可得

$$T_a = \frac{1}{2}\pi\rho C_T(\lambda)R^3\nu^2 = K_t(-m_\lambda\lambda + n_\lambda)\nu^2 \tag{4-39}$$

式中,$K_t = \frac{1}{2}\pi\rho R^3$。

将 $\lambda = R\omega/\nu$ 代入式(4-39),可得

$$T_a = -K_t m_\lambda R\nu\omega + K_t n_\lambda \nu^2 \tag{4-40}$$

运用式(4-40)可求 $K_{t\nu}$ 和 $K_{t\omega}$ 的值

$$\left.\frac{\partial T_a}{\partial \nu}\right|_{(\nu_0,\omega_0)} = -m_\lambda K_t R\omega_0 + 2K_t n_\lambda \nu_0 \tag{4-41}$$

$$\left.\frac{\partial T_a}{\partial \omega}\right|_{(\nu_0,\omega_0)} = -m_\lambda K_t R\nu_0 \tag{4-42}$$

则在优化点 $\omega_0 = \lambda_{opt}\nu_0/R$,有

$$K_{t\nu} = \left.\frac{\partial T_a}{\partial \nu}\right|_{\nu_0} = (2K_t n_\lambda - m_\lambda K_t R\lambda_{opt})\nu_0 \tag{4-43}$$

$$K_{t\omega} = \left.\frac{\partial T_a}{\partial \omega}\right|_{\nu_0} = -m_\lambda K_t R\nu_0 \tag{4-44}$$

$$K_{\omega ref} = \left.\frac{\partial \omega_{ref}}{\partial T_m}\right|_{\nu_0} = \frac{1}{2K_{opt}}\sqrt{\frac{K_{opt}}{T_m}} = \frac{1}{2K_{opt}}\sqrt{\frac{K_{opt}}{K_{opt}\omega_0^2}} = \frac{1}{2K_{opt}\omega_0} \tag{4-45}$$

运用式(4-32)和式(4-45),$K_{\omega ref}$ 可写为:

$$K_{\omega ref} = \left.\frac{\partial \omega_{ref}}{\partial T_m}\right|_{\nu_0} = \frac{R/\lambda_{opt}}{2K_{opt}\nu_0} = \frac{K_{ref}}{\nu_0} \tag{4-46}$$

式中,$K_{ref} = \frac{R/\lambda_{opt}}{2K_{opt}\nu_0}$。

K_{tv}、$K_{\omega v}$ 和 $K_{t\omega}$ 数值在表 4－1 中列出，所有值都是对应发电机一侧的。至此，可以导出图 4－12 中 $\Delta\omega_{opt}$ 和 $\Delta\omega$ 之间的传递函数为：

$$\frac{\Delta\omega}{\Delta\omega_{opt}}=\frac{(1+a_1 s)}{(1+b_1 s)}\left[\frac{K_{\omega v}K_{tv}(1+G_c(s)K_{\omega ref})}{Js-K_{t\omega}+G_c(s)(1-K_{\omega ref}K_{t\omega})}\right] \tag{4-47}$$

式中，$G_c(s)$ 为速度控制器；a_1 和 b_1 为相对感应滞后的超前系数和滞后系数。

表 4－1 风力发电机组参数

参数名称	数值	参数名称	数值
桨叶半径	$R=3.24$ m	最佳曲线上的转速	$m_\lambda=C_T=0.003\ 6$
转动惯量	$J=3.5$ kg·m^2		$n_\lambda=C_T=0.071$
齿轮箱速比	$n=5$		$K_{\omega v}=R/(n\lambda_{opt})=0.064$
额定转矩	$T_m=47.7$ N·m		$K_{tv}=1.4\nu_0$
额定转速	$\omega_{max}=1\ 500$ r/min		$K_{t\omega}=1.4\nu_0$
最佳叶尖速比	$\lambda_{opt}=10.0$		$K_{\omega ref}=16.6/\nu_0$
空气密度	$\rho=1.25$ kg/m^3	感应滞后零点	$1/a_1=0.06\nu_0$
额定功率	$P_n=7.5$ kW	感应滞后极点	$1/b_1=0.08\nu_0$
最佳曲线上的转速	$\omega_{opt}=15.63\nu_0$		

控制器 $G_c(s)$ 的参数可以用根轨迹或其他控制方式进行设计。但为了验证 DSC 策略的性能，我们假定速度控制器为一 PI 控制器，并设 PI 控制器 $G_c(s)=K_c(s+a_c)/s$，则式(4－47)可以写为：

$$\frac{\Delta\omega}{\Delta\omega_{opt}}=\frac{(1+a_1 s)}{(1+b_1 s)}\frac{K_{\omega v}K_{tv}[(1+K_cK_{\omega ref})s+K_cK_{\omega ref}a_c]}{Js^2+(K_c(1-K_{\omega ref})-K_{t\omega})s+K_ca_c(1-K_{\omega ref}K_{t\omega})} \tag{4-48}$$

从式(4－44)和式(4－46)可以看出乘积 $K_{t\omega}K_{\omega ref}$ 是独立于风速 v_0 的。同时，由于斜率 m_λ 很小，从式(4－44)推出的 $K_{t\omega}$ 的值很小。因此，如果控制器的增益 K_c 足够大，并且 DSC 策略可以在大部分时间将风力发电机组的运行维持在优化点附近，则式(4－48)的闭环极点几乎都是独立于风速 v_0 的。

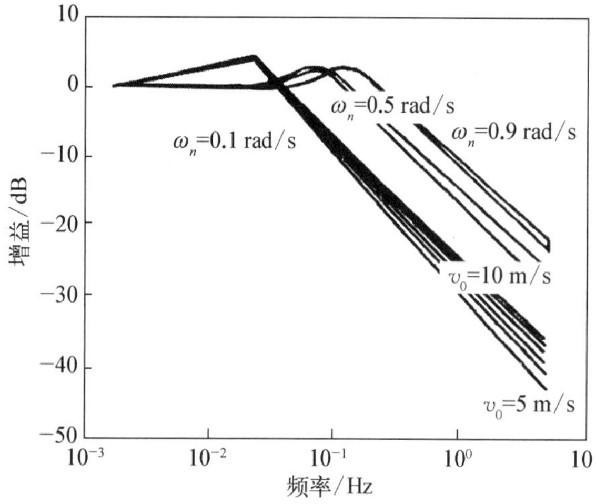

图 4－14 ω/ω_{opt} 的增益在 DSC 控制策略中对 ω_n 的变化

式(4－48)是一个二阶系统，分母可用 $s^2+2\zeta\omega_n s+\omega_n^2$ 来表示。利用表 4－1 中的数值，式(4－48)对于 $\zeta=0.707$ 和不同 ω_n 的值的频率响应如图 4－14 所示。从图中可以看出，对应于较大的 ω_n 值，DSC 策略的增益几乎都是独立于风速的。但实际运行中，ω_n 的值因噪声因素而受到限制。

(2) ISC 策略的小信号模型

ISC 策略通过控制发电机转矩使转速趋近于稳定状态点。传动系统的动态方程如下：

$$T_m = T_e + J\frac{\mathrm{d}\omega}{\mathrm{d}t} + B\omega \tag{4-49}$$

为使发电机转速靠近优化曲线，发电机转矩应设置为

$$T_e = K_{\mathrm{opt}}\omega^2 - B\omega \tag{4-50}$$

从式(4-49)和式(4-50)可得

$$T_m = K_{\mathrm{opt}}\omega^2 + J\frac{\mathrm{d}\omega}{\mathrm{d}t} \tag{4-51}$$

使之线性化，变为

$$\Delta T_m = 2K_{\mathrm{opt}}\frac{\lambda_{\mathrm{opt}}}{R}\nu_0\Delta\omega + J\frac{\mathrm{d}\Delta\omega}{\mathrm{d}t} \tag{4-52}$$

从式(4-36)和式(4-52)可得 ISC 模型的线性化传递函数，其模型如图 4-15 所示，最佳转速和实际速度之间的传递函数为：

$$\frac{\Delta\omega}{\Delta\omega_{\mathrm{opt}}} = \frac{K_{t\nu}K_{\omega\nu}}{Js + \left(2K_{\mathrm{opt}}\frac{\lambda_{\mathrm{opt}}}{R}\nu_0 - K_{t\omega}\right)}\frac{(1+a_1 s)}{(1+b_1 s)} \tag{4-53}$$

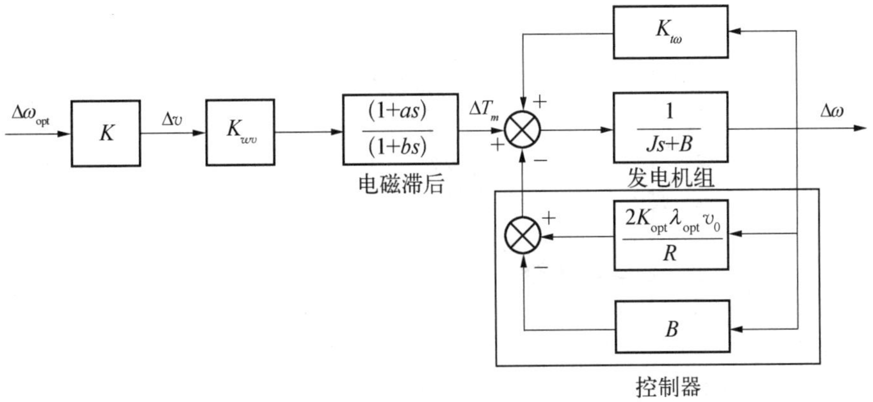

图 4-15　ISC 控制策略的线性化模型

ISC 模型的频率响应如图 4-16 所示。从图上可以看出，线性化后的 ISC 策略的增益要比 DSC 的增益更依赖于风速值，其增益随着风速增加的幅度增大了。

(3) DSC 策略与 ISC 策略的比较

假设两种优化策略都工作于优化曲线附近。将 $\frac{\omega}{\omega_{\mathrm{opt}}}$ 定义为 G_{di}。图 4-17 描述了

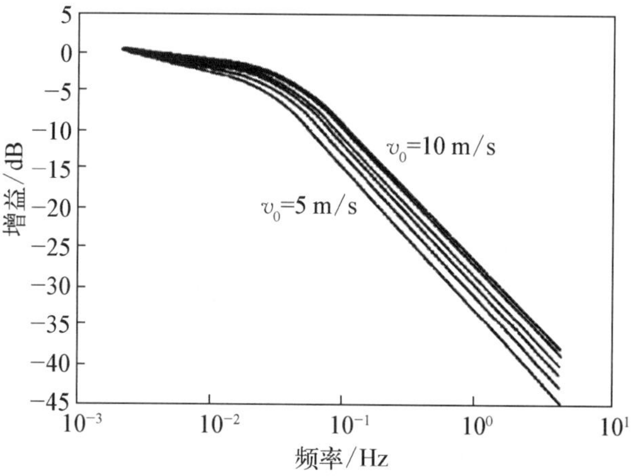

图 4-16 ISC 策略中 ω/ω_{opt} 对工作点风速变化的增益

DSC 策略在 $\omega_n=1$ rad/s 和 $\zeta=0.707$ 时，G_{di} 的频率响应。对应其他 ω_n 值的曲线可从图 4-14 和图 4-15 中得出。高于 0.02 Hz 时，DSC 策略的增益很大，对优化曲线的跟踪情况更好，对风的湍流部分的能量捕获也随之增加，这使桨叶能有更好的 $G_T(\lambda)$ 特性。但是，在某些情况下(特别对 ISC 策略来说)，转速很可能会偏离最佳转速，此时图 4-17 中的结果并不完全有效。在这样的情况下，系统的性能应当通过模拟方法获得。但即使是偏离了优化轨迹，DSC 性能还是比 ISC 好，因为控制系统还可以通过其他途径对发电机转矩进行调节，使风力机加速或减速。

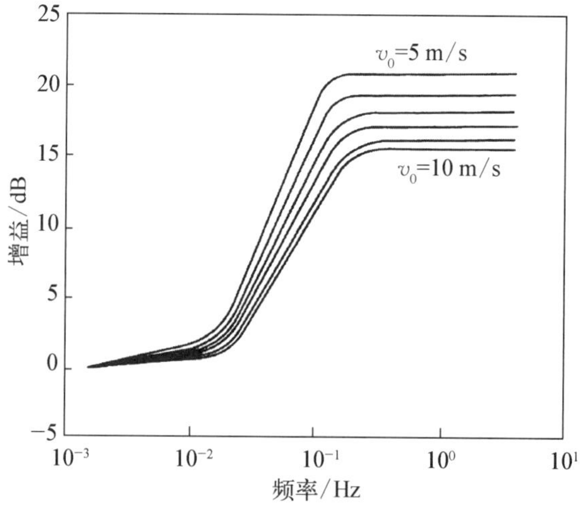

图 4-17 DSC 策略与 ISC 策略的频率响应对比

4.4.2 低于额定风速情况下的风速估算

转矩观测器并非仅用于 DSC 策略进行变速风力发电机组低于额定风速的转速控制。另有一种机械转矩观测器把风力发电机组当作风速仪来对有效风速进行预测。风速预测同样可以用于控制系统作为低于额定风速和高于额定风速运行的控制。

由于风速在时间和空间上的随机变化，很难测得与到达风轮上的风速一致的结果。有的文献提出，可以考虑用一个功率观测器来实现对风速的预测。但是它忽略了一个问题，即对应同一功率和转速，可以有不同的风速值，这是必须考虑的问题。

文献[11]记录了一个卡尔曼滤波器在变速风力发电机组高于额定风速控制中的应用。虽然利用参考文献[11]中提到的卡尔曼滤波器，有可能得到较好的风速预测。但是记录中的卡尔曼滤波器很难进行实时工作，因为线性化模型在每一时间阶跃时都要更新，会造成很大的计算量。

这里将介绍一种在低于额定风速运行情况下的简单的风速预测方法。在式(4－33)中代入 $\lambda=R\omega/v$，得出空气动力转矩为：

$$T_a=\frac{1}{2}\rho\pi C_T(\lambda,\beta)\frac{R^5\omega^2}{\lambda^2} \tag{4-54}$$

假设 $\hat{T}_a\approx\hat{T}_m$，则新函数 $f(C_T,\lambda)$ 定义为：

$$f(C_T,\lambda)=\frac{C_T(\lambda,\beta)}{\lambda^2}=\frac{\hat{T}_m}{0.5\pi R^5\omega^2} \tag{4-55}$$

式中，$\hat{T}_m$ 为观测转矩。

$f(C_T,\lambda)$ 的值很容易由 $C_T(\lambda)$ 特性得出。图 4－18 是 $f(C_T,\lambda)$ 在 $\beta=0$ 时对应于 λ 的图形。从图中可以看出，对应于每一个 $f(C_T,\lambda)$ 的值有两个 λ 值，因此对应于同样的转矩 T_m 和转速 ω_r 有两个风速。为了得到正确的风速值，最佳功率捕获曲线应与式(4－55)相结合。假设风力机始终在优化轨迹附近运行，则与低于额定风速运行相关的是较大的 λ 值。另一个 λ 值对应失速区域运行的情况。在失速区域，给定转速下有一个不同的风速可以产生几乎相同的转矩。

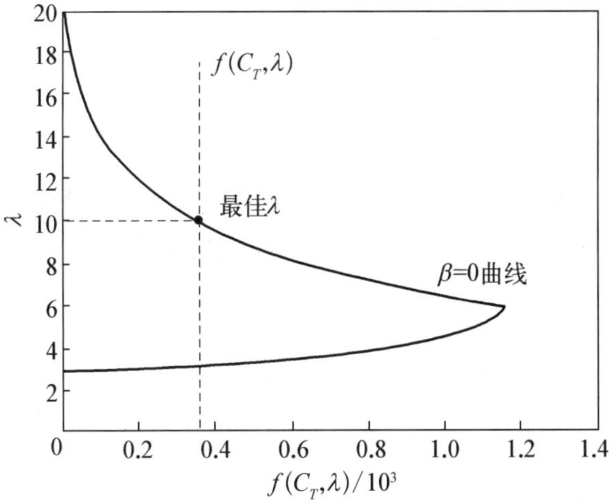

图 4－18　低于额定风速运行时 $f(C_T,\lambda)$ 对 λ 变化的曲线

图 4－19 给出了基于转矩观测器和查表的风速估算器的工作情况。这种风速估算器的实时运行十分简单，计算也不烦琐。

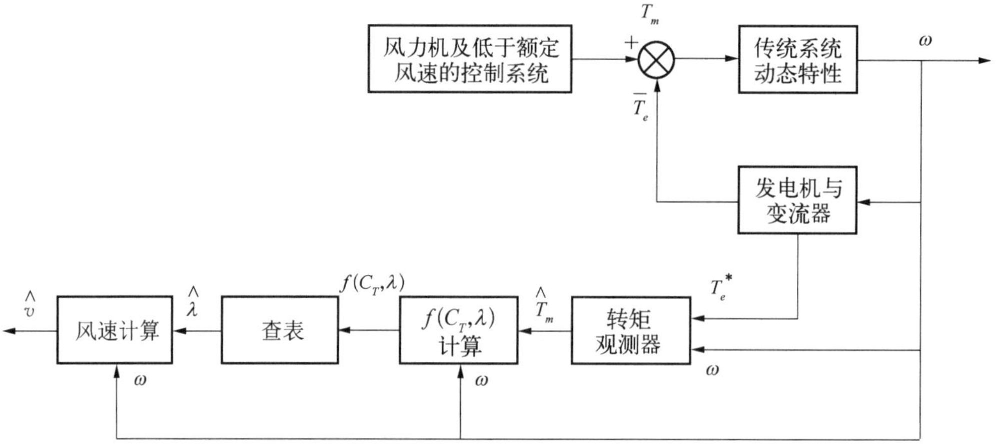

图 4-19　根据转矩观测器的风速估算

4.5　高于额定风速时的功率控制

4.5.1　动态模型的建立

用于分析的模型是一个普通的变距、变速直接驱动型风力发电机组。为了使得到的结果能够反映风力发电机组的真实特性，模型采用了真实风力机物理特性的全部几何和空气动力参数。该设计以用于许多国家风能实验室的变速风力发电机组试验台。

(1) 一阶模型

由于风力机与发电机采用直接驱动方式连接，这是一个最简单的数学模型，但这个模型能够反映变速风力发电机组的基本动态特性：

$$J_r\frac{\mathrm{d}\omega_r}{\mathrm{d}t}=T_a-T_e \tag{4-56}$$

式中，J_r 为风轮的转动惯量；ω_r 为风轮转动的角速度；T_a 为风轮的气动转矩；T_e 为发电机获得的转矩。发电机的惯性矩被忽略不计，因为它是相对于 J_r 的高阶小量。

(2) 非线性气动力转矩表达式

气动力转矩 T_a 由式 4-51 表示：

$$T_a=\frac{1}{2}\rho C_T(\lambda,\beta)RSv^2 \tag{4-57}$$

另外，从风轮获取风能的公式为：

$$P=\frac{1}{2}\rho SC_P(\lambda,\beta)v^3 \tag{4-58}$$

可见，转矩系数与功率系数有关：

$$C_P(\lambda,\beta)=\lambda C_T(\lambda,\beta) \tag{4-59}$$

式(4－59)说明通过改变叶尖速比来调节转矩系数 C_T 将影响功率输出。

反映风力机上 C_T 随 λ 和 β 而变化的情况如图 4－20 曲面所示，产生这个曲面的数值是 PROPPC 给出的(PROPPC 是基于叶片基元理论和显示叶尖损失及失速运行试验模型的空气动力学编码)。C_T 的实际数据取值于 10°～60°节距角范围，但这对于所绘曲面的大部分区域 C_T 值是负数，而风力机在大多数情况下工作在 C_T 为正值的区域。图示为了更清晰地表明 C_T 曲面的正值区域，将所有负值区域置 0。从物理学角度看，图 4－20 区域中叶片节距角 β 较低(相对于大功角)，叶尖速比 λ 也比较低(高风速、低风速)的区域表示失速运行。

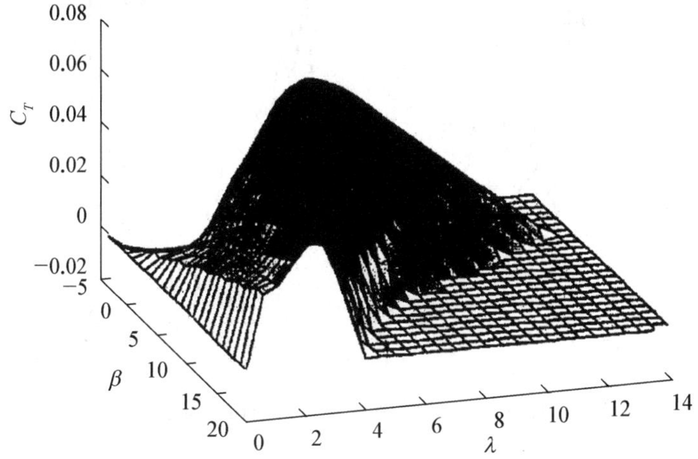

图 4－20　将负值置 0 后 C_T 对桨叶节距和叶尖速比的关系曲面

(3) 运行点的选择

运行点的选择是保持风力机稳定运行的关键，图 4－21 给出了在给定的节距角 β 下 C_P 和 C_T 随着叶尖速比的变化而变化情况。C_T 的峰值给出了理论上的失速和未失速的条件。叶尖速比在峰值右面的数值，即 C_T 曲线的梯度负值($\gamma<0$)，对应于未失速运行。对于叶尖速比值位于峰值的左边($\gamma>0$)，空气流被分离，叶片失速。

同样，对运行点的节距角 β 选择将影响反馈(或前馈)控制的稳定性，因为 β 是控制变量，β_{op} 和 δ 的选择，将影响控制器的性能。

变速风力机模型参数采用如下数据：$R=5$，$J_r=1\ 270\ \mathrm{kg/m^2}$，$v_{op}=7.5\ \mathrm{m/s}$，$\omega_{rop}=11\ \mathrm{rad/s}$，$\beta_{op}=9°$。

在这一运行点：$\gamma=155.2\ \mathrm{N\cdot m\cdot s}$，$\alpha=303.9\ \mathrm{N\cdot m\cdot s}$，$\delta=-151.9\ \mathrm{N\cdot m/(°)}$。

对于运行区域 3，模拟风力机选择的初始条件为：$v(0)=7.5\ \mathrm{m/s}$，$\omega_r(0)=$

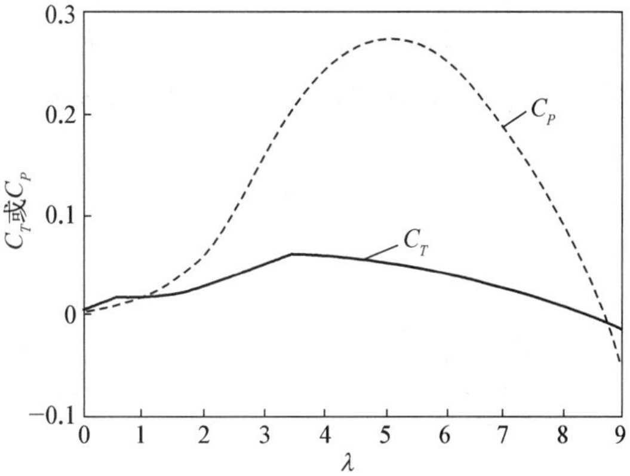

图 4－21　节距角 9°的 C_P 和 C_T 曲线

10.5 rad/s，$\beta(0)=3°$（当风力机在区域 2 时，节距角定义为 3°）。

（4）风力扰动模型

为了设计控制器，风力的输入采用在选定的运行点的阶跃变化来模拟。阶跃扰动对于模拟和分析是最简单的方法，它模拟了风力机可能遇到的最严重的扰动。用于控制器性能分析的两组数据是在样机实际试验现场所收集的。图 4-22 显示了这两组数据风速的变化。必须注意，无论是较低还是较高的风速情况，对于大部分模拟段风速都是保持在 7.5 m/s 以上(RMS 值相对于较低和较高风速分别为 10.46 m/s 和 14.63 m/s)；另外还要注意，较高风速的情况比较低风速情况遇到更强烈的风速波动。一个可靠的控制器必须能够调节这两种情况。

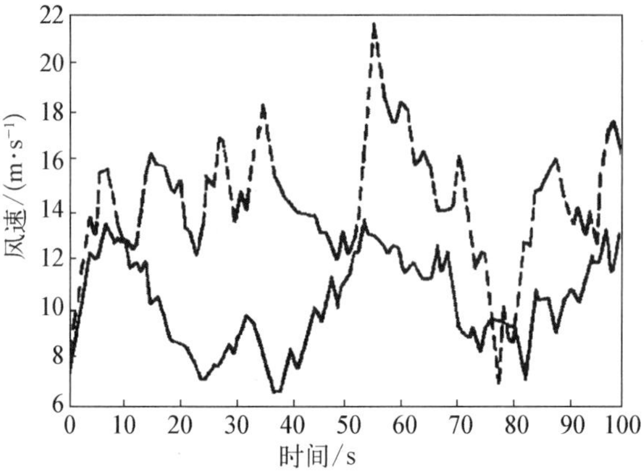

图 4-22 两种用于模拟的风速轮廓线

4.5.2 控制器设计

（1）基本控制框图

两种控制器的基本目的是调节 $\Delta\omega$（在确定运行点的风力机转速的偏差）到 0。对于试验的风力机，飞车速度是 $\omega=13$ rad/s。因此运行点和最大值之间存在着 2 rad/s 的空间。如图 4-23 所示，通过转速计测出的风力机速度被反馈与参照速度 ω_{op} 相比计算出 $\Delta\omega$（传感器在测试中的噪声被忽略不计）。转速的偏差作为控制器的输入量，控制器根据 $\Delta\omega$ 发出改变叶片节距 $\Delta\beta$ 的命令，于是新的节距角要求为 $\beta=\Delta\beta+\beta_{op}$；这个节距角限制在 3°～60°范围内，调节器在这一范围内，按新的节距角要求调节风力机桨叶节距。

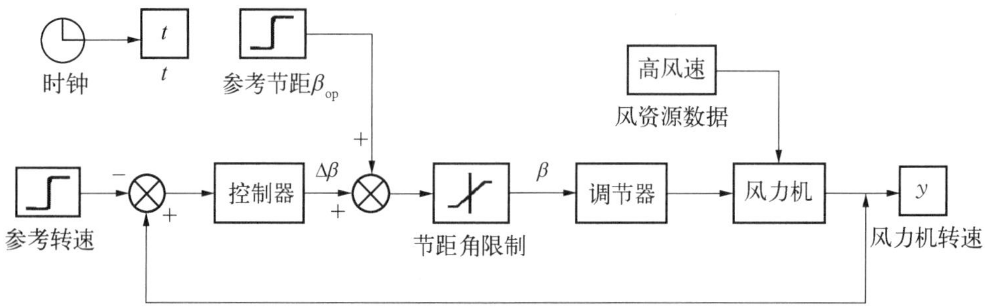

图 4-23 控制系统的前馈框图

在控制器设计中还须考虑调节器疲劳，节距控制的调节器是一个电动机，该电动机使风力机桨叶绕其径轴转动，如果电动机连续地接到调节的命令，电动机温度会升高，过多的调节动作将造成过量的热负荷，使电动机损坏，同样过快的调节命令也会造成调节器损坏，因此，调节器的最高调节速率必须受到限制。

然后要考虑的是变桨距速率，一般限制在±10 rad/s之间，控制过程如图4－24的框图所示。必须注意，模拟时调节器指示的变桨距速率是基于给定节距和测量节距之间的偏差(测量中的噪声忽略不计)，在风力发电机组模拟系统中实际安装的伺服电动机能够使任一方向的变距速率达到约30°/s。

调节器的疲劳程度可以通过定义一个调节器工作周期(ADC)进行监测

$$\mathrm{ADC}=\frac{总的变距度数}{总的模拟时间}$$

虽然这个方式作为独立测量调节器疲劳程度并不是十分有效，但可用来作为比较不同的控制方式的一个指标。为了减小调节器的ADC，一种简单方法是忽略包括“死区”在内的小于±0.1°/s的变距命令(以便帮助调节器消除当命令信号进入模拟时的噪声)。

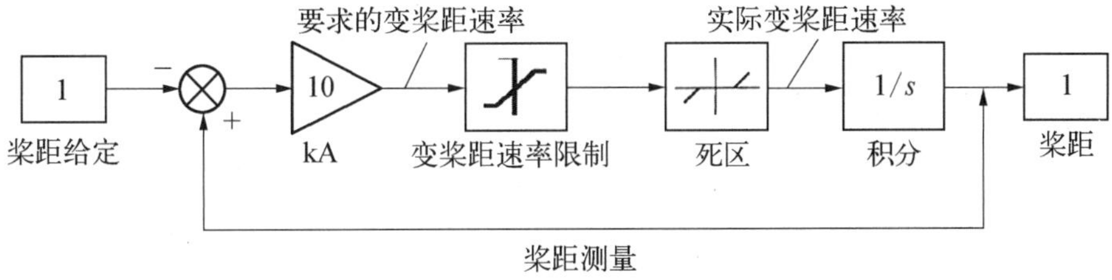

图4－24　调节器控制框图

(2) PI控制器

图4－25显示了PI控制器的框图，比例和积分增益 K_p 和 K_i 的稳定数值由闭环传递函数的劳斯稳定判据确定。这些增益可通过试验得到精确的数值，其原则是使风力机维持在转速 ω_{rop}，并使最大变距率最小化。在与所选择的运行点匹配的初始条件下，图4－26显示了具有充分阻尼的风力机对于当风速从7.5 m/s到9.5 m/s阶跃变化时的响应，这个响应是采用了 K_p 为12°(s/r)和 K_i 为10°(s/r)时实现的。

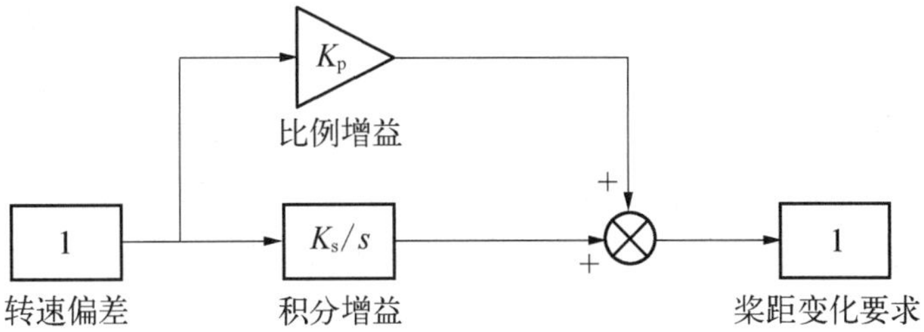

图4－25　PI控制器框图

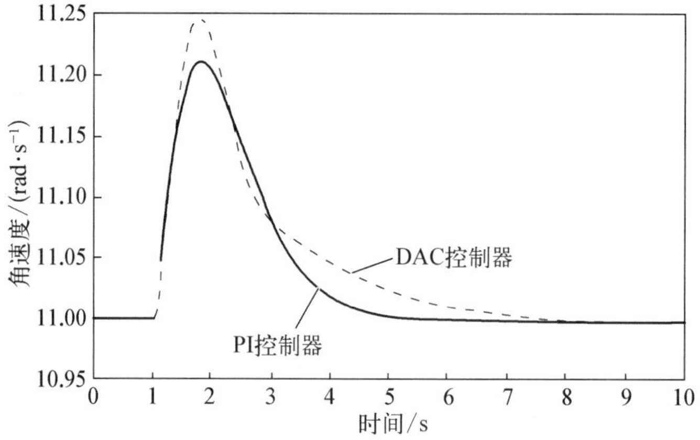

图 4-26 风力机转速对于阶跃输入响应

必须注意,如图 4-27 所示,由于控制增益值相对较小,调节器给出的变桨距速率的指令并没有接近限制的边界。如果增益值增加,控制器就会发出使叶片节距角较大变化的指令以补偿小速度误差,这会使速度响应更接近于它的运行点。但其代价是增加最大变距率和显著提高 ADC。

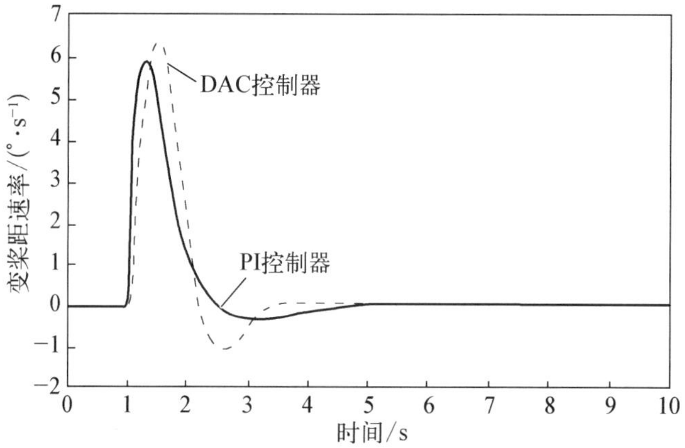

图 4-27 调节器变桨距速率对阶跃输入的响应

(3) 扰动调节控制器(DAC)

扰动调节控制理论是由 C. D. Johmeon 创建,由 Balas 最早用于风力发电机组的控制。扰动调节控制器(DAC)可用于抵御持续性扰动,例如在风速的波动下保持风力发电机组的功率或转速恒定。

图 4-28 显示了 DAC 控制器的框图,DAC 控制器包括状态、扰动估算器以及处理输入量与输出量的多路合成器(Mux)与分解器(Demux),由此得出的转速偏差估计值和风速估计值与相应的增益值按式(4-60)确定节距角的控制变量:

$$\Delta\beta = G\Delta\hat{\omega} + G_D\Delta\hat{v} \tag{4-60}$$

式中,$\Delta\hat{\omega}$ 为风力机风轮转速偏差的估计值;$\Delta\hat{v}$ 为偏离运行点的风速估计值。

状态估算器采用测量风力机转速偏差，通过线性化动力学模型，给出 $\Delta\hat{\omega}$ 的估计值（在刚性风力机模型中仅有的状态）。扰动估算器可以计算出风速变化的估算值 $\Delta\hat{v}$。

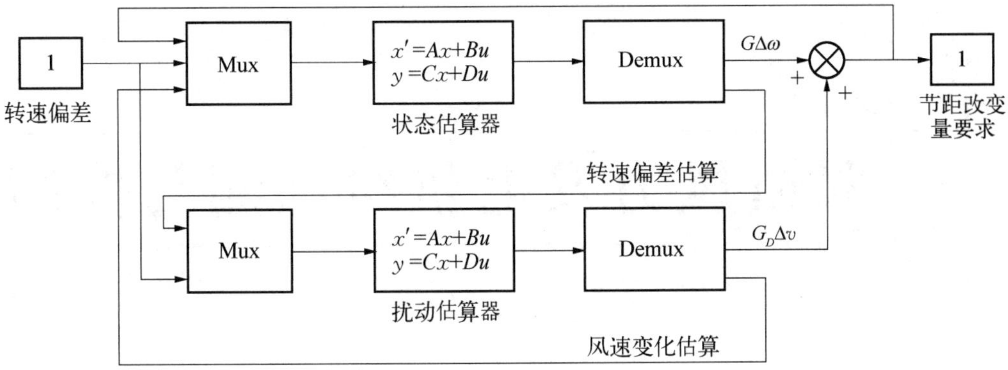

图 4-28　DAC 控制器框图

与 PI 控制中的增益值 K_p 和 K_i 相似，DAC 控制中的增益 G 和 G_D 是根据对风速和风轮转速的变化估算，计量桨叶节距角应有多大的变化。G 根据极点的位置确定以得出所需的控制响应。与 PI 的增益不同的是，G_D 是一个固定值，通过分析确定以消除风的扰动，考虑 $G_D=2$ 的风力机，DAC 增益 G 已被选来产生一个类似于 PI 控制的转子速度变化反应，图 4-26 和图 4-27 分别显示了 ω 和变桨距速率的响应，这些都是与 PI 控制器相同的试验条件下得到的。

参考文献

[1] 韩兵，周腊吾，陈浩，等.大型风机的独立变桨控制方法[J].电力系统保护与控制，2016，44(02)：1-8.

[2] 周志超，王成山，郭力，等.变速变桨距风电机组的全风速限功率优化控制[J].中国电机工程学报，2015，35(08)：1837-1844.

[3] 艾斯卡尔，李岩，杨瑞龙.国内外风电有功控制规程要求的研究与探讨[J].风能，2015(04)：54-57.

[4] 林勇刚，李伟，叶杭冶，等.变速恒频风力机组变桨距控制系统[J].农业机械学报，2004(04)：110-114.

[5] 姚红菊，赵斌.变速恒频风电机组额定风速以上恒功率控制[J].能源与环境，2005(03)：12-13，49.

[6] 殷明慧，蒯狄正，李群，等.风机最大功率点跟踪的失效现象[J].中国电机工程学报，2011，31(18)：40-47.

[7] 张小莲.风机最大功率点跟踪的湍流影响机理研究与性能优化[D].南京：南京理工大学，2013.

[8] 杨震宇，王青，魏新刚，等.基于状态反馈的低风速风电机组不平衡载荷控制方法研究[J].机电工程，2017，34(07)：752-756.

[9] 何玉林，黄帅，杜静，等.基于前馈的风力发电机组变桨距控制[J].电力系统保护与控制，2012，40(03)：15-20.

[10] 杨文韬，耿华，肖帅，等.大型风电机组的比例—积分—谐振独立变桨距控制策略[J].电力自动化设备，2017，37(01)：87-92.

[11] 杨明莉，刘三明，王致杰，等.卡尔曼小波神经网络风速预测[J].电力系统及其自动化学报，2015，27(12)：42-46.

第 5 章

双馈风力发电机组预测与控制

由于多数风电机组控制方法都是将风速作为已知量，忽视了实际风机控制所面临的风速不确定的困难，而常规的风速测量方法又存在滞后和不准确等问题，所以本章在分析风速变化特性的基础上，先给出了风速预测的优化方法；然后在对双馈风电机组进行不确定建模的基础上，利用协调无源性方法设计协调多目标非线性控制器；最后研究双馈风力发电机组的双变流器协调控制策略和低电压穿越控制策略。

5.1 基于遗传算法和聚类算法的 BP 神经网络风速预测

5.1.1 风速特性研究

风速分布一般为正态分布，用于拟合风速分布的线形很多，而威布尔（Weibull）分布为双参数曲线，被普遍认为适用于对风速做统计性描述。其概率密度函数可表示为：

$$P(x)=\frac{k}{c}\left(\frac{x}{c}\right)^{k-1}\exp\left[-\left(\frac{x}{c}\right)^{k}\right] \tag{5-1}$$

式中，k 和 c 为威布尔分布的两个参数，k 为形状系数，取值范围为 1.8～2.3，一般取 $k=2$；c 为尺度系数，反映所描述地区的年平均风速。

5.1.2 基于 BP 神经网络预测风速

（1）风速预测原理

风速序列是一种间歇性和随机性很强的时间序列，温度、阴晴、风力等级等天气状况对其影响很大，历史数据包含了这些因素，因此可以建立一种历史风速和未来风速之间的映射，即可以依据历史风速数据对未来风速进行预测：

$$\hat{v}(t+1)=f(v(t),v(t-1),v(t-2),\cdots,v(t-n+1)) \tag{5-2}$$

式中，$\hat{v}(t+1)$ 为预测风速，$v(t),v(t-1),v(t-2)\cdots v(t-n+1)$ 为从 t 时刻到 $t-n+1$ 时刻的 n 个实测历史风速数据，f 为它们之间的映射。

(2) BP 神经网络预测风速原理

神经网络(Neural Networks,NN)也叫作人工神经网络(Artificial Neural Networks,ANN),或神经计算(Neural Computing,NC),是对人脑或生物神经网络的抽象和建模,实现与大脑相似的学习、识别、记忆等信息处理的能力。

BP 神经网络(Back Propagation Neural Network)被称为多层前馈神经网络,输入信号经由输入层进入网络,再经过隐含层的逐层处理(隐含层可以是一层或多层),最后到达输出层输出。BP 神经网络的神经元的传递函数是 S 形函数,输出为 0 到 1 之间的连续量,它可以实现从输入到输出的任意非线性映射。因此,BP 神经网络可以实现历史风速和未来风速之间的非线性映射,可用于风速预测。

对于风速预测问题,三层网络可以很好地解决,其基本结构如图 5-1 所示:

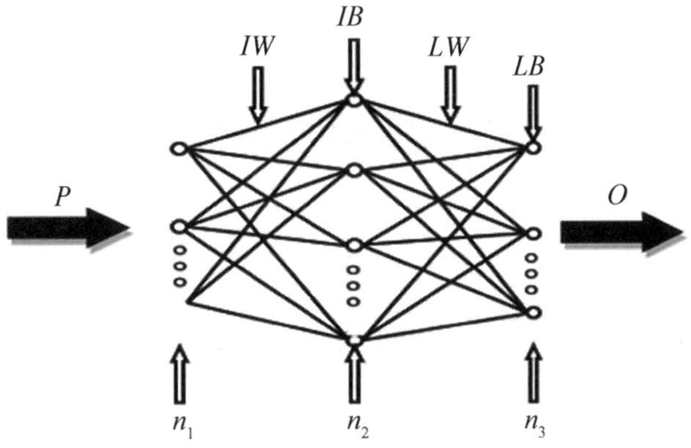

图 5-1　三层 BP 神经网络基本结构

图中,$\boldsymbol{P}$ 为 BP 神经网络的输入向量;$\boldsymbol{O}$ 为 BP 神经网络输出向量;n_1、n_2,n_3 分别为输入层维数、隐含层神经元个数和输出层神经元个数;IW,LW 分别表示输入层到隐层的连接权值和隐层到输出层的连接权值;IB,LB 分别表示隐层神经元阈值和输出层神经元阈值。

利用 BP 神经网络进行风速预测时,可分以下步骤进行:

1) 根据实际情况确定神经网络的结构,包括 BP 神经网络的层数,隐层神经元个数,各层神经元传递函数的选取等。

2) 初始化神经网络参数,包括 IW、LW、IB 和 LB。

3) 将历史数据划分为训练集和预测集,并用训练集对神经网络进行训练直至达到训练次数或达到训练目标。

4) 将预测集数据输入训练好的 BP 神经网络,对未来风速进行预测。

BP 神经网络的训练流程如图 5-2 所示

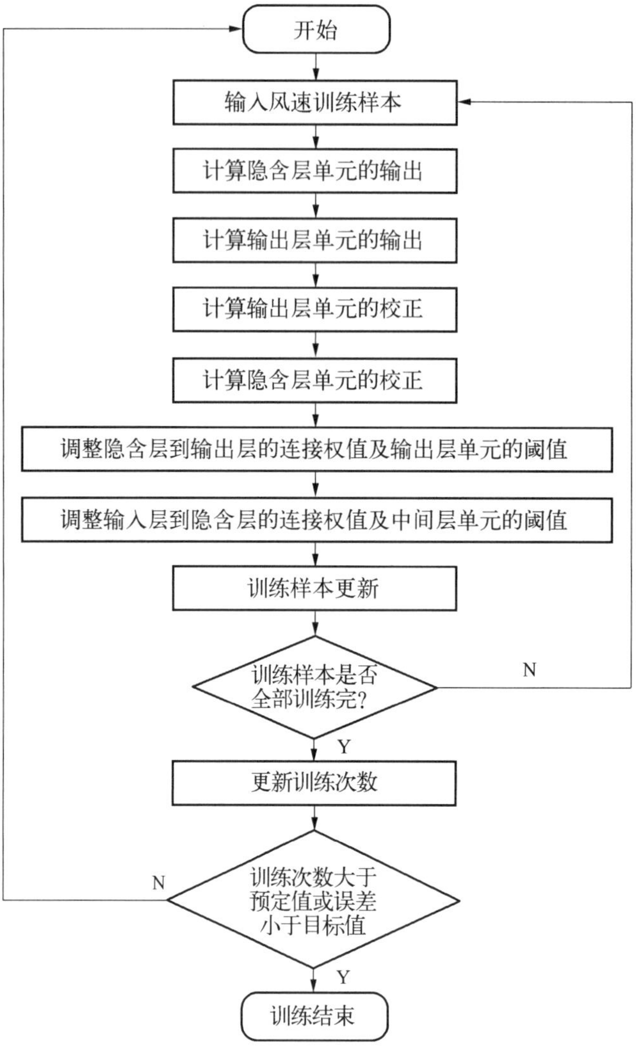

图 5-2　BP 神经网络训练流程图

(3) 实例分析

以我国某风电场实测风速数据为例[1]，风速数据为每小时取样一次，共计 31 天的数据。将前 30 天的数据划分作为训练集，最后一天的数据作为预测数据。

三层 BP 神经网络已经可以很好地解决一般预测问题，因此选择三层 BP 神经网络进行风速预测。输入维数 n_1 选择为 5，输出维数 n_3 选择为 1，即选择 T、$T-1$、$T-2$、$T-3$、$T-4$ 时刻的数据来预测 $T+1$ 时刻的风速。将隐含层节点数 n_2 设置为 11，这是因为在本算例中输入向量为预测时刻前 5 个小时、间隔时间为 1 小时的风速值，故输入层节点数为 5；输出层节点数为 1，即最后经过网络预测未来一小时的输出值，在本算例中也就是该月第 31 天中 24 小时的风速预测值。在确定输入输出层节点后就可以根据隐含层节点计算公式得到隐层节点数，隐含层神经元个数 n_2 和输入层维数 n_1 之间有近似关系 $n_2 = n_1 \times 2 + 1$，故选取 $n_2 = 11$。随机初始化 BP 神经网络的全部权值和阈值。

本例中节点传递函数采用 S 形传递函数，训练函数采用梯度下降 BP 算法函数 traingd。设计训练次数为 1 000，训练目标为 0.01，学习速率为 0.1。将前 30 天的实测风速数据作为训练集，输入 BP 神经网络，根据上述参数设置训练网络。把第 31 天的实测风速数据作为预测集，利用 MATLAB 仿真得到如图 5－3 所示的仿真图形与数据。

图 5－3 为 BP 神经网络对 24 小时风速预测的结果与误差曲线图，表 5－1 给出了使用单一 BP 神经网络预测该年某月最后一天 24 小时的平均相对误差、均方误差。从图 5－3 中可以看出，在第 3、4、6、10、12、15、18、20、24 这九个预测点处所得到的预测值与实际值的误差较大，误差百分比接近 30%，最高时达到 39.12%，这是不符合短期风速预测要求的，但其平均相对误差百分比为 14.22%，低于短期风速预测要求的 20%到 30%。均方误差为 3.64，即个别点的误差较大，但整体误差水平还是符合短期风速预测要求的，说明用单一 BP 神经网络进行短期风速预测的可行性，但预测精度不高。

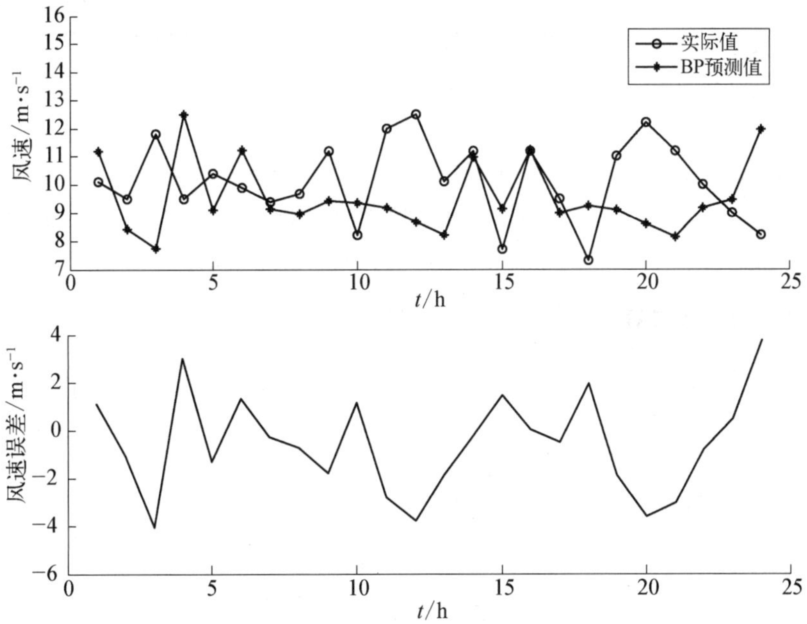

图 5－3　BP 神经网络风速预测与预测误差图

表 5－1　BP 神经网络预测误差表

方法	平均相对误差	均方误差
BP 神经网络	14.22%	3.64

5.1.3　基于遗传算法优化的 BP 神经网络风速预测

（1）遗传算法介绍

遗传算法的运算流程如图 5－4 所示。遗传算法（Genetic Algorithm，GA）是模拟达尔文生物进化论的自然选择和遗传学机理的生物进化过程的计算模型，是一种通过模拟自然进化过程搜索最优解的方法。它是由美国的 J.Holland 教授在 1975 年首先提出，其

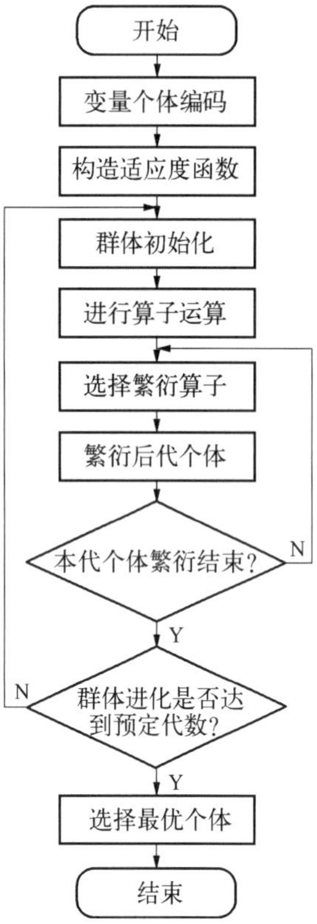

图 5-4　遗传算法运算流程图

主要特点是直接对结构对象进行操作，不存在求导和函数连续性的限定；具有内在的隐并行性和更好的全局寻优能力；采用概率化的寻优方法，能自动获取和指导优化的搜索空间，自适应地调整搜索方向，不需要确定的规则。

（2）遗传算法优化原理

由 5.1.2 节可以知道，BP 神经网络在预测风速之前，必须按照实际情况进行神经网络的结构的确定和参数的初始化，而在确定网络结构和初始化参数的过程中，神经网络的隐层神经元个数没有直接的、确定的选择方法，存在很大的不确定性；而且，如果 BP 神经网络的初始权值和阈值取值不当，BP 神经网络可能会收敛于局部最优点上。故本节提出一种 GA-BP 算法，利用遗传算法的全局寻优能力来优化 BP 神经网络的结构和初始权值、阈值。GA-BP 优化原理流程图如图 5-5 所示。

（3）实例分析

依然使用 5.1.2 节中的数据，对 GA-BP 神经网络进行训练，并进行预测，预测结果如图 5-6 所示，其与未经优化的单一 BP 神经网络的预测结果对比如图 5-7 所示，预测误差对比如表 5-2 所示。

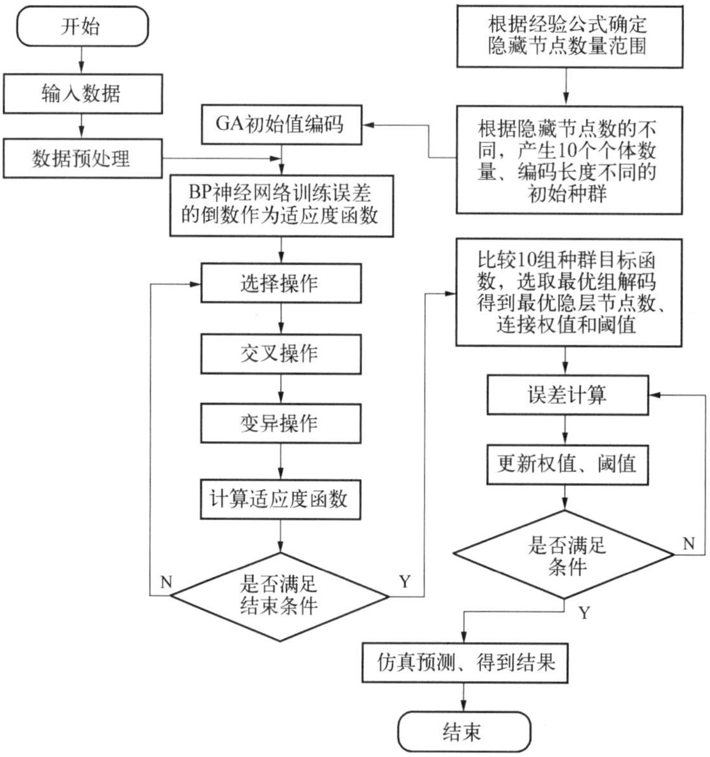

图 5-5　基于遗传算法的 BP 神经网络风速预测流程图

图5-7为GA-BP、BP两种神经网络用于短期风速预测的预测曲线比较图，通过图上三条曲线的对比，GA-BP网络的预测精度远高于单一的BP神经网络的预测精度。说明了优化后的网络更适合用来对风速进行短期预测。

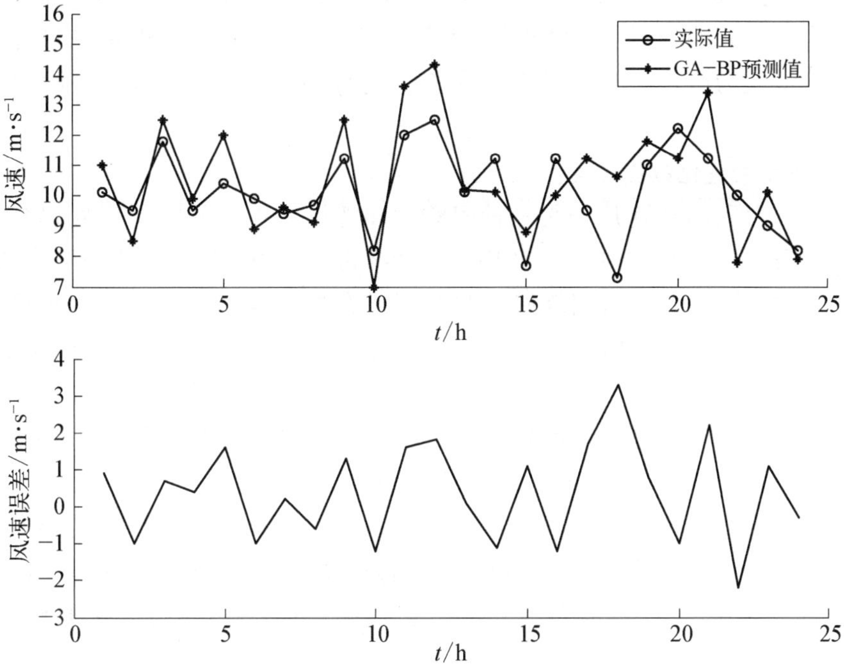

图5-6　GA-BP神经网络风速预测结果与预测误差图

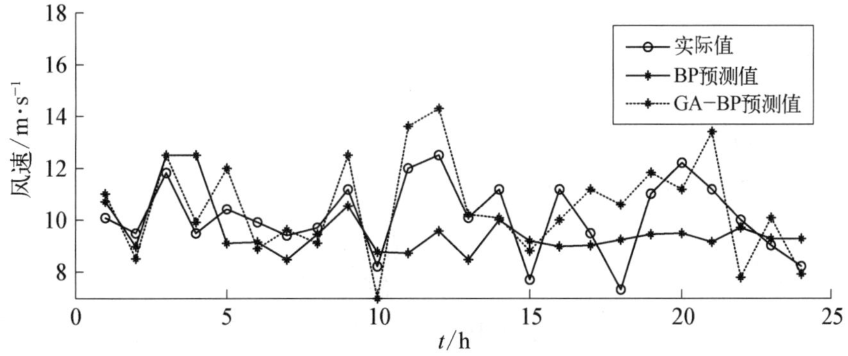

图5-7　BP神经网络与GA-BP神经网络短期风速预测比较图

表5-2　BP神经网络与GA-BP神经网络预测误差对比表

方法	平均相对误差	均方误差
BP神经网络	14.22%	3.64
GA-BP神经网络	9.16%	1.21

5.1.4 基于模糊聚类算法的 GA - BP 神经网络风速预测

(1) 模糊聚类算法介绍

模糊 C-均值聚类(Fuzzy C - Means,FCM)算法是很典型的基于距离的聚类算法,它以距离作为相似性的评价指标,即认为两个对象的距离越近,其相似度就越大[2]。该算法认为簇是由距离靠近的对象组成的,因此把得到紧凑且独立的簇作为最终目标。

(2) 模糊聚类优化数据原理

如 5.1.1 节所述,风速序列是一种间歇性和随机性很强的时间序列,如果不加筛选地将这些历史数据输入到 GA - BP 神经网络进行训练,会导致神经网络的过度拟合,降低了网络的泛化能力,训练好的神经网络在进行风速预测时,也会产生较大的误差。因此,对历史数据进行有效分类筛选,会大大提高 GA - BP 神经网络的风速预测精度。

针对以上问题,本节提出一种改进的模糊聚类算法对历史数据进行分类筛选,以求训练样本与预测样本有更大的相似度,从而提高网络的预测精度。

设 n 个数据样本为 $X=\{x_1,x_2,\cdots,x_n\}$,c 为要将数据样本分成的类型的数目,$\{A_1,A_2,\cdots,A_k\}$ 表示相应的 c 个类别,各类别的聚类中心为 $\{v_1,v_2,\cdots,v_k\}$,$u_k(x_i)$ 为样本 x_i 关于聚类中心 v_k 的相似度(简写为 u_{ik})。则模糊 C-均值聚类算法的流程如下:

1) 随机将样本分为 c 类,将这 c 类数据的质心作为初始聚类中心 $\{v_1,v_2,\cdots,v_k\}$。

2) 计算 x_i 关于聚类中心 v_k 的欧几里得距离 d_{ik}:

$$d_{ik}=d(x_i-v_k)=\sqrt{\sum_{j=1}^{m}(x_{ij}-v_{kj})^2} \tag{5-3}$$

式中 m 为样本的特征数。

3) 计算 x_i 关于聚类中心 v_k 的相似度 u_{ik}:

$$u_{ik}=\frac{1}{1+d_{ik}} \tag{5-4}$$

由式(5-4)可知样本 x_i 关于聚类中心 v_k 的欧几里得距离 d_{ik} 越大,其相似度 u_{ik} 越小,根据此特性计算样本 x_i 关于所有聚类中心 $\{v_1,v_2,\cdots,v_k\}$ 的相似度,并将 x_i 归类于相似度最大的类别 A_k;

4) 分类后重新计算各聚类的质心,作为新的聚类中心 $\{v_1,v_2,\cdots,v_k\}$。

5) 重复 2)~4),不断计算修改 x_i 关于聚类中心 v_k 的相似度 u_{ik} 并修正各类的聚类中心 $\{v_1,v_2,\cdots,v_k\}$,直至聚类中心不再改变或者达到最大迭代次数。

不同于传统的模糊聚类算法,本节提出的模糊聚类算法的主要改进点是:

1) 首先,视各特征对聚类的贡献相同,对每个样本的各特征量进行规范化处理,将其映射到 $(0,1]$ 的区间,并改写相似度函数(5-4)为:

$$u_{ik}=\sum_{j=1}^{m}\frac{1}{1+\sqrt{(x_{ij}-v_{kj})^2}} \tag{5-5}$$

2)根据不同特征对风速影响大小,对不同特征的适应度函数添加适当的权重因子,即改写式(5-5)为:

$$u_{ik}=\sum_{j=1}^{m}w_j\frac{1}{1+\sqrt{(x_{ij}-v_{kj})^2}} \tag{5-6}$$

式中,w_j 为第 j 类特征的权重因子,并且满足 $\sum_{j=1}^{m}w_j=1$。

本节采用每日的最高温度、最低温度、平均温度、最高风速、最低风速、平均风速六个物理量为风速预测聚类的六个特征量。先对六个特征量做归一化处理,再按照对风速的影响程度为六个特征向量添加权重因子,最后依据式(5-6)计算第31天与前30天的相似度函数,选取相似度最高的10天作为GA-BP神经网络的训练集。

那么,基于模糊聚类算法优化的GA-BP神经网络(FCM-GA-BP)短期风速预测流程图如图5-8所示。

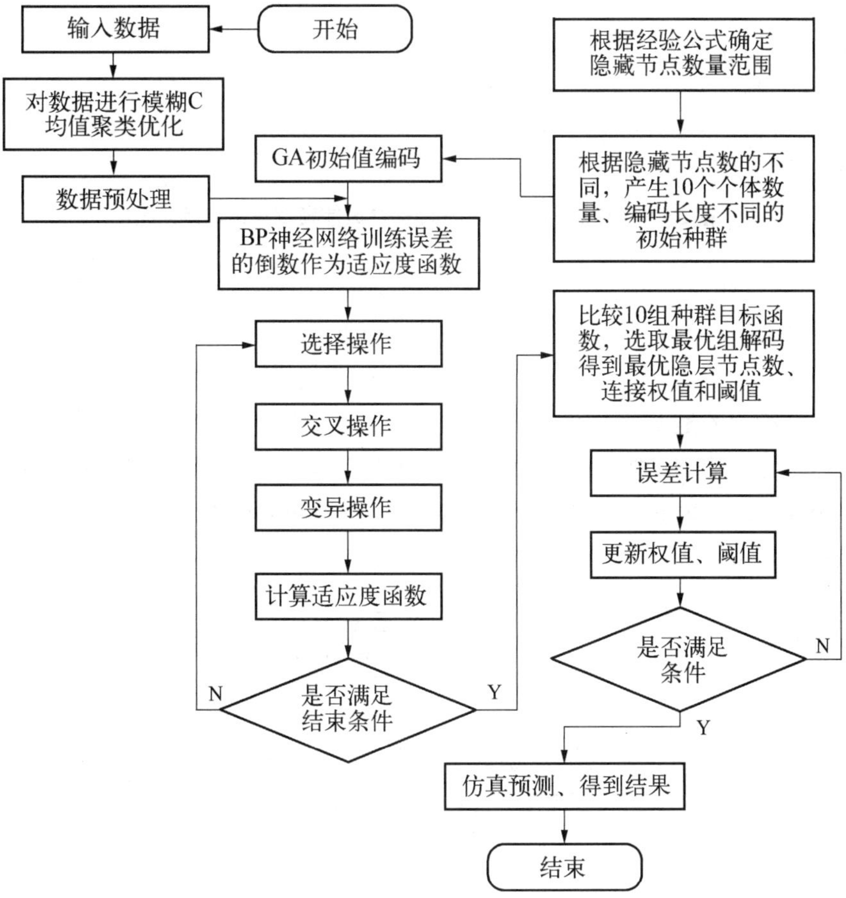

图5-8　FCM-GA-BP短期风速预测流程图

(3) 实例分析

仍使用 5.1.2 节所使用数据，对基于模糊聚类的 GA - BP 神经网络(FCM - GA - BP)进行训练，并用于预测，其风速预测的仿真结果如图 5 - 9 所示：

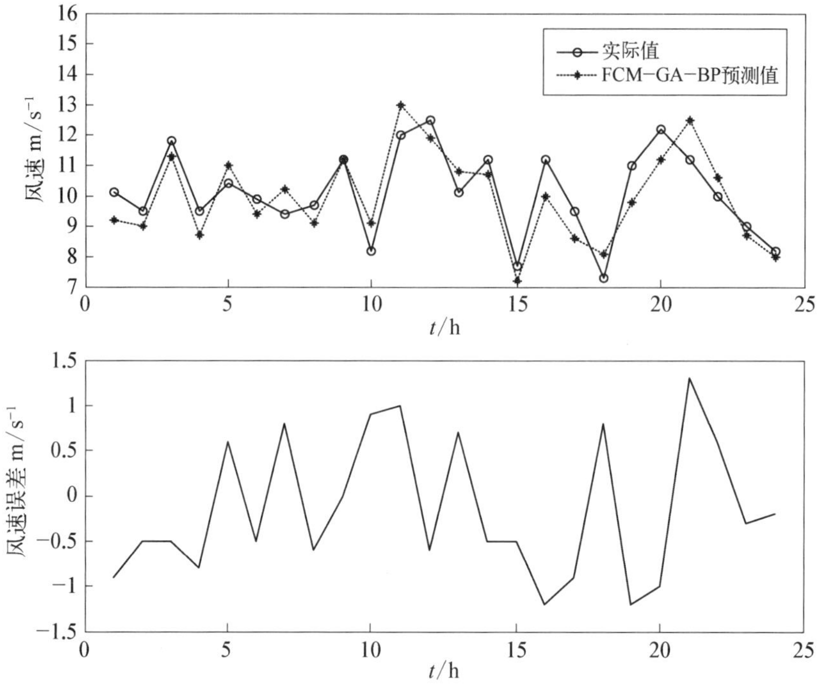

图 5 - 9 FCM - GA - BP 神经网络风速预测与预测误差图

由表 5 - 3 可知：FCM - GA - BP 神经网络预测的误差结果比没有经过模糊聚类优化的 GA - BP 神经网络预测的误差要小，说明先对历史数据通过模糊聚类技术进行预处理后再输入 GA - BP 神经网络，能得到更加精确的短期风速预测值。

图 5 - 10 给出的是 FCM - GA - BP、GA - BP 和 BP 神经网络的短期风速预测曲线比较图。通过以上三条曲线的对比可以看出，FCM - GA - BP 神经网络预测精度要高于 GA - BP 神经网络。因此先对历史风速数据进行模糊聚类预处理，可以大大提高神经网络的预测精度。

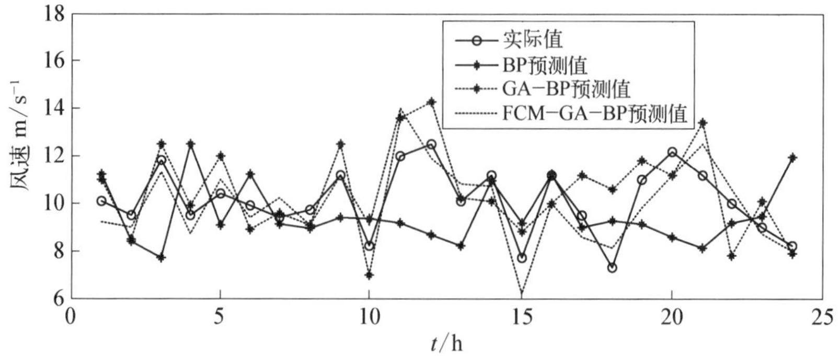

图 5 - 10 三种短时风速预测比较图

表 5-3　三种短时风速预测误差对比表

	平均相对误差	均方误差
BP 神经网络	14.22%	3.64
GA-BP 网络	9.16%	1.21
FCM-GA-BP 网络	5.51%	0.62

5.2 双馈风电机组协调多目标非线性控制

5.2.1 无源性概念及协调无源性方法

无源性方法是一种解决非线性系统设计问题的有效途径。它从能量角度出发考虑系统性质，因此具有明确的工程及物理意义。协调无源性方法是无源性应用的重要发展，其对于多输入系统非线性控制器的设计，可以取得较好的控制效果。

对于非线性系统

$$\begin{cases}\dot{x}=f(x,u)\\ y=h(x,u)\end{cases} \tag{5-7}$$

式中，$x\in R^n$ 为 n 维状态向量，$u\in R^m$ 为 m 维输入信号，$y\in R^p$ 为 p 维输出信号，$f(x,u)$ 和 $h(x,u)$ 分别为 n 维和 p 维函数向量。无源性定义如下：

定义 5.1[3]：对于系统(5-7)，如果存在一个半正定连续可微函数 $V(x)$（又称为存储函数），使得下式成立

$$u^Ty\geqslant\frac{\partial V}{\partial x}f(x,u)+\varepsilon u^Tu+\delta y^Ty+\rho\psi(x),\forall(x,u)\in R^n\times R^m \tag{5-8}$$

式中，ε、δ 和 ρ 为非负常数，$\psi(x)$ 是一个半正定函数，则系统具有无源性。进一步可将无源性系统做如下分类：

① 如果满足 $\varepsilon=\delta=\rho=0$，则称为无损系统；

② 如果 $\varepsilon>0$，则称为输入严格无源系统；

③ 如果 $\delta>0$，则称为输出严格无源系统；

④ 如果 $\rho>0$，则称为状态严格无源系统。

以上定义说明，无源性系统不会自身产生能量，只能消耗能量。因此，外部输入能量大于系统内部增加的能量，这一性质对研究系统的稳定性很有意义。在以下引理中将具体给出无源性与稳定性的关系，为后续控制器的稳定性证明提供理论依据。

引理 5.1[3]　对于定义 5.1 中的系统

(1) 如果系统关于一个正定存储函数 $V(x)$ 是无源的，则 $\dot{x}=f(x,0)$ 的原点是稳定的；

(2) 如果系统是输出严格无源的，则它是有限增益 L_2 稳定的；

(3) 如果系统关于一个正定的存储函数 $V(x)$ 是输出严格无源的，且零状态可观[4]，则 $\dot{x}=f(x,0)$ 的原点是渐近稳定的。

由以上无源性的定义和性质可以推知：如果对于某个系统存在一个正定的存储函数 $V(x)$ 和反馈控制 $u=\varphi(x)+\zeta(x)v$，使得

$$\dot{V}\leqslant vy \tag{5-9}$$

则该系统是反馈无源的。

协调无源性方法是无源性理论运用于系统设计的重要发展，它对于多输入多输出系统分布加以设计，使受控系统整体具有无源性，进而保证了系统的稳定性。

下面给出协调无源性的具体设计方法。

引理 5.2[5]：考虑零状态可观系统如下：

$$\dot{z}=q(z,y)+p(z,y)u_2 \tag{5-10}$$

$$\dot{y}=\alpha(z,y)+\beta_1(z,y)u_1+\beta_2(z,y)u_2 \tag{5-11}$$

其中，$z\in R^n$，$y\in R^m$，$u_1\in R^p$，$u_2\in R^q$，当(u_1,y)的相对阶为 1 或 0 时，我们选择它为输入～输出对。

设计控制律为

$$u_1=\beta_1^{-1}(z,y)\cdot\left[-\beta_2(z,y)u_2-\alpha(z,y)-\frac{\partial W}{\partial z}\tilde{p}(z,y)+v\right] \tag{5-12}$$

$$u_2=\gamma(z) \tag{5-13}$$

其中，$\tilde{p}(z,y)=q(z,y)-q(z,0)+p(z,y)\gamma(z)-p(z,0)\gamma(z)$，$u_2$ 使得控制 Lyapunov 函数 $W(z)$ ($W(z)$ 正定)满足

$$\dot{W}=\frac{\partial W}{\partial z}(q(z,0)+p(z,0)\gamma(z))<-\alpha(\|z\|) \tag{5-14}$$

式中 α 为 κ 一类函数，则式(5-10)、(5-11)是反馈无源的，并且 $y_i(t)\rightarrow 0(t\rightarrow 0,i=1,2)$。进一步，如果 y 为输出且系统满足零状态可观条件，则状态 z 也是渐近稳定的。

5.2.2 双馈风电机组运行模型

在讨论双馈风电机组控制之前，为方便控制器的设计，本节将在深入分析风力机模型和双馈感应风力发电机的基础上，对风力机模型进行不确定建模，并求取其摄动界函数，从而建立双馈风力发电机组桨距角控制与励磁调节四阶非线性运行模型，为后续双馈风电机组协调多目标非线性控制器的设计做好准备。

(1) 不确定性描述与摄动界函数建模

如果系统中存在能够引起系统结构变化或参数变化的不确定性，那么系统就可以描述为一个系统集 $(\Sigma_0,\Delta\Sigma)$。这里，Σ_0 是精确已知部分，称为标称系统，$\Delta\Sigma$ 表示不确定因素所构成的某个可描述集，实际系统 Σ 可以解释为由标称系统 Σ_0 和不确定因素的集合

$\Delta\Sigma$ 中的某个元素构成的。

对于一般具有加法不确定性的系统（P_0，ΔP），其系统模型为

$$P = P_0 + \Delta P W,\ \|\Delta P\|_\infty < 1 \tag{5-15}$$

对于式(5-15)来说，P_0 被称为标称模型，ΔP 是未知的摄动函数，W 表示 ΔP 的摄动范围，故 W 被称为 ΔP 的摄动界函数。以上述模型描述的不确定性，其摄动大小运用 H_∞ 范数来量测。在实际设计当中，建立不确定系统的模型时，重要的是如何充分利用已知信息来确定摄动界函数。

(2) 风力机不确定性建模

风力机从风能中获得的机械功率 P_m 为

$$P_m = \frac{1}{2}\rho S C_P(\lambda,\beta)v^3 \tag{5-16}$$

式中，ρ 为空气密度，S 为风轮扫风面积，v 为通过风轮的实际风速；C_p 为风能利用系数，它是叶尖速比 λ 和桨距角 β 的强非线性函数。

$$C_P(\lambda,\beta) = 0.24\left[116\left(\frac{1}{\lambda+0.08\beta} - \frac{0.0035}{\beta^3+1}\right) - 0.4\beta - 5\right]e^{\frac{1}{\lambda+0.08\beta}-\frac{0.0035}{\beta^3+1}} \tag{5-17}$$

由式(5-16)可知，在一定风速下，风电机组的从风能中捕获功率的大小由风能系数决定。而风能利用系数 C_p 与叶尖速比 λ 和桨距角 β 有关。

根据文献[6]的实测数据，拟合出的叶尖速比 λ 与桨距角 β 的曲线、风能利用系数 C_P 与桨距角 β 的曲线分别如图 5-11、图 5-12 所示。

风能利用系数 C_P 与桨距角 β 的拟合结果为

$$C_P(\beta) = 7.582e^{-6}\beta^3 + 3.372e^{-4}\beta^2 - 0.0301\beta + 0.4738 \tag{5-18}$$

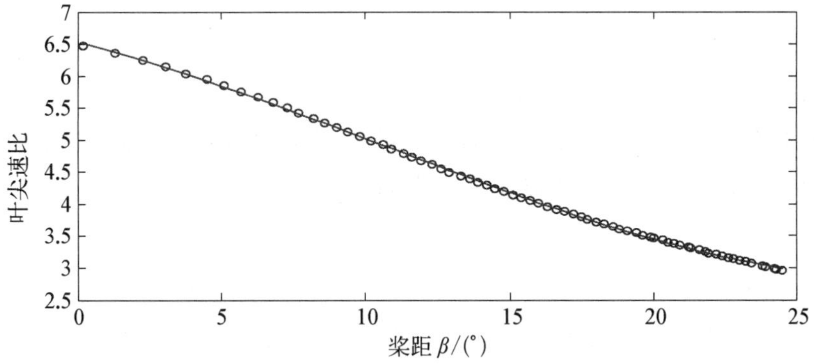

图 5-11 叶尖速比 λ 与桨距角 β 的关系曲线图

考虑风能利用系数 C_P 在拟合时产生的误差，通过添加摄动界函数，保证在控制器作用下系统的鲁棒性。选取摄动界函数如图 5-13 所示，具体函数描述为：

$$w = |C_P - C_{P0}| < |W| = 4e^{-5}\beta^2 - 8e^{-4}\beta + 0.01 \tag{5-19}$$

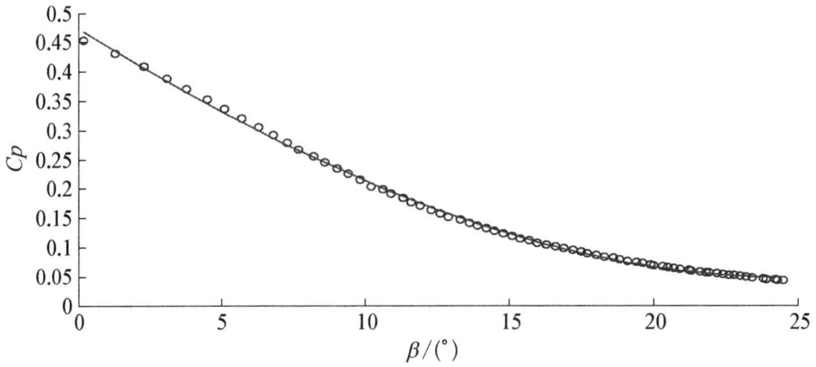

图 5-12 风能利用系数 C_P 与桨距角 β 的关系曲线图

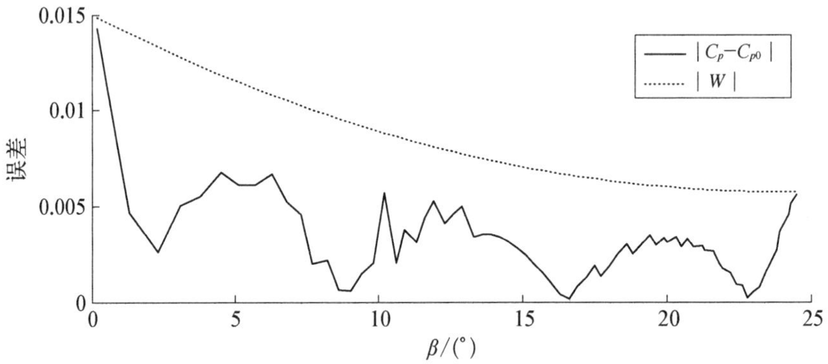

图 5-13 摄动界函数的选取

此时，考虑到风能利用系数的曲线拟合以及拟合误差，将式(5-16)改写为：

$$P_m = \frac{1}{2}\rho S[C_P(\beta) + w]v^3 \tag{5-20}$$

式中 $w = |C_P - C_{P0}| < |W|$。

(3) 传动系统以及感应发电机系统模型

为了简化分析，忽略传动系统的柔性和损耗，并将发电机的转动惯量和电磁转矩归算到风力机侧。可得风电系统的传动系统模型为：

$$\dot{\omega} = \frac{1}{J}(T_m - v_i T_{em}) \tag{5-21}$$

式中，J 为风力发电系统等效转动惯量；T_{em} 为发电机电磁转矩；v_i 为齿轮箱传动比；T_m 为风力机空气动力转矩，与 P_m 的关系为 $T_m = P_m/\omega$。

桨距角的动态特性可用一阶惯性环节描述：

$$\dot{\beta} = \frac{1}{\tau_\beta}(\beta_r - \beta) \tag{5-22}$$

式中，τ_β 为桨距角响应时间常数，β_r 为参考桨距角，β 为桨距角。

两相同步旋转 dq 坐标系下双馈感应发电机的数学模型为：

$$\begin{cases}\psi_{ds}=-L_s i_{ds}+L_m i_{dr}\\ \psi_{qs}=-L_s i_{qs}+L_m i_{qr}\\ \psi_{dr}=-L_m i_{ds}+L_r i_{dr}\\ \psi_{qr}=-L_m i_{qs}+L_r i_{qr}\end{cases} \tag{5-23}$$

$$\begin{cases}u_{ds}=\dot{\psi}_{ds}-\omega_1\psi_{qs}-r_s i_{ds}\\ u_{qs}=\dot{\psi}_{qs}+\omega_1\psi_{ds}-r_s i_{qs}\\ u_{dr}=\dot{\psi}_{dr}-\omega_2\psi_{qr}+r_r i_{dr}\\ u_{qr}=\dot{\psi}_{qr}+\omega_2\psi_{dr}+r_r i_{qr}\end{cases} \tag{5-24}$$

$$T_{em}=\frac{3}{2}n_p L_m(i_{qs}i_{dr}-i_{ds}i_{qr}) \tag{5-25}$$

式中，下标 d 和 q 分别表示 d 轴和 q 轴分量；下标 s 和 r 分别表示定子和转子分量；ψ、u、i 分别为磁链、电压和电流；ω_1 为同步转速；ω_2 为转差速度，$\omega_2=\omega_1-n_p\omega_r=s\omega_1$，$\omega_r$ 为发电机转子机械角速度，n_p 为极对数；r_s 为定子绕组电阻；r_r 为转子绕组电阻；L_m 为定子与转子绕组间互感；L_s 为定子绕组自感；L_r 为转子绕组自感。

(4) 四阶非线性总数学模型的建立

针对上述模型利用矢量控制技术，取 d 轴与定子磁链 ψ_s 重合(即 $\psi_{ds}=\psi_s$，$\psi_{qs}=0$)，并忽略定子绕组电阻(即 $r_s=0$)。将 $\psi_{ds}=\psi_s$，$\psi_{qs}=0$ 代入式(5-23)，可得

$$\begin{cases}i_{ds}=\dfrac{L_m}{L_s}i_{dr}-\psi_s\\ i_{qs}=\dfrac{L_m}{L_s}i_{qr}\\ \psi_{dr}=\left(L_r-\dfrac{L_m^2}{L_s}\right)i_{dr}+\psi_s i_{dr}\\ \psi_{qr}=\left(L_r-\dfrac{L_m^2}{L_s}\right)i_{qr}\end{cases} \tag{5-26}$$

然后，将上述三个约束条件代入式(5-26)，可得

$$u_{ds}=p\psi_{ds}-\omega_1\psi_{qs}-r_s i_{ds}=p\psi_s-0-0$$

式中，$\psi_{ds}=\psi_s$，$p\psi_s=0$，所以 $u_{ds}=0$。

同理，可得

$$u_{qs}=p\psi_{qs}+\omega_1\psi_{ds}-r_s i_{qs}=0+\omega_1\varphi_s+0=U_s$$

对式(5-23)求导，可得

$$\begin{cases}\dot{\psi}_{ds}=-L_s\dot{i}_{ds}+L_m\dot{i}_{dr}\\ \dot{\psi}_{qs}=-L_s\dot{i}_{qs}+L_m\dot{i}_{qr}\\ \dot{\psi}_{dr}=-L_m\dot{i}_{ds}+L_r\dot{i}_{dr}\\ \dot{\psi}_{qr}=-L_m\dot{i}_{qs}+L_r\dot{i}_{qr}\end{cases}\tag{5-27}$$

将 $\psi_{ds}=\psi_s,\psi_{qs}=0$ 代入,可得

$$\begin{cases}\dot{i}_{ds}=\dfrac{L_m}{L_s}\dot{i}_{dr}\\ \dot{i}_{qs}=\dfrac{L_m}{L_s}\dot{i}_{qr}\\ \dot{\psi}_{dr}=\left(L_r-\dfrac{L_m^2}{L_s}\right)\dot{i}_{dr}\\ \dot{\psi}_{qr}=\left(L_r-\dfrac{L_m^2}{L_s}\right)\dot{i}_{qr}\end{cases}\tag{5-28}$$

将式(5-26)和式(5-28)代入式(5-24)的后两式可得

$$\begin{cases}u_{dr}=\left(L_r-\dfrac{L_m^2}{L_s}\right)\dot{i}_{dr}+r_ri_{dr}-\left(L_r-\dfrac{L_m^2}{L_s}\right)\omega_2i_{qr}\\ u_{qr}=\left(L_r-\dfrac{L_m^2}{L_s}\right)\dot{i}_{qr}+r_ri_{qr}+\left(L_r-\dfrac{L_m^2}{L_s}\right)\omega_2i_{dr}+\psi_s\dfrac{L_m}{L_s}\omega_2\end{cases}\tag{5-29}$$

对式(5-29)变形,可得

$$\begin{cases}\dot{i}_{dr}=-\dfrac{r_r}{L_r-\dfrac{L_m^2}{L_s}}i_{dr}+\omega_2i_{qr}+\dfrac{1}{L_r-\dfrac{L_m^2}{L_s}}u_{dr}\\ \dot{i}_{qr}=-\dfrac{r_r}{L_r-\dfrac{L_m^2}{L_s}}i_{qr}-\omega_2\left(i_{dr}+\dfrac{\psi_s\dfrac{L_m}{L_s}}{L_r-\dfrac{L_m^2}{L_s}}\right)+\dfrac{1}{L_r-\dfrac{L_m^2}{L_s}}u_{qr}\end{cases}\tag{5-30}$$

式中,$\omega_2=\omega_1-v_in_p\omega$。

再将式(5-26)代入式(5-25),可得

$$T_{em}=\frac{3}{2}\frac{L_m\psi_s}{L_s}n_pi_{qr}\tag{5-31}$$

将式(5-20)和(5-31)代入式(5-21)可得

$$\dot{\omega}=\frac{1}{\omega}\frac{1}{2J}\rho Sv^3[C_P(\beta)+w]-\frac{3}{2}\frac{1}{J}\frac{L_m\psi_s}{L_s}n_pv_ii_{qr}\tag{5-32}$$

联立式(5-22)、(5-30)和(5-32),可得变速恒频双馈风电机组的四阶非线性数学

模型为：

$$
\begin{cases}
\dot{\omega}=\dfrac{a_1}{\omega}[C_P(\beta)+w]-a_2 i_{qr} \\
\dot{\beta}=-b_1\beta+b_1\beta_r \\
\dot{i}_{dr}=-c_1 i_{dr}+(\omega_1-c_2\omega)i_{qr}+c_3 u_{dr} \\
\dot{i}_{qr}=-d_1 i_{qr}+(\omega_1-d_2\omega)(i_{dr}+d_3)+d_4 u_{qr}
\end{cases}
\tag{5-33}
$$

式中，$a_1=\dfrac{1}{2J}\rho S v^3$，$a_2=\dfrac{3}{2}\dfrac{1}{J}\dfrac{L_m\psi_s}{L_s}n_p v_i$，$b_1=\dfrac{1}{\tau_\beta}$，$c_1=d_1=\dfrac{r_r}{L_r-\dfrac{L_m^2}{L_s}}$，$c_2=d_2=v_i n_p$，$d_3=\dfrac{\psi_s\dfrac{L_m}{L_s}}{L_r-\dfrac{L_m^2}{L_s}}$，$c_3=d_4=\dfrac{1}{L_r-\dfrac{L_m^2}{L_s}}$。

5.2.3　双馈风电机组协调多目标非线性控制

由于风速的波动性和不确定性，当双馈风电机组运行在额定风速以上时，其输出功率和风轮转速会产生频繁波动，如果不加以控制，会给整个双馈风力发电系统带来一系列问题。双馈风电机组的励磁控制和桨距角调节是提高系统稳定性和动态性能的主要手段，但多数控制策略单独依靠其中一种控制手段。

针对以上问题，本节将通过对双馈风电机组桨距角与励磁电压的同时调节，来平抑双馈风电机组运行在额定风速以上时的转速与功率波动，以实现对双馈风电机组的转速与功率的多目标控制。

(1) 控制目标

令 $x_1=\omega-\omega_0$、$x_2=\beta-\beta_0$、$y_1=i_{dr}-i_{dr0}$、$y_2=i_{qr}-i_{qr0}$，则系统改写为：

$$
\begin{aligned}
\begin{bmatrix}\dot{x}_1\\ \dot{x}_2\end{bmatrix}&=\begin{bmatrix}\dfrac{a_1}{x_1+\omega_0}(C_P(x_2+\beta_0)+w)-a_2 i_{qr0}\\ -b_1x_2-b_1\beta_0\end{bmatrix}+\begin{bmatrix}0\\0\end{bmatrix}y_1+\begin{bmatrix}-a_2\\0\end{bmatrix}y_2+\begin{bmatrix}0\\b_1\end{bmatrix}\beta_r\\
&=Q_1(x)+Q_2(x)y_1+Q_3(x)y_2+T\beta_r
\end{aligned}
\tag{5-34}
$$

$$
\begin{aligned}
\begin{bmatrix}\dot{y}_1\\ \dot{y}_2\end{bmatrix}=&\begin{bmatrix}-c_1\\ \omega_1-d_2(x_1+\omega_0)\end{bmatrix}y_1+\begin{bmatrix}\omega_1-c_2(x_1+\omega_0)\\ -d_1\end{bmatrix}y_2+\\
&\begin{bmatrix}-c_1 i_{dr0}+(\omega_1-c_2(x_1+\omega_0))i_{qr0}\\ -d_1 i_{qr0}+(i_{dr0}+d_3)(\omega_1-d_2(x_1+\omega_0))\end{bmatrix}+\begin{bmatrix}c_3\\0\end{bmatrix}u_{dr}+\begin{bmatrix}0\\d_4\end{bmatrix}u_{qr}
\end{aligned}
\tag{5-35}
$$

式中，x_1、x_2、y_1、y_2 为4个状态变量；ω_0 为风轮转速的稳定运行点；β_0 为风机桨距角的稳定运行点；i_{dr0}、i_{qr0} 为转子 d 轴、q 轴电流稳定运行点。

对于系统(5-34)、(5-35)，选择(u_{dr} , y_1)和(u_{qr} , y_2)为 2 组输入～输出对，将系统设计分为两部分：首先，利用 β_r 稳定前两阶零动态系统；然后，再设计 u_{dr}、u_{qr} 使整个系统达到渐近稳定。

(2) 控制器设计

1) x 子系统的控制器设计

根据协调无源性方法的设计思想，在不考虑励磁控制的情况下，先对桨距角控制加以设计。考虑曲线拟合以及拟合摄动后的 x 子系统的零动态如下：

$$\begin{cases}\dot{x}_1=\dfrac{a_1}{x_1+\omega_0}(C_p(x_2+\beta_0)+w)-a_2 i_{qr0}\\ \dot{x}_2=-b_1x_2-b_1\beta_0+b_1\beta_r\end{cases}\tag{5-36}$$

式中 $w=|C_P-C_{P0}|<|W|$。

利用无源性方法设计 β_r 使前两阶零动力系统稳定。取 Lyapunov 函数

$$V_1=\frac{1}{2}x_1^2+\frac{1}{2}(x_2+\beta_0)^2$$

则有

$$\begin{aligned}\dot{V}_1&=x_1\dot{x}_1+(x_2+\beta_0)\dot{x}_2=x_1\dot{x}_1-(x_2+\beta_0)(-b_1x_2-b_1\beta_0+b_1\beta_r)\\&=\frac{x_1}{x_1+\omega_0}[a_1C_P(x_2+\beta_0)+a_1w]-a_2x_1i_{qr0}+(x_2+\beta_0)(-b_1x_2-b_1\beta_0+b_1\beta_r)\end{aligned}$$

因为 $w=|C_P-C_{P0}|<|W|$，所以

$$\begin{aligned}\dot{V}_1&=\frac{x_1}{x_1+\omega_0}[a_1C_P(x_2+\beta_0)+a_1w]-a_2x_1i_{qr0}+(x_2+\beta_0)(-b_1x_2-b_1\beta_0+b_1\beta_r)\\&<\frac{x_1}{x_1+\omega_0}[a_1C_P(x_2+\beta_0)+a_1|W|]-a_2x_1i_{qr0}+(x_2+\beta_0)(-b_1x_2-b_1\beta_0+b_1\beta_r)\\&=-b_1x_2^2+\left\{\frac{x_1}{x_1+\omega_0}[a_1C_P(x_2+\beta_0)+a_1|W|]-a_2x_1i_{qr0}-2b_1x_2\beta_0-b_1\beta_0^2\right\}+\\&\quad b_1(x_2+\beta_0)\beta_r\end{aligned}$$

设计控制率

$$\beta_r=\frac{1}{b_1(x_2+\beta_0)}\left(-\frac{x_1}{x_1+\omega_0}(a_1C_P(x_2+\beta_0)+a_1|W|)+a_2x_1i_{qr0}+2b_1\beta_0x_2+b_1\beta_0^2\right)$$

则有

$$\begin{aligned}\dot{V}_1&=x_1\dot{x}_1+(x_2+\beta_0)\dot{x}_2=x_1\dot{x}_1-(x_2+\beta_0)(-b_1x_2-b_1\beta_0+b_1\beta_r)\\&<\frac{x_1}{x_1+\omega_0}[a_1C_P(x_2+\beta_0)+a_1|W|]-a_2x_1i_{qr0}+(x_2+\beta_0)(-b_1x_2-b_1\beta_0+b_1\beta_r)\\&=b_1(x_2+\beta_0)\beta_r+\frac{x_1}{x_1+\omega_0}[a_1C_P(x_2+\beta_0)+a_1|W|]-a_2x_1i_{qr0}-b_1x_2^2-\end{aligned}$$

$$
\begin{aligned}
&2b_1x_2\beta_0-b_1\beta_0^2\\
=&-b_1x_2^2+\left\{\frac{x_1}{x_1+\omega_0}[a_1C_P(x_2+\beta_0)+a_1|W|]-a_2x_1i_{qr0}-2b_1x_2\beta_0-b_1\beta_0^2\right\}+\\
&b_1(x_2+\beta_0)\beta_r\\
=&-b_1x_2^2<-\alpha(\|x\|)
\end{aligned}
\tag{5-37}
$$

式中 α 为 κ 函数。

式(5-37)满足式(5-14)，由引理5.2可知桨距角控制 β_r 可以使风电机组的前两阶零动态达到稳定。

2）利用协调无源性完成系统设计

在桨距角控制 β_r 设计的基础上，对励磁控制部分进行反馈无源性设计，也就是通过设计 u_{dr} 和 u_{qr} 来稳定整个系统。取存储函数

$$
V=V_1+\frac{1}{2}y_1^2+\frac{1}{2}y_2^2 \tag{5-38}
$$

求导可得：

$$
\begin{aligned}
\dot{V}=&\dot{V}_1+y_1\dot{y}_1+y_2\dot{y}_2\\
=&\frac{\partial V_1}{\partial x}\dot{x}\big|_{y_1=0,y_2=0}+\frac{\partial V_1}{\partial x}Q_2(x)y_1+\frac{\partial V_1}{\partial x}Q_3(x)y_2+\\
&y_1[-c_1y_1-(c_1i_{dr0}-(\omega_1-c_2(x_1+\omega_0))(y_2+i_{qr0}))+c_3u_{dr}]+\\
&y_2[-d_1y_2-(d_1i_{qr0}-(\omega_1-d_2(x_1+\omega_0))(y_1+i_{dr0}+d_3))+d_4u_{qr}]
\end{aligned}
\tag{5-39}
$$

设计控制律

$$
\begin{cases}
u_{dr}=\dfrac{1}{c_3}\left[c_1i_{dr0}-(\omega_1-c_2(x_1+\omega_0))(y_2+i_{qr0})-\dfrac{\partial V_1}{\partial x}Q_2(x)+v_1\right]\\
u_{qr}=\dfrac{1}{d_4}\left[d_1i_{qr0}-(\omega_1-d_2(x_1+\omega_0))(y_1+i_{dr0}+d_3)-\dfrac{\partial V_1}{\partial x}Q_3(x)+v_2\right]
\end{cases}
\tag{5-40}
$$

式中，$v_1=-\varphi_1y_1$，$v_2=-\varphi_2y_2$（其中 φ_1、φ_2 为任意大于0常数）。则有

$$
\begin{aligned}
\dot{V}=&\dot{V}_1+y_1\dot{y}_1+y_2\dot{y}_2=\frac{\partial V_1}{\partial x}\dot{x}\Big|_{y_1=0,y_2=0}-c_1y_1^2-d_1y_2^2+v_1y_1+v_2y_2\\
&\leqslant-c_1y_1^2-d_1y_2^2+v_1y_1+v_2y_2\leqslant v_1y_1+v_2y_2
\end{aligned}
\tag{5-41}
$$

由式(5-7)可知闭环系统是反馈无源的。又因为 $v_1=-\varphi_1y_1$，$v_2=-\varphi_2y_2$（其中 φ_1、φ_2 为任意大于0常数），所以式(5-41)可变形为

$$\dot{V}=\dot{V}_1+y_1\dot{y}_1+y_2\dot{y}_2=\frac{\partial V_1}{\partial x}\dot{x}|_{y1=0,y2=0}-c_1y_1^2-d_1y_2^2+v_1y_1+v_2y_2$$
$$\leqslant -c_1y_1^2-d_1y_2^2+v_1y_1+v_2y_2\leqslant -(c_1+\varphi_1)y_2^2-(d_1+\varphi_2)y_2^2 \tag{5-42}$$

由于 $c_1>0,d_1>0,\varphi_1>0,\varphi_2>0$，故 $-(c_1+\varphi_1)<0,-(d_1+\varphi_2)<0$，由定义5.1可知，系统是严格输出无源的。其控制框图如图 5-14 所示

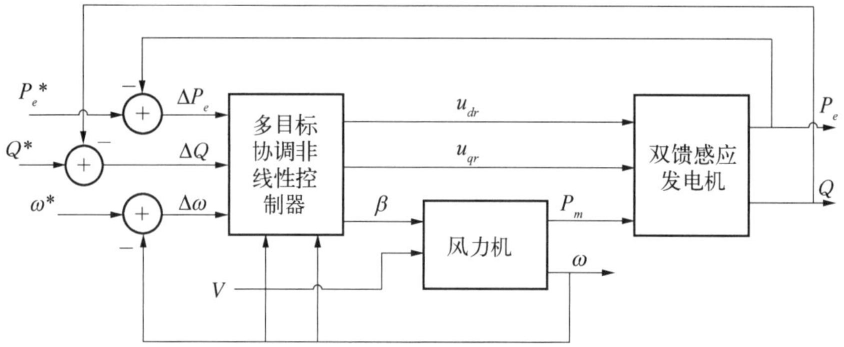

图 5-14 双馈风电机组协调多目标非线性控制器

(3) 稳定性证明

将以上设计结果归纳成以下定理：

定理 5.1 对于系统(5-34)～(5-35)，设计桨距角与励磁控制 β_r、u_{dr}、u_{qr} 分别为

$$\beta_r=\frac{1}{b_1(x_2+\beta_0)}\left(-\frac{x_1}{x_1+\omega_0}(a_1C_P(x_2+\beta_0)+a_1|W|)+a_2x_1i_{qr0}+2b_1\beta_0x_2+b_1\beta_0^2\right) \tag{5-43}$$

$$\begin{cases} u_{dr}=\dfrac{1}{c_3}\left[c_1i_{dr0}-(\omega_1-c_2(x_1+\omega_0))(y_2+i_{qr0})-\dfrac{\partial V_1}{\partial x}Q_2(x)+v_1\right] \\ u_{qr}=\dfrac{1}{d_4}\left[d_1i_{qr0}-(\omega_1-d_2(x_1+\omega_0))(y_1+i_{dr0}+d_3)-\dfrac{\partial V_1}{\partial x}Q_3(x)+v_2\right] \end{cases} \tag{5-44}$$

则系统具有反馈无源性。进一步，当 $v_i=-\varphi_iy_i(\varphi_i>0,i=1,2)$，且满足 $x_2+\beta_0\neq 0$ 时，闭环系统可实现渐近稳定。

证明：已知系统(5-34)，设计控制 Lyapunov 函数 $V_1=\frac{1}{2}x_1^2+\frac{1}{2}(x_2+\beta_0)^2$，代入式(5-44)，可以得到

$$\dot{V}_1=x_1\dot{x}_1+(x_2+\beta_0)\dot{x}_2<-b_1x_2^2<-\alpha(\|x\|)$$

满足式(5-33)，因此系统(5-34)的零动态达到稳定，满足了协调无源性方法的设计要求。取 $V=V_1+\frac{1}{2}y_1^2+\frac{1}{2}y_2^2$，由引理 5.2 可知，设计控制率 u_{dr}，u_{qr} 为式(5-34)。这时有

$$\dot{V}=\frac{\partial V_1}{\partial x}\dot{x}\bigg|_{y1=0,y2=0}-c_1y_1^2-d_1y_2^2+v_1y_1+v_2y_2\leqslant v_1y_1+v_2y_2$$

所以，闭环系统是反馈无源的。如果取 $v_i=-\varphi_i y_i(i=1,2)$，$\varphi_i>0(i=1,2)$，则有 $\dot{V}\leqslant 0$，由引理 5.2 可知 $y_i\to 0(t\to\infty,i=1,2)$，考查限制在 $y_i\equiv 0(i=1,2)$ 不变集，将式(5-34)带入式(5-35)，有

$$\begin{cases}-\dfrac{\partial V_1}{\partial x}\boldsymbol{Q}_2(x)+v_1=0\\-\dfrac{\partial V_1}{\partial x}\boldsymbol{Q}_3(x)+v_2=-a_2x_1=0\end{cases}$$

可得 $x_1(t)\to 0(t\to\infty)$。将(5-43)代入 $\dot{x}_2=-b_1x_2-b_1\beta_0+b_1\beta_r$ 得，$\dot{x}_2=-\dfrac{b_1x_2^2}{x_2+\beta_0}$，若 $x_2+\beta_0\neq 0$，由 LaSalle 不变集定理可知 $x_2(t)\to 0$，所以在本节所设计的控制器作用下，系统的所有状态都可以达到渐近稳定。

(4) 仿真验证

为了验证本节所设计的控制器的正确性，选择如下参数对系统进行仿真验证：$P_e^*=90$ kW，$U_s=220$ V，$\omega_0=10$ rad/s，$r_r=0.816$ Ω，$L_r=L_s=150$ mH，$L_m=146$ mH，$J=5\,000$ kg·m²，$R=12$ m，$\rho=1.25$ kg/m³，$k_i=15$，$n_p=2$，$f=50$ Hz，额定风速为 12 m/s，桨距角响应时间常数为 $\tau_\beta=0.1$ s。

1) 阶跃风速仿真

为验证本章所提出的控制策略的控制效果，选择风轮转速 ω 和风力发电机组的输出电功率 P_e 进行仿真。考虑到输出电功率 P_e 与系统转速 ω 和电磁功率 T_{em} 密切相关，所以给出 T_{em} 的仿真曲线。同时，为了观察系统桨距角 β 的调节过程，选择桨距角 β 进行仿真。

情况 1：仿真中起始风速为额定风速，双馈风电机组运行在额定状态下，$t=4$ s 时，风速阶跃至 $v=15$ m/s，阶跃风速输入如图 5-15 所示，为了更好地反应本章控制策略对暂态性能的影响，将其与未加控制的系统进行比较，图 5-16～图 5-19 为风轮转速、桨距角、电磁转矩和输出电功率在情况 2 下的仿真结果。

从图 5-16～图 5-19 的仿真结果可以看出，在风速发生阶跃时，未加控制系统的风轮转速、电磁转矩和输出功率会随着风速的阶跃而变化，β 无法跟踪新的平衡点，$\Delta\beta$ 也会发生剧烈波动，无法运行在恒转速、恒功率状态；而协调无源性控制不仅抑制了 $\Delta\beta$ 的波动，使 β 能够快速趋向新的平衡点，而且使系统的风轮转速、电磁转矩和输出功率都能够保持恒定，实现了风电机组额定风速以上的恒转速、恒功率运行。

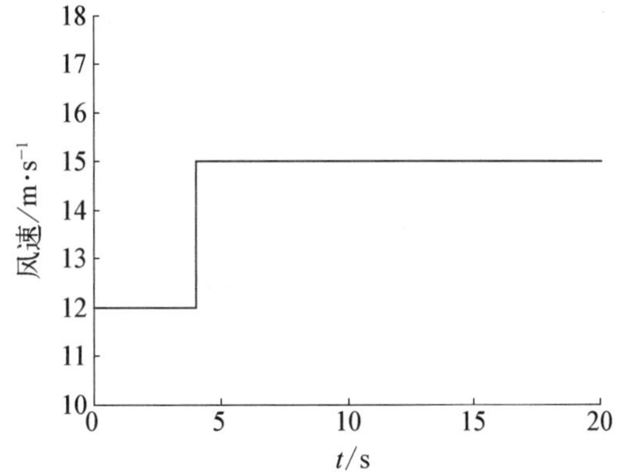

图 5-15　阶跃风速输入

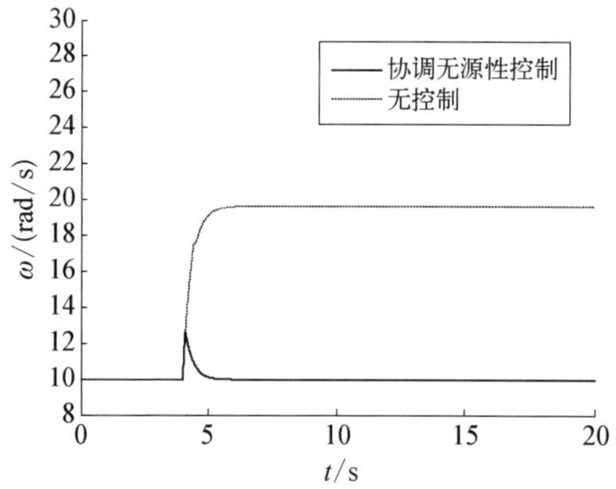

图 5-16 风速阶跃下的 ω 响应曲线

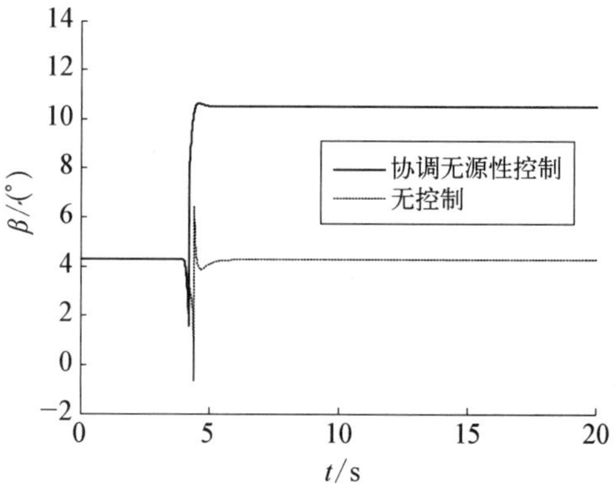

图 5-17 风速阶跃下的 β 响应曲线

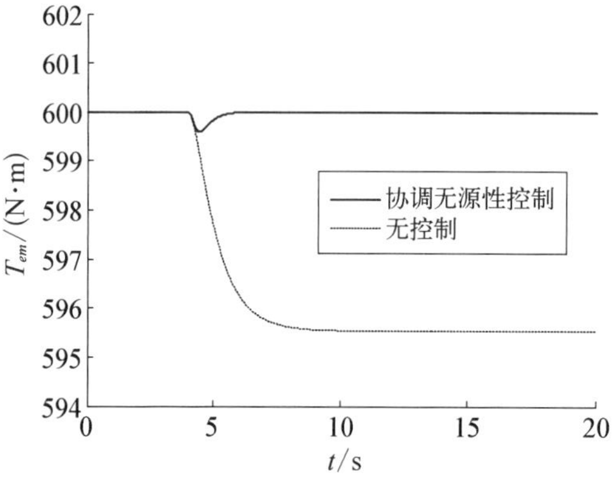

图 5-18 风速阶跃下的 T_{em} 响应曲线

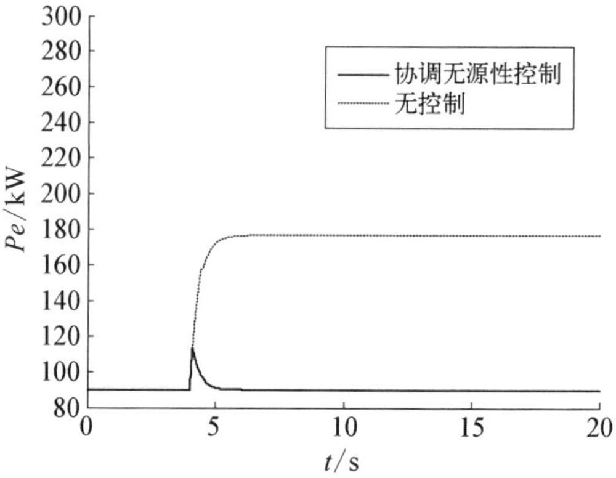

图 5-19 风速阶跃下的 P_e 响应曲线

为了进一步验证本节控制器的优越性，将协调无源性控制器与文献[7]所提出的Lyapunov 控制器进行比较。

情况 2：仿真中起始风速为额定风速，双馈风电机组运行在额定状态下，$t=4$ s 时，风速阶跃至 $v=15$ m/s，阶跃风速输入如图 5-15 所示，在取相同参数值的条件下，将协调无源性方法与 Lyapunov 控制器进行比较，图 5-20～图 5-23 给出了风轮转速、桨距角、电磁转矩和输出电功率在情况 2 下的仿真结果。

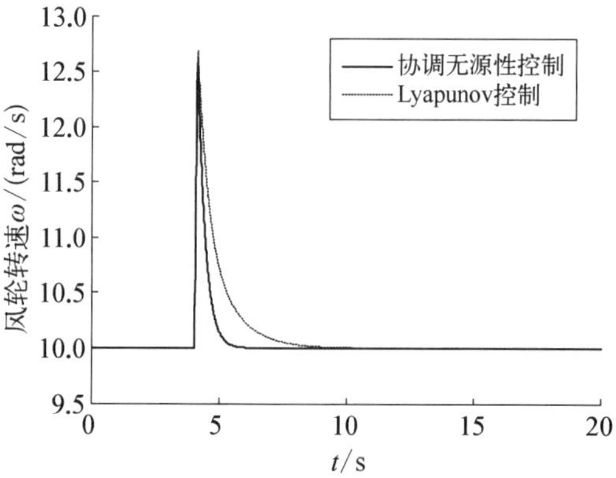

图 5-20 风速阶跃下的 ω 响应曲线

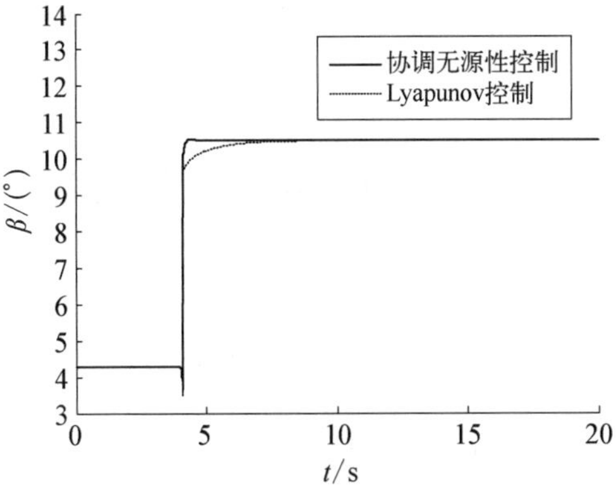

图5－21　风速阶跃下的β响应曲线

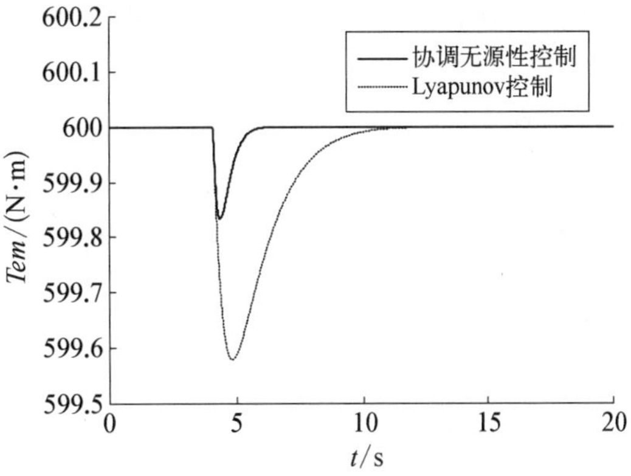

图5－22　风速阶跃下的T_{em}响应曲线

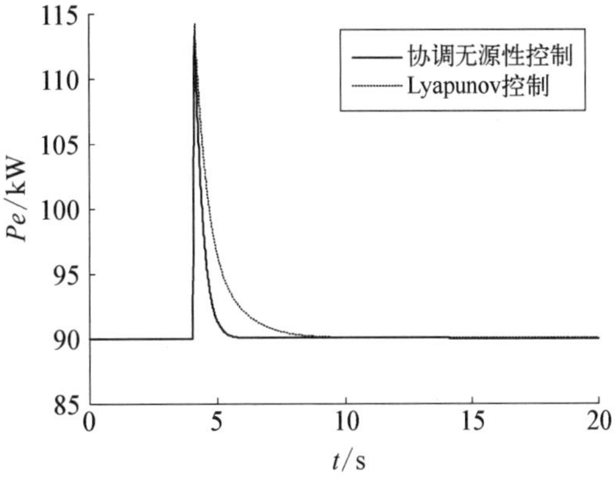

图5－23　风速阶跃下的P_e响应曲线

从图5－20～图5－23可以看出，在相同的仿真条件下，两种控制采用励磁和桨距角双重控制，都可以使系统的风轮转速、输出功率和电磁转矩达到稳定，并且提高了系统对扰动的鲁棒性。但是，从两种方法相比较来看，使用协调无源性方法的系统可以使风轮转速更平缓、更迅速地趋向平衡点，其电磁转矩也能够以更小的超调量和更短的调整时间趋于平衡，从而与风轮转速一起保证了系统输出功率的快速稳定。

通过以上仿真可以看出，与无控制的系统相比，本章提出的协调无源性控制策略不仅能很好的维持输出功率的恒定，而且能够有效平抑系统的转速波动；同时与文献[7]所设计的同时考虑桨距角和励磁控制的Lyapunov控制器比较，证明了本节所提出的协调无源性控制策略能够有效减小系统的波动，并且大大缩短了调整时间。

2）动态风速仿真

区别于阶跃仿真，动态风速仿真使用如图5－24所示的动态风速。动态风速仿真主

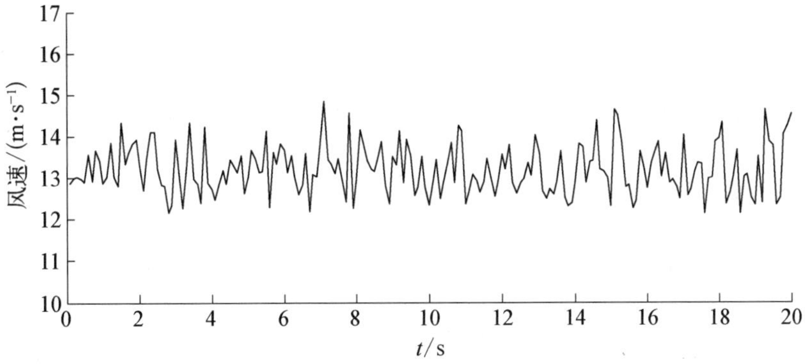

图5－24　动态风速输入

要考察控制器在波动风速下的动态调节能力。为观察本章所提出的控制策略下双馈风电机组的动态性能，为验证控制器的有效性，选择风轮转速 ω 和风力发电机组的电功率 P_e 进行仿真。

图 5-25 和图 5-26 分别给出了在该风速下本章提出的协调无源性控制与 PI 控制下风电机组输出的风轮转速、电功率的对比曲线。

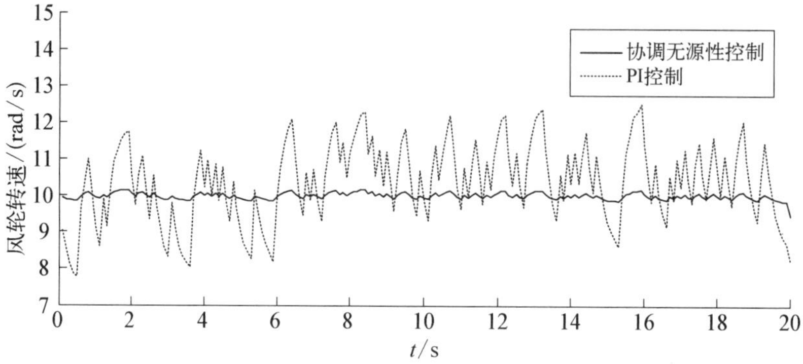

图 5-25 风轮转速对比曲线

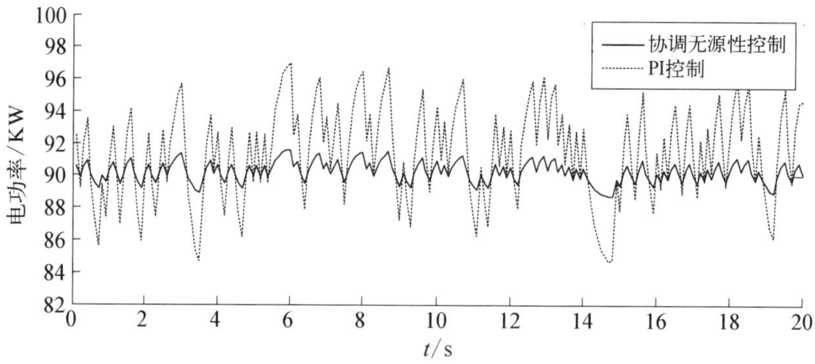

图 5-26 电功率输出对比曲线

通过以上仿真可以看出，与 PI 控制下的系统做比较，本节提出的协调无源性控制策略不仅能很好地维持输出功率的恒定，而且能够有效平抑系统的转速波动。

5.3 考虑风速预测的双馈风电机组多目标协调非线性控制

5.3.1 风速波动对风电机组控制的影响

实际风电机组控制大多在风机上安装测量装置，对实时风速进行测量，作为控制的输入风速，但风速测量值的准确性一直存在争议。风在通过风力机叶片时，速度也会发生改变。另外，风速本身仪器测量存在一定时间，输入控制器的风速已经不是当前时刻的风速，而控制系统的判断已经不适合当前风速的要求，难以取得预期的控制效果。

由风力机模型可知，风机的输入功率与风速的三次方成正比，微小的风速测量误差可能造成较大的风电机组的输入功率误差，从而给风电机组的控制带来困难。而且，风电机组的桨距角调整过程惯性大，动作时间长，无法及时对输入风速的变化进行反应，这个问题与风速测量值不准确、滞后的问题相叠加，无疑更加大了风电机组准确控制的困难。

现有风电机组控制策略大多将风电机组的风速输入作为一个已知量，将其变化曲线输入控制策略，能够对风电机组做到较为准确的控制。而实际风电机组控制将风速测量值作为风电机组的风速输入，但风速测量值的不准确、滞后的问题与桨距角调节的大惯性问题，给风电机组的控制带来了巨大的误差。

现有的大多控制策略对以上问题都没作考虑，所以我们希望通过加入风速预测环节，改善变桨距控制的动态响应，减小风力发电机组输出功率的波动。

5.3.2　考虑风速预测对风电机组的控制影响

根据图 5－27 所示的结构将预测的风速输入闭环系统中。通过对 BP 神经网络结构和训练数据的双重优化，大大提高了风速预测的准确性，使得风速预测数据更具实用性。在这一前提下，为双馈风电机组多目标协调非线性控制器输入较为精确的风速预测数据，可以较好地解决由本身风速测量带来的滞后以及桨距角调节的惯性，从而整体改善变桨距控制的动态性能。系统将基于预测的桨距角控制与励磁控制结合，发挥桨距角控制效果明显和励磁控制反应快速的特点。一方面，通过改善后的桨距角控制对输入风电机组的能量进行控制，保证功率输出的整体平衡；另一方面，通过即时的励磁调节，对输出的功率加以平滑。两者相互协调，优势互补，在保证输出功率稳定平滑的同时，减少了转矩的波动，能够取得良好的控制效果。

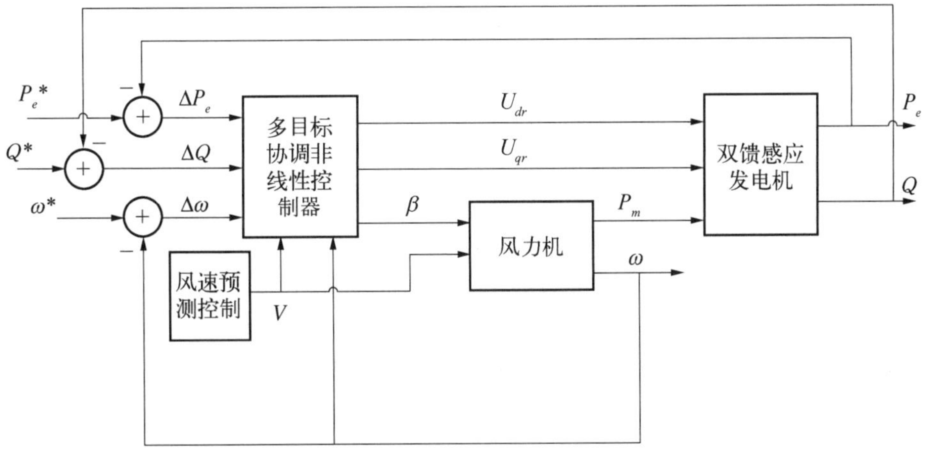

图 5－27　加入风速预测控制的双控风电机组控制框图

5.3.3　仿真对比

根据 5.2.3 节中的仿真参数，将实际风速和预测风速输入 5.2 节所述的受控双馈风力发电系统中，预测结果如图 5－28 所示。由图可知，本章提出的预测方法的预测结果与实际结果曲线误差较小，这说明经遗传算法优化后的 BP 神经网络具有较高的预测精度，明显提高了系统的预测效果。

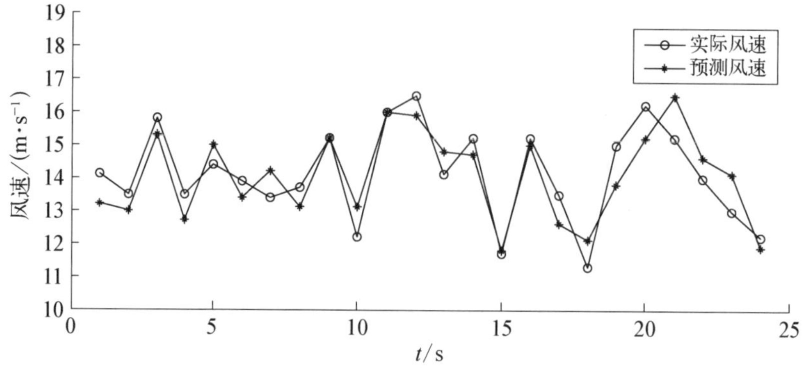

图 5-28　风速预测结果与实际风速对比图

预测结果输入发电机组后，得到桨距角曲线图 5-29 所示，其中空心圆实线为实际风速对应的桨距角曲线，星号实线为预测风速对应的桨距角曲线。

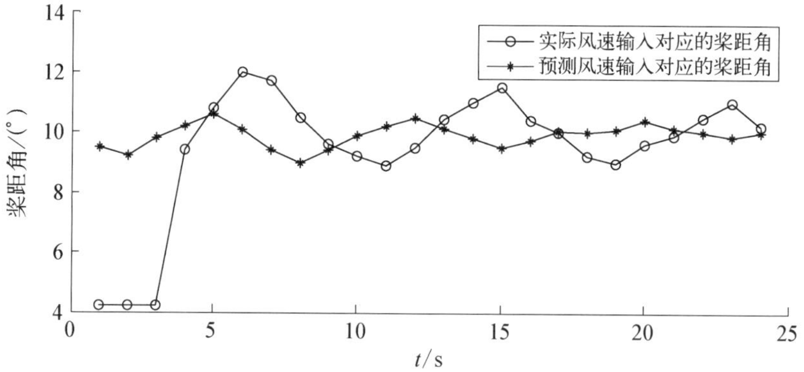

图 5-29　实际风速和预测风速分别对应的桨距角调节对比图

由图 5-29 可以看出，系统加入预测环节后，明显改善了桨距角控制的效果，具体包括以下两方面：首先，图中星号实线比空心圆实线平缓很多，也可以认为星号实线大致围绕空心圆实线进行上下波动。这说明基于预测的桨距角依据风速变化的总趋势加以控制，大大减少了实际风速的随机性产生的大幅度振荡调节，而利用励磁控制对风能的输入加以协调，储存或释放部分能量，使风速振荡的能量高低相互抵消，保证了整体吸收能量的稳定性；其次，图中星号实线比空心圆实线有两步的超前，说明由于风速预测产生的超前信号，可以提前使得桨距角产生动作，从而消除风速测量的滞后和克服桨距角调节中存在的大惯性问题，改善桨距角控制的实时效果。因此，基于风速预测的协调多目标非线性控制在高于额定风速情况下，可以很好地改善风电机组的功率控制效果。

为了进一步验证本章中基于风速预测的控制效果，将预测风速和实测风速输入下的风轮转速和功率输出曲线进行比较，分别如图 5-30 和图 5-31 所示。图 5-30 中空心圆实线为实际风速输入对应的风轮转速曲线，星号实线为预测风速输入对应的风轮转速曲线；图 5－31 中空心圆实线为实际风速输入对应的功率曲线，星号实线为预测风速输入对应的功率曲线。从图中可以看出，由于预测中提取了风速的变化趋势作为控制输入，减小了随机变化对功率的影响，基于风速预测的功率曲线显示出平稳的输出，而实测风速的功率曲线则围绕预测风速的功率曲线上下波动。预测风速输入的风轮转速曲线拟合效果略差于实际风速输入的风轮转速曲线，这是因为预测风速输入下的控制器不仅可以使用桨距角来控制风能的输入，而且可以使用励磁控制加以协调，以储藏或释放风轮动能来确保风电机组输出功率的稳定。由于实测风速的功率曲线波动较大，这些波动将被输入功率环中，通过调整转差率加以纠正，这会造成在高风速下的转矩波动增大，增加机组疲劳载荷，进而影响机组寿命。综上所述，基于风速预测的风电机组协调多目标非线性控制显示出更好的控制性能和输出效果。

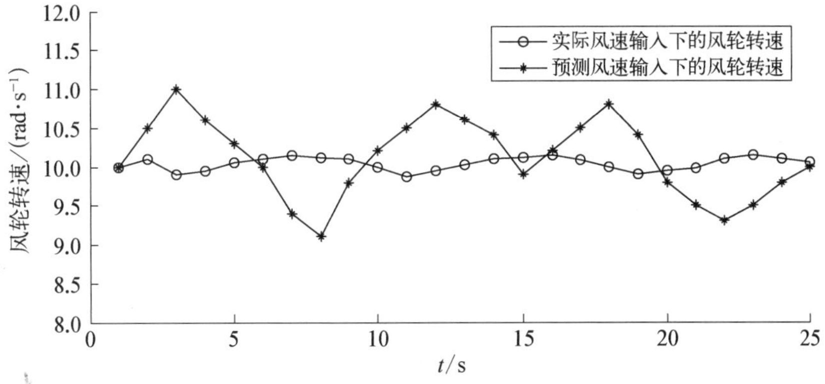

图 5－30 预测风速和实际风速分别对应的风轮转速曲线

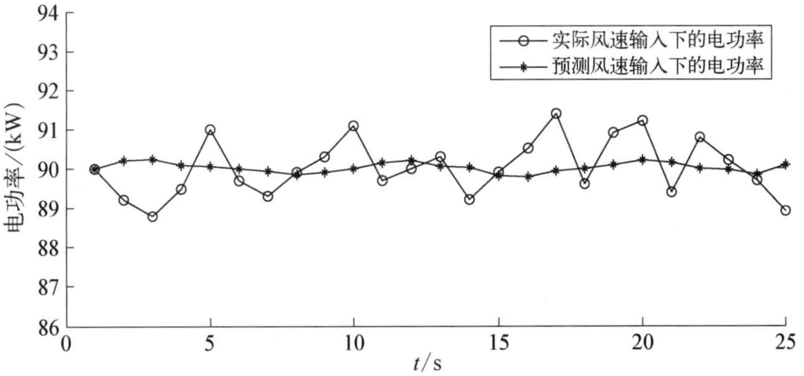

图 5－31 预测风速和实际风速分别对应的电功率曲线

5.4 双馈风力发电机组双变流器协调控制策略

当电网电压发生跌落时，网侧 PWM 变流器同时受到来自网侧和负载侧两方面的扰动，在传统的控制策略下，很容易发生直流母线电压不稳的现象。为此，提出了双馈风力发电系统变流器的协调控制，此方法具有以下优势：可加速网侧变流器和转子侧变流器的功率平衡，减轻直流环节滤波电解电容器的负担；能够快速稳定控制直流母线电压，提高母线电压调节的速度和减小其震荡幅值。

5.4.1 双变流器结构

双 PWM 变流器励磁电源系统如图 5－32 所示，两个三相电压源型 PWM 全桥变流器采用直流链连接，靠中间的滤波电容 C 稳定直流母线电压。如果将双馈电机的转子等效为转子绕组电阻、电感和反电势串联，则该电路结构是完全镜面对称的，文献中一般称这种结构为“背靠背”(back-to-back)连接。

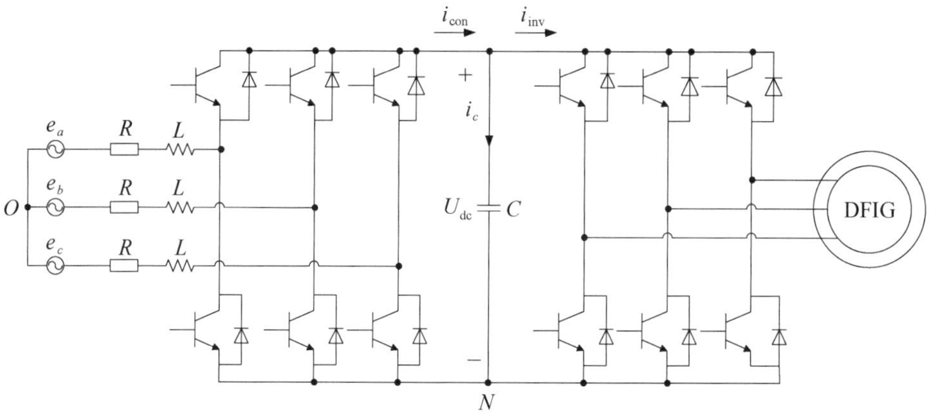

图 5－32　双 PWM 变流器的主电路结构图

转子侧 PWM 变流器的作用是根据机组的转速调节转子绕组电流的频率实现变速恒频，控制转子回路电流的幅值和相位，调节输出的有功功率和无功功率。网侧 PWM 变流器的作用是稳定直流母线电压，确保转子侧变流器及整个 DFIG 励磁系统的工作，还可以控制变流器使其向电网发出或吸收无功功率，从而控制系统的功率因数。

双 PWM 变流器励磁电源系统的两个变流器运行状态可控，均可以在整流、逆变状态间自由转换，以实现能量的双向流动。DFIG 的运行区域决定如何切换两个变流器工作状态：当 DFIG 运行于次同步状态时，转子从直流环节吸收能量，转子侧变流器处于逆变状态，此时直流环节电容放电，从而降低了电容两端的直流电压，为了稳定直流电压，能量从电网流向 DFIG 转子，对直流母线电容充电，这时网侧变流器处于整流状态；当 DFIG 运行于超同步状态时，转子通过机侧变流器向直流环节输出能量，此时转子侧变流器处于整流状态，给直流母线电容充电，则直流母线电压泵升，为了稳定直流电压，直流环节的过剩电能需要通过网侧变流器输送到电网上去，所以电网侧变流器运行于逆变状态，能量从 DFIG 转子流向电网。

双 PWM 变流器协调控制策略的主要思路是将转子的动态特性整合在网侧 PWM 变流器的电压控制当中，加速了网侧变流器和转子侧变流器的功率平衡，减轻了直流环节滤波电解电容器的负担，能够快速稳定控制直流母线电压，实现了前后级变流器的最大限度地独立解耦控制，使变流器的直流母线电压波动大大减小，同时减小了对变流器中电容的依赖，提高了风力发电机组的稳定性，这对兆瓦级风机发电机组的意义重大。总之，协调控制加快了发电机组的响应速度,提高了发电质量。

5.4.2 双 PWM 变流器功率协调控制方法

目前在双馈风电系统中,关于变流器控制策略的研究多建立在电网电压平衡的基础上,但是在实际的风力发电系统中,往往存在着电网电压不平衡的现象,此时如果不采取相应的措施,则会使得双馈风力发电机陷入非正常运行状态,主要有以下几个表现:三相绕组发热不平衡;有功功率、无功功率及电磁转矩出现 2 倍频脉动,且脉动的电磁转矩会造成发电机机械部件的损坏。

(1) 转子侧变流器的控制策略

电网电压不平衡时,双馈电机的电磁功率以及定子侧无功功率中不仅会出现直流分量,还会有 2 倍频脉动量的出现,设电磁转矩的 2 倍频脉动量和定子侧无功功率的 2 倍频脉动量分别为 T_{e2}、Q_{s2},文献[8]推导出了采用定子磁链定向矢量控制方法时转子电压与 T_{e2}、Q_{s2} 之间的关系,即:

$$\begin{cases}\dfrac{\mathrm{d}}{\mathrm{d}t}T_{e2}=1.5p_n\dfrac{L_m^2}{L_s}\left(i_{qr}\dfrac{\mathrm{d}}{\mathrm{d}t}i_{ms}-\dfrac{R_r}{\sigma L_r}i_{ms}i_{qr}+\dfrac{1}{\sigma L_r}i_{ms}u'_{qr}\right)\\ \dfrac{\mathrm{d}}{\mathrm{d}t}Q_{s2}=1.5\dfrac{L_m}{L_s}\left[(i_{ms}-i_{dr})\dfrac{\mathrm{d}}{\mathrm{d}t}u_{qs}+u_{qs}\dfrac{\mathrm{d}}{\mathrm{d}t}i_{ms}-\dfrac{R_r}{\sigma L_r}u_{qs}i_{dr}+\dfrac{1}{\sigma L_r}u_{qs}u'_{dr}\right]\end{cases}\tag{5-45}$$

其中,

$$\begin{cases}u'_{qr}=u_{qr}-\omega_{s1}\left(i_{ms}\dfrac{L_m^2}{L_s}+\sigma L_r i_{dr}\right)\\ u'_{dr}=u_{dr}+\omega_{s1}\sigma L_r i_{dr}\end{cases}\tag{5-46}$$

式(5-45)中,因为励磁电流 i_{ms} 取决于定子电压,故可将 i_{ms} 视为不可控量;又因为转子电流 i_{dr}、i_{qr} 的控制是由电流内环实现的,所以可通过调节转子电压 u_{dr}、u_{qr} 对 u'_{dr}、u'_{qr} 进行控制,进而实现对 Q_{s2} 和 T_{e2} 的控制。

(2) 网侧变流器的控制策略

电网电压不平衡时,也会有 2 倍频脉动量出现在 GSC 的有功功率和无功功率中。双馈风力发电系统输出的总有功功率是:

$$P_t=P_s+P_g=P_{s0}+P_{s2}+P_{g0}+P_{g2}\tag{5-47}$$

式中,P_{s0}、P_{g0} 分别为定子侧有功功率的平均值和网侧有功功率的平均值,P_{s2}、P_{g2} 分别为定子侧有功功率的 2 倍频脉动量和网侧有功功率的 2 次脉动量。

由此可见,电网电压不平衡时,整个双馈风力发电系统的有功功率总输出也有 2 倍频脉动量的存在。考虑到转子侧变流器 RSC 的有限的容量以及控制变量,也就是说 RSC 只能同时通过 d、q 轴两个电压参考量进行部分脉动量的控制,而作为整个发电系统一部分的网侧变流器(GSC)也具有辅助控制功能。因此,我们以转子侧变流器的控制为基础,提出了利用 GSC 进行协调控制的方法,从而抑制双馈风力发电系统总输出有功功率的脉动。

由式(5-47)可知,当 $P_{s2}=-P_{g2}$ 时,双馈风力发系统总输出有功功率则无 2 倍频脉

动量 P_{t2} 存在。因此,可以设定 $P_{g2}^{*}=-P_{s2}$,通过补偿控制实现对总输出有功功率 2 倍频脉动量的控制。

由文献[9,10]可知,一般使用电网电压定向的矢量方法实现网侧变流器的控制,网侧的有功功率可表达为:

$$P_g = u_d i_d \tag{5-48}$$

式中,u_d 为网侧变流器交流侧电压在 d 轴上的分量;i_d 为网侧变流器交流侧电流在 d 轴上的分量;因为电流 i_d 的控制是由电流内环实现的,所以可通过调节 u_d 对网侧输出有功功率进行控制。

(3) 双 PWM 变流器的协调控制策略

在电网电压不平衡时,通过对 RSC 与 GSC 的协调控制,实现对双馈电机的电磁转矩脉动量 T_{e2}、无功功率脉动量 Q_{s2} 以及系统总输出有功功率脉动量 P_{t2} 的控制,其控制框图如图 5-33 所示。RSC 控制目标是抑制双馈电机电磁转矩和定子侧无功功率的脉动,GSC 控制目标为抑制系统总输出有功功率的脉动。滤波器 $G(s)$ 的作用是将控制目标中的 2 倍频脉动量提取出来,然后通过 PI 调节器输出所需的补偿电压,将其叠加到 RSC 和 GSC 的参考电压中,从而在电网电压不平衡条件下抑制各种脉动量。

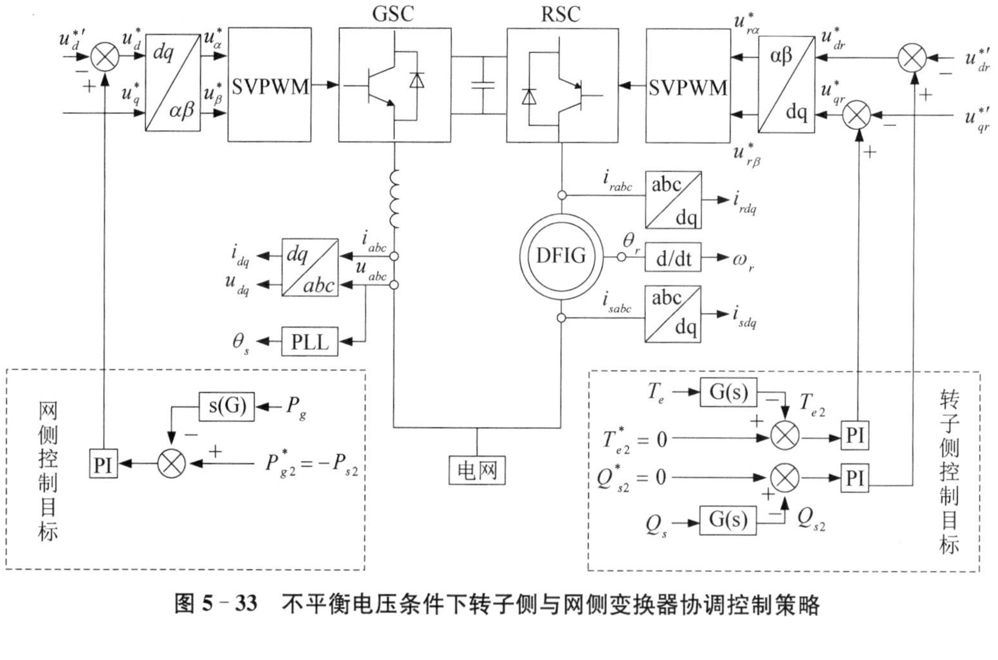

图 5-33 不平衡电压条件下转子侧与网侧变换器协调控制策略

5.4.3 双 PWM 变流器协调控制方法

(1) 基于小信号模型的双 PWM 变流器协调控制方法

根据功率平衡原理和基尔霍夫电流定律,系统在功率因数为 1 时,可以得到式(5-49～5-51):

$$C\frac{\mathrm{d}u_{\mathrm{dc}}}{\mathrm{d}t}=i_{\mathrm{con}}-i_{\mathrm{inv}} \tag{5-49}$$

$$3ui = u_{dc} i_{con} \tag{5-50}$$

$$i = K i_{ref} \tag{5-51}$$

式中，i_{con} 为 GSC 输出电流，i_{inv} 为 RSC 输入电流；u、i 分别为电网相电压和相电流的有效值；u_{dc} 为直流母线电压；i_{ref} 为电流内环参考值；K 为比例系数；C 为直流母线电容。

利用小信号线性化方法，令

$$\begin{cases} u_{dc} = U_{dc} + \Delta u_{dc} \\ u = U + \Delta u \\ i = I + \Delta i \\ i_{con} = I_{con} + \Delta i_{con} \\ i_{inv} = I_{inv} + \Delta i_{inv} \\ i_{ref} = I_{ref} + \Delta i_{ref} \end{cases} \tag{5-52}$$

将式(5-52)代入式(5-49)～式(5-51)可得：

$$\begin{cases} C\dfrac{d(U_{dc} + \Delta u_{dc})}{dt} = (I_{con} + \Delta i_{con}) - (I_{inv} + \Delta i_{inv}) \\ 3(U + \Delta u)(I + \Delta i) = (U_{dc} + \Delta u_{dc})(I_{con} + \Delta i_{con}) \\ I + \Delta i = K(I_{ref} + \Delta i_{ref}) \end{cases} \tag{5-53}$$

求解式(5-53)，忽略高次项，可得：

$$\begin{cases} 3KUI_{ref} = U_{dc} I_{con} \\ I_{con} = I_{inv} \end{cases} \tag{5-54}$$

$$\begin{cases} \Delta i_{con} = \dfrac{3KU}{U_{dc}}\Delta i_{ref} + \dfrac{3KI_{ref}}{U_{dc}}\Delta u - \dfrac{I_{con}}{U_{dc}}\Delta u_{dc} \\ C\dfrac{d\Delta u_{dc}}{dt} = \Delta i_{con} - \Delta i_{inv} \end{cases} \tag{5-55}$$

根据式(5-55)，得到小信号的控制框图，如图 5-34 所示。

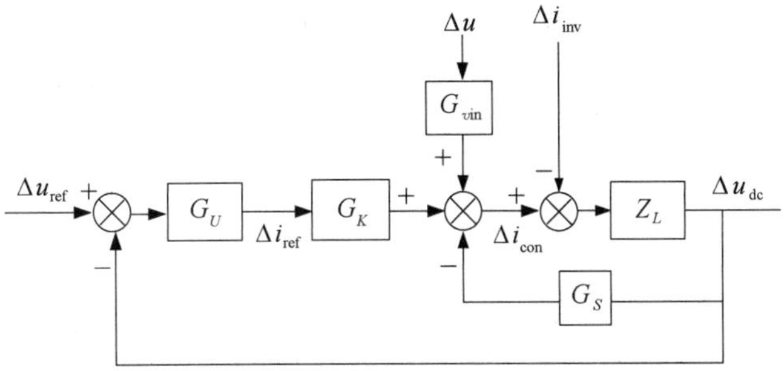

图 5-34　无前馈控制协调控制的小信号控制框图

图 5-34 中的参数如式(5-56)所示：

$$\begin{cases} G_U = K_p + \dfrac{K_i}{s} \\ G_K = \dfrac{3KU}{U_{dc}} \\ Z_L(s) = \dfrac{1}{sC} \\ G_S = \dfrac{I_{con}}{U_{dc}} \\ G_{vin} = \dfrac{3KI_{ref}}{U_{dc}} \end{cases} \tag{5-56}$$

由图 5－34 可以推导出，母线电压波动与负载电流和电网电压波动的关系表达式：

$$\Delta u_{dc} = T_{ref}\Delta i_{ref} + T_u \Delta u + Z_o \Delta i_{inv} \tag{5-57}$$

式中：

$$\begin{cases} T_{ref} = \dfrac{\Delta u_{dc}}{\Delta i_{ref}} = \dfrac{G_K Z_L G_U}{G} \\ T_u = \dfrac{\Delta u_{dc}}{\Delta u} = \dfrac{Z_L G_{vin}}{G} \\ Z_o = \dfrac{\Delta u_{dc}}{\Delta i_{inv}} = \dfrac{-Z_L}{G} \\ G = 1 + Z_L(G_K G_U + G_S) \end{cases} \tag{5-58}$$

由式(5－57)可知，母线电压受负载扰动 Δi_{inv} 和电网扰动 Δu 的影响而产生波动，若采取适当的措施使 T_u 和 Z_o 等于零，则可理论上保证母线电压不受负载电流和电网电压波动的影响。为使母线电压免受负载和电网突变的影响，希望引入恰当的前馈项使 T_u 和 Z_o 等于零，即通过该前馈项的引入，使得系统在负载和电网突变时，保证流入母线电容的电流为零，此时 $i_{con} = i_{inv}$，电压外环的输出 $\Delta u_{dc} = 0$，可达到抑制母线电压波动的目的。由以上的分析可知前馈协调控制方法的思想是：在控制直流母线电压时引入了电流补偿量，控制网侧变流器时引入了机侧变流器的动态特性，也就是机侧、网侧变流器协调控制。此时电网输出功率应与直流母线输出功率相等，即：

$$3ui = U_{dc} i_{inv} \tag{5-59}$$

将式(5－51)代入式(5－59)，可得：

$$i_{ref} = \frac{1}{3K} \frac{U_{dc} i_{inv}}{u} \tag{5-60}$$

由此可知在负载和电网突变时要抑制母线电压的波动，电流内环的参考值应按式(5－60)选取。因此，可选取前馈项 $i_f = K_f \dfrac{U_{dc} i_{inv}}{u}$，其中 $K_f = \dfrac{1}{3K}$，使电压外环的输出 $\Delta u_{dc} = 0$，从而维持母线电压的稳定。

对前馈项 i_f 进行小信号分析，令 $i_f = I_f + \Delta i_f$，可得

$$
\begin{aligned}
& I_f + \Delta i_f = K_f \frac{U_{dc}(I_{inv} + \Delta i_{inv})}{U + \Delta u} \\
& \Rightarrow (I_f + \Delta i_f)(U + \Delta u) = K_f U_{dc}(I_{inv} + \Delta i_{inv}) \\
& \Rightarrow I_f U + I_f \Delta u + U \Delta i_f + \Delta i_f \Delta u = K_f U_{dc} I_{inv} + K_f U_{dc} \Delta i_{inv}
\end{aligned}
\tag{5-61}
$$

忽略高次项，可得

$$
\begin{aligned}
\Delta i_f &= -K_f \frac{U_{dc} I_{inv}}{U^2} \Delta u + K_f \frac{U_{dc}}{U} \Delta i_{inv} \\
&= -G_V \Delta u + G_I \Delta i_{inv}
\end{aligned}
\tag{5-62}
$$

根据式(5-62)得到前馈协调控制策略的小信号控制结构图，如图5-35所示。

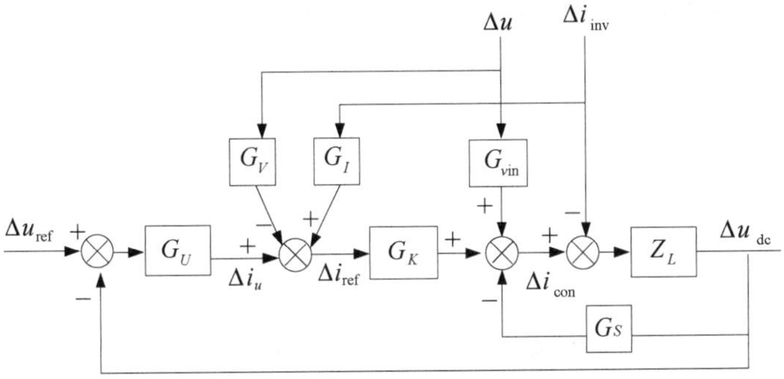

图5-35 有前馈协调控制的小信号控制框图

对前馈协调控制框图进行分析，可以得到直流电压波动与负载电流和电网电压波动的关系表达式为：

$$
\Delta u_{dc} = T_{ref} \Delta i_{ref} + T'_u \Delta u + Z'_o \Delta i_{inv} \tag{5-63}
$$

式中，

$$
\begin{cases}
T'_u = \dfrac{\Delta u_{dc}}{\Delta u} = \dfrac{Z_L(G_{vin} - G_V G_K)}{G} \\
Z'_o = \dfrac{\Delta u_{dc}}{\Delta i_{inv}} = \dfrac{-Z_L(1 - G_I G_K)}{G}
\end{cases}
\tag{5-64}
$$

将式(5-56)代入式(5-62)得出 T'_u、Z'_o 等于零，$\Delta u_{dc} = T_{ref} \Delta i_{ref}$，即直流母线电压理论上完全不受负载电流和电网电压突变的影响，暂态母线电压仍保持恒定。

(2) 仿真分析

对基于小信号模型的前馈控制策略进行仿真分析，系统的仿真实验参数如下：

表5-4 系统的仿真实验参数表

$E = 100/\sqrt{2}$ V	$U_{dc} = 280$ V	$f = 50$ Hz
$L = 8$ mH	$R_{inv} = 200\ \Omega$	开关频率 $f_{sw} = 5$ kHz

根据前面的分析，由式(5－62)计算得到的前馈控制的系数为：

$$
\begin{cases}
G_V = K_f \dfrac{U_{\mathrm{dc}} I_{inv}}{U^2} = 0.009\,2 \\
G_I = K_f \dfrac{U_{\mathrm{dc}}}{U} = 0.659\,97
\end{cases}
$$

在 $t=3\sim3.625$ s时，电网电压发生55%跌落，如图5－36所示，从上到下依次为无前馈协调控制的直流电压侧的波形图、有前馈协调控制的直流电压侧的波形图和两种控制方法的对比图。对比图中，实线为无前馈协调控制的直流电压侧的波形图，虚线的为有前馈协调控制的直流电压侧的波形图。电网电压跌落时，不加前馈控制直流母线电压下陷最低至0.625 p.u.左右，而加入前馈控制后，直流母线电压下陷最低至0.75 p.u.左右，可见前馈协调控制提高了系统的响应速度，并减小了直流母线的振荡幅值。从以上分析可以得出有前馈控制与无前馈控制相比具有优越性，可提高系统的稳定性。

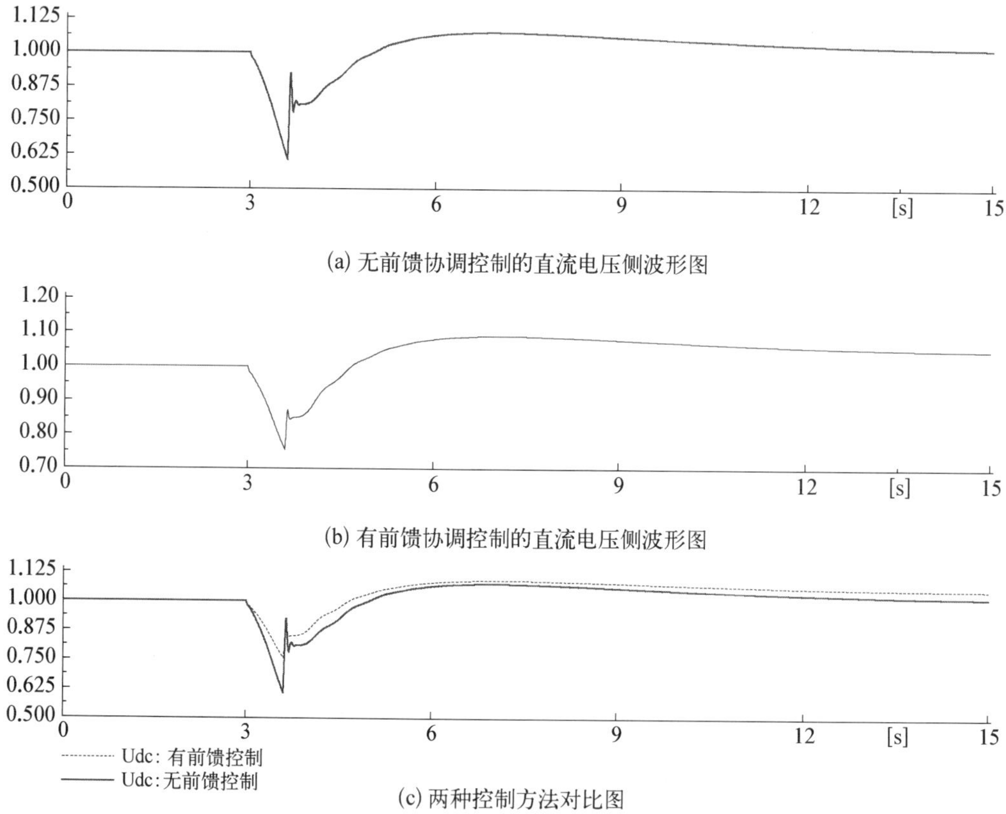

(a) 无前馈协调控制的直流电压侧波形图

(b) 有前馈协调控制的直流电压侧波形图

(c) 两种控制方法对比图

图5－36　直流母线电压波形图

5.5 双馈风力发电机组低电压穿越控制策略

低电压穿越是指在风力发电机组并网点电压跌落的时候，风电机组能够保持并网，甚至向电网提供一定的无功功率，支持电压恢复，直到电网恢复正常，从而“穿越”这个低电压时间。在风力发电机组设计、制造、控制技术中，低电压穿越被作为重要的技术指标，与风力发电机组的大规模应用密切相关。

5.5.1　低电压时双馈风力发电机组暂态特性分析

双馈电机的定子直接与电网相连，所以当电网电压跌落时其定子端电压也会同时跌落，在电网发生故障瞬间，磁链不能突变，因此定子磁链中将会感生出直流分量，这极大地危害了励磁变流器和定、转子绕组。

如果从另一个角度即能量守恒的角度来考虑，在电网电压骤降时，DFIG 无法把产生的电能全部送出，若风力机所捕获的风能无明显变化，则会在机组内部进行这部分无法输出的能量的消耗。首先，定子电压的骤降会引起定子电流的增大，因为定、转子之间存在强耦合，所以转子侧感应出过电流和过电压。同时大电流会使得电机铁心饱和、电抗减小，则进一步增大了定、转子电流。定、转子电流的大幅波动会致使 DFIG 电磁转矩产生剧烈变化，这使风电机组机械系统承受较大的扭切应力冲击。转子能量流经转子侧变流器(RSC)之后，一部分能量被网侧变流器(GSC)传送到电网，余下的能量对直流电容充电，这可快速升高直流母线电压。如果不采取保护措施，只是通过定、转子绕组的自身漏阻抗是无法抑制浪涌电流的，过高的电流和电压会损坏励磁变流器、定转子绕组和直流母线电容。

(1) 转子开路时定子磁链分析

假设定、转子都采用电动机惯例，在定子参考坐标系下双馈感应发电机的定子、转子电压平衡方程式为：

$$\begin{cases} u_s = R_s i_s + p\psi_s \\ u_r = R_r i_r + p\psi_r - \mathrm{j}\omega_r \psi_r \end{cases} \tag{5-65}$$

式中，u_s、u_r 分别为定、转子端电压矢量；i_s、i_r 分别为定、转子绕组中的电流矢量；ψ_s、ψ_r 分别为定、转子磁链矢量；ω_r 为转子旋转角速度。定转子的磁链方程为：

$$\begin{cases} \psi_s = L_s i_s + L_m i_r \\ \psi_r = L_m i_s + L_r i_r \end{cases} \tag{5-66}$$

式中，$L_s = L_m + L_{ls}$，$L_r = L_m + L_{lr}$；L_m、L_{ls}、L_{lr} 分别为互感和定、转子的漏感。

在电网突然发生三相对地短路故障的瞬间，分析定子磁链的暂态变化，首先假设转子开路，即 $i_r = 0$，由式(5-65)的第一式和式(5-66)的第一式可得：

$$\frac{\mathrm{d}\psi_s}{\mathrm{d}t} = u_s - \frac{R_s}{L_s}\psi_s \tag{5-67}$$

在故障出现的瞬间，由磁链守恒原则可得出磁链不能发生突变，如果线圈磁链迫于外来条件而发生突变，为维持其磁链不发生突变，线圈中就会感应出一个自由电流用来产生一个反作用磁场。所以，在电网故障发生瞬间，式(5-67)的解可由两个分量的和组成：其一是定子磁链分量，它以同步转速旋转，可通过定子电压大小来确定其大小；其二是定子磁链直流分量，它在空间上是静止的，同时会以一定的时间速率衰减，它是由于定子电压骤降而产生的。在暂态时这两个分量是同时存在的，而在稳态时只有第一个分量存在，第二个直流分量随时间的推移已逐步衰减为零。因此，式(5－67)的解可以写为：

$$\psi_s = \psi_{s1} + \psi_{s\mathrm{DC}} = \psi_{s1} + C\mathrm{e}^{-R_s t/L_s} \tag{5-68}$$

式中，ψ_{s1} 是定子磁链旋转分量，大小通过当前的定子电压来确定；$\psi_{s\mathrm{DC}}$ 是定子磁链直流分量，通过电网故障程度确定其初始值 C 的大小。

(2) 转子连接变流器转子电流分析

由式(5－66)可得：

$$\psi_r = \frac{L_m}{L_s}\psi_s - \sigma L_r i_r \tag{5-69}$$

将式(5－69)代入式(5－65)的第二式可得：

$$i_r = \frac{u_r - L_m(p\psi_s - \mathrm{j}\omega_r\psi_s)/L_s}{R_r - (\sigma L_r p - \mathrm{j}\omega_r \sigma L_s)} \tag{5-70}$$

式(5－68)中定子磁链 ψ_s 由以同步转速旋转的定子磁链分量 ψ_{s1} 和在空间上是静止的定子磁链直流分量 $\psi_{s\mathrm{DC}}$ 两部分组成，由式(5－70)可知转子连接变流器时，转子电流 i_r 的产生与转子电压 u_r 和定子磁链 ψ_s 有关。首先，转子电流励磁分量是由转子电压和以同步转速旋转的定子磁链分量共同作用产生的转子电流，在电网正常运行时，其值跟随风速及输出功率的变化而变化。其次，定子磁链直流分量会根据转子转速切割转子绕组，和转子转速成正比的旋转电动势会产生于电机转子中，进而电机转子中产生转子电流旋转分量。由式(5－68)可知定子磁链直流分量是以指数规律随着时间的推移而逐渐衰减的，所以它在电机转子中产生的旋转电动势的幅值亦随之减小。由以上分析可知：在电网发生故障时，转子电流由转子电流励磁分量和转子电流旋转分量二者组成并共同起作用，最后导致转子中出现过电流的现象。

5.5.2 低电压时双馈风力发电机组控制策略

随着以变速恒频双馈发电机为主体的大型风力发电机组在电网中所占比例快速增长，电力系统对并网风力发电机在外部电网故障、特别是电网电压骤降故障下的不间断运行能力提出了更高的要求。风力发电 LVRT 技术的研究受到了风电领域的广泛关注，并对风力发电机 LVRT 技术进行了研究[11,12]。

(1) 网侧变流器模型

双 PWM 变流器励磁电源系统如图 5－37 所示，此时利用 Hamilton 能量方法设计网侧控制器，对网侧直流母线电压 U_{dc} 进行控制，使直流母线电压快速恢复到稳定值。三相电流控制通常在两相同步旋转坐标系中实现，因为在同步坐标系中各量稳态时为直流量。为了便于系统分析和综合，将系统模型变换到两相同步旋转的 $d－q$ 坐标系中，由三相 PWM 电压源型变流器的数学模型，基于电网电压矢量定向，建立了三相 PWM 变流器在同步旋转 $d－q$ 坐标系下的数学模型。

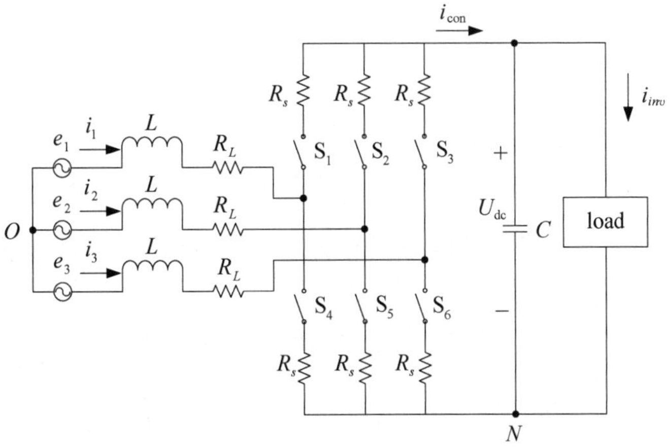

图 5 - 37　双 PWM 变流器励磁电源系统

$$
\begin{cases}
L\dfrac{di_d}{dt}=-Ri_d+\omega Li_q+E_d-d_dU_{dc}\\
L\dfrac{di_q}{dt}=-Ri_q-\omega Li_d+E_q-d_qU_{dc}\\
C\dfrac{dU_{dc}}{dt}=\dfrac{3}{2}(d_di_d+d_qi_q)-i_{inv}
\end{cases}
\tag{5-71}
$$

其中，E_d、E_q、i_d 和 i_q 分别为网侧 d、q 轴电压和电流；U_{dc} 为输出的直流电压；d_d 和 d_q 为开关函数变换到 $d-q$ 坐标系中的 d 轴和 q 轴相应的开关函数；ω 为电网电压的角频率；i_{inv} 为负载电流；由式(5 - 71)可得：

$$
\begin{bmatrix}\dfrac{di_d}{dt}\\ \dfrac{di_q}{dt}\\ \dfrac{dU_{dc}}{dt}\end{bmatrix}=
\begin{bmatrix}-\dfrac{R}{L} & \omega & -\dfrac{d_d}{L}\\ -\omega & -\dfrac{R}{L} & -\dfrac{d_q}{L}\\ \dfrac{3d_d}{2C} & \dfrac{3d_q}{2C} & 0\end{bmatrix}
\begin{bmatrix}i_d\\ i_q\\ U_{dc}\end{bmatrix}+
\begin{bmatrix}\dfrac{1}{L} & 0 & 0\\ 0 & \dfrac{1}{L} & 0\\ 0 & 0 & -\dfrac{1}{C}\end{bmatrix}
\begin{bmatrix}E_d\\ E_q\\ i_{inv}\end{bmatrix}
\tag{5-72}
$$

(2) 控制系统设计

1) 将 PCH 系统转换成 PCH - D 系统

设 Hamilton 函数为：

$$
H=\frac{i_d^2+i_q^2+U_{dc}^2}{2}
\tag{5-73}
$$

根据 Hamilton 函数，系统(5 - 72)即为 PCH 形式。采用的控制为：

$$
\boldsymbol{u}=\begin{bmatrix}E_d\\ E_q\\ i_{inv}\end{bmatrix}=\boldsymbol{K}+\boldsymbol{v}=\begin{bmatrix}E_{dK}\\ E_{qK}\\ i_{invK}\end{bmatrix}+\begin{bmatrix}E_{dv}\\ E_{qv}\\ i_{invv}\end{bmatrix}
\tag{5-74}
$$

其中，K 为预控制使系统变化为 PCH－D 形式，v 为 PCH－D 下的控制输入。取预控制 K 为：

$$\boldsymbol{K}=\begin{bmatrix}E_{dK}\\E_{qK}\\i_{\mathrm{inv}K}\end{bmatrix}=\begin{bmatrix}0\\0\\i_{\mathrm{inv}}\end{bmatrix}=\begin{bmatrix}0\\0\\(3/2-C/L)(S_d i_d+S_q i_q)\end{bmatrix} \tag{5-75}$$

通过预控制 K 把 PCH 形式的系统转化为 PCH－D 形式的系统如下：

$$\begin{bmatrix}\frac{\mathrm{d}i_d}{\mathrm{d}t}\\\frac{\mathrm{d}i_q}{\mathrm{d}t}\\\frac{\mathrm{d}U_{dc}}{\mathrm{d}t}\end{bmatrix}=\begin{bmatrix}-\frac{R}{L}&\omega&-\frac{d_d}{L}\\-\omega&-\frac{R}{L}&-\frac{d_q}{L}\\\frac{d_d}{L}&\frac{d_q}{L}&0\end{bmatrix}\begin{bmatrix}i_d\\i_q\\U_{dc}\end{bmatrix}+\begin{bmatrix}\frac{1}{L}&0&0\\0&\frac{1}{L}&0\\0&0&-\frac{1}{C}\end{bmatrix}\begin{bmatrix}E_{dv}\\E_{qv}\\i_{\mathrm{inv}v}\end{bmatrix}$$

$$=(\boldsymbol{J}-\boldsymbol{R})\nabla\boldsymbol{H}+Gv \tag{5-76}$$

其中，$\boldsymbol{J}=\begin{bmatrix}0&\omega&-\frac{\mathrm{d}_d}{L}\\-\omega&0&-\frac{\mathrm{d}_q}{L}\\\frac{\mathrm{d}_d}{L}&\frac{\mathrm{d}_q}{L}&0\end{bmatrix}$，$\boldsymbol{R}=\begin{bmatrix}\frac{R}{L}&0&0\\0&\frac{R}{L}&0\\0&0&0\end{bmatrix}$，$\boldsymbol{J}$ 是斜对称矩阵，$\boldsymbol{R}$ 是半正定矩阵，因此式(5－76)为 PCH－D 形式。

2）设计控制输入

设正定矩阵 $\boldsymbol{\Gamma}=\begin{bmatrix}r_1&0&0\\0&r_2&0\\0&0&r_3\end{bmatrix}$，其中 $r_i>0(i=1,2,3)$。设计控制输入如下式所示：

$$\boldsymbol{v}=\begin{bmatrix}E_{dv}\\E_{qv}\\i_{\mathrm{inv}v}\end{bmatrix}=-\boldsymbol{\Gamma}\boldsymbol{G}^{\mathrm{T}}\nabla\boldsymbol{H}=\begin{bmatrix}-\frac{r_1 i_d}{L}\\-\frac{r_2 i_q}{L}\\\frac{r_3 U_{dc}}{C}\end{bmatrix} \tag{5-77}$$

则系统总的控制输入为：

$$\boldsymbol{u}=\begin{bmatrix}E_d\\E_q\\i_{\mathrm{inv}}\end{bmatrix}=\boldsymbol{K}+\boldsymbol{v}=\begin{bmatrix}-\frac{r_1 i_d}{L}\\-\frac{r_2 i_q}{L}\\(3/2-C/L)(S_d i_d+S_q i_q)+\frac{r_3 U_{dc}}{C}\end{bmatrix} \tag{5-78}$$

5.5.3 仿真分析

应用MATLAB/SIMULINK对双馈感应风力发电机组中网侧变流器的Hamilton控制策略进行仿真。系统仿真实验参数设置：双馈感应发电机DFIG的额定功率1.5 MW，额定电压690 V，额定频率 $f_N = 50$ Hz，极对数 $p = 2$，定子电阻 $R_s = 0.004$ p.u.，定子电抗 $X_s = 0.1$ p.u.，励磁电抗 $X_m = 3.5$ p.u.，转子电阻 $R_r = 0.01$ p.u.，转子电抗 $X_r = 0.1$ p.u.。

选择三种不同情况进行仿真分析，情况一是母线电压 $U_{\rm dc}$ 初始状态为1.5 p.u.，观察 $U_{\rm dc}$ 和 i_d、i_q 的动态过程；情况二是母线电压 $U_{\rm dc}$ 在2秒时和5秒时受到扰动，观察 $U_{\rm dc}$ 和 i_d、i_q 的动态过程；情况三是母线电压 $U_{\rm dc}$ 在 $t=2$ s时突变为1.5 p.u.，并且 $U_{\rm dc}=1.5$ p.u.持续0.2 s。

(1) 情况一：母线电压 $U_{\rm dc}$ 初始状态为1.5 p.u.，对网侧变流器进行Hamilton控制。

在母线电压 $U_{\rm dc}=1.5$ p.u.时，系统加入Hamilton控制器对母线电压 $U_{\rm dc}$ 和网侧电流 i_d、i_q 进行控制，图5-38是母线电压 $U_{\rm dc}$ 和网侧电流 i_d、i_q 的响应曲线。从图中可以看出，在Hamilton控制器的作用下，系统很快达到稳定，闭环系统具有很好的稳定性，证明了Hamilton控制器的有效性。

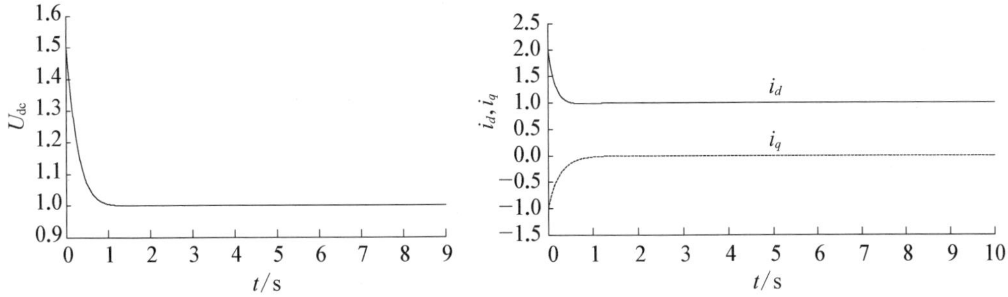

图5-38 母线电压 $U_{\rm dc}$ 及网侧电流 i_d、i_q 的响应曲线

(2) 情况二：母线电压 $U_{\rm dc}$ 在2秒和5秒受到扰动时，对网侧变流器进行Hamilton控制。

图5-39中为母线电压 $U_{\rm dc}$ 在2秒和5秒时受到扰动后出现0.5 p.u.的波动和母线电压 $U_{\rm dc}$ 在2秒和5秒处受到扰动时网侧电流 i_d、i_q 的响应曲线。由图5-39仿真结果可见，在Hamilton控制策略的控制下，被控量 i_d、i_q 的曲线具有波动小、恢复快特点。可见，Hamilton能量方法的控制器设计具有很好的鲁棒性。

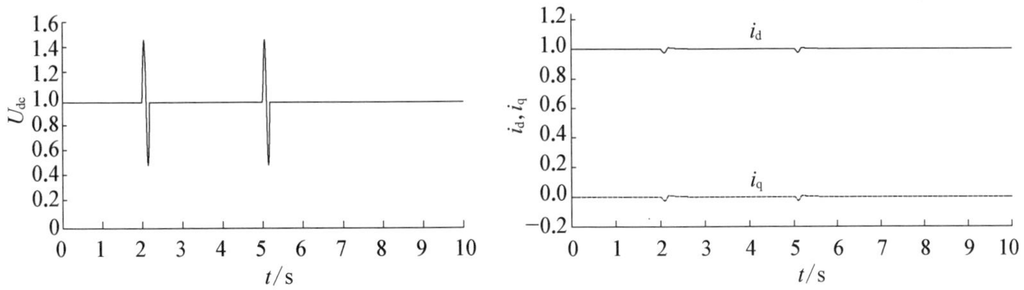

图5-39 受扰时母线电压 $U_{\rm dc}$ 及网侧电流 i_d、i_q 的响应曲线

(3) 情况三：母线电压 U_{dc} 在 2 秒处从稳定状态 1 p.u.突变为 1.5 p.u.，持续时间 0.2 秒，对网侧变流器进行 Hamilton 控制。

当转子侧变流器进行控制、实现最大风能捕获和定子无功功率调节时，网侧变流器负载电流 i_{inv} 会受到影响。当 $i_{inv} \neq i_{con}$ 时，将会对直流母线电容进行充电，直流母线电压 U_{dc} 发生变化。图 5-40 中母线电压 U_{dc} 在 2 秒处从稳定状态 1 p.u.突变为 1.5 p.u.，持续时间 0.2 秒。图 5-41 为母线电压 U_{dc} 在 2 秒处突变时网侧电流 i_d、i_q 的响应曲线，实线为 i_d 的响应曲线，虚线为 i_q 的响应曲线。由图 5-40 和图 5-41 响应曲线可见，当被控量出现突变时，在 Hamilton 控制器的作用下，被控量能够快速地达到稳定状态；并且系统状态能够很快地收敛到平衡点。因此，Hamilton 控制器的控制效果良好。

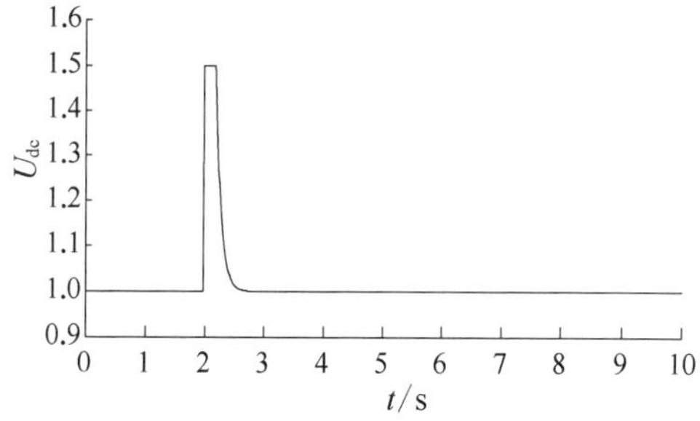

图 5-40 母线电压 U_{dc} 突变的曲线

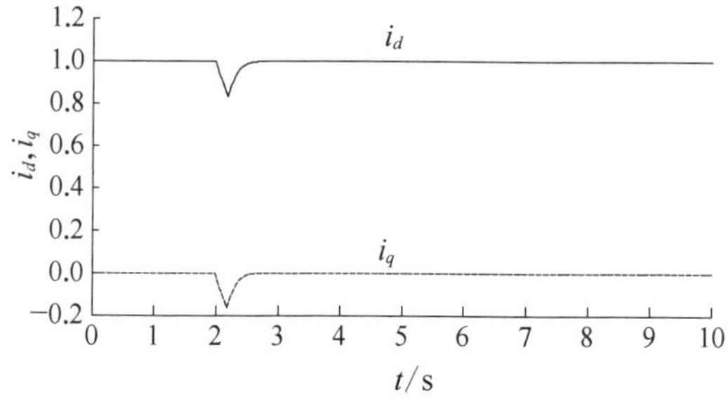

图 5-41 受扰时网侧电流 i_d、i_q 的响应曲线

参考文献

[1] 都晨.基于模糊聚类的 GA-BP 风电场短期风速及功率预测的研究[D].南京：南京理工大学，2013.

[2] 刘蕊洁，张金波，刘锐.模糊 c 均值聚类算法[J].重庆工学院学报(自然科学版)，2008(02)：139-141.

[3] KHALIL H K. Nonlinear Systems[M]. 3rd ed. New Jersey：Prentice Hall，2002.

[4] 成旭晟.矢量变换控制的分析及仿真[J].甘肃科技纵横，2009，38(02)：49-50.

[5] MICHEAL L，MRDIAN Jć，PETAR V，et al. Coordinated Passivation Designs[J]. Automatica，2003，39(02)：335-341.

[6] 邵明燕，刘瑞叶，吕殿君.微网孤立运行时的调频策略研究[J].电力系统保护与控制，2013，41(05)：60-65.

[7] ALAYA J B，KHEDHER A，MIMOUNI M F. Nonlinear Vector Control Strategy Applied to a Variable Speed DFIG Generation System[C]// Proceedings of the 8th International Multi-conference on Systems，Signals and Devices (SSD). Sousse，Tunisia：IEEE，2011：1-8.

[8] 杨淑英.双馈型风力发电变流器及其控制[D].合肥：合肥工业大学，2007.

[9] 苑国锋，柴建云，李永东.变速恒频风力发电机组励磁变频器的研究[J].中国电机工程学报，2005(08)：90-94.

[10] 贺益康，郑康，潘再平，等.交流励磁变速恒频风电系统运行研究[J].电力系统自动化，2004(13)：55-59，68.

[11] XIANG Dawei，LI Ran，TAVNER P J，et al. Control of a Doubly Fed Induction Generator in a

Wind Turbine During Grid Fault Ride-Through[J]. IEEE Transactions on Energy conversion, 2006, 21(03):652-662.

[12] LOPEZ J, SANCHIS P, ROBOAM X, et al. Dynamic Behavior of the Doubly Fed Induction Generator During Three-Phase Voltage Dips[J]. IEEE Transactions on Energy Conversion, 2007, 22(03):709-717.

第6章

永磁风力发电机组非线性控制

永磁风力发电系统是一个非线性耦合的复杂系统，仅通过PID控制方法对其进行控制，很难获得较好的控制结果。因此本章设计了基于Kalman滤波算法的非线性风速观测器和基于Lyapunov函数的非线性控制器，实现了全风速范围高效风能获取的目标；还设计了基于奇异扰动理论的永磁风电机组控制器；最后将切换系统理论应用在实现最大功率跟踪与恒功率控制区间的切换上。

6.1 永磁风力发电机组非线性控制策略

6.1.1 Lyapunov稳定性定理

已知非线性系统为

$$\begin{cases}\dot{\boldsymbol{x}}=f(x,t)\\ \boldsymbol{x}(t_0)=x_0\end{cases} \tag{6-1}$$

式中，$\boldsymbol{x}\in\boldsymbol{R}^n$ 为状态向量，$t\geqslant 0$ 表示连续的时间。针对该非线性系统有如下定理：

定理6.1[1]：针对非线性系统(6-1)，若存在正定函数 $V(x,t)$，且 $V(x,t)$ 沿着系统(6-1)解的轨迹对时间 t 的导数满足：

$$\dot{V}(x,t)\leqslant 0 \tag{6-2}$$

并且连续，那么称系统(6-1)在平衡点 $x=0$ 处是稳定的。

上述定理即为著名的Lyapunov稳定性定理。而在此基础上，Krasovskii用Lyapunov-Krasovskii泛函取代了传统的Lyapunov函数，并针对含时延系统提出了一类稳定性分析方法，该方法即所谓的Lyapunov-Krasovskii泛函法。该方法的基本结论如下：

考虑以下含时延系统

$$\begin{cases}\dot{\boldsymbol{x}}(t)=f(t,\boldsymbol{x},\boldsymbol{x}_t) \\ \boldsymbol{x}(t)=\varphi(t)\end{cases} t \geqslant t_0 \tag{6-3}$$

其中，$\boldsymbol{x}(t) \in \boldsymbol{R}^n$ 是系统的状态向量，x_t 表示系统状态轨迹的转移算子。泛函 $f:\boldsymbol{R}\times\boldsymbol{R}\rightarrow\boldsymbol{R}^n$ 表示$\boldsymbol{R}\times\boldsymbol{R}$ 到$\boldsymbol{R}^n$ 的映射，$f(t,x,x_t)$ 关于 x_t 连续。系统的初始状态为 $\varphi\in\boldsymbol{R}^n$，并且存在连续非减的映射关系：$u,v,w:\bar{R}_+\rightarrow\bar{R}_+$（$\bar{R}_+$ 表示非负实数的集合)，且当 $s>0$ 时，$u(s)$、$v(s)$ 为正；当 $s=0$ 时，$u(0)=v(0)=0$。

在上述假设之下，如果存在连续可微泛函 $V:\boldsymbol{R}\times\boldsymbol{R}^n\rightarrow\boldsymbol{R}$，使得：

$$\begin{cases}u(\|\varphi(0)\|)\leqslant V(t,\varphi)\leqslant v(\|\varphi\|) \\ \dot{V}(t,\varphi)\leqslant -w(\|\varphi(0)\|)\end{cases} \tag{6-4}$$

则系统(6-3)在零点处一致稳定。进一步地，如果 $s>0$ 时，$w(s)>0$，则其零解是一致渐近稳定的；如果 $\lim\limits_{s\to\infty}u(s)=\infty$，则其零解是全局一致渐近稳定。

引理 6.1[2]：(Barbalat 引理)对于函数 $w(t):\boldsymbol{R}_+\rightarrow\boldsymbol{R}$ 为时间区间 $[t_0,\infty)$ 上的一致连续函数，且 $\lim\limits_{t\to\infty}\int_{t_0}^{t}w(\tau)\mathrm{d}\tau$ 存在且有界，则 $\lim\limits_{t\to\infty}v(t)=0$。

定理 6.2[2]：(LaSalle-Yoshizawa 定理)对于系统(6-1)，假设 $V:R^n\times R_+\rightarrow R_+$ 是连续可微函数，且满足

$$\gamma_1(\|x\|)\leqslant V(x,t)\leqslant\gamma_2(\|x\|),\forall(x,t)\in R^n\times R_+$$

$$\dot{V}(x,t)=\frac{\partial V}{\partial t}+\frac{\partial V}{\partial x}f(x,t)\leqslant -W(x),\forall(x,t)\in R^n\times R_+$$

其中，γ_1 和 γ_2 是 K_∞ 类函数。若 W 是连续的半正定函数。则系统的解 $x(t)$ 有界且满足

$$\lim_{t\to\infty}W(x(t))=0$$

若 W 是连续的半正定函数，则系统的平衡点 $x_e=0$ 是渐近稳定的。

6.1.2　永磁风电机组的运行过程

随着风速大小的变化，风力发电机组的运行方式也会发生改变，所以根据风速值划分出风力发电机组的不同运行区域[3]，如图 6-1 所示：

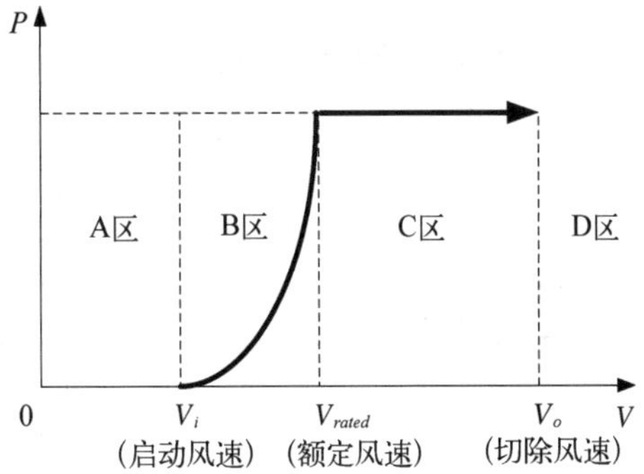

图 6-1　风力机运行区域

根据图 6-1，控制策略以额定风速为界可分为两个区间：B 区的控制目标为跟踪最大功率点，C 区的控制目标为保持额定输出功率，从而整个风电机组在全风速范围内能够从风能中获取最优能量。

如图 6-2 所示，整个控制系统包括以下三个模块：① 非线性控制模块：根据实测转速 ω_r

和参考转速 ω_r^* 的差值，设计非线性控制器，实现对转矩的控制。② 非线性观测器模块：根据测得的发电机转速 ω_g、电压值 V 和电流值 I，设计非线性观测器，得到风速估计值 $\hat{v}$。③ 转速决策模块：风速在额定风速以下，通过最大功率跟踪策略求得叶尖速比的最优值，可得到参考转速 ω_r^*；风速在额定风速以上，通过额定输出功率保持不变的策略，可以推算出参考转速 ω_r^*。将参考转速 ω_r^* 和实测转速 ω_r 加以比较，得到差值 e，输入非线性控制器模块。

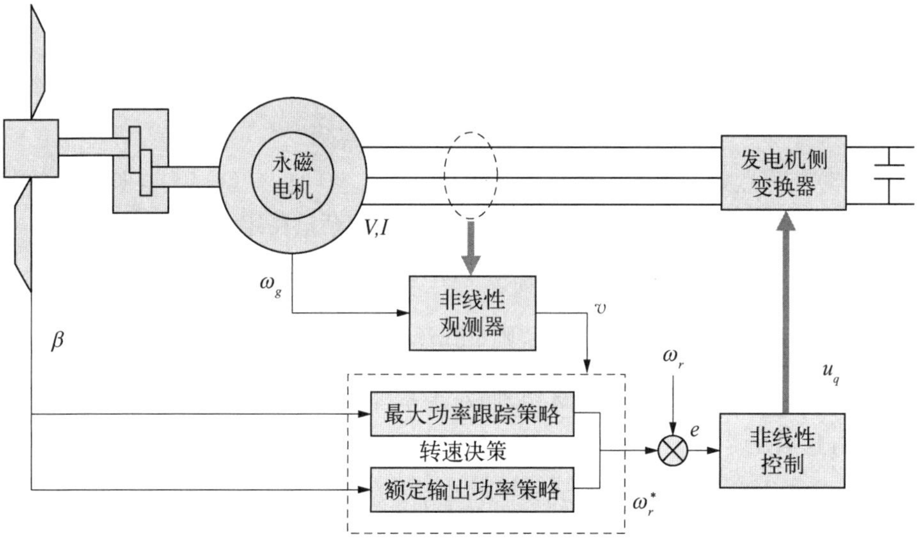

图 6－2　基于观测器的非线性控制策略

6.1.3　非线性控制器的设计

风电机组的转子速度通过调节 q 轴电流来控制，因为 q 轴电流 i_q 与电磁转矩有直接的比例关系，故设计控制电压 u_q，使风机转速 ω_r 在全程跟踪风机理想转速 ω_r^*。已知 ω_r 为 $\omega_r = n_g\omega_g$，由式(2－36)，通过非线性观测器得到空气动力转矩的估计值 $\hat{T}_m$：

$$\dot{\omega}_r = \frac{1}{J_t}(\hat{T}_m - K_t\omega_r - n_g p\psi i_q) \tag{6-5}$$

为了设计非线性控制器，定义跟踪误差为：

$$e = \omega_r - \omega_r^* \tag{6-6}$$

$$\dot{e} = \dot{\omega}_r - \dot{\omega}_r^* = \frac{1}{J_t}(\hat{T}_m - K_t\omega_r - n_g p\psi i_q) - \dot{\omega}_r^* \tag{6-7}$$

需要设计控制方案使跟踪误差 e 趋近于 0，则令：

$$\dot{e} = -K_0 e + Z_m \tag{6-8}$$

$$Z_m = \frac{1}{J_t}(\hat{T}_m - K_t\omega_r - n_g p\psi i_q) + K_0 e - \dot{\omega}_r^* \tag{6-9}$$

其中，$K_0>0$ 为设计常量，若 $t\to\infty$ 时，$Z_m\to 0$，则 $e\to 0$，这是期望的效果。所以为了使 $Z_m\to 0$，则先令：

$$\dot{Z}_m=\frac{1}{J_t}(\dot{\hat{T}}_m-K_t\dot{\omega}_r-n_g p\psi\dot{i}_q)+K_0\dot{e}-\ddot{\omega}_r^* \tag{6-10}$$

式中，$\hat{T}_m$、ω_r^* 为已知估计值，$\dot{\omega}_r$、$\dot{i}_q$、$\dot{e}$ 由式(6-5)、(4-14)、(6-8)定义，则：

$$\begin{aligned}\dot{Z}_m=&\frac{1}{J_t}\dot{\hat{T}}_m+\left(\frac{K_0}{J_t}-\frac{K_t}{J_t^2}\right)\hat{T}_m+\left(\frac{K_t^2}{J_t^2}-\frac{K_0K_t}{J_t}+\frac{n_g^2p^2\psi^2}{J_tL_q}\right)\omega_r+\\&\left(\frac{K_tn_gp\psi}{J_t^2}+\frac{n_gp\psi R_s}{J_tL_p}-\frac{K_0n_gp\psi}{J_t}\right)i_q-K_0\dot{\omega}_r^*-\ddot{\omega}_r^*-\frac{n_gp\psi}{J_tL_p}u_q\end{aligned} \tag{6-11}$$

令

$$\dot{Z}_m=F_m-b_mu_q \tag{6-12}$$

其中，

$$\begin{aligned}F_m=&\frac{1}{J_t}\dot{\hat{T}}_m+\left(\frac{K_0}{J_t}-\frac{K_t}{J_t^2}\right)\hat{T}_m+\left(\frac{K_t^2}{J_t^2}-\frac{K_0K_t}{J_t}+\frac{n_g^2p^2\psi^2}{J_tL_q}\right)\omega_r+\\&\left(\frac{K_tn_gp\psi}{J_t^2}+\frac{n_gp\psi R_s}{J_tL_p}-\frac{K_0n_gp\psi}{J_t}\right)i_q-K_0\dot{\omega}_r^*-\ddot{\omega}_r^*\end{aligned} \tag{6-13}$$

$$b_m=\frac{n_gp\psi}{J_tL_p} \tag{6-14}$$

设计
$$u_q=\frac{1}{b_m}(F_m+K_mZ_m) \tag{6-15}$$

其中 $K_m>0$ 为设计常量，得到：

$$\dot{Z}_m=-K_mZ_m \tag{6-16}$$

这时，可以得出 $t\to\infty$ 时，$Z_m\to 0$，这就得到了期望的效果。且此时可通过控制电压 u_q 来调节转矩，进而调节风机转速。

定理 6.3: 考虑如(4-14)永磁风力发电机组，在控制电压[式(6-15)]作用下，其中 Z_m、F_m、b_m 分别由式(6-9)、式(6-13)、式(6-14)求得，可以使得转子速度 ω_r 渐近跟踪期望转速 ω_r^* 的变化。

证明: 构造 Lyapunov 函数为 $V=\frac{1}{2}e^2+\frac{1}{2}Z_m^2$，对其求导可以得到：

$$\dot{V}=e\dot{e}+Z_m\dot{Z}_m \tag{6-17}$$

代入式(6-8)、式(6-12)和式(6-15)，可以得到：

$$\begin{aligned}\dot{V}&=e(-K_0e+Z_m)+Z_m(F_m-b_mu_q)\\&=-K_0e^2+eZ_m-K_mZ_m^2\\&=-K_0\left(e-\frac{1}{2K_0}Z_m\right)^2-\frac{4K_0K_m-1}{4K_0}Z_m^2\end{aligned}\tag{6-18}$$

因为 $K_0>0,K_m>0$ 为设计常量,取 $K_0K_m>\frac{1}{4}$,即可得到:

$$\dot{V}=-K_0\left(e-\frac{1}{2K_0}Z_m\right)^2-\frac{4K_0K_m-1}{4K_0}Z_m^2\leqslant 0\tag{6-19}$$

现在,根据 Lyapunov 稳定性定理可知,系统为 Lyapunov 意义下稳定的,即转子速度 ω_r 能跟踪希望的转速 ω_r^* 变化。下面进一步证明该系统是渐近稳定的。

设 $\dot{V}=0$,则有 $Z_m=0,e=\frac{1}{2K_0}Z_m$,可以得到 $e=0$。在不变集中,只存在平衡点($e=0,Z_m=0$),根据 LaSalle 不变集定理可知,该平衡点是系统的渐近稳定的,即转子速度 ω_r 能渐近跟踪期望转速 ω_r^*。至此,完成该定理的证明。

6.1.4 非线性观测器的设计

由 6.1.3 节中非线性控制器设计过程可知:驱动非线性控制器需要两个量,参考转速 ω_r^* 和实测转速 ω_r。要得到参考转速 ω_r^*,需要知道实际风速值 v。而风速值 v 有两种方法可供选择:安装风速传感器或设计风速观测器。本节中选择后一种方案,可以节约成本、增加可靠性。观测风速的过程分为两步:首先通过 Kalman 滤波器得到发电机电磁转矩的估计值 $\hat{T}_m$,然后通过牛顿迭代法得出风速 $\hat{v}$。

(1) 电磁转矩估计

本节通过测量发电机电流、电压以及发电机转速,运用 Kalman 滤波器估计出发电机电磁转矩 T_e。由 $T_e=p\psi i_q$ 和 $L_q\frac{\mathrm{d}i_q}{\mathrm{d}t}=u_q-R_si_q-p\omega_g\psi$ 可得:

$$\frac{\mathrm{d}T_e}{\mathrm{d}t}=-\frac{R_s}{L_q}T_e+\left[\frac{p\psi}{L_q},\frac{-p^2\psi^2}{L_q}\right]\boldsymbol{u}+m\tag{6-20}$$

$$y(x)=\frac{1}{p\psi}T_e+n\tag{6-21}$$

式中,$x=T_e$ 为系统状态变量,$\boldsymbol{u}=\begin{bmatrix}u_q\\\omega_g\end{bmatrix}$ 为系统输入变量矩阵,$y(x)=i_q$ 为输出变量,m,n 分别为系统的模型干扰和测量干扰,均为均值为零且不同时刻不相关的高斯白噪声,其协方差分别为 Q,R。因为 Kalman 滤波为离散算法,将式(6-20)和式(6-21)以时间间隔 T_r 离散化,得到下列差分方程:

$$x_k=\boldsymbol{A}x_{k-1}+\boldsymbol{B}u_{k-1}+m_{k-1}\tag{6-22}$$

$$y_k=\boldsymbol{H}x_k+n_k\tag{6-23}$$

式中，系数矩阵 $\boldsymbol{A}$，$\boldsymbol{B}$，$\boldsymbol{H}$ 分别为：$\boldsymbol{A}=-\dfrac{R_s}{L_q}$，$\boldsymbol{B}=\left[\dfrac{p\psi}{L_q},\dfrac{-p^2\psi^2}{L_q}\right]$，$\boldsymbol{H}=\dfrac{1}{p\psi}$。

然后，根据由 Kalman 滤波算法得出 t_k 时刻系统状态的最佳估计值 $\hat{x}$，即电磁转矩 $\hat{T}_e$。

(2) 风速估计

由 Kalman 滤波器得到的电磁转矩 $\hat{T}_e$ 用来估算发电机的输出功率 $P_e=n_g\hat{T}_e\omega_r$，且风机的功率 $P_\omega=P_e/\eta$（η 为估计的效率），则风机的空气动力转矩 $\hat{T}_m$ 的估计值为：

$$\hat{T}_m=P_\omega/\omega_r \tag{6-24}$$

此时假设风机桨距角为理想值，则风机的功率 P_ω 与风速 v 的关系体现在风机功率表达式中：

$$P_\omega=0.5C_P(\lambda)\rho Av^3 \tag{6-25}$$

式中，

$$C_P(\lambda)=C_P(\beta^*,\lambda) \tag{6-26}$$

式中 β^* 为理想桨距角，当功率转换系数 C_P 表达成由叶尖速比和桨距角构成的形式时，解析式 $C_P(\lambda)$ 可以由关于 λ 的 n 阶多项式给出：

$$C_P(\lambda)=\sum_{i=0}^{n}a_i\lambda^i \tag{6-27}$$

使用牛顿迭代法，式(6-25)的根可以得出，风速的估计值通过下面的等式算出：

$$f(\hat{v})=P_\omega-0.5C_P(\lambda)\rho A\hat{v}^3=0 \tag{6-28}$$

牛顿迭代法的迭代形式为：

$$\hat{v}_{n+1}=\hat{v}_n-\frac{f(\hat{v}_n)}{f'(\hat{v}_n)} \tag{6-29}$$

式中，$\hat{v}_n$ 为 n 次迭代的结果，$f(\hat{v}_n)$ 可以表示为：

$$f'(\hat{v}_n)=\left[-\frac{3}{2}C_P(\lambda)\rho A\hat{v}^2-\frac{1}{2}\rho A\hat{v}^3\frac{\partial C_P}{\partial\hat{v}}\right]_{\hat{v}_n} \tag{6-30}$$

式中，

$$\frac{\partial C_P}{\partial\hat{v}}=\frac{\partial C_P}{\partial\lambda}\frac{\partial\lambda}{\partial\hat{v}} \tag{6-31}$$

$\dfrac{\partial C_P}{\partial\lambda}$ 可从式(6-27)中估算出，至此得到了风速估计值 $\hat{v}$。

6.1.5　转速决策模块的设计

由非线性观测器得到了风速估计值 $\hat{v}$，本模块将通过对风能捕获功率函数的分析，得

到参考转速 ω_r^*。下面分两种情况，根据不同的控制策略，得到风机的参考转速 ω_r^*。

(1) 最大功率跟踪策略

当风速在额定风速以下时，桨距角 $\beta=0°$，保持最大风能吸收角度不变，通过最大功率跟踪策略可得到理想的转速值 ω_r^*。因为 $C_P=f(\lambda,\beta)$（其中 $\lambda=\omega_r R/v$），此时 β 与 $v=\hat{v}$ 都是已知的，则 $C_P=f(\omega_r)$，这样根据 C_P 的最大值就可以推出 ω_r 的最优值 ω_r^*，如图 6-3 所示。

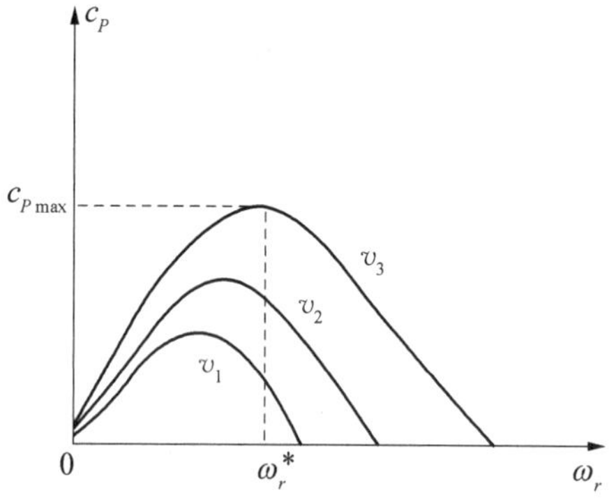

图 6-3　功率转换系数与风机转速关系

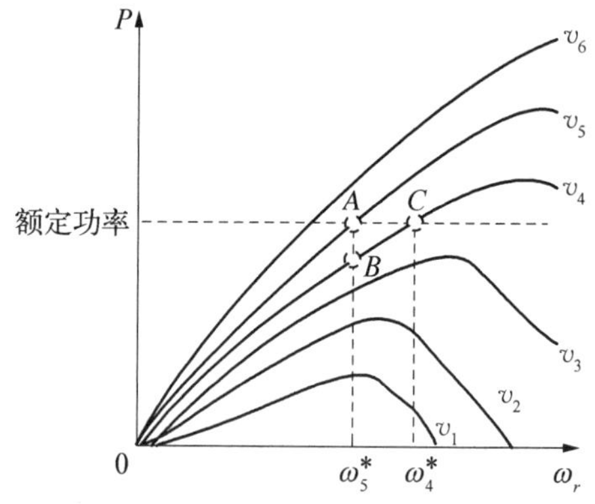

图 6-4　发电机输出功率与风机转速的关系

(2) 额定功率输出策略

当风速在额定风速以上时，控制策略保持输出功率为额定功率。工作过程如图 6-4 所示，当风速由 v_5 变为 v_4 时，发电机输出功率由 A 点对应额定功率降为 B 点对应功率，为了使发电机输出功率始终保持为额定功率，应通过转矩控制调整风机转速，使风机运行于 C 点对应转速，则此时风机转速应由 ω_5^* 调整为 ω_4^*。这样就可以推出各风速时，风机转速 ω_r 的最优值 ω_r^*。

6.2 Hamilton 控制器设计

6.2.1 Hamilton 能量方法

考虑一个非线性系统[4]：

$$\begin{cases}\dot{\boldsymbol{x}}(t)=f(x(t))+\boldsymbol{G}(x(t))\boldsymbol{u}(t)\\ \boldsymbol{y}(t)=h(x(t))\end{cases} \tag{6-32}$$

其中，$x\in\boldsymbol{R}^n$ 为状态变量，$u\in\boldsymbol{R}^m$，$y\in\boldsymbol{R}^p$ 分别为系统输入和输出。函数 $f:\boldsymbol{R}^n\rightarrow\boldsymbol{R}^n$，$G:\boldsymbol{R}^n\rightarrow\boldsymbol{R}^{n\times m}$，$h:\boldsymbol{R}^n\rightarrow\boldsymbol{R}^p$。取 x_e 为平衡点则 $f(x_e)=0$。

如果存在一个 Hamilton 函数，可将非线性系统转化为 PCH 系统，其模型如下：

$$\begin{cases}\dot{\boldsymbol{x}}=\Psi\nabla H+\boldsymbol{G}(x)\boldsymbol{u}\\ \boldsymbol{y}=G^T(x)\nabla H\end{cases} \tag{6-33}$$

式中，∇H 是 $H(x)$ 的梯度，关键问题是将上述系统转化为 PCH－D 系统，具体形式如下：

$$\begin{cases}\dot{\boldsymbol{x}}=(\boldsymbol{J}-\boldsymbol{R})\nabla\boldsymbol{H}+\boldsymbol{G}(x)\boldsymbol{v}\\ \boldsymbol{y}=\boldsymbol{G}^{\mathrm{T}}(x)\nabla\boldsymbol{H}\end{cases}\tag{6-34}$$

其中，$\boldsymbol{v}\in R^m$ 是控制向量。$\boldsymbol{G}:R^n\rightarrow R^{n\times m}$，$\boldsymbol{J}$ 是斜对称矩阵，$\boldsymbol{R}$ 是半正定矩阵。

定理 6.4：对于 PCH－D 系统(6－34)存在以下的控制律：

$$\boldsymbol{v}=-\boldsymbol{\Gamma}\boldsymbol{G}^{\mathrm{T}}(x)\nabla\boldsymbol{H}\tag{6-35}$$

其中，$\boldsymbol{\Gamma}$ 是正定矩阵，使得闭环系统稳定。

证明：若系统可表达为 PCH－D 的形式(式(6－34))，系统的控制输入为式(6－35)所示，将式(6－35)带入式(6－34)，可得

$$\dot{x}=[\boldsymbol{J}-\boldsymbol{R}-\boldsymbol{G\Gamma G}^{\mathrm{T}}]\nabla H\tag{6-36}$$

存在 Hamilton 函数 $\boldsymbol{H}(\boldsymbol{x})$，则：

$$\widetilde{\boldsymbol{H}}(x)=H(x)-H(x_e)\geqslant 0\tag{6-37}$$

即

$$\dot{\widetilde{H}}(x)=\dot{H}(x)=(\nabla^{\mathrm{T}}H)\dot{x}=-(\nabla^{T}H)\boldsymbol{R}(\nabla H)-(\nabla^{T}H)\boldsymbol{G\Gamma G}^{T}(\nabla H)$$

其中，$\boldsymbol{\Gamma}$ 是正定矩阵，$\boldsymbol{R}$ 是半正定矩阵，则 $\dot{\widetilde{H}}(x)\leqslant 0$。由以上证明可得 $\widetilde{H}(x)$ 为系统的 Lyapunov 函数，则闭环系统在平衡点是稳定的。

6.2.2 将 PCH 系统转换成 PCH－D 系统

设 Hamilton 函数为：

$$H=\frac{(K_t\omega_r-T_m)^2}{2}+\frac{i_q^2}{2}+\frac{i_d^2}{2}\tag{6-38}$$

则有 $\nabla\boldsymbol{H}=[K_t\omega_r-T_m\quad i_q\quad i_d]^{\mathrm{T}}$。

基于 Hamilton 函数，永磁风力发电机模型(4－14)转变为 PCH 形式[5]：

$$\frac{\mathrm{d}}{\mathrm{d}t}\begin{bmatrix}\omega_r\\ i_q\\ i_d\end{bmatrix}=\begin{bmatrix}-\frac{1}{J_t} & -\frac{n_g p\psi}{J_t} & -\frac{n_g p(L_d-L_q)}{J_t}i_q\\ 0 & -\frac{R_s}{L_q} & -\frac{L_d p\omega_g}{L_q}\\ 0 & \frac{L_q p\omega_g}{L_d} & -\frac{R_s}{L_d}\end{bmatrix}\nabla\boldsymbol{H}+\begin{bmatrix}0\\ -\frac{p\omega_g\psi}{L_q}\\ 0\end{bmatrix}+\begin{bmatrix}0 & 0\\ \frac{1}{L_q} & 0\\ 0 & \frac{1}{L_d}\end{bmatrix}\begin{bmatrix}u_q\\ u_d\end{bmatrix}\tag{6-39}$$

设计控制律

$$\boldsymbol{u}=\begin{bmatrix}u_q\\u_d\end{bmatrix}=\boldsymbol{K}+\boldsymbol{v}=\begin{bmatrix}u_{qK}\\u_{dK}\end{bmatrix}+\begin{bmatrix}u_{qv}\\u_{dv}\end{bmatrix}\tag{6-40}$$

式中，$\boldsymbol{K}$ 是预控制，它把系统转变成 PCH－D 形式，$\boldsymbol{v}$ 是 PCH－D 形式中的控制输入。令

$$\boldsymbol{K}=\begin{bmatrix}u_{qK}\\u_{dK}\end{bmatrix}=\begin{bmatrix}p\omega_g\psi+\dfrac{L_qn_gp\psi}{J_t}(K_t\omega_r-T_m)\\\dfrac{L_dn_gp(L_d-L_q)i_q}{J_t}(K_t\omega_r-T_m)+\dfrac{(L_d^2-L_q^2)p\omega_g}{L_q}i_q\end{bmatrix}\tag{6-41}$$

转化后的系统 PCH－D 形式为：

$$\begin{aligned}\frac{\mathrm{d}}{\mathrm{d}t}\begin{bmatrix}\omega_r\\i_q\\i_d\end{bmatrix}&=\begin{bmatrix}-\dfrac{1}{J_t}&-\dfrac{n_gp\psi}{J_t}&-\dfrac{n_gp(L_d-L_q)}{J_t}i_q\\\dfrac{n_gp\psi}{J_t}&-\dfrac{R_s}{L_q}&-\dfrac{L_dp\omega_g}{L_q}\\\dfrac{n_gp(L_d-L_q)}{J_t}i_q&\dfrac{L_dp\omega_g}{L_q}&-\dfrac{R_s}{L_d}\end{bmatrix}\nabla H+\begin{bmatrix}0&0\\\dfrac{1}{L_q}&0\\0&\dfrac{1}{L_d}\end{bmatrix}\begin{bmatrix}u_{qv}\\u_{dv}\end{bmatrix}\\&=(\boldsymbol{J}-\boldsymbol{R})\nabla\boldsymbol{H}+\boldsymbol{G}\boldsymbol{v}\end{aligned}\tag{6-42}$$

式中，

$$\boldsymbol{J}=\begin{bmatrix}0&-\dfrac{n_gp\psi}{J_t}&-\dfrac{n_gp(L_d-L_q)}{J_t}i_q\\\dfrac{n_gp\psi}{J_t}&0&-\dfrac{L_dp\omega_g}{L_q}\\\dfrac{n_gp(L_d-L_q)}{J_t}i_q&\dfrac{L_dp\omega_g}{L_q}&0\end{bmatrix}\text{为斜对称矩阵；}\boldsymbol{R}=\begin{bmatrix}\dfrac{1}{J_t}&0&0\\0&\dfrac{R_s}{L_q}&0\\0&0&\dfrac{R_s}{L_d}\end{bmatrix}$$

为半正定矩阵，因此式(6－42)为 PCH－D 形式。

6.2.3 无扰动情况下控制输入设计

设正定矩阵 $\boldsymbol{\Gamma}=\begin{bmatrix}\gamma_1&0\\0&\gamma_2\end{bmatrix}$，$\gamma_i>0(i=1,2)$。根据定理 6.3，由式(6－35)得：

$$\boldsymbol{v}=\begin{bmatrix}u_{qv}\\u_{dv}\end{bmatrix}=-\boldsymbol{\Gamma}\boldsymbol{G}^{\mathrm{T}}\nabla\boldsymbol{H}=\begin{bmatrix}-\dfrac{\gamma_1}{L_q}i_q\\-\dfrac{\gamma_2}{L_d}i_d\end{bmatrix}\tag{6-43}$$

则系统总输入为

$$\boldsymbol{u}=\boldsymbol{K}+\boldsymbol{v}=\begin{bmatrix}p\omega_g\psi+\dfrac{L_qn_gp\psi}{J_t}(K_t\omega_r-T_m)-\dfrac{\gamma_1}{L_q}i_q\\\dfrac{L_dn_gp(L_d-L_q)i_q}{J_t}(K_t\omega_r-T_m)+\dfrac{(L_d^2-L_q^2)p\omega_g}{L_q}i_q-\dfrac{\gamma_2}{L_d}i_d\end{bmatrix}\tag{6-44}$$

6.2.4 有扰动情况下控制输入设计

存在扰动情况下，系统如下：

$$\frac{\mathrm{d}}{\mathrm{d}t}\begin{bmatrix}\omega_r\\ i_q\\ i_d\end{bmatrix}=\begin{bmatrix}-\dfrac{1}{J_t} & -\dfrac{n_g p\psi}{J_t} & -\dfrac{n_g p(L_d-L_q)}{J_t}i_q\\ 0 & -\dfrac{R_s}{L_q} & -\dfrac{L_d p\omega_g}{L_q}\\ 0 & \dfrac{L_q p\omega_g}{L_d} & -\dfrac{R_s}{L_d}\end{bmatrix}\nabla \boldsymbol{H}+$$

$$\begin{bmatrix}0\\ -\dfrac{p\omega_g\psi}{L_q}\\ 0\end{bmatrix}+\begin{bmatrix}0 & 0\\ \dfrac{1}{L_q} & 0\\ 0 & \dfrac{1}{L_d}\end{bmatrix}\begin{bmatrix}u_q+\omega_1\\ u_d+\omega_2\end{bmatrix} \tag{6-45}$$

式中 $\omega_i(i=1,2)$ 为扰动，则根据控制律：$\boldsymbol{u}=\begin{bmatrix}u_q\\ u_d\end{bmatrix}=\boldsymbol{K}+\boldsymbol{v}=\begin{bmatrix}u_{qK}\\ u_{dK}\end{bmatrix}+\begin{bmatrix}u_{qv}\\ u_{dv}\end{bmatrix}$，闭环系统有限增益 L_2 稳定。

6.2.5 仿真验证

为了说明控制器设计的有效性，进行仿真验证。永磁风力发电机组一些重要参数如下：$J_r=4.95\times10^6\ \mathrm{kg\cdot m^2}$，$J_g=350\ \mathrm{kg\cdot m^2}$，$n_g=18$，$K_r=0.14$，$K_g=0.005$，$p=10$，$\psi=1.67\ \mathrm{Wb}$，$L_d=0.244\ 6\ \mathrm{H}$，$L_q=0.477\ 8\ \mathrm{H}$，$R_s=0.001\ 2\ \Omega$。

(1) 不存在干扰时

① 在 $t=0$ s 时，闭环系统加入 Hamilton 控制器，且在 $t=1$ s 时，风机机械转矩 T_m 减小，发电机 d、q 轴电流分量变化情况如图 6-5 所示。

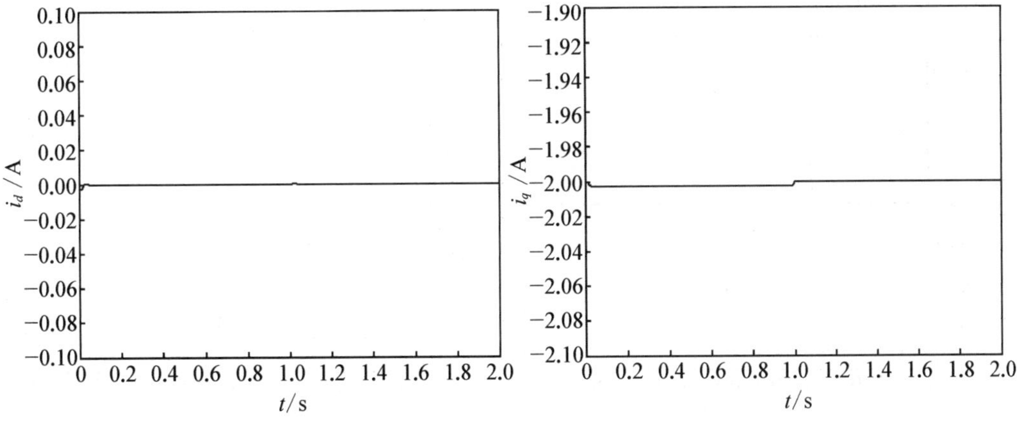

(a) d 轴分量　　(b) q 轴分量

图 6-5　无扰动情况下风机转矩减小时发电机 d 轴和 q 轴电流分量反应

由图 6－5 可以看出，在闭环系统加入 Hamilton 控制器时，系统中发电机 d、q 轴电流分量响应速度很快，在很短的时间内就达到了稳定状态，且在风机转矩 T_m 减小时，发电机 d、q 轴电流分量能够很快达到新的稳定状态，响应时间短，超调量也很小，控制器具有良好的控制效果。

② 在 $t=0$ s 时，闭环系统加入 Hamilton 控制器，且在 $t=1$ s 时，风机机械转矩 T_m 增大，发电机 d、q 轴电流分量变化情况如图 6－6 所示。

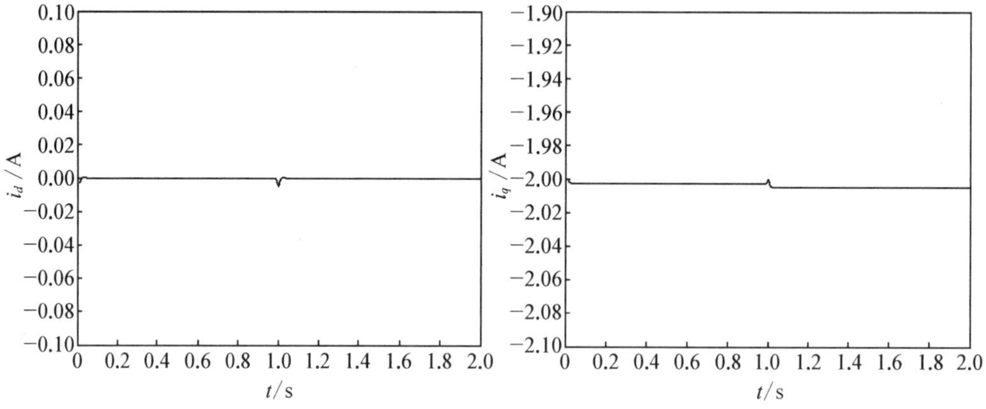

(a) d 轴分量　　　　(b) q 轴分量

图 6－6　无扰动情况下风机转矩增大时发电机 d、q 轴电流分量反应

由图 6－6 可以看出，在闭环系统加入 Hamilton 控制器时，系统中发电机 d、q 轴电流分量响应速度很快，在很短的时间内就达到了稳定状态，且在风机转矩 T_m 增大时，发电机 d、q 轴电流分量能够很快达到新的稳定状态，响应时间短，超调量也很小，控制器具有良好的控制效果。

（2）存在干扰时

① 在 $t=(0.3\sim0.5)$s 时，假设系统中加入干扰，干扰为网测电压变化，进而影响发电机 d、q 轴电压分量，即式(6－45)中 $\omega_1=\cos(20)$，$\omega_2=\sin(20)$，发电机 d、q 轴电流分量变化如图 6－7 所示。

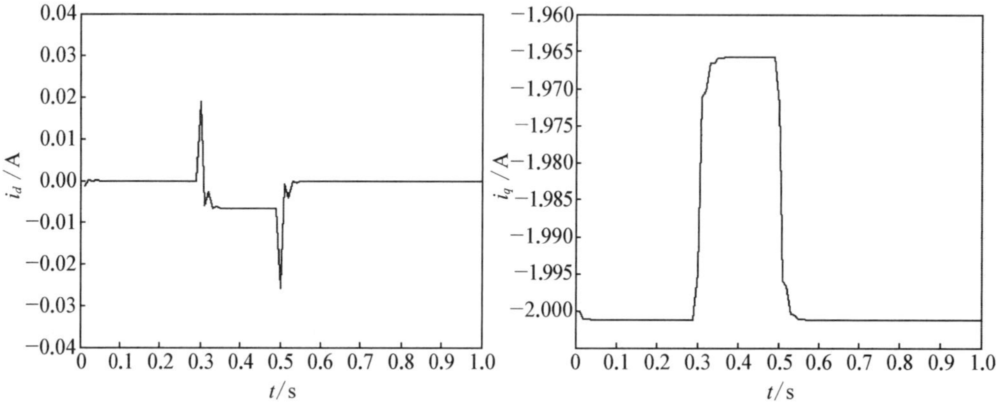

(a) d 轴分量　　　　(b) q 轴分量

图 6－7　有扰动情况下发电机 d、q 轴电流分量的反应

由图6-7可知，在系统受到干扰时，发电机 d、q 轴电流分量能较快地达到新的稳定状态且振荡幅度很小；而当干扰消失时，发电机 d、q 轴电流分量也能够较快地回到原来的稳定状态。

② 在 $t=(0.3\sim0.5)$s 时，假设系统中加入干扰，干扰为网测电压变化，进而影响发电机 d、q 轴电压分量，即式(6-45)中 $\omega_1=2$，$\omega_2=3$，d、q 轴电流分量变化如图6-8所示。

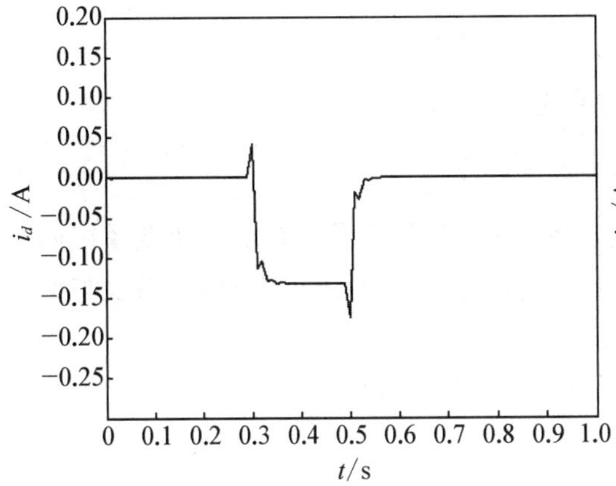

(a) d 轴分量

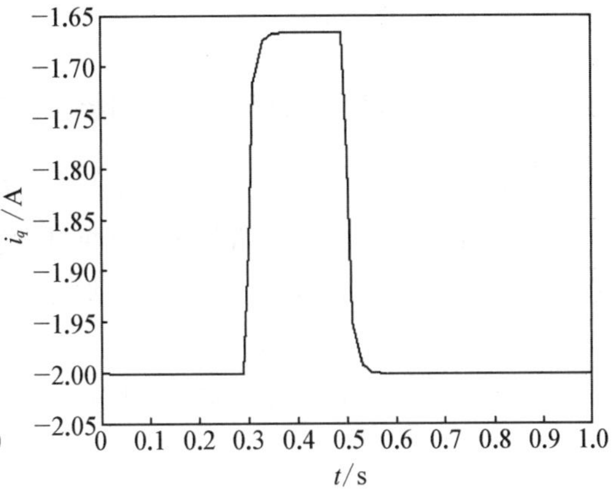

(b) q 轴分量

图6-8　有扰动情况下发电机 d、q 轴电流分量的反应

通过以上两种情况，对不存在扰动和存在扰动时的仿真图像分析，设计的 Hamilton 控制器控制效果良好，达到了预期的控制要求。

6.3 基于奇异扰动理论的永磁风电机组控制器设计

6.3.1　奇异扰动理论

奇异扰动理论最早出现在1904年 Prandtl 所写的一篇有关求解流体动力附面层相关问题的论文。从20纪60年代开始，在控制领域中得到运用，并与控制理论的发展一起壮大[6]；其思想是忽略小的时间常数，以降低系统阶数，得到一个慢变系统，然后通过引入快变系统来提高近似度，多时间尺度是奇异扰动法的基本特征。利用奇异扰动理论可以把一个高阶系统的求解化为两个低阶系统分别求解问题，而用这两个降阶后的系统就可以得到原系统的近似系统；然后，在两个时间尺度的系统中分别设计控制策略，从而最终实现对原系统的控制[7-8]。

对于一个动力学系统的状态模型：

$$\begin{cases}\dot{x}=f(t,x,z,\varepsilon)\\ \varepsilon\dot{z}=g(t,x,z,\varepsilon)\end{cases}\tag{6-46}$$

式中，对于 $(t,x,z,\varepsilon)\in[0,t_1]\times\boldsymbol{D}_x\times\boldsymbol{D}_z\times[0,\varepsilon_0]$；函数 f 和 g 对其自变量是连续可微的；$\boldsymbol{D}_x\subset\boldsymbol{R}^n$，$\boldsymbol{D}_z\subset\boldsymbol{R}^m$ 为开联通集；ε 为一个趋近于0的正参数，称其为标准奇异扰动

模型。

下面介绍奇异扰动的快慢系统分解。在式(6-46)中令 $\varepsilon=0$，则得到：

$$0=g(t,x,z,0) \tag{6-47}$$

经过变换，状态方程维数由 $n+m$ 降为 n。如果对每个 $(t,x)\in[0,t_1]\times D_x$，则式(6-47)有 $k\geqslant 1$ 个孤立的实根：

$$z=h_i(t,x),\ i=1,2,\cdots,k \tag{6-48}$$

将式(6-48)代入式(6-46)中，能够得到系统：

$$\dot{x}=f(t,x,h(t,x),0) \tag{6-49}$$

奇异扰动引起动力学系统的多时间尺度特性，可以拆分为慢变系统与快变系统两部分，其中式(6-49)被称为慢变系统。原系统由慢变系统(6-49)逼近，而慢变系统与原模型(6-46)之差是快变系统。

接下来求取快变系统。做变量代换 $y=z-h(t,x)$，得到：

$$\begin{cases}\dot{x}=f(t,x,z,\varepsilon)\\ \varepsilon\dot{y}=g(t,x,z,\varepsilon)-\varepsilon\dfrac{\partial h}{\partial t}-\varepsilon\dfrac{\partial h}{\partial x}f(t,x,z,\varepsilon)\end{cases} \tag{6-50}$$

令 $\varepsilon\dfrac{dy}{dt}=\dfrac{dy}{d\tau},\dfrac{d\tau}{dt}=\dfrac{1}{\varepsilon}$，则可以得到

$$\frac{dy}{d\tau}=g(t,x,z,\varepsilon)-\varepsilon\frac{\partial h}{\partial t}-\varepsilon\frac{\partial h}{\partial x}f(t,x,z,\varepsilon) \tag{6-51}$$

式中，$t=t_0+\varepsilon\tau,x=x(t_0+\varepsilon\tau,\varepsilon)$。

因为 ε 是一个趋近于 0 的正参数，令 $\varepsilon=0$，式(6-51)降阶为

$$\frac{dy}{d\tau}=g(t,x,z,0) \tag{6-52}$$

式(6-52)称为快变系统。

经过以上处理，原系统(6-46)被分解为慢变系统(6-49)与快变系统(6-52)两个子系统。针对两个子系统分别设计控制策略，就能够最终实现对原系统的控制。

6.3.2 永磁风电机组快变和慢变系统模型分解

将永磁风力发电机组模型(4-14)化为标准奇异扰动形式：

$$\frac{d\omega_r}{dt_r}=-\frac{K_iR_s}{N\psi}\omega_r-i_q+\frac{T_mR_s}{N\psi} \tag{6-53}$$

$$\varepsilon\begin{bmatrix}\dfrac{di_d}{dt_r}\\ \dfrac{di_q}{dt_r}\end{bmatrix}=\begin{bmatrix}0\\ -N\psi\end{bmatrix}\omega_r+\begin{bmatrix}-1 & L_qN\omega_r\\ -L_dN\omega_r & -1\end{bmatrix}\begin{bmatrix}i_d\\ i_q\end{bmatrix}+\frac{1}{R_s}\begin{bmatrix}u_d\\ u_q\end{bmatrix} \tag{6-54}$$

由于实际系统中 L_d 与 L_q 近似，在此不妨设 $L_d=L_q=L$，则式(6-53)和式(6-54)可以整理为：

$$\frac{d\omega_r}{dt_r}=-\frac{K_tR_s}{N\psi}\omega_r-i_q+\frac{T_mR_s}{N\psi} \tag{6-55}$$

$$\varepsilon\begin{bmatrix}\frac{di_d}{dt_r}\\ \frac{di_q}{dt_r}\end{bmatrix}=\begin{bmatrix}0\\ -N\psi\end{bmatrix}\omega_r+\begin{bmatrix}-1 & LN\omega_r\\ -LN\omega_r & -1\end{bmatrix}\begin{bmatrix}i_d\\ i_q\end{bmatrix}+\frac{1}{R_s}\begin{bmatrix}u_d\\ u_q\end{bmatrix} \tag{6-56}$$

式中，力学时间常数 $T_1=\frac{J_t}{n_gp\psi}$，电气时间常数 $T_2=\frac{L}{R_s}$，$N=\frac{n_gp}{R_s}$，$t_r=\frac{t}{T_1}$。$\varepsilon=\frac{T_2}{T_1}=\frac{Ln_gp\psi}{J_tR_s}$ 为电气时间常数与力学时间常数的比值，若是一个趋近于 0 的正参数，则式(6-53)与(6-54)满足奇异扰动标准模型。

根据 6.3.1 节的分解方法，令 $\varepsilon=0$，可以得到

$$i_s=\begin{bmatrix}i_{ds}\\ i_{qs}\end{bmatrix}=\begin{bmatrix}-1 & LN\omega_r\\ -LN\omega_r & -1\end{bmatrix}^{-1}\left[\begin{bmatrix}0\\ N\psi\omega_r\end{bmatrix}-\frac{1}{R_s}\begin{bmatrix}u_{ds}\\ u_{qs}\end{bmatrix}\right] \tag{6-57}$$

式中 i_{ds}、i_{qs}、u_{ds} 和 u_{qs} 分别表示 i_d、i_q、u_d 和 u_q 在慢变系统中的分量。

由此可以得到永磁风力发电机组慢变系统模型：

$$\begin{aligned}\frac{d\omega_r}{dt}=\frac{1}{T_m}\Bigg(&\frac{-K_tR_s}{N\psi}\omega_r+\frac{N\psi\omega_r}{1+(LN\omega_r)^2}+\frac{LN\omega_r}{R_s[1+(LN\omega_r)^2]}u_{ds}-\\&\frac{1}{R_s[1+(LN\omega_r)^2]}u_{qs}+\frac{T_mR_s}{N\psi}\Bigg)\end{aligned} \tag{6-58}$$

由式(6-52)与式(6-54)可得永磁风力发电机组快变模型：

$$\begin{bmatrix}\frac{di_f}{dt}\end{bmatrix}=\begin{bmatrix}\frac{di_{df}}{d\tau}\\ \frac{di_{qf}}{d\tau}\end{bmatrix}=\begin{bmatrix}-1 & LN\omega_r\\ -LN\omega_r & -1\end{bmatrix}\begin{bmatrix}i_{df}\\ i_{qf}\end{bmatrix}+\frac{1}{R_s}\begin{bmatrix}u_{df}\\ u_{qf}\end{bmatrix} \tag{6-59}$$

式中：$\frac{d\tau}{dt}=\frac{1}{\varepsilon}$，电流快变分量 $i_f=\begin{bmatrix}i_{df}\\ i_{qf}\end{bmatrix}$，$i_{df}=i_d-i_{ds}$，$i_{qf}=i_q-i_{qs}$，$u_{df}$ 和 u_{qf} 分别表示 u_d 和 u_q 在快变系统中的分量。

6.3.3 永磁风电机组慢变系统控制器设计

由 6.3.2 节可知，慢变系统的控制是针对永磁风电机组中风机转子转速 ω_r。式(6-58)表明，永磁风电机组的转子转速可以通过 u_{ds} 和 u_{qs} 控制。所以，本节设计控制电压 u_{ds} 和 u_{qs}，使得风力发电机组的转子转速跟踪参考转子转速 ω_r^*。

为了设计转速跟踪控制器,定义跟踪误差为:

$$e = \omega_r - \omega_r^* \tag{6-60}$$

则

$$\begin{aligned}\dot{e} &= \dot{\omega}_r - \dot{\omega}_r^* \\ &= \frac{1}{T_m}\left\{\frac{-K_t R_s}{N\psi}\omega_r + \frac{N\psi\omega_r}{1+(LN\omega_r)^2} + \frac{LN\omega_r}{R_s[1+(LN\omega_r)^2]}u_{ds}\right. \\ &\quad \left. - \frac{1}{R_s[1+(LN\omega_r)^2]}u_{qs} + \frac{T_m R_s}{N\psi}\right\} - \dot{\omega}_r^*\end{aligned} \tag{6-61}$$

需要设计控制方案使跟踪误差 e 趋近于 0,则令

$$\dot{e} = -K_0 e + Z_m \tag{6-62}$$

式中,$K_0 > 0$ 为设计常量。其中,

$$\begin{aligned}Z_m = \frac{1}{T_m}&\left\{\frac{-K_t R_s}{N\psi}\omega_r + \frac{N\psi\omega_r}{1+(LN\omega_r)^2} + \frac{LN\omega_r}{R_s[1+(LN\omega_r)^2]}u_{ds}\right. \\ &\left. - \frac{1}{R_s[1+(LN\omega_r)^2]}u_{qs} + \frac{T_m R_s}{N\psi}\right\} + K_0 e - \dot{\omega}_r^*\end{aligned} \tag{6-63}$$

当 $t \to \infty$ 时,$Z_m \to 0$,则 $e \to 0$,这是期望的效果。由式(6-60)和式(6-63)可以得到

$$\begin{aligned}Z_m &= \frac{1}{T_m}\left\{\frac{-K_t R_s}{N\psi}\omega_r + \frac{N\psi\omega_r}{1+(LN\omega_r)^2} + \frac{LN\omega_r}{R_s[1+(LN\omega_r)^2]}u_{ds} - \right. \\ &\quad \left. \frac{1}{R_s[1+(LN\omega_r)^2]}u_{qs} + \frac{T_m R_s}{N\psi}\right\} + K_0(\omega_r - \omega_r^*) - \dot{\omega}_r^* \\ &= \frac{1}{T_m}\left\{\frac{-K_t R_s}{N\psi}\omega_r + \frac{N\psi\omega_r}{1+(LN\omega_r)^2} + \frac{LN\omega_r}{R_s[1+(LN\omega_r)^2]}u_{ds} - \right. \\ &\quad \left. \frac{1}{R_s[1+(LN\omega_r)^2]}u_{qs} + \frac{T_m R_s}{N\psi} + K_0\omega_r T_m - K_0\omega_r^* T_m - T_m\dot{\omega}_r^*\right\}\end{aligned} \tag{6-64}$$

整理后可得:

$$Z_m = \frac{1}{T_m}\left\{\left[\frac{-K_t R_s}{N\psi} + \frac{R_s N\psi}{\Phi} + K_0 T_m + \frac{LN}{\Phi}u_{ds}\right] - \left[\frac{1}{\Phi}u_{qs} + W_r T_m\right]\right\} \tag{6-65}$$

其中,$\Phi = R_s[1+(LN\omega_r)^2]$,$W_r = K_0\omega_r^* + \dot{\omega}_r^*$。

设计

$$\begin{cases} u_{ds} = \dfrac{\Phi K_t R_s}{LN^2\psi} - \dfrac{R_s\psi}{L} - \dfrac{\Phi K_0 T_m}{LN} \\ u_{qs} = -\Phi W_r T_m \end{cases} \tag{6-66}$$

通过以上设计,可以得出当 $t \to \infty$ 时,$Z_m \to 0$,使得所要求的跟踪误差 e 趋近于 0。

因此，出设计的控制电压 u_{ds} 和 u_{qs} 可以实现永磁风力发电机组转子转速 ω_r 对参考转子转速 ω_r^* 追踪。

6.3.4　永磁风电机组快变系统控制器设计

由 6.3.2 节可知，快变系统的控制是针对永磁风电机组中 d 轴和 q 轴的电流 i_{df} 与 i_{qf}。在实现对永磁风电机组的控制中，希望通过控制策略使得快变系统模型的 d 轴和 q 轴电流 i_{df} 与 i_{qf} 保持稳定。

快变系统部分使用端口受控耗散 Hamilton 系统控制方法进行设计。构造(6－59)的输出方程，获得以下模型：

$$\begin{cases} \dot{x}=(\boldsymbol{J}-\boldsymbol{R})\nabla \boldsymbol{H}+\boldsymbol{G}(x)v=\begin{bmatrix}\dfrac{\mathrm{d}i_f}{\mathrm{d}\tau}\end{bmatrix} \\ \quad=\begin{bmatrix}\dfrac{\mathrm{d}i_{df}}{\mathrm{d}\tau}\\ \dfrac{\mathrm{d}i_{qf}}{\mathrm{d}\tau}\end{bmatrix}=\begin{bmatrix}-\dfrac{1}{L} & LN\omega_r\\ -LN\omega_r & -\dfrac{1}{L}\end{bmatrix}\begin{bmatrix}Li_{df}\\ Li_{df}\end{bmatrix}+\dfrac{1}{R_s}\begin{bmatrix}u_{df}\\ u_{qf}\end{bmatrix} \\ Y=\boldsymbol{G}^{\mathrm{T}}(x)\nabla \boldsymbol{H}=\dfrac{L}{R_s}\begin{bmatrix}i_{df}\\ i_{qf}\end{bmatrix}\end{cases} \tag{6-67}$$

根据 PCH－D 定义，式中 $\boldsymbol{J}=\begin{bmatrix}0 & N\omega_r\\ -N\omega_r & 0\end{bmatrix}$ 为斜对称矩阵；$\boldsymbol{R}=\begin{bmatrix}\dfrac{1}{L} & 0\\ 0 & \dfrac{1}{L}\end{bmatrix}$ 为半正定矩阵；$H(x)=\dfrac{1}{2}L(i_d^2+i_q^2)$ 为 Hamilton 函数；$\boldsymbol{G}(x)=\dfrac{1}{R_s}$，$\boldsymbol{G}:\boldsymbol{R}^n\rightarrow\boldsymbol{R}^{n\times m}$。所以式(6－68)满足 PCH－D 形式。

根据定理 6.4：设计控制律 $\boldsymbol{v}=-\boldsymbol{\Gamma}\boldsymbol{G}^{\mathrm{T}}(x)\nabla\boldsymbol{H}$，其中 $\boldsymbol{\Gamma}$ 为正定矩阵，使得闭环系统稳定：

$$\begin{bmatrix}u_{df}\\ u_{df}\end{bmatrix}=\boldsymbol{v}=-\boldsymbol{\Gamma}\boldsymbol{G}^{\mathrm{T}}(x)\nabla\boldsymbol{H}=\begin{bmatrix}-\dfrac{L\gamma_1 i_{df}}{R_s}\\ -\dfrac{L\gamma_2 i_{qf}}{R_s}\end{bmatrix} \tag{6-68}$$

至此，完成永磁风电机组快变系统控制器设计。

6.3.5　设计结果

通过将永磁风力发电机组模型分解为慢变和快变两个系统，降低了控制器的设计难度。将获得的快变系统的控制律变化到系统时间 t 下，再与慢变系统控制律 u_s 相加[9]，可得到复合控制律 $u=u_s+u_f$。

定理 6.5：对于永磁风力发电机组模型(6－53)和(6－54)，设计永磁风力发电机组控制器 u_d，u_q 分别为

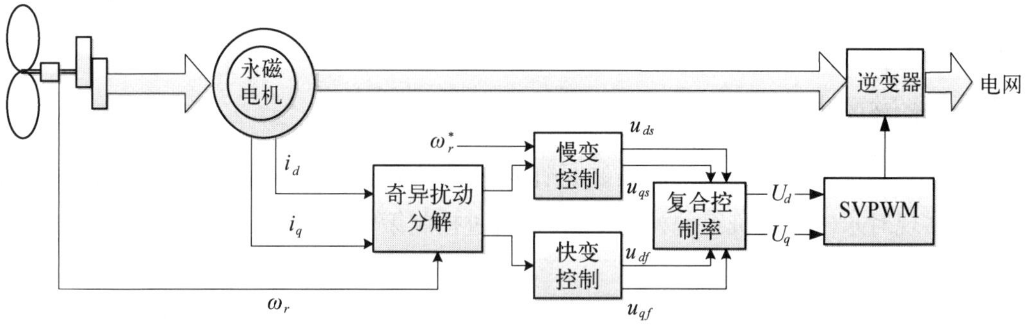

图 6-9 永磁同步风电机组组控制结构图

$$\begin{cases} u_d = u_{ds} + u'_{df} = \dfrac{\Phi K_t R_s}{LN^2 \Psi} - \dfrac{R_s \Psi}{L} - \dfrac{\Phi K_0 T_m}{LN} - \dfrac{L\gamma_1}{\varepsilon R_s}(i_d - i_{ds}) \\ u_q = u_{qs} + u'_{df} = -\Phi W_r T_m - \dfrac{L\gamma_2}{\varepsilon R_s}(i_q - i_{qs}) \end{cases} \tag{6-69}$$

设计参数 $\gamma_2 \geqslant \dfrac{N\Psi}{4LK_t}, 0 < K_0 \leqslant \dfrac{R_s}{N\Psi\omega^*_{r\max}} + 1$，即可使系统中所有状态能够达到渐近稳定。

6.3.6 仿真验证

为了检验提出控制策略的有效性，使用 MATLAB/SIMULINK 进行仿真验证。在仿真中采用以下系统参数：永磁磁链 $\Psi = 10$ Wb，极对数 $p = 40$，定子电阻 $R_s = 0.08\ \Omega$，额定功率 $P = 1.5$ MW，发电机电感 $L_d = L_q = 1.95$ Mh，额定风速 $v = 14$ m/s。

测试将参考转子转速 ω_r^* 在 0.2 秒时由 1 rad/s 阶跃到 2 rad/s，观察在此情况下，永磁风力发电机在奇异扰动分解控制策略以及 Lyapunov 控制策略下转子转速 ω_r 和 d、q 轴电流 i_d、i_q 的变化情况（图 6-10～6-12）。

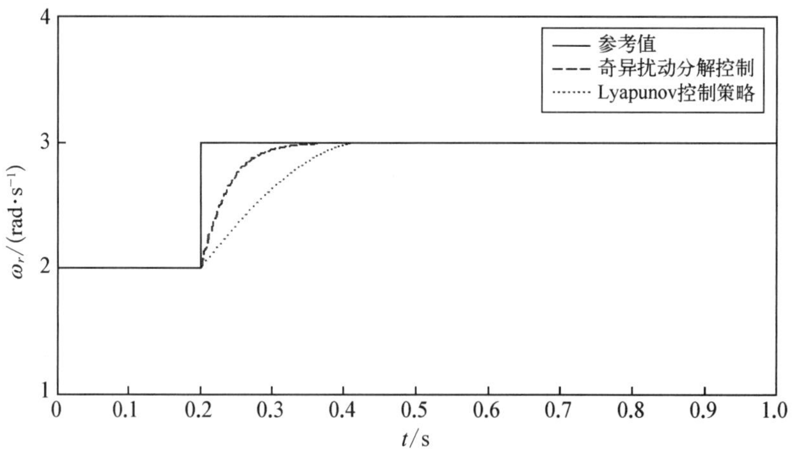

图 6-10 永磁同步风力发电机组转速 ω_r

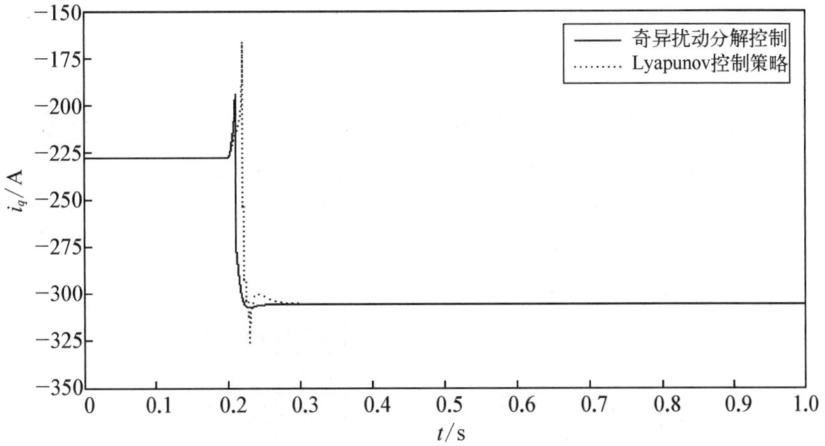

图 6-11　永磁同步风力发电机组 q 轴电流 i_q

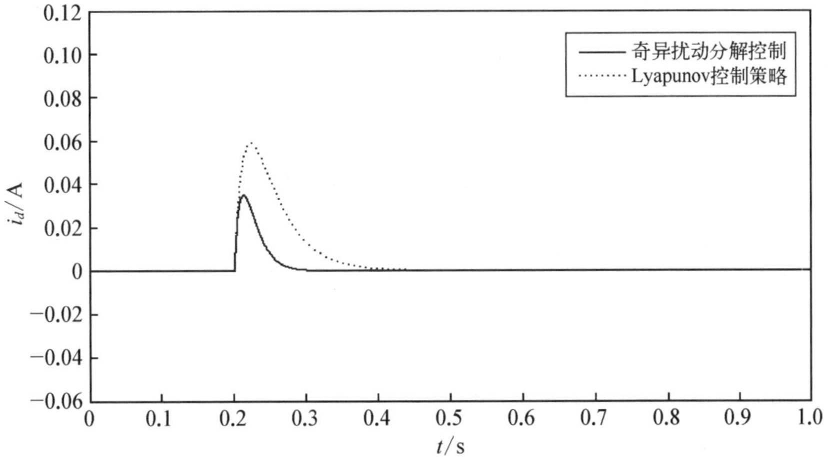

图 6-12　永磁同步风力发电机组 d 轴电流 i_d

从图 6-10 至 6-12，可以看出所设计控制策略的有效性，而且相对于 Lyapunov 控制策略，该方法能够使风机转子转速 ω_r 迅速跟踪考转子转速 ω_r^*，同时保证永磁风力发电机组 d、q 轴电流 i_d、i_q 更快达到稳定。

6.4　永磁风力发电机组切换控制器设计

本节主要介绍如何将切换系统理论应用于实现最大功率跟踪与恒功率控制区间的切换。

6.4.1　切换系统的介绍

在控制理论实践中，人们在很早以前就提出了切换控制的思想，并将其应用。经过相关学者十多年的不懈研究，切换系统理论已经形成控制理论的一个独立分支。随着科技的进步，实际系统的结构越来越复杂，研究人员对切换系统理论越来越重视，切换系统也变得越来越重要[10]。

可以将切换系统看作一系列连续微分方程组成的子系统以及作用于其上层的切换规则构成的整体。在切换操作的过程中，状态既可以看作是连续的，也可以拓展到连续状态中有跳跃的存在，甚至可以在不同的状态空间中具有不同的向量场。在切换过程进行中，切换规则用以确定在何时切换到哪个子系统。因此，任何时刻只能处于其中一个子系统，也即某一确定时刻，系统只具有其中唯一一个系统的规律。图 6－13 是切换系统（n 个子系统）的示意图。

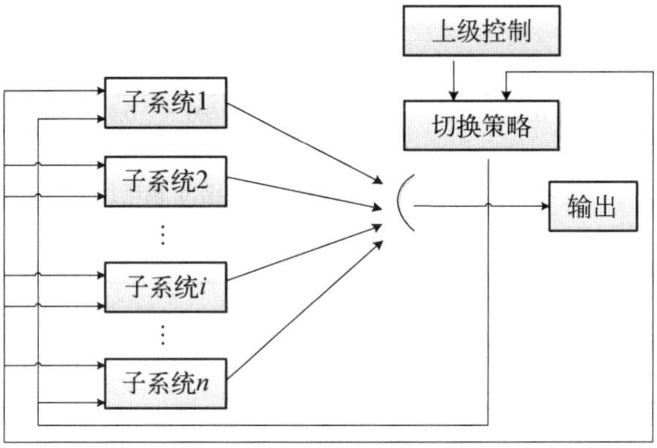

图 6－13　切换系统示意图

对于自治切换系统，通常将其方程写成以下形式：

$$\dot{x}=f_i(x) \tag{6-70}$$

其中，$i \in \{1,2,\cdots,n\}$ 表示该切换系统的 n 个子系统，f_i 是 n 个全局 Lipschitz 连续向量场。其相应的线性切换系统为：

$$\dot{x}=\boldsymbol{A}_i(x) \tag{6-71}$$

其中，$i \in \{1,2,\cdots,n\}$，$\boldsymbol{A}_i(x) \in \boldsymbol{R}^{n\times n}$。

6.4.2　最大功率跟踪与恒功率控制区间控制策略

当系统运行在最大功率跟踪和恒功率输出两种区域临界点附近时，将在最大功率跟踪以及恒功率控制两种运行状态之间进行变化，由于变化过程需要一定的时间以及桨距角不能突变等原因，本节设计了一套切换控制策略，以实现系统在两种运行状态之间的平稳切换。

在 6.1.4 节非线性观测器的设计中，已经通过 Kalman 滤波器得到发电机组电磁转矩的估计值 $\hat{T}_m$，通过牛顿迭代法得出风速 $\hat{v}$。在 6.1.5 节中，分别介绍了永磁风电机组在最大功率跟踪与恒功率控制两种运行状态下的控制策略。在实际运行中，当系统运行在两个运行状态的临界点附近时，永磁风力发电机组需要在两种运行状态之间进行切换，在切换过程中可能会对系统的稳定性造成影响。因此，在最大功率跟踪与恒功率控制两个运行状态之间，设计一种过渡的切换控制策略，让风机转速跟踪 ω_r 设定的目标转速 ω_r^*，使得切换过程平滑稳定。

(1) 模型规范化

永磁风力发电机组状态空间模型为：

$$\begin{bmatrix}\dot{\omega}_r\\ \dot{i}_d\\ \dot{i}_q\end{bmatrix}=\begin{bmatrix}-\dfrac{K_t}{J_t} & 0 & -\dfrac{n_g p\Psi}{J_t}\\ 0 & -\dfrac{R_s}{L} & n_g p\omega_r\\ -\dfrac{n_g p\Psi}{L} & -n_g p\omega_r & -\dfrac{R_s}{L}\end{bmatrix}\begin{bmatrix}\omega_r\\ i_d\\ i_q\end{bmatrix}+\begin{bmatrix}0 & 0\\ \dfrac{1}{L} & 0\\ 0 & \dfrac{1}{L}\end{bmatrix}\begin{bmatrix}u_d\\ u_q\end{bmatrix}+\begin{bmatrix}\dfrac{T_m}{J_t}\\ 0\\ 0\end{bmatrix} \tag{6-72}$$

令 $\begin{bmatrix}\omega_r\\ i_d\\ i_q\end{bmatrix}=\begin{bmatrix}x_1\\ x_2\\ x_3\end{bmatrix}$，$\begin{bmatrix}u_d\\ u_q\end{bmatrix}=\begin{bmatrix}u_1\\ u_2\end{bmatrix}$，进行适当变换，可得

$$\dot{\boldsymbol{X}}=\boldsymbol{AX}+\boldsymbol{BU} \tag{6-73}$$

$$\boldsymbol{Y}=\boldsymbol{CX} \tag{6-74}$$

其中，$\boldsymbol{A}=\begin{bmatrix}-\dfrac{K_t}{J_t}+\dfrac{T_m}{J_t\omega_r} & 0 & -\dfrac{n_g p\Psi}{J_t}\\ 0 & -\dfrac{R_s}{L} & n_g p\omega_r\\ -\dfrac{n_g p\Psi}{L} & -n_g p\omega_r & -\dfrac{R_s}{L}\end{bmatrix}$，$\boldsymbol{B}=\begin{bmatrix}0 & 0\\ \dfrac{1}{L} & 0\\ 0 & \dfrac{1}{L}\end{bmatrix}$，$\boldsymbol{C}=[1\quad 0\quad 0]$，式(6－73)和(6－74)即为变换后的规范化模型。

(2) 切换控制器设计

当风机运行状态切换时，通过控制器调节，将风机转速 ω_r 调节至相应目标值 ω_r^*，即本节的切换控制思想。表 6－1 给出了永磁风力发电机组角速度切换规则。

表 6－1　永磁风力发电机组角速度切换规则

运行状态	切换系统	控制器
最大功率跟踪	子系统 1 (A_1　B_1)	U_1
恒功率控制	子系统 2 (A_2　B_2)	U_2

下面介绍子系统下控制器设计。

设系统的初始状态为：

$$X(t_0)=X_0 \tag{6-75}$$

定义误差函数

$$\boldsymbol{E}(t)=\boldsymbol{Y}_r(t)-\boldsymbol{Y}(t) \tag{6-76}$$

其中，$Y_r(t)$ 为给定的风机角速度跟踪信号，$Y(t)$ 为风机实际角速度，$E(t)$ 为两者之间的误差。

设计系统性能指标为：

$$\boldsymbol{J}=\frac{1}{2}\int_0^{t_f}[\boldsymbol{E}(t)^{\mathrm{T}}Q\boldsymbol{E}(t)+\boldsymbol{U}(T)^{\mathrm{T}}\boldsymbol{R}\boldsymbol{U}(t)]\mathrm{d}t \tag{6-77}$$

其中，终端时间 t_f 取无穷大，Q 为正实常数，R 为 2×2 的正定常数矩阵。由式(6-74)、式(6-76)和式(6-77)可得：

$$\boldsymbol{J}=\frac{1}{2}\int_0^{t_f}\{[\boldsymbol{Y}_r(t)-\boldsymbol{C}\boldsymbol{X}(t)]^{\mathrm{T}}Q[\boldsymbol{Y}_r(t)-\boldsymbol{C}\boldsymbol{X}(t)]+U(T)^{\mathrm{T}}\boldsymbol{R}U(t)\}\mathrm{d}t \tag{6-78}$$

根据极小值原理，引入拉格朗日乘子 $\lambda(t)$，构成能量函数：

$$\begin{aligned}\boldsymbol{H}(\boldsymbol{X}(t),\boldsymbol{U}(t),\lambda(t),t)=&\frac{1}{2}\{[\boldsymbol{Y}_r(t)-\boldsymbol{C}X(t)]^{\mathrm{T}}Q[\boldsymbol{Y}_r(t)-\boldsymbol{C}\boldsymbol{X}(t)]\\&+\boldsymbol{U}(t)^{\mathrm{T}}\boldsymbol{R}\boldsymbol{U}(t)\}+\lambda^{\mathrm{T}}(t)[\boldsymbol{A}X(t)+\boldsymbol{B}U(t)]\end{aligned} \tag{6-79}$$

由极小值原理可知，最优控制应使得 H 取极小值，须使：

$$\frac{\partial\boldsymbol{H}}{\partial\boldsymbol{U}(t)}(\boldsymbol{X}(t),\boldsymbol{U}(t),\lambda(t),t)=\boldsymbol{R}\boldsymbol{U}(t)+\boldsymbol{B}^{\mathrm{T}}\lambda(t)=0 \tag{6-80}$$

得到最优控制律为：

$$\boldsymbol{U}^*(T)=-\boldsymbol{R}^{-1}\boldsymbol{B}^{\mathrm{T}}\lambda(t) \tag{6-81}$$

由于 R 为正定矩阵，可以得到

$$\frac{\partial^2\boldsymbol{H}}{\partial^2\boldsymbol{U}(t)}(\boldsymbol{X}(t),\boldsymbol{U}(t),\lambda(t),t)=\boldsymbol{R}>0 \tag{6-82}$$

所以，可以确定式(6-81)中的 $U^*(t)$ 可以使得函数 H 取极小值。

根据极小值原理的正则方程组，有

$$\begin{aligned}\dot{\boldsymbol{X}}(t)&=\frac{\partial\boldsymbol{H}}{\partial\lambda(t)}(\boldsymbol{X}(t),\boldsymbol{U}(t),\lambda(t),t)\\&=\boldsymbol{A}\boldsymbol{X}(t)+\boldsymbol{B}\boldsymbol{U}(t)=\boldsymbol{A}\boldsymbol{X}(t)-\boldsymbol{B}\boldsymbol{R}^{-1}\boldsymbol{B}^{\mathrm{T}}\lambda(t)\end{aligned} \tag{6-83}$$

$$\begin{aligned}\dot{\lambda}(t)&=\frac{\partial\boldsymbol{H}}{\partial\boldsymbol{X}(t)}(\boldsymbol{X}(t),\boldsymbol{U}(t),\lambda(t),t)\\&=-\boldsymbol{C}^{\mathrm{T}}Q\boldsymbol{C}\boldsymbol{X}(t)-\boldsymbol{A}^{\mathrm{T}}\lambda(t)\boldsymbol{X}(t)+\boldsymbol{C}^{\mathrm{T}}Q\boldsymbol{Y}_r(t)\end{aligned} \tag{6-84}$$

设

$$\lambda(t)=\boldsymbol{P}(t)\boldsymbol{X}(t)-\boldsymbol{g}(t) \tag{6-85}$$

其中，$\boldsymbol{P}(t)$ 为 3×3 的矩阵，$\boldsymbol{g}(t)$ 为与 $\boldsymbol{Y}_r(t)$ 相关的三维向量。

将式(6－85)代入式(6－81)，则控制律表达为：

$$\boldsymbol{U}^*(t)=\boldsymbol{K}_1\boldsymbol{X}(t)+\boldsymbol{K}_2 \tag{6-86}$$

其中，$\boldsymbol{K}_1$、$\boldsymbol{K}_2$ 分别为系统的最优增益矩阵，$\boldsymbol{K}_1=-\boldsymbol{R}^{-1}\boldsymbol{B}^{\mathrm{T}}\boldsymbol{P}(t)$，$\boldsymbol{K}_2=-\boldsymbol{R}^{-1}\boldsymbol{B}^{\mathrm{T}}\boldsymbol{g}(t)$。

此时，最优轨线 $\boldsymbol{X}^*(t)$ 须满足：

$$\dot{\boldsymbol{X}}^*(t)=[\boldsymbol{A}-\boldsymbol{B}\boldsymbol{R}^{-1}\boldsymbol{B}^{\mathrm{T}}\boldsymbol{P}(t)]\boldsymbol{X}^*(t)+\boldsymbol{B}\boldsymbol{R}^{-1}\boldsymbol{B}^{\mathrm{T}}\boldsymbol{g}(t) \tag{6-87}$$

为了得到最优控制律 $U^*(t)$，首先要确定 $\boldsymbol{P}(t)$ 和 $g(t)$。将式(6－87)两侧求导，把式(6－85)和式(6－87)代入，可得

$$\begin{aligned}\dot{\lambda}&=\dot{\boldsymbol{P}}(t)\boldsymbol{X}(t)+\boldsymbol{P}(t)\dot{\boldsymbol{X}}(t)-\dot{\boldsymbol{g}}(t)\\&=\dot{\boldsymbol{P}}(t)\boldsymbol{X}(t)+\boldsymbol{P}(t)[\boldsymbol{A}\boldsymbol{X}(t)-\boldsymbol{B}\boldsymbol{R}^{-1}\boldsymbol{B}^{\mathrm{T}}\lambda(t)]-\dot{\boldsymbol{g}}(t)\\&=\dot{\boldsymbol{P}}(t)\boldsymbol{X}(t)+\boldsymbol{P}(t)\{\boldsymbol{A}\boldsymbol{X}(t)-\boldsymbol{B}\boldsymbol{R}^{-1}\boldsymbol{B}^{\mathrm{T}}[\boldsymbol{P}(t)\boldsymbol{X}(t)-\boldsymbol{g}(t)]\}-\dot{\boldsymbol{g}}(t)\\&=[\dot{\boldsymbol{P}}(t)+\boldsymbol{P}(t)\boldsymbol{A}-\boldsymbol{P}(t)\boldsymbol{B}\boldsymbol{R}^{-1}\boldsymbol{B}^{\mathrm{T}}\boldsymbol{X}(t)]\boldsymbol{X}(t)+\boldsymbol{P}(t)\boldsymbol{B}\boldsymbol{R}^{-1}\boldsymbol{B}^{\mathrm{T}}\boldsymbol{g}(t)-\dot{\boldsymbol{g}}(t)\end{aligned} \tag{6-88}$$

同时，将式(6－85)代入式(6－84)，则有

$$\begin{aligned}\dot{\lambda}(t)&=-\boldsymbol{C}^{\mathrm{T}}\boldsymbol{Q}\boldsymbol{C}\boldsymbol{X}(t)-\boldsymbol{A}^{\mathrm{T}}[\boldsymbol{P}(t)\boldsymbol{X}(t)-\boldsymbol{g}(t)]\boldsymbol{X}(t)+\boldsymbol{C}^{\mathrm{T}}\boldsymbol{Q}\boldsymbol{Y}_r(t)\\&=[-\boldsymbol{C}^{\mathrm{T}}\boldsymbol{Q}\boldsymbol{C}-\boldsymbol{A}^{\mathrm{T}}\boldsymbol{P}(t)]\boldsymbol{X}(t)+\boldsymbol{A}^{\mathrm{T}}\boldsymbol{g}(t)+\boldsymbol{C}^{\mathrm{T}}\boldsymbol{Q}\boldsymbol{Y}_r(t)\end{aligned} \tag{6-89}$$

取式(6－88)和式(6－89)相等，则得到 $P(t)$ 和 $g(t)$ 须满足的微分方程如下：

$$\dot{\boldsymbol{P}}(t)=-\boldsymbol{P}(t)\boldsymbol{A}+\boldsymbol{P}(t)\boldsymbol{B}\boldsymbol{R}^{-1}\boldsymbol{B}^{\mathrm{T}}\boldsymbol{P}(t)-\boldsymbol{C}^{\mathrm{T}}\boldsymbol{Q}\boldsymbol{C}-\boldsymbol{A}^{\mathrm{T}}\boldsymbol{P}(t) \tag{6-90}$$

$$\dot{\boldsymbol{g}}(t)=[\boldsymbol{P}(t)\boldsymbol{B}\boldsymbol{R}^{-1}\boldsymbol{B}^{\mathrm{T}}-\boldsymbol{A}^{\mathrm{T}}]\boldsymbol{g}(t)-\boldsymbol{C}^{\mathrm{T}}\boldsymbol{Q}\boldsymbol{Y}_r(t) \tag{6-91}$$

因为 t_f 足够大，这时 $P(t)$ 趋向于常数矩阵 P，$\dot{P}(t)$ 趋近于 0，结合式(6－90)，可得

$$\boldsymbol{P}\boldsymbol{A}+\boldsymbol{A}^{\mathrm{T}}\boldsymbol{P}+\boldsymbol{C}^{\mathrm{T}}\boldsymbol{Q}\boldsymbol{C}-\boldsymbol{P}\boldsymbol{B}\boldsymbol{R}^{-1}\boldsymbol{B}^{\mathrm{T}}\boldsymbol{P}=0 \tag{6-92}$$

上式即 Riccati 矩阵代数方程，求解这个矩阵代数方程，就可求得 P。

同理，t_f 足够大，这时 $g(t)$ 趋向于常数矩阵 g，$\dot{g}(t)$ 趋近于 0，结合式(6－91)，可得

$$\boldsymbol{g}\approx(\boldsymbol{P}\boldsymbol{B}\boldsymbol{R}^{-1}\boldsymbol{B}^{\mathrm{T}}-\boldsymbol{A}^{\mathrm{T}})^{-1}\boldsymbol{C}^{\mathrm{T}}\boldsymbol{Q}\boldsymbol{Y}_r(t) \tag{6-93}$$

在实际永磁风力发电机组系统中，最优增益矩阵 $\boldsymbol{K}_1$、$\boldsymbol{K}_2$ 会随给定转速跟踪信号 Y_r 的变化而变化，利用最大功率跟踪和恒功率控制两个状态下不同的转速跟踪信号 Y_r 的设定，使增益矩阵在 K_{11}、K_{12} 与 K_{21}、K_{22} 之间改变，从而调节控制器在 U_1 与 U_2 之间进行切换，进而实现由最大功率跟踪向恒功率控制的切换。

永磁风力机组转速追踪切换系统的结构图如图 6－14 所示：

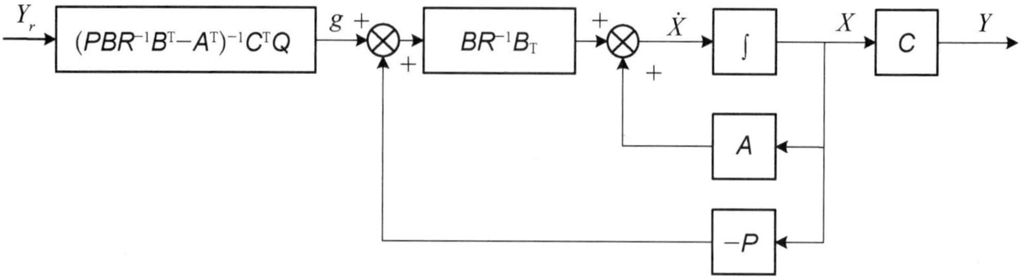

图 6－14　永磁风力发电机组转速追踪切换系统

6.4.3　仿真验证

为了验证本节提出的控制策略的有效性，使用 MATLAB/SIMULINK 进行仿真验证。仿真中采用以下系统参数：永磁磁链 $\Psi=10$ Wb，极对数 $p=40$，定子电阻 $R_s=0.08\ \Omega$，额定功率 $P=1.5$ MW，发电机电感 $L_d=L_q=1.95$ Mh，额定风速 $v=14$ m/s。在仿真中，假定 0.2 秒时，风速超过额定风速时，永磁风力发电机组由最大功率跟踪切换至恒功率控制状态，目标转速由 3.5 rad/s 降低至 3 rad/s 风机的运行状态。

图 6－15 显示当风速超过额定风速后，在所设计切换控制策略下，风机转子转速 ω_r 跟踪目标转速 ω_r^* 的变化过程。从仿真可以看出，转速变化平滑且快速；图 6－16 和图 6－17 分别显示了切换过程中 q 轴与 d 轴的电流，可以发现切换过程中电流很快达到稳定状态；图 6－18 给出了切换过程中永磁风力发电机组的输出功率的变化图像，在切换过程中，永磁风力发电机组输出功率由于转速的下降而有所下降，但是却能保证风机运行状态不会超过额定负荷。

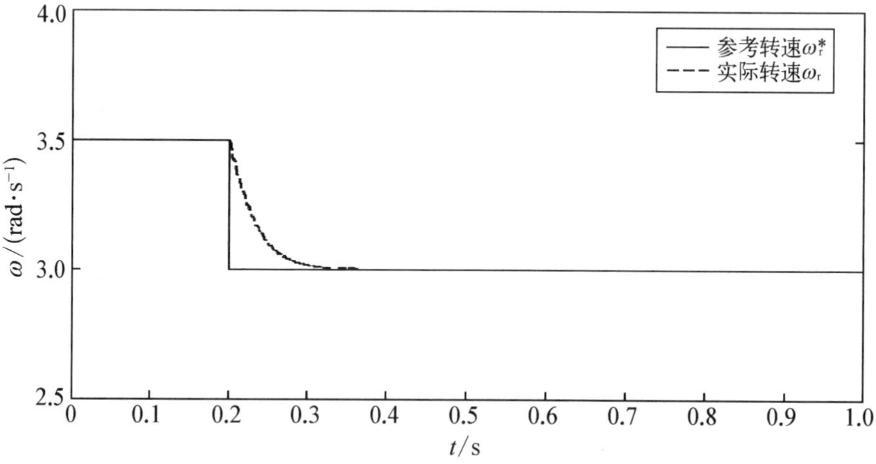

图 6－15　永磁风力发电机组转子转速

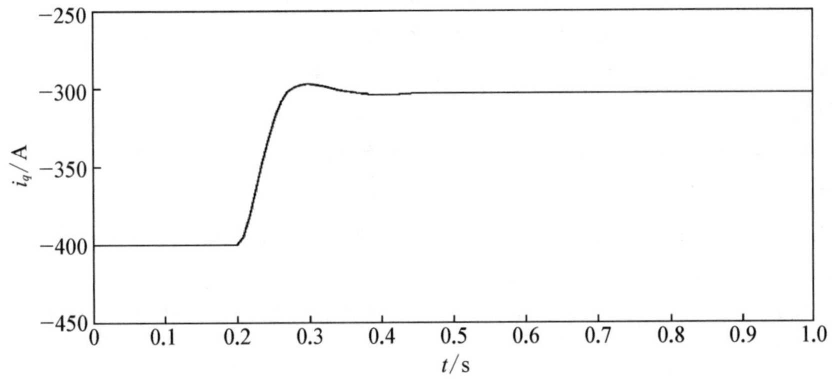

图 6-16　永磁风力发电机组 q 轴电流

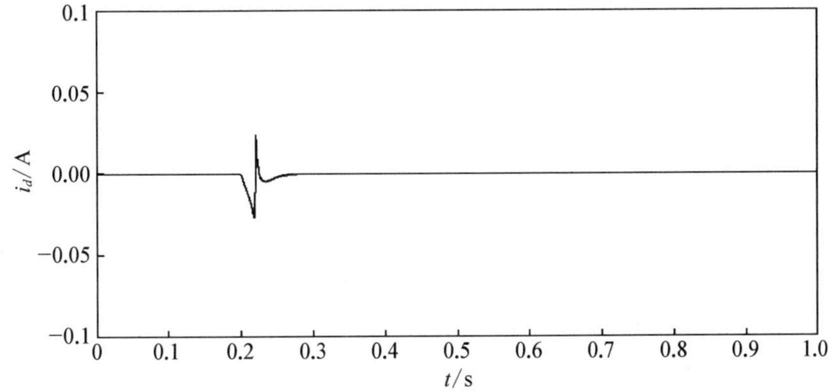

图 6-17　永磁风力发电机组 d 轴电流

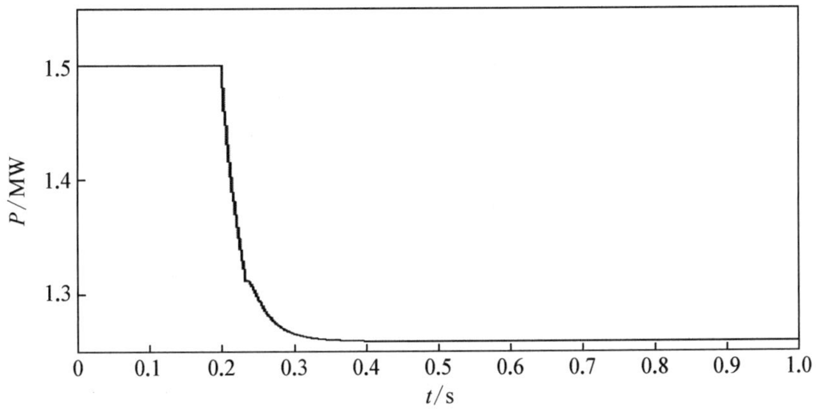

图 6-18　永磁风力发电机组输出功率

参考文献

[1] 胡寿松.自动控制原理[M].4 版.北京:科学出版社,2001.
[2] LASALLE An invariance principle in the theory of stability[M]. New York: IEEE press, and

Dynamical Systems (Proc. Internat. Sympos., Mayaguez, P.R.), 1965.
[3] 胡春松,吴先友.大型双馈式风力发电机组的运行与控制[J].电器工业,2009(06):62-68.
[4] 王冰,季海波,陈欢,等.基于Hamilton能量理论的水轮发电机水门与励磁非线性L_2控制[J].电机与控制学报,2006(01):9-13.
[5] 于海生,赵克友,郭雷,等.基于端口受控哈密顿方法的PMSM最大转矩/电流控制[J].中国电机工程学报,2006(08):82-87.
[6] CHANG K W. Singular Perturbations of a General Boundary Value Problem[J]. SIAM Journal on Mathematical Analysis, 2012, 3(03):520-526.
[7] 王江,曾启明.基于奇异摄动方法的同步发电机二阶滑模控制器的设计[J].中国电机工程学报,2003(10):142-147.
[8] 孙宜标,袁晓磊,包岩峰.基于奇异摄动永磁直线同步电动机的滑模控制[J].沈阳工业大学学报,2008(04):379-383.
[9] 孙宜标,孙晓雨,夏加宽,等.基于奇异摄动环形永磁力矩电机的二阶滑模控制[J].沈阳工业大学学报,2008(02):148-153.
[10] 黄树清.切换控制的能量函数方法[D].长沙:中南大学,2010.

第7章 海上风电及拓扑结构变化

7.1 海上风电系统

7.1.1 海上风电系统研究背景

随着风电技术的发展与成熟,陆上风电发展速度逐渐趋缓,风电开发由陆上逐渐延伸至海上。相比于陆上风电,海上风电不再占用陆地上的土地资源,进一步降低了风力机在运行环境方面的要求,而海上风电场产生的电磁波、噪声也不会对居民造成影响。海上风速因环境特点相比陆上风速要高出20%至100%,海上风速同时更为平稳,因此海上发电的效率相比陆上发电也会有很大程度的提高。如果海上风电接近传统的电力负荷中心,电网的消纳能力会有相应的提高,也避免了长距离输电,进而减少了电力输送的投资成本和损耗。

在我国,东南沿海地区相对接近电力负荷中心,并且我国东南沿海地区土地资源相对紧缺,这使得海上风电会成为我国东南沿海区域风电开发的主要方向[1,2]。再加上东南沿海地区经济发达,能源需求大,可以充分利用海上风能这一资源优势,大力开发海上风能资源,改善当地能源结构,增加电力供应和促进经济发展[3-5]。具体包括:

(1) 风能作为清洁的可再生能源,环境污染小,储量充足。推动风能发展,取代部分传统化石能源,减少二氧化碳排放和环境污染。

(2) 大力发展风能,有益于改善能源结构,对于推进可持续发展战略具有重大意义。

(3) 海上风电可以为社会带来巨大的经济效益,满足东部沿海地区的用电需求,改善用电紧张的局面,促进当地经济发展和社会发展。

海上风电不同于陆上风电,具有更为明显的特点:海上风电系统更加复杂、庞大,建造、运行和维护更加困难;海上风电起步较晚,需要借鉴国内陆上风电和国外海上风电发展的相关经验[6]。在向世界海上风电发达国家学习的过程中,掌握其中的核心技术是关键。

7.1.2 海上风电国内外发展现状

（1）国外发展现状

近年来，全球海上风电发展迅速，风电装机容量稳步提升，其中海上风电场主要分布在欧洲，占约84%的市场规模，其中最具有代表性的国家有英国、德国、荷兰。全球5大海上风电场装机情况[7]，如表7-1所示。

表7-1 全球5大海上风电场装机情况

海上风电场	国家	总装机/MW	装机台数	单机容量/MW
London Array	英国	630	175	3.6
Gemin Wind Farm	荷兰	600	150	4
Gode Wind 1 & 2	德国	582	97	6
Gwynty Môr	英国	576	160	3.6
Greater Gabbard	英国	504	140	3.6

随着风电机组装机容量的不断增加，风电价格日益降低，在西欧国家，风电价格大约0.07美分/(千瓦·时)。2017年，苏格兰建立了首个漂浮式海上风电场，这进一步降低了风电的价格。

（2）国内发展现状

我国海岸线长达1.8万公里，岛屿6 000多个，有300多万平方公里海域可以利用，大部分近海域90米高度风速平均可达8米/秒，在中国东部沿海地区风能密度可达300 W/m^2，据统计，中国可以开发的风能资源大约有近10亿千瓦，其中海上资源约有7.5亿千瓦[8]。我国海上风电虽然起步较晚，但是因海上资源丰富、海岸线绵长，所以发展潜力巨大、前景广阔。

随着我国经济的飞速发展和对新能源产业投入的加大，我国的海上风电机组发展迅猛。图7-1为2008至2017风电新增装机容量和总装机容量图。据资料显示，2012年我国风电装机容量已经超过60 GW，位居世界第一。2003年至2017年间，我国风电装机容量增加了2 169 MW，2017年同比增长97%，海上风电装机容量累计达到2 788 MW。近年来，为完成能源产业链升级和节能减排的目标，我国为发展风能产业提供了大量的财政支持，并鼓励大量企业在新能源领域开展研发工作[9]。随着海上风电场规模的扩大，风电机组的单机装机容量也趋于大型化，到2018年，我国新增风电装机容量达到20 590 MW，累计风电装机容量高达184 GW。2019年上半年，全国新增风电装机容量9 090 MW，其中海上风电装机容量400 MW，总风电装机容量193 GW。据统计，共有11家制造企业生产海上风电机组，风电场装机容量可达到150 MW的有金风科技、远景能源、上海电气、华锐风电4家企业，其中上海电气所占市场份额最多。目前我国风电总装机已达221 GW，稳居世界第一。

目前，中国在海上风力项目上取得了初步成果，包括如东潮间带风电场项目、东海大桥海上风力发电示范项目和响水潮间带试验项目，还有许多其他项目正在规划或建设中，包括江苏大丰海上风电项目和南港海上风电项目。这表明中国近海风电正处于快速发展

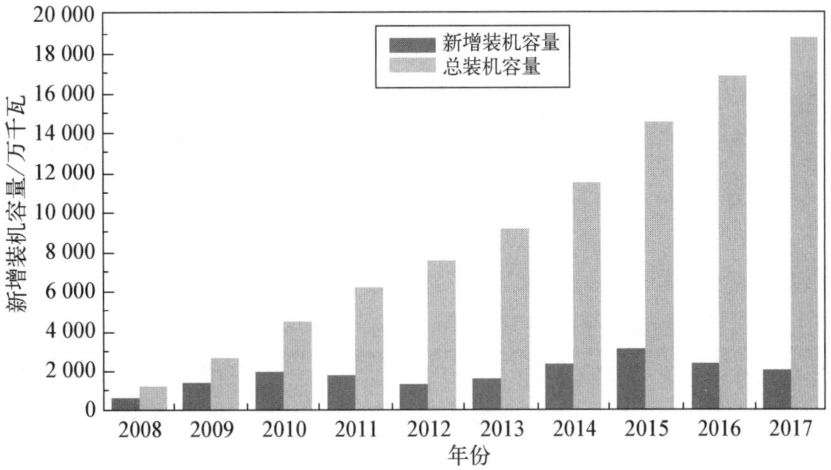

图7-1　不同年份中国风电新增装机容量和总装机容量图

期，同时海上风电的快速发展进一步带动和影响了整个风电产业链的发展。目前，中国有12家海上风力涡轮机供应商，已经逐渐赶上了国际标准。

7.1.3　海上风力发电系统构成

在海上风电场由电力收集系统、海上分电站、输送电缆、岸上分电站等组成。图7-2为海上风电场的构成简图。风电机组发出的电能通过集电系统汇集到海上升压站，再经海上升压站将电能输送至岸上并网点。集电系统作为连接电网与风电机组的关键部分，主要任务是将风电机组发出的电能按照规定线路汇集至汇流母线处，主要设备为风电机组、电缆、开关、变电站等。风电机组与风电机组之间通过海缆相连接，开关作为保护装置会被装设在风电机组周围，其中风电机组与风电机组、风电机组与开关之间的连接，构成集电网络的主要拓扑结构，并影响整个海上风电场的稳定运行。

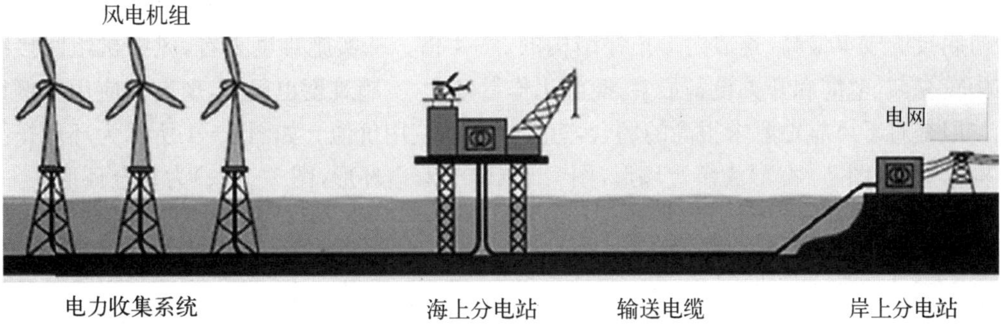

图7-2　海上风电场组成示意图

7.2　海上风电场集电系统拓扑结构

集电系统作为连接电网与风电机组的关键部分，随着海上风电场的发展，集电系统的合理设计关系到海上风电场整个生命周期的安全、可靠、经济运行。海上风电场集电系统拓扑结构主要分为三种:放射形、环形和星形。

7.2.1 海上风电场集电系统的拓扑结构类型

海上风电场集电系统有三种常见接线形式:放射形、环形和星形。不同的拓扑结构对海上风电场集电系统有不同的影响,其中放射形拓扑结构为应用最为广泛的一种结构。放射形拓扑结构的电能损耗最大,电压偏差损耗最大,继电保护配置相对简单;其所需电缆的长度最短,整体投资最小;这种结构可靠程度最低,但能够满足一般风电场的运行需求;从实施上看,因风电机组间的接线灵活、结构简单,所需的电缆和开关设备最少,故施工工作量较少,实施难度较小。如图 7-3 所示,其中图 7-3(a)为最简单的放射形拓扑结构——链形结构,图 7-3(b)为在放射形拓扑结构上沿伸出分支形成的树形拓扑结构。

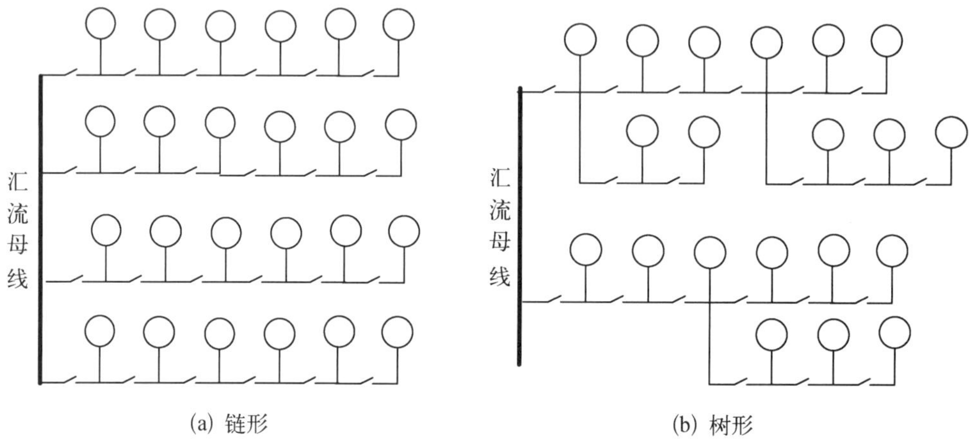

图 7-3 放射形拓扑结构

环形拓扑结构的电能损耗最小,电压偏差损耗最小,继电保护配置也相对复杂。由于需要比放射形多至少一倍长度的电缆,而且电缆截面也最大,所需开关数量也比较多,所以初期投资成本最高,是放射形拓扑结构的 2～4 倍。从实施难度来看,风电机组间接线结构较复杂,电缆和开关设备最多,实施工作量较大,实施难度也很大,现有的应用实例很少。但是对于可靠性要求很高的场合,有着较高的应用价值。如图 7-4 所示为环形拓扑结构示意图,图 7-4(a)为单边环形,图 7-4(b)为双边环形,图 7-4(c)为复合环形。

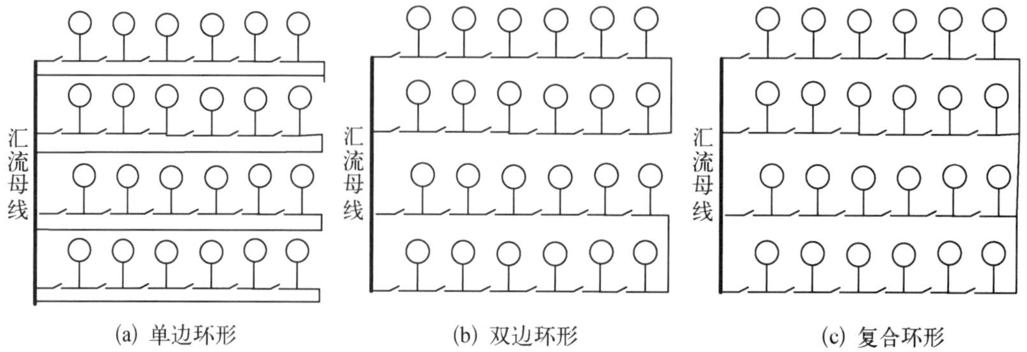

图 7-4 环形拓扑结构

图7-5为星形拓扑结构，风电机组按圆形排布，每台风电机组通过海缆连接至汇流母线，形成星形。星形拓扑结构的电能损耗、电压偏差均为前面所述两种结构的中间值。继电保护配置也相对简单。因其电缆长度较短，电缆截面较小，所需开关数量较多，整体的投资成本也介于放射形和环形之间。但是，星形结构对风向有着特殊的要求，风电机组布点需要满足星形连接，很难有这种特殊的风资源分布，故还没有任何应用实例。

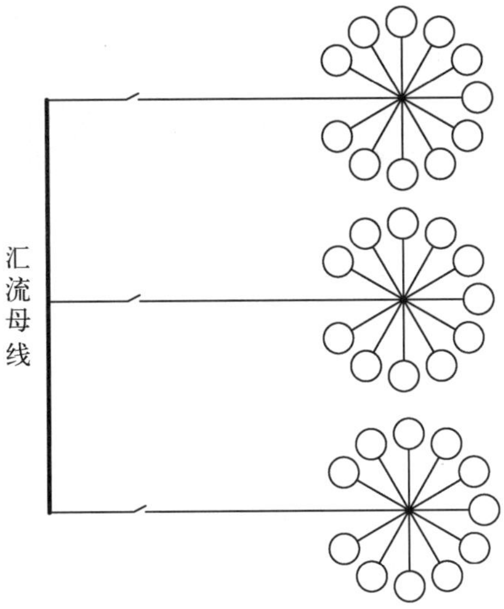

图7-5　星形拓扑结构

7.2.2　海上风电场集电系统拓扑结构设计

对海上风电场集电系统环形拓扑结构设计进行分析可知：若干个电缆从变电站出发，连接部分风电机组后，再连回到变电站，与放射形拓扑结构的主要区别就在于需要“回到”变电站，从而为电能输送提供了冗余线路。这类问题的描述可类比多旅行商问题[10,11](Multiple Traveling Salesman Problem，MTSP)。

根据集电系统设计要求，海缆需要从变电站出发收集风机发出的电能后再回至变电站，故设计时需要得到的结构是所有旅行商遍历所有城市后途经的路程最短，故可得目标函数为

$$\min z = \sum_{i=0}^{R}\sum_{j=0}^{R} d_{xj} x_{ij}$$

$$\begin{cases} \sum_{i=0}^{R} x_{ij} = 0 \quad j = 0,1,\cdots,R \\ \sum_{i=0}^{R} x_{ij} = 0 \quad j = 0,1,\cdots,R \\ X = (x_{ij}) \in S \\ x_{ij} = 0 \text{ 或 } 1 \quad j = 0,1,\cdots,R \end{cases} \tag{7-1}$$

其中，

$$x_{ij}=\begin{cases}1 & \text{旅行商已从 } i \text{ 到 } j \\ 0 & \text{旅行商未从 } i \text{ 到 } j\end{cases} \tag{7-2}$$

以 0 表示出发点，m 个旅行商需访问 R 个城市，d_{ij} 为 i 城市到 j 城市的距离。

解决 MTSP 的主要途径是将其转化成 TSP，而 TSP 已有大量解决办法。其主要思路是：对于 m 个旅行商的 MTSP，增加 $m-1$ 个虚拟城市，用来间隔不同旅行商访问的城市，并假设这些虚拟城市之间的距离为无穷大，以防旅行商访问的城市序列中出现不合理排列。为解决此类问题，考虑使用智能算法。

MTSP 中 m 个旅行商访问城市可对应为：风电机组被分为 m 串，每串若干台风电机组连接成环形拓扑结构。MTSP 各旅行商所遍历的路径就是所求环形拓扑连接的路线。

我们利用遗传算法(GA)[12,13]求解多旅行商问题。遗传算法在设计多旅行商策略时，事先无法确定旅行商的个数，因每串风机的数量由海底电缆的粗细决定，其值通常在 5～20 之间。故本节考虑旅行商个数的范围是 4～17。在选取的过程中发现旅行商个数为 7、8，即环形串为 7、8 时，所设计拓扑结构的海缆总长度最短。如图 7-6 所示为遗传算法设计多旅行商问题的优化结果，其中图(a)为旅行商个数为 8 时的 MTSP 策略，图(b)为旅行商个数为 7 时的优化途径。

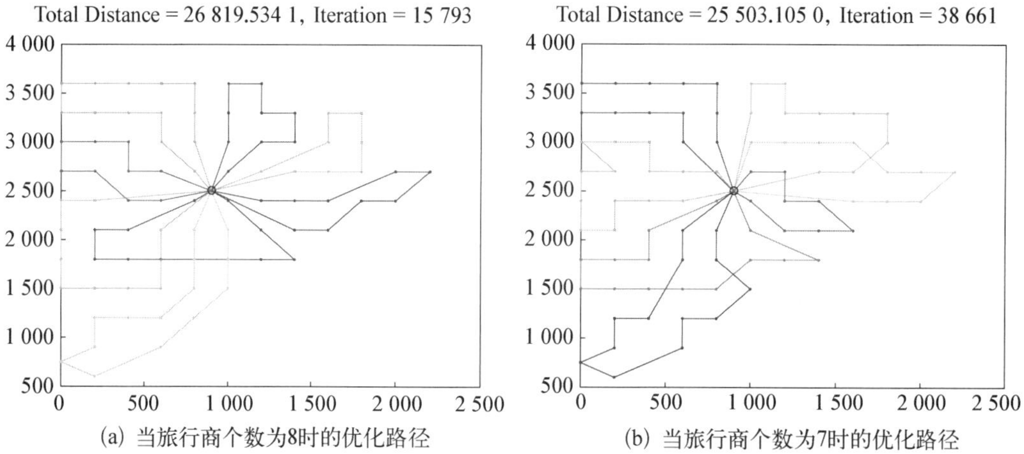

(a) 当旅行商个数为8时的优化路径　　(b) 当旅行商个数为7时的优化路径

图 7-6　第二部分 MTSP 优化路径

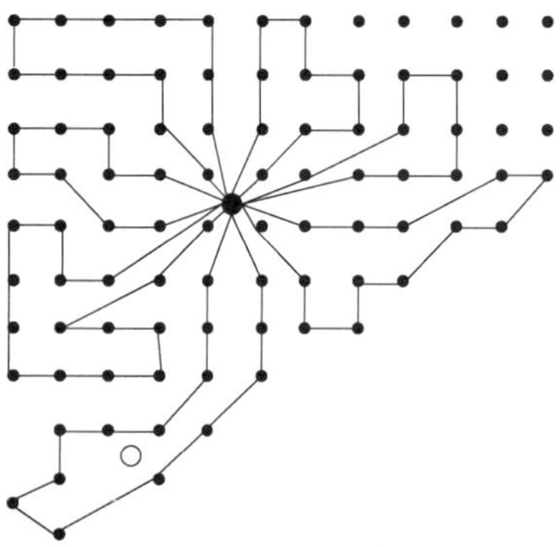

图 7-7　第一部分最终优化路径

海上风电场集电系统在设计海缆时，有一点需要注意的是海底电缆不能交叉，而用遗传算法求得的 MTSP 问题是可以存在交叉的，故本节需对重复路段进行修改。由图 7-6(a)和图 7-6(b)比较可知，当旅行商个数为 7 时，得出的总路径最短，故本节对图 7-6(b)修改得到图 7-7。修改后的总路径为：24 372 m。

同理，对 London Array 中机组的下半部分进行处理，得出当旅行商个数为 7、8 时路径最短。求解结果如图 7-8 所示：

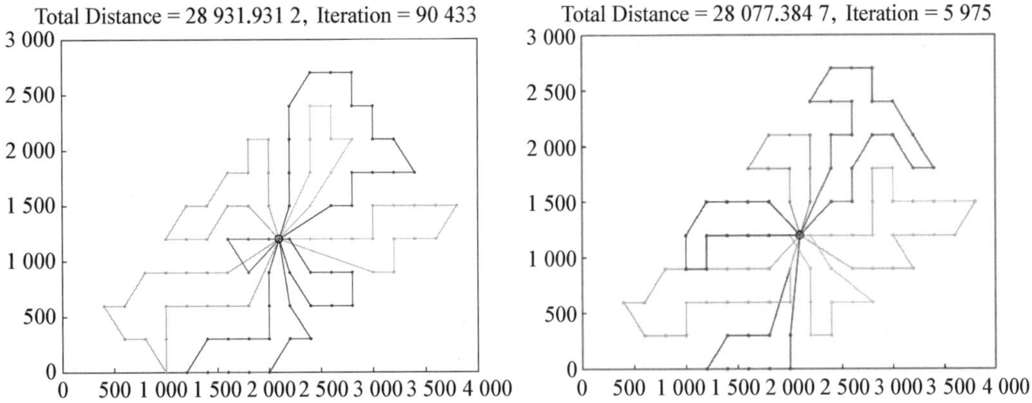

(a) 当旅行商个数为8时的优化路径　　(b) 当旅行商个数为7时的优化路径

图 7 - 8　第二部分 MTSP 优化路径

同样,经过处理后得到的如图 7 - 9 所示的最优路径,总路径的长度为 28 077 m。

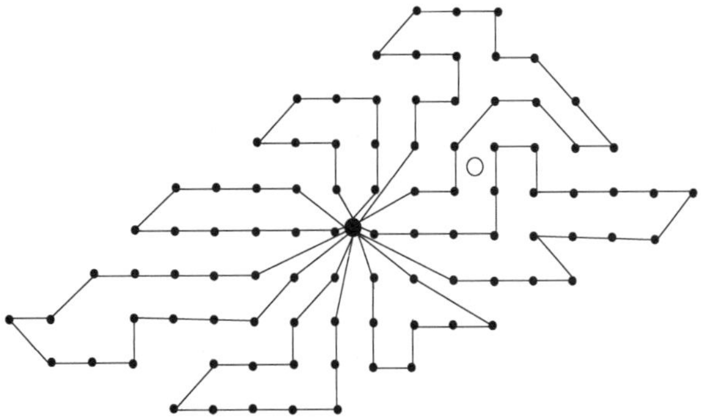

图 7 - 9　第二部分最终优化路径

综合图 7 - 7 和图 7 - 9 得到最终拓扑结构,如图 7 - 10 所示,黑色点为新的变电站位置,空心点为原变电站位置。为方便比较,给出原来 London Array 的环形拓扑结构连接图,如图 7 - 11 所示。

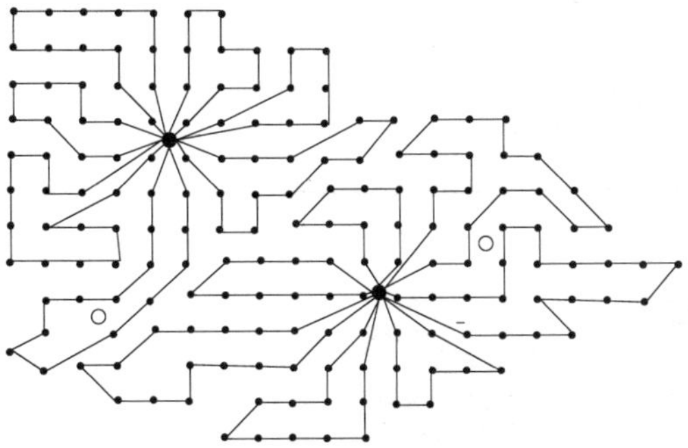

图 7 - 10　最终设计方案

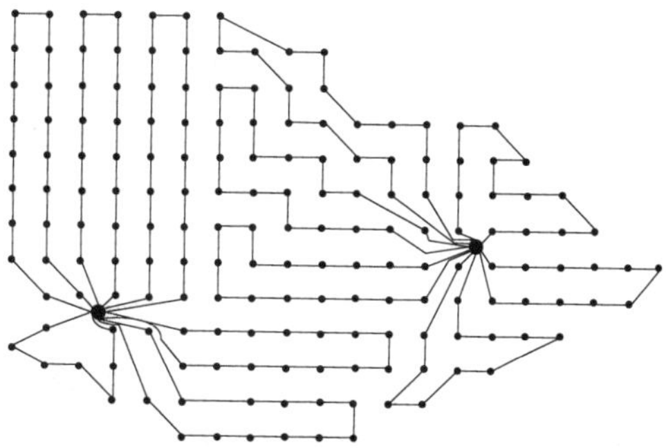

图 7 - 11　London Array 环形拓扑设计方案

通过计算可得,本节所设计的总海缆长度 $L = 52\ 449$ m,而 London Array 的总海缆长度 $L = 52\ 813$ m,因此本节设计的拓扑结构海缆长度要明显少于原 London Array 的设计。

7.3 海上风电场通信系统拓扑研究

海上风电场环境恶劣，风电机组故障率高且维护、维修困难，提高海上风电场可靠性非常重要。其中，有效稳定的海上风电场通信监控系统[14,15]有助于提高海上风电机组的运行效率，提升海上风电场的生产效益。

7.3.1 海上风电场通信技术

在无人值守的风电场中，通常采用数据采集与监控(Supervisory Control and Data Acquisition，SCADA)系统对风电场中风机进行集中控制[16,17]。监控系统对风电设备进行就地监控、中央监控和远程监控，相互之间进行数据交流。就地监控能够完成单台风电机组的状态监测与控制，并完成传感器与控制器的数据传输与命令传递；中央监控系统实现对整个风电场运行状况的监控，由工作人员从控制室对风电场状况进行控制；远程监控系统用于监控某个地区的若干风电场，掌握这个地区的风电场运行状况，从整体实现风电场之间的协调控制。目前，已有部分风电场采用无线通信技术对设备和机组进行监控，包括对风电场组网远程监控的无线局域网技术、对风电机组各部件参数进行采集的无线传感器网络等。

风电场通信的实质在于数据的传输，总体分为三层：数据传输层、数据处理层和控制中心层[18]。考虑了一种基于以太网的风电场弹性通信体系结构，如图 7－12 所示。为了获得更高的可靠性，上述架构分为三个级别：数据生成级、数据聚合级和控制中心级，每个

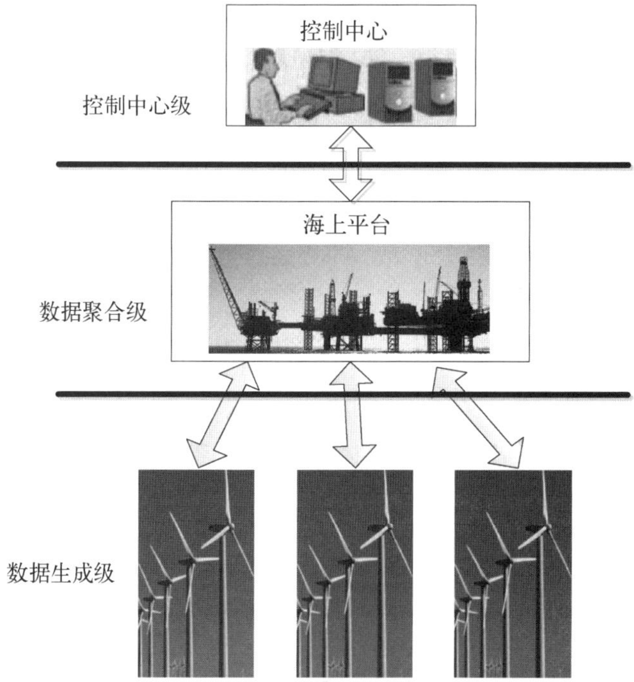

图 7－12 三级网络架构示意图

级别都基于特定的功能、位置和网络拓扑结构。为了在网络中保持容错性，每个级别都有冗余的网络资源。海上风电场和海上平台位于海上，控制中心位于陆上。

整个架构包括三级：数据生成级、数据聚合级、控制中心级。其中，嵌入式传感器持续监控数据生成级海上风电场的风机组件，每台风电机组的底部都有一个风电机组控制器，位于风电机组控制器中的以太网交换机通过以太网链路与上一台和下一台风电机组控制器保持通信。数据聚合级是数据生成级和控制中心级之间通信网络体系结构的中间层，此级的功能是将风电场的数据聚合到控制中心。控制中心级通过海上平台收集数据并进行处理，而后控制命令被传输到海上风电场中的风电机组，以便使用主链路和(或)辅助链路进行适当的操作。

7.3.2 风电场通信网络技术

(1) 有线通信技术

目前风电场通信系统多采用的是有线通信技术。有线通信技术包括光纤通信技术、工业以太网技术、RS-485总线技术、Profibus现场总线技术等。

(2) 无线通信技术

风电场无线组网在国内起步较晚，发展较为缓慢，目前国内风电场仍在使用有线组网方式。传统的有线组网需要将有线通信光缆与电缆一同深埋于海底，若在风电场运行期间通信海缆发生故障，故障定位以及维护、维修会相当困难。无线组网是一种稳定、高效、安全、经济的海上风电场无线通信网络，是未来海上风电场通信系统的发展趋势。常见的无线通信技术有无线电台、GPRS通信技术、Wi-Fi技术以及ZigBee无线通信技术等。

7.3.3 通信拓扑结构设计

(1) 有线通信拓扑结构设计

在电力电缆中加入光纤单元组成海底复合缆，海底复合缆同时具有电力传输和数据通信的功能。常用光纤的芯数为24～48，常用光纤单元个数为1～3个，在光纤芯数不超过48的情况下，可选取一个光单元。光单元结构如7-13所示。

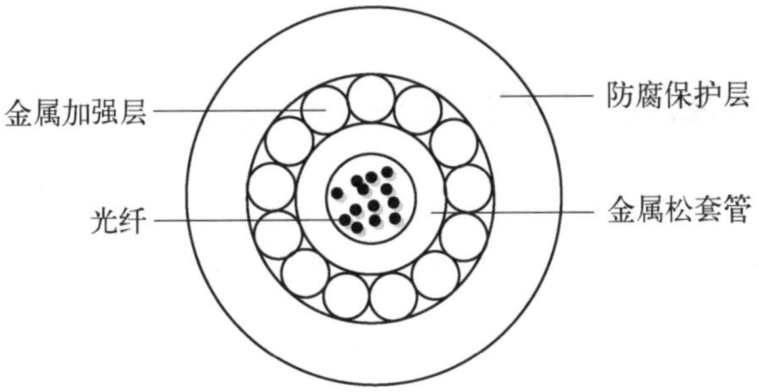

图7-13 海底复合缆光单元结构示意图

在设计有线通信拓扑结构时，主要根据海底电缆的拓扑结构而定。以第三章设计的London Array中的某串为例，该串中有19个风机，根据电力海缆连接拓扑，可知有线通信拓扑结构为如图7-14所示，圆点表示海上变电站，光缆将各个风电机组数据收集后输送至海上变电站。这种结构中,光缆形成简单的环形拓扑结构,若某处光缆发生故障,在使用双向通信光缆的情况下,故障光缆将不会影响其他通信链路。

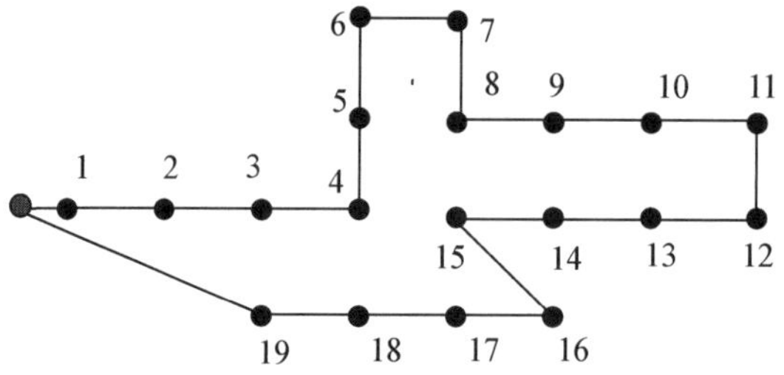

图 7-14 有线通信拓扑结构

(2) 无线通信拓扑结构设计

在设计无线通信拓扑结构时主要考虑对风电机组数据的检测。因设计有线海缆连接时采用的是环形拓扑结构,故为了检测风电场的安全稳定运行,需要对海上风电场通信结构进行串划分,即海缆连接中的一串环形作为无线通信结构中的一个整体。在设计无线通信拓扑结构时,考虑采用无线网桥模式和无线 Mesh 模式,设计拓扑结构分别如图 7-15 和图 7-16 所示。

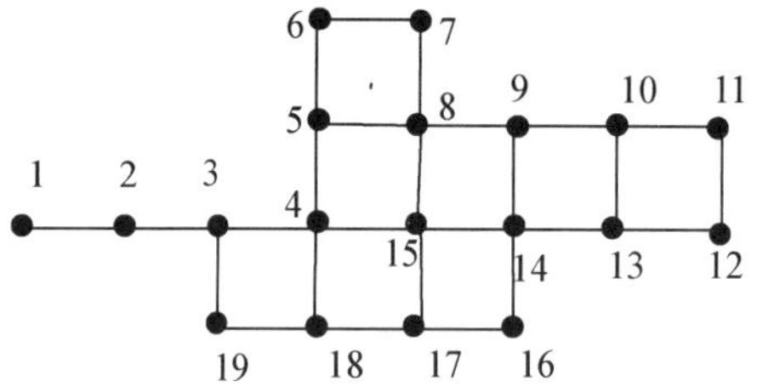

图 7-15 无线网桥模式

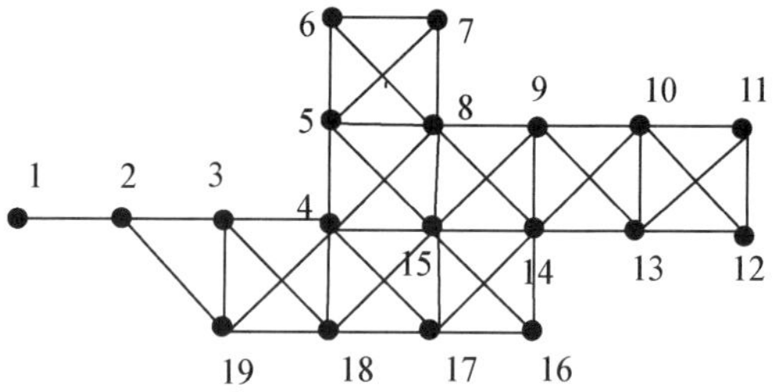

图 7-16 无线 Mesh 模式

无线通信系统与有线通信系统不同的是设备类型,无线通信系统主要是无线数传终端设备和天线的安装。

7.4 海上风电场无线通信及自愈研究

目前,海上风电场中的无线通信应用多以监控风电机组内部结构状态为主,因海上环境和通信技术的制约,海上风电机组间的无线通信还没有普及。本节主要研究海上风电的无线通信问题。

7.4.1 无线通信中的拓扑算法

(1) k 连通拓扑控制

在给定的二维平面中,无线终端节点可以自组网,并且网络中的任意一对无线终端节点相互连接后只能建立一条链路,相当于图形的一条边。因此,无线网络可以抽象成图

$G=(V,E)$，网络终端节点是图的节点，V 或 $V(G)$ 是顶点集合，E 或 $E(G)$ 是边的集合。若在 G 中所有与 v 相连的边数称为 v 的度，记作 $\mathrm{Deg}(v)$。若图 $G\in H$，则 $E(G)\in H(G)$ 为 H 的子图。若无线网络的终端节点具有接收和转发数据的能力，则称该无线网络为多跳无线网络。多跳无线网络的任意两节点可以直接或者间接利用其他节点进行通信，若节点 u、u_n 的通信链路为 $u_2,u_2,u_3,\cdots,u_n$ 则称 u_n 为 u 的 n 跳通信节点。

具体来说，把一个多跳无线网络拓扑看作一个无向连通图 $G=(V(G),E(G))$，其中 $V(G)=\{v_1,v_2,\cdots,v_n\}$ 表示节点(顶点)集，E 表示边集合(链路集合)。首先，定义一个包含 N 个节点的网络的拓扑空间，N 个节点的完整图有 $n(n-1)/2$ 条边，这些边生成的每个子集对应一个网络拓扑结构，这些网络形成了一个拓扑空间。

k 连通(k -neighbors graph)算法提出运用概率统计的思想完成邻近图结构的搭建，它规定在图中的每个节点与最近 $k(k>0)$ 个相邻欧氏距离最短的节点相连，同时 k 值保证在整个网络中可以有 95%以上的节点在同一个连通单元中[19]。

对 k 值做出进一步解释：当网络中的节点总数是 $N(N\geqslant 1)$ 时，此时 k 才有意义，当 k 为常数，$N\to\infty$ 时，网络视为不连通；在网络中有与节点 u 等距离的相邻节点，k 值最大为 $N-1$[20,21]。

k 值被确定后便可构建无线网络结构图 G_k，无线网络中节点 u 相邻节点的欧氏距离按照由近到远的顺序构成三角形，记为 $\triangle uvw$。若 $P(u,v)+P(v,w)\leqslant P(u,w)$，$P$ 代表节点间通信的能耗，则舍去 (u,w) 边，直至选出 k 个与节点 u 相邻的最低通信功耗节点。此时图 G_k 是 k 连通的，即图 G_k 中的任意节点 u、$v=V(G_k)$ 至少存在 k 条不相同的通信路径。如图 7-17 所示，节点 u 的两条不同通信半径分别为 R、r，且 $R>r$。若半径为 r，则连通度为 5；若半径为 R，则连通度为 9。若节点 w 的连通度也为 5，则通信范围为 L。

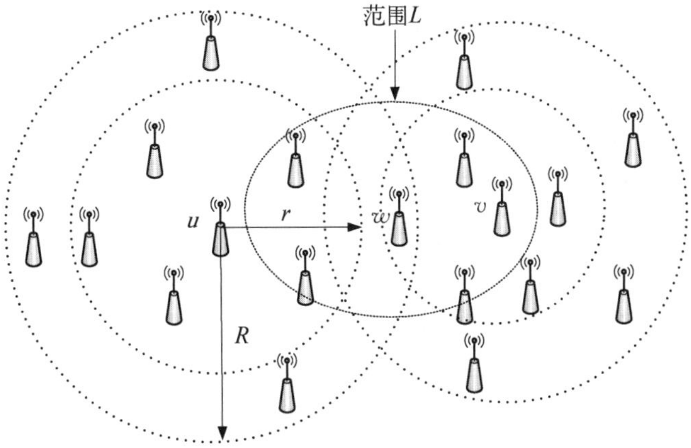

图 7-17 k 连通示意图

无线网络中节点间的通信距离与其天线的发送和接收功率关系密切，可表示为[22]

$$P_r=\frac{P_tG_tG_r\lambda^2}{(4\pi d)^2L} \tag{7-3}$$

其中，P_r、P_t 是节点的发送和接收功率；G_t、G_r 是天线的发送和接收增益；d 通信之间的距离；λ 是波长。无线信号的发送和接收功率按照距离的 β 次衰减，若节点 u、v 间的距离函数为 $d(u,v)$，当接收功率值一定时，则节点 u、v 通信所需的最小功率为

$$P_{uv}=d(u,v)^{\beta} \tag{7-4}$$

在正常通信时，不希望节点以最大发射、接收功率工作。因为在式(7-3)中，发送或接收功率和节点之间的通信距离成平方关系，因此节点 u、v 经过 k 连通后直接通信比通过一系列中继节点所需要的能量多。同时，功率增大也会对其余节点间的通信产生干扰。

(2) 无线网络拓扑控制算法

无线网络的搭建是以无线智能单元为基础(终端节点)，合理调度节点的运行机制，形成有效的拓扑网络结构，可以降低能量损耗，减少节点间通信的信道，丢弃冗余的通信链路，提高通信效率。现有的无线网络拓扑控制方法分类如图 7-18 所示，算法间的差异如表 7-2 所示。

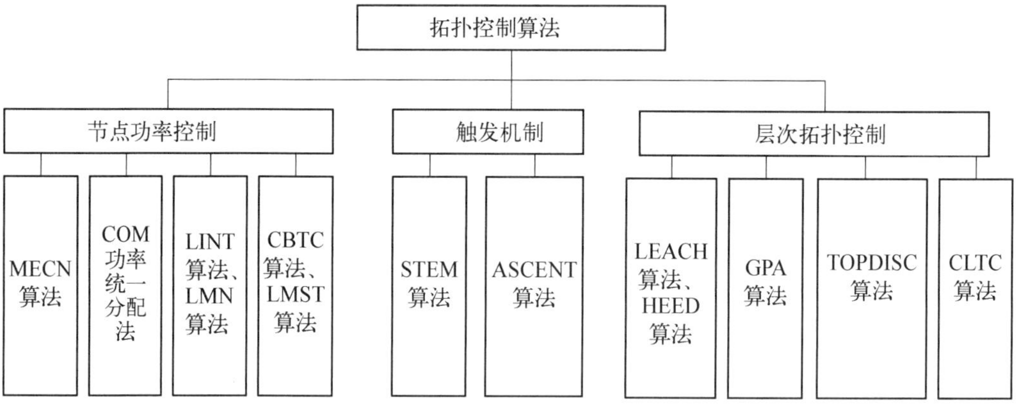

图 7-18 现有无线拓扑控制算法分类

表 7-2 拓扑算法间的比较

算法	连接性	节点是否同步	是否基于位置	复杂度	节点密度
COMPOW	强	否	否	中等	稀疏
LIN	弱	否	否	低	稀疏
LMN	弱	否	否	低	稀疏
CBTC	弱	否	是	低	稀疏
LMST	强	否	是	中等	稀疏
ASCENT	强	否	否	低	稀疏
MECN	弱	否	是	低	稀疏
LEACH	——	是	否	中等	密集
GPA	强	否	否	中等	密集
CLTC	强	否	否	低	稀疏

目前常用的无线网络拓扑控制有 LMST(Local Minimum Spanning Tree)算法、MECN(Minimum-energy Communication Network)算法、CBTC(Cone Based Topology Control)算法以及 CLTC(Cluster-based Topology Control)算法。

LMST 算法根据每个无线终端节点的拓扑结构生成树，把发射(接收)最大功率对应的距离设为无线终端节点通信的最远距离。MECN 算法是先假设无线网络中某个节点作为主节点，它是其他所有节点的信息集合，主节点如同传感器网络的管理站、蜂窝系统中的基站。CBTC 是基于扇区的无线网络拓扑控制算法，其不要求具体的位置数据和无线传播路径。CLTC 是一种基于群的分布式拓扑控制算法，它选择通信性能较强和通信链路较多的节点为群首，控制群内节点，使群内节点可以直接或者间接通信。群内之间信息传送机制采用集中式控制，群之间采用分布式控制，该算法过程简单，拓扑结构连通性较强。

综合以上分析，在本节中运用 CLTC 算法进行海上风电场无线网络拓扑结构的搭建。

7.4.2 海上风电场无线通信拓扑描述

海上风电场风电机组有智能终端通信单元(即无线智能节点)，能够相互通信。在无线网络中，无线节点的分布和它们之间的逻辑链路构成了无线通信网络的拓扑，而无线通信的拓扑是路由的基础。同时，路由协议需要节点提供拓扑信息，网络拓扑和路由机制是相互关联的。由于网络需要具备平衡和高抗毁性的特性，拓扑结构的生成需要通过某些优化算法来实现，尤其考虑到网络的抗毁性，它需要终端节点相互连接形成 k 连接拓扑[23]。但是，由于节点天线数量和其他方面的限制，拓扑图的边数不应该太多。为了确保网络管理过程中的通信性能，有必要在适当的通信阶段提供网络拓扑控制协议，以产生具有最佳效果的通信拓扑，能够做到求解模型稳定，算法计算量小，且满足实时性要求。

无线网络拓扑中最佳通信路径目标是：网络节点数 N 值确定后，寻找两节点间通信跨越节点数最多的路径作为目标函数，以路径的最小值作为最优目标[24]。遗传算法具有全局搜索最优解的能力，故本节将用遗传算法确定最优的无线网络拓扑结构。在介绍无线网络拓扑结构网络算法的设计过程前，先引入以下概念：

定义 1 (最远邻居)最远邻居是无线终端节点利用最大传输动率可以搜索到的与之连接终端节点的集合，即：$N_u^V=\{v\in V(G):(u,v)\in E(G)\}$。对每一个无线终端节点 $u\in V(G)$，令 $G_v^V=(V(G_v^V)),E(G_v^V)$ 为由 $V(G_v^V)=N_v^V$ 诱导出的 G 子图。

定义 2 (邻居集合)无线终端节点 u 的出邻居是 v，v 是 u 的入邻居，即 u 向 v 发送数据，应用层网关算法(Application Layer Gateway, ALG)生成拓扑时，仅存在一条通信链路 (u,v)，记为 $u\xrightarrow{\text{ALG}}v$，利用 $u\rightarrow v$ 表示 G 中的邻居关系，其中链路 $u\xrightarrow{\text{ALG}}v$ 与链路 $v\xrightarrow{\text{ALG}}u$ 等价。

因此，无线终端节点 u 的出最远邻居集为：$N_{\text{ALG}}^{\text{out}}(u)=\{v\in V(G):u\xrightarrow{\text{ALG}}v\}$；无线终端节点 u 的入最远邻居集为：$N_{\text{ALG}}^{\text{out}}(u)=\{v\in V(G):v\xrightarrow{\text{ALG}}u\}$。

定义 3(度)　在算法 ALG 下,无线终端节点 u 的出度(u 的出最远邻居数)为 $\deg_{\mathrm{ALG}}^{\mathrm{out}}=|N_{\mathrm{ALG}}^{\mathrm{out}}(u)|$。

定义 4(拓扑)　在算法 ALG 下,无线终端节点 u 生成的拓扑是一个有向图 $G_{\mathrm{ALG}}=(E(G_{\mathrm{ALG}}),V(G_{\mathrm{ALG}}))$。

这里 $V(G_{\mathrm{ALG}})=V(G),E(G_{\mathrm{ALG}})=\{(u,v):u\xrightarrow{\mathrm{ALG}}v,u,v\in V(G_{\mathrm{ALG}})\}$。

定义 5(半径)　半径 R_u 被定义为节点 u 和它最远邻居的欧式距离,即 $R_u=\max_{v\in N_{\mathrm{ALG}}^{\mathrm{out}}}\{d(u,v)\}$。

根据相关无线终端节点路由的性能,对以下制约条件做出分析:

(1) 无线终端节点最大度约束

无线网络中,终端节点相互连接的能力受链路条数的限制,不能超过 A 条,因此可假设节点度上限为 A,节点度数可以约束为:

$$\max_{u\in V(G)}\{\deg_{\mathrm{ALG}}(u)\}\leqslant A \tag{7-5}$$

(2) 最远通信长度

根据无线节点的发射功率,最大发射功率对应最远通信长度。设无线网络中,终端节点最远的通信长度为 L,则图中各边长度均小于 L,对于 $\forall u\in V(G)$ 的最远通信长度制约条件可以表示为:

$$R_u=\max_{v\in N_{\mathrm{ALG}}(u)}\{d(u,v)\}\leqslant L \tag{7-6}$$

(3) 连通度

关于无线网络的稳定性、可靠性、抗干扰性,必须保证网络在出现无线终端节点故障时网络的连通性,即 k 的连通性。设图 G 的连通度为 $k(G)$,则连通度约束可表示为:

$$k\leqslant k(G) \tag{7-7}$$

(4) 节点间通信距离

两无线节点需经单跳甚至多跳才能进行通信,节点 u、v 通信的链路表示为 $w(e)=\{e_1,e_2,\cdots,e_n\},e\in G(V,E),e_i$ 表示两相邻节点间的链路。因此,节点间的通信距离为:

$$\min\{\max\{w(e)\mid e\in G'(V,E)\}\} \tag{7-8}$$

根据以上分析,可建立无线网络终端任意两节点以最远通信长度为最短目标的优化模型为:

$$\begin{cases}\min\{\max\{w(e)\mid e\in G'(V,E)\}\}\\ \max\limits_{u\in V(G)}\{\deg_{\mathrm{ALG}}(u)\}\leqslant A\\ R_u=\max\limits_{v\in N_{\mathrm{ALG}}(u)}\{d(u,v)\}\leqslant L,\forall u\in V(G)\\ k\leqslant k(G')\end{cases} \tag{7-9}$$

7.4.3　无线网络路径的自愈研究

(1) 海上风电场无线网络自愈描述

假定某个海上风电场有 N 台风电机组，且每台风机都配有无线终端，有 N_s 个基站(汇聚点)，海上风电场的内部网络可以通过基站与外部网络进行连通。海上风电场无线终端节点示意如图 7-19 所示。任意风机 u 的通信覆盖范围为 $r(u)$，当风机以无线终端最大功率 P_{max} 发送信息时，通信的覆盖半径为 r_{max}。风机 u 和 u_s 相互通信的路径记为 $\mathrm{path}(u,u_s)=(u,u_1,u_2,\cdots,u_{k-1},u_k,u_s)$，其中相邻的 u_{k-1} 和 u_k 都在彼此的通信范围内。

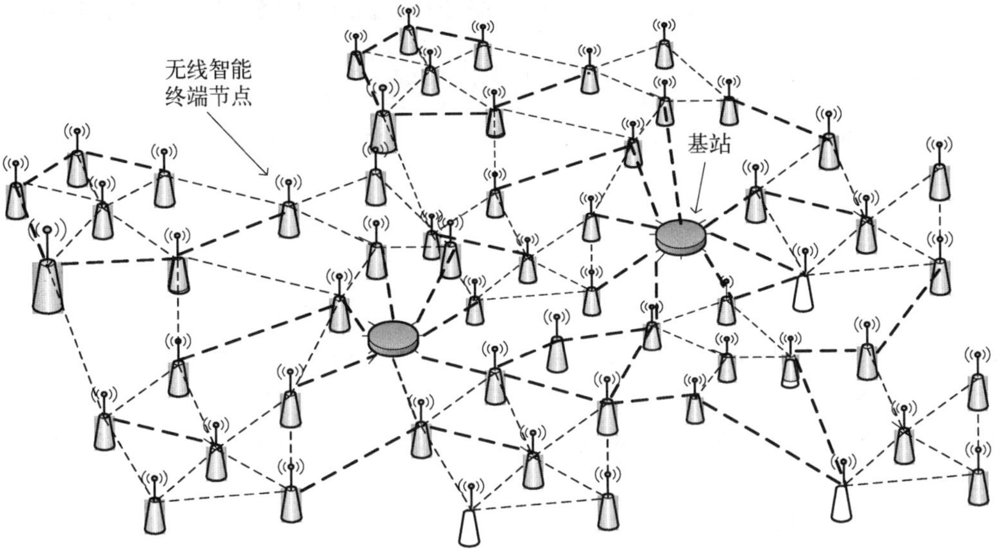

图 7-19　风电场无线终端网络示意图

基站的集合记为 $S=\{S(1),S(2),\cdots,S(N)\}$，风电机组无线节点的集合记为 $U=\{U(1),U(2),\cdots,U(N_s)\}$。风机 u 的第 k 跳邻居集合记为 $\mathrm{Nei}(k)$，对于任意风机 $v\in\mathrm{Nei}(k)$，则有 u 和 v 相互通信最短路径为 k 跳；链接 (u,v) 上的接收(发送)所需的功耗函数 $P_{uv}=wd(u,v)^{\beta}$，$2\leqslant\beta\leqslant6$。

下面规定几个属性函数：

1) 假设 X 为布尔逻辑集合，同一个图 G 的任意两个节点为 u、v，定义网络连通性为

$$\mathrm{Con}(G):G(v,e)\in X \tag{7-10}$$

2)规定风机无线终端度值函数为 $\deg(u):v\in R$，R 为正实数集合，相邻风机无线终端能量消耗函数表达式为

$$\mathrm{COST}(u,v):V\times V\in R' \tag{7-11}$$

式中 R' 为负实数集合；

3) 规定风机间相互连接传输消耗为

$$\mathrm{Path\_COST}(u,s)=\min\left\{\min\left\{\sum wd(u_k,u_{k-1}{}^{\alpha})\right\}\right\} \tag{7-12}$$

其中，u_k、$u_{k-1} \in \text{path}(u,s)$，$N_s \geqslant k \geqslant 1$。

那么，风电场网络拓扑的优化目标可以表示成如下定则：

定则 1：$\text{Con}(G)=1$；

定则 2：$\sum \text{Path\_COST}(u,s) \leqslant \sum \text{Path\_COST}(u',s)$，$\forall u,u' \in M$；

定则 3：$\deg(u) \leqslant D$，D 表示节点度值最大值。

定则 1 为必须满足条件，定则 2 和 3 尽可能接近最优定则条件。

网络自愈的目标：当海上风电场中有机组的无线终端失效或异常时，该风电机组不能与整个无线网络通信。这时，可通过丢弃失效的风电机组改变其余未失效风电机组的无线终端发射(接收)功率来构造出新的无线网络拓扑，且新的网络拓扑结构可以满足定则1～定则 3。

上述目标可以转化为权值和度约束的图形求解问题，TCS－CB 算法（Topology Control System-Connectivity Behavior)可以帮助实现无线网络自愈的目标。

(2) 基于 TCS－CB 算法的网络自愈

TCS－CB 算法的主要策略是：当风电机组 u 的无线终端由于某种原因不能通信时，保持 u 的 Nei(1) 内其余风电机组可以相互通信，即 $\forall u_i,u_j \in \text{Nei}(1)$，通过调节风电机组无线终端发射功率，使得最少一条 $\text{Path}(u_i,u_j)$ 保持畅通。该算法主要分为两个步骤：首先，完成单跳邻居的连通恢复，该过程主要是调节 Nei(1) 集合内的节点功率，假设任意风机 u 的邻居为 k，使之生成可以相连通的子集 $C_u(k)$；其次，实现全局无线网络恢复，即根据 $C_u(k)$ 路径信息实现子集彼此之间的连通，然后通过发起未知路径的查询，最终获得 Nei(1) 的连通。

1) 单跳邻居的连通恢复

无线节点的 Nei(1) 中通信链路通信质量不一，Nei(1) 的最大连通子集和 D 值关系很大，D 值越大网络全局恢复性越高，规定节点间链路的通信质量为边权值。在单跳邻居的连通恢复阶段，边权值定义如下：

$$\text{weight}(u,v)=d(u,v)^{\beta}\left(\frac{\deg(u)+\deg(v)}{2D}\right)^{\lambda} \tag{7-13}$$

式中，$\lambda \in (0,1]$，β、λ 为预设指数，分别表示无线终端的性能和抗信号的干扰能力。式(7－13)对定则 2 和定则 3 的近似处理，使得两台风电机组可以生成端度值较小、链接代价较小的链接。单跳邻居的连通恢复具体执行规则如下：

规则 1：将风电机组 u 的邻居点 $v_1,v_2,\cdots,v_k$ 划分到相对应的 $C_u(k)(k \geqslant 1)$ 中；

规则 2：每台风电机组 v_i 在规定的时间内如果没有等到风电机组 u 发送的报文信息，则 $C_u(k)$ 内的风电机组以最大功率 $P_{\max}$ 广播报文。若有 $v_i \in C_u(k_1)$ 收到 $C_u(k_2)$ 广播的报文，则给予反馈信息。

规则 3：v_i 收到反馈报文信息，则根据式(7－13)计算边权值，选取最小值并合并当前与对端两个子集后广播报文。若 $v_j \in C_u(k_1)$ 接收到 $C_u(k_2)$ 的报文，则查询确认是否为反馈信息，若是，则归属于 $C_u(k_2)$，并向 $C_u(k_1)$ 发送报文确认。

规则 4：如果 $v_j \in C_u(k_1)$ 接收同一集合其他节点的报文，则归入自身报文的指定集合中。

单跳邻居的连通恢复阶段可以生成多个独立的最小边权值，但是无法依靠提高风电机组无线终端发射(接收)功率实现合并，因此需 $\mathrm{Nei}(t)(t \geqslant 2)$ 来连通。定义当前的最小边权值集合并按照无线终端节点数量降序为 $\{\mathrm{MST}_1, \mathrm{MST}_2, \cdots, \mathrm{MST}_n\}$，有 $|\mathrm{MST}_1| \geqslant |\mathrm{MST}_2| \geqslant \cdots \geqslant |\mathrm{MST}_n|$，按照式(7-13)选择可以合并的通信链，可表示为：

$$\mathrm{MST\_select}_k = \left\{ \mathrm{MST}_i \,\middle|\, \min\left\{ \sum \mathrm{weight}(a, b) \right\} \right\} \tag{7-14}$$

式中 a、$b \in \mathrm{path}(u, v)$ 且 $k + 1 \leqslant i$。

2) 全局无线网络恢复

由于海上风电场无线网络拓扑控制采用较低无线终端发射(接收)功率来维持全局网络连通，因此风机之间还存在未知的路径，可以增大发射(接收)功率获得。在单跳邻居的连通恢复阶段可以获得 $\mathrm{Nei}(1)$ 连通，子集聚合获得的连通子集可按照大小降序标记为 $C_1, C_2, \cdots, C_I$，则全局无线网络恢复具体操作如下：

规则 1：依次按照 $C_1, C_2, \cdots, C_I$ 发起路径查询，任意一个符合 $u(u \in \mathrm{Nei}(1) \cap C_i)$ 的风电机组都会广播一段特殊的报文；若任意风电机组 $v(v \in \mathrm{Nei}(1)$ 收到风电机组 u 发出的特殊报文，则记录、查询路径来源，并广播此特殊报文；若 $v(v \in \mathrm{Nei}(1) \cap C_i)$ 收到风电机组 u 发出的特殊报文，则选择 u 到 v 的权值最低路径，并按照此路径回应 u 相应的报文信息；

规则 2：任意风电机组 u 接收若干个回应的报文消息后，选出本集合内到其他集合的边权值最小路径，标记为 u'，合并 u 和 u' 的集合标记为两集合标记的较小值，并删除较大的集合；

规则 3：循环规则 1～规则 2，直至选出 u 的单跳邻居的边权值最小。

(3) 算例分析

设定海上风电场有 100 台携带无线智能终端节点的风电机组分布在某一海域，风电机组之间设有 4 个通信基站，且无线终端的通信半径在 $0 \leqslant R \leqslant 60$ m。规定节点的度值为 4，预设指数 β、λ 分别为 1.5、0.2。节点分布如图 7-20 所示，图内标注风电机组 1～8 无线终端节点以 k 连通的方式形成的节点正常时无线网络通信拓扑。

某一时刻，风电机组 4 无线终端出现异常无法正常工作。图 7-21 显示了无线终端节点以最大功率(接收)时所形成的网络拓扑结构。通过单跳邻居的连通恢复，节点 2、6、8 此时调节发射(接收)功率，各自寻找相邻节点的集合，节点 6 最先找到节点 1、2、7，节点 2 找到节点 2、6、5，节点 8 找到节点 2、6、3。节点 2、6、8 在原有的路由基础上根据各自 $\mathrm{Nei}(1)$ 的子集相交情况和边权值可知，通过节点 2 与 6、节点 2 与 8 建立新的链路可以实现整个网络的连通，即得到全局无线恢复如图 7-22。

假设在此海上风电场中，60%的风电机组由于通信原因不能连接到网络且不能通过基站与监控后台交互，则认为风电场功能失效。预设指数 β、λ 取不同值时，依次选择失效节点和失效节点数，让风电机组节点向基站发送数据，若无线网络受损且不能维持全局连通，则仿真停止。此时可以得到不同预设指数 β、λ 的无线网络生命周期，如图 7-23 所示。

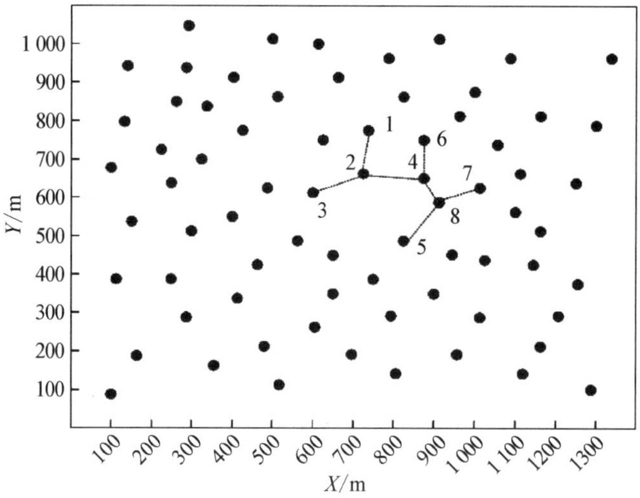

图 7-20　节点正常时无线网络通信拓扑

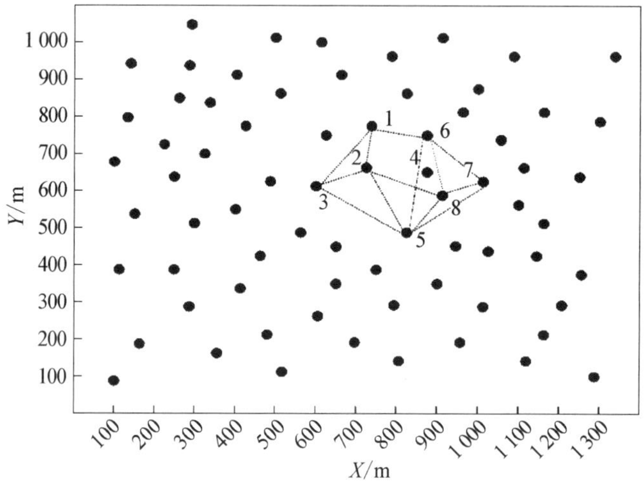

图 7-21　节点功率最大时形成无线网络通信拓扑

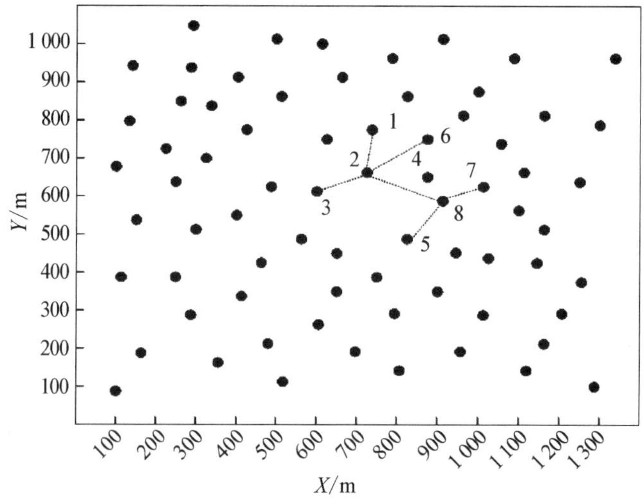

图 7-22　节点异常时无线网络通信拓扑

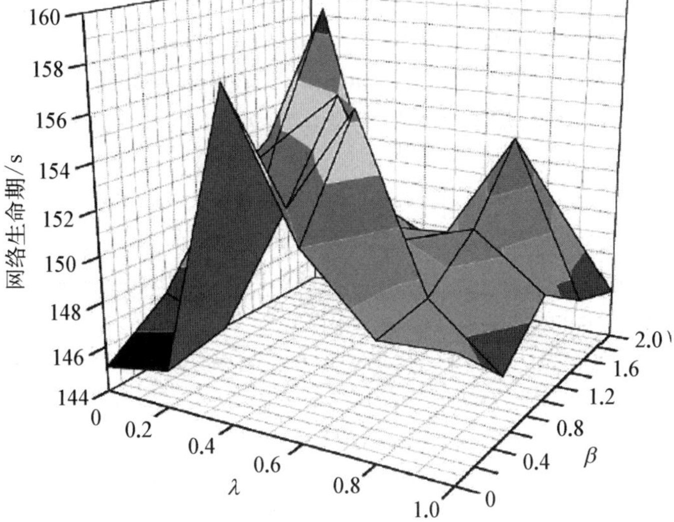

图 7-23 β、λ 对网络生命周期的影响

由图 7-23 可知，当预设指数 β 一定时，随着 λ 数值的增大网络生命周期先升后降，说明无线节点的抗信号干扰能力并不是越强越好，能力越强会造成无线终端能耗损失越快，加快节点失效。当预设指数 λ 一定时，随着 β 数值的增大网络生命周期先升后降，说明虽然前面解释通信性能随距离的 β 衰减，但不是 β 越小越好，β 越小同样意味着节点能耗的增加。

参考文献

[1] 赵锐.中国海上风电产业发展主要问题及创新思路[J].生态经济，2013(03)：97-101.

[2] 冯书桓，王斌，田维珍.海上风电发展趋势与国际标准化现状[J].船舶标准化工程师，2019，52(06)：20-24.

[3] 郑崇伟，胡秋良，苏勤，等.国内外海上风能资源研究进展[J].海洋开发与管理，2014，31(06)：25-32.

[4] 裴丽.海上风能与波浪能综合研究利用[D].天津：天津大学，2012.

[5] 闵兵，王梦川，傅小荣，等.海上风电是风电产业未来的发展方向——全球及中国海上风电发展现状与趋势[J].国际石油经济，2016，24(04)：29-36.

[6] 迟永宁，梁伟，张占奎，等.大规模海上风电输电与并网关键技术研究综述[J].中国电机工程学报，2016，36(14)：3758-3771.

[7] 张晓东，许宝杰，吴国新，等.风力发电机组故障诊断专家系统研究[J].制造业自动化，2014，36(21)：21-25.

[8] 邢作霞，郑琼林，姚兴佳.近海风力发电技术的现状及展望[J].电机与控制应用，2005(09)：55-60.

[9] 孔屹刚，徐大林，顾浩，等.大型风力机液压变桨机构建模分析[J].太阳能学报，2010，31(02)：210-215.

[10] 邱军林，周永权，张亚红.基于 GA 的 MTSP 问题实现[J].微计算机信息，2010，26(06)：224-225，211.

[11] NIENDORF，KABAMBA P T，GIRARD A R. Stability of Solutions to Classes of Traveling

Salesman Problems[J]. IEEE transactions on cybernetics, 2016, 46(04): 973-85.

[12] 于莹莹,陈燕,李桃迎.改进的遗传算法求解旅行商问题[J].控制与决策,2014,29(08):1483-1488.

[13] TOMINAGA Y, OKAOTO Y, WAKAO S, et al. Binary-based topology optimization of magnetostatic shielding by a hybrid evolutionary algorithm combining genetic algorithm and extended compact genetic algorithm [J]. IEEE Transactions on Magnetics, 2013, 49 (05): 2093-2096.

[14]LIU X. Corrections to and Comments on "Optimization of Urban Optical Wireless Communication Systems"[J]. IEEE transactions on wireless communications, 2009, 8(06): 2763-2765.

[15] LIU X. Performance of optical links in wireless SCADA for offshore wind farms[C]. 2011 IEEE Power and Energy Society General Meeting, 2011:1-5.

[16] OTANI T, KOBAYASHI H. A SCADA system using mobile agents for a next-generation distribution system[J]. IEEE Transactions on Power Delivery, 2013, 28(01): 47-57.

[17] COATES G M, HOPKINSON K M, GRAHAM S R, et al. A trust system architecture for SCADA network security[J]. IEEE Transactions on Power Delivery, 2010, 25(01): 158-169.

[18] 杨文华.风电场监控系统现状和发展趋势综述[J].宁夏电力,2011(04):51-56.

[19] BLOUGH D M, LEONCINI M, RESTA G. The k-neighbors approach to interference bounded and symmetric topology control in ad hoc networks[J]. IEEE Transactions on Mobile Computing, 2006, 5(09): 1267-1282.

[20] ADJIH C, JACQUET P, VIENNOT L. Computing Connected Dominated Sets with Multipoint Relays [J]. Ad Hoc & Sensor Wireless Networks, 2013, 1(1/2): 27-39.

[21] LI N, HOU, JC. Localized fault-tolerant topology control in wireless ad hoc networks[J]. IEEE Transactions on Parallel and Distributed Systems, 2006, 17(04): 307-320.

[22] RODOPLU V, MENG T H. Minimum energy mobile wireless networks[J]. IEEE Journal on Selected Areas in Communications, 1999, 22(07): 1333-1344.

[23] 孟中楼,王殊,王骐,等.K连通的分簇式无线传感器网络拓扑控制算法研究[J].计算机工程与科学,2010,32(02):11-14,48.

[24] 王亚利,冯有前,刘志国,等.基于遗传算法的定向天线网络拓扑控制[J].空军工程大学学报(自然科学版),2018,19(02):51-55.

第 8 章

海上风电机组故障诊断与自愈控制

前一章介绍了海上风电场集电系统和通信系统的拓扑结构，为后面对海上风力发电场控制及研究提供了一些必要的知识准备。因为海上风电场远离陆地，运行环境恶劣，风电机组故障率较高，这会直接影响风电机组的工作效率和运行寿命。因此，本章主要介绍海上风电场的故障诊断技术和自愈控制，以降低海上风电场的故障率。

8.1 海上风电机组及其故障诊断技术概述

8.1.1 风电机组主要部件及故障

由于海上风电机组结构复杂，影响因素多，故障类型也复杂多样，故对风电机组的故障分类十分必要。下面对风电机组不同的部位以及主要部件故障类型进行介绍，并对常见的故障类型进行详细的阐述。

表 8-1 风电机组常见故障统计

序号	零部件名称	故障统计机组数量/台	故障发生次数/次	故障发生频次/(次/台/年)	平均排除故障所需时间/小时
1	发电机	7 701	412	0.07	156.57
2	变频器	4 232	699	0.17	68.41
3	齿轮箱	3 930	249	0.06	136.21
4	变桨系统	3 037	326	0.11	6.83
5	偏航系统	1 733	146	0.08	37.76
6	其他	1 648	475	0.29	23.16
7	叶片	900	35	0.04	885.35
8	控制系统	457	68	0.15	209.15
9	制动系统	298	24	0.08	18.49

图 8－1 为 1.5 MW 双馈风力发电机组的示意图，该型风电机组的主要结构及其功能如图所示，主要部件有：叶轮、双馈发电机、齿轮箱、变桨距系统、偏航系统。

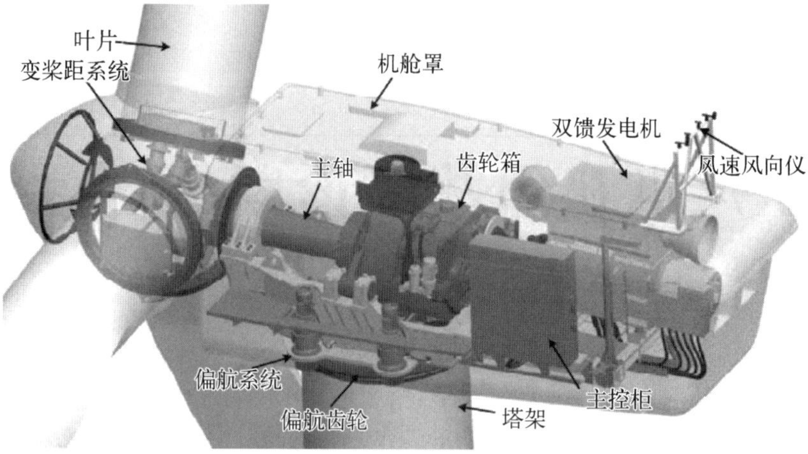

图 8－1　1.5MW 双馈风力发电机组

(1) 叶轮

叶轮处在叶片根部和传动系统的连接处，主要由叶片、轮毂、变桨机构三部分组成。由于长期受到暴晒、暴雨等海上恶劣天气的影响，以及海上水气的腐蚀，破坏了叶片以及叶轮的表面材料，进而导致其变形，降低了机组对于风能的吸收；若前缘腐蚀的话，就会造成叶片的翼型发生变形，捕捉风能能力下降；若后缘损坏，会对叶片的刚性以及疲劳性造成一定程度的损伤，使得叶片永久性失效。

(2) 发电机

风力发电机是将叶轮产生的机械能转换成电能的装置，可分为同步发电机和异步发电机。发电机是整个系统的核心，当风电机三相负荷电流不平衡时、定子电压过高以及负荷电流过大，都会导致发电机组过热。当发电机组轴线不准、前端传动系统的耦合不紧密、定子安装不紧密时，发电机组则会出现振动过大，对整个机舱以及塔架的载荷产生不利影响。

(3) 齿轮箱

齿轮箱位于风电机组机舱内部，主要由齿轮、滚动轴承、轴承和箱体等四大部分组成。受到风速的影响，风电机组长期处于工作状态，风轮系统会受到各种无规则的冲击，并通过主轴传递给齿轮箱，长时间这样运作，就会导致齿面裂纹；若润滑不当，很容易造成齿面温度过高，引发箱体烧坏[1]。

(4) 变桨距系统

变桨距系统通过叶片和轮毂之间的轴承机构转动叶片的桨距角，来改变叶片翼型的升力，使得叶片和整机的受力状况得到调整。变桨距系统是一个强耦合、非线性系统。当变桨电机中传感器一侧的编码器失效，就会导致感器 A 与传感器 B 测量得到的桨距角值不同，若偏差较大，就会引发变桨故障。当变桨电机内部短路、蓄电池电压低、变桨齿轮卡涩和磨损，导致电机负荷过大，则会造成变桨电机故障。

(5) 偏航系统

偏航系统的主要功能是运用外部环境风向来控制和改变风电机舱自身转动的角度，使其运行更加稳定可靠，并最大限度地捕获风能。由于长期的使用，可能会使偏航系统出现如下问题：若偏航系统持续运作时间过长、杂质渗透到齿轮副齿侧间隙不足或者润滑不足，就会导致偏航齿圈磨损；当偏航系统传感器异常，疲劳受损时候，就会出现侧面轴承失效；若风向标信号精度不高，系统阻力矩过小，则会导致偏航定位不准确。

8.1.2 海上风电机组无线通信机制

当前，海上风电场通信以有线技术为主，分为风电机组之间的环网通信网络和风电机组内部的通信网络。在风电机组内部主要有光端机、多模光纤、交换机等，用 RJ45 的网线连接构成内部网络[2]。海上风电场中利用以太网技术和多模光纤连接管理交换机，建立远程有线网络通信机制。海上风电场通常将通信电缆或光缆敷设于海底，这会对后期的维修保养带来一定困难。海上风电场中机组可安装智能终端通信单元(即无线智能节点)，是相互通信和协调控制的硬件基础。在无线网络中，无线节点的分布和它们之间的逻辑链路构成了无线通信网络的拓扑，而无线通信拓扑是路由的基础，路由协议需要节点提供拓扑信息，网络拓扑和路由机制是相互关联的[3]。由于网络拓扑时常有故障发生，这就需要采取措施自动避开故障风机，进行网络自愈，以达到网络拓扑节点之间的协调运作。

实际上，由于海上环境的恶劣性，风电机组之间的无线通信应用并不广泛，但是可作为海上风电机组间通信的一个重要发展方向。

8.1.3 相关算法基础

(1) 支持向量机回归

支持向量机(Support Vector Machine, SVM)是由 Vapnik 提出的一类按监督学习方式对数据进行二元分类的泛化能力很强的机器学习方法，可用作分类和回归[4]。支持向量机回归(support vector regression, SVR)不再像分类时候一样仅为 -1 和 $+1$ 这两种标记值，而是任意连续的值，主要用于处理回归预测问题。SVR 具备良好的泛化能力，其主要思想是：已知训练样本集 (x_i, y_i)，$i = 1,2,\cdots,n$，$\boldsymbol{x}_i \in \mathbf{R}^n$，$y \in \mathbf{R}$，利用该方法，将低维非线性问题映射为高维线性问题，求解并推导出 $\boldsymbol{y}$ 对 $\boldsymbol{x}_i$ 的依赖关系，即 $y = f(x_i)$。

下面是 *SVR* 的具体操作步骤。

1) 已知训练样本集 (x_i, y_i)，$i=1,2,\cdots,n$，$u_i \in \mathbb{R}^n$，$y \in \mathbb{R}$，选择适当的核函数，常用的核函数有：

① 多项式核函数：$K(\boldsymbol{u}_i, \boldsymbol{u}_j) = (1 + \boldsymbol{u}_i^{\mathrm{T}} \boldsymbol{u}_j)^d$；

② 高斯核函数：$K(\boldsymbol{u}_i, \boldsymbol{u}_j) = \exp(-\gamma \parallel \boldsymbol{u}_i - \boldsymbol{u}_j \parallel^2)^d$；

③ *Sigmoid* 核函数：$K(\boldsymbol{u}_i, \boldsymbol{u}_j) = \tanh(k\boldsymbol{u}_i^{\mathrm{T}} \boldsymbol{u}_j - \delta)^d$；

式中，$d > 0$，$\gamma > 0$，$k > 0$，$\delta > 0$ 为核参数。

2）SVR 问题可表示为：

$$\underset{\omega,\xi,\xi^*}{\text{minimum}} \frac{1}{2}\|\boldsymbol{\omega}\|^2+C\sum_{i=1}^{n} l_\varepsilon(f(\boldsymbol{x}_i)-\boldsymbol{y}_i)$$

式中，l_ε 为损失函数，满足

$$l_\varepsilon(f(x_i)-y_i)=\begin{cases} 0 & |f(x_i)-y_i|\leqslant\varepsilon \\ |f(x_i)-y_i|-\varepsilon, & |f(x_i)-y_i|>\varepsilon \end{cases}$$

考虑到约束条件无法满足时，允许一定的误差，进而引入了松弛变量 ξ_i 和 ξ_i^*，此时最优化问题可以描述为：

$$\underset{\omega,\xi,\xi^*}{\text{minimum}} \frac{1}{2}\|\boldsymbol{\omega}\|^2+C\sum_{i=1}^{l}(\xi_i+\xi_i^*)$$

满足约束条件如下：

$$\begin{cases} y(i)-(\boldsymbol{\omega}^{\mathrm{T}}\varphi(\boldsymbol{u}_i)+b)\leqslant\varepsilon+\xi_i \\ \boldsymbol{\omega}^{\mathrm{T}}\varphi(\boldsymbol{u}_i)+b-y(i)\leqslant\varepsilon+\xi_i^* \\ \xi\geqslant 0 \\ \xi_i^*\geqslant 0 \end{cases}$$

其中，ω 是与最优超平面距离大于或等于 ε 的点的数量，$C>0$ 为惩罚参数。

3）利用拉格朗日方法求解上式的优化问题，拉格朗日函数形式如下[5]：

$$L=\frac{1}{2}\|\boldsymbol{\omega}\|^2+C\sum_{i=1}^{l}(\xi_i+\xi_i^*)-\sum_{i=1}^{l}\alpha_i(\varepsilon+\xi_i-y_i+(\boldsymbol{\omega}^{\mathrm{T}}\varphi(\boldsymbol{u}_i)+b))-$$
$$\sum_{i=1}^{l}\alpha_i^*(\varepsilon+\xi_i^*+y_i-(\boldsymbol{\omega}^{\mathrm{T}}\varphi(\boldsymbol{u}_i)+b))-\sum_{i=1}^{l}(\eta_i\varepsilon_i+\eta_i^*\varepsilon^*)$$

式中，$\alpha_i,\alpha_i^*,\eta_i,\eta_i^*$ 为拉格朗日乘子。

上式分别对 ω,b,ξ_i,ξ_i^* 求偏导等于 0，可得到如下公式：

$$\begin{cases} \partial_b L=\sum_{i=1}^{l}(\alpha_i^*-\alpha_i)=0 \\ \partial_w L=\omega-\sum_{i=1}^{l}(\alpha_i^*-\alpha_i)\varphi(u_i)=0 \\ \partial_{\xi_i} L=\sum_{i=1}^{l}(C-\alpha_i-\eta_i)=0 \\ \partial_{\xi_i^*} L=\sum_{i=1}^{l}(C-\alpha_i-\eta_i^*)=0 \end{cases}$$

那么，原优化问题可以描述为以下形式：

$$\underset{\alpha,\alpha^*}{\text{maximum}}-\frac{1}{2}\sum_{i,j=1}^{l}(\alpha_i-\alpha_i^*)(\alpha_j-\alpha_j^*)K(\boldsymbol{u}_i,\boldsymbol{u}_j)-\varepsilon\sum_{i=1}^{l}(\alpha_i+\alpha_i^*)+\sum_{i=1}^{l}y_i(\alpha_i-\alpha_i^*)$$

满足约束条件如下：

$$\begin{cases}\sum_{i=1}^{l}(\alpha_i-\alpha_i^*)=0\\ 0\leqslant\alpha_i^*,\alpha_i^*\leqslant C\quad i=1,2,\cdots,l\end{cases}$$

通过上式可以求解出 α_i 和 α_i^*，然后可以求得 $\boldsymbol{\omega}$ 如下：

$$\boldsymbol{\omega}=\sum_{i=1}^{l}(\alpha_i^*-\alpha_i)\varphi(\boldsymbol{u}_i)$$

根据最优化的 *KKT*（*Karush-Kuhn-Tuccker*）条件，优化问题满足：

$$\begin{cases}\alpha_i(\varepsilon+\xi_i-y_i+\boldsymbol{\omega}\varphi(\boldsymbol{u}_i)+b)=0\\ \alpha_i^*(\varepsilon+\xi_i+y_i-\boldsymbol{\omega}\varphi(\boldsymbol{u}_i)-b)=0\\ (C-\alpha_i)\xi_i=0\\ (C-\alpha_i^*)\xi_i^*=0\end{cases}$$

4）计算出阈值 b，得到支持向量回归函数如下：

$$\begin{cases}b=y_i-\boldsymbol{\omega}\varphi(\boldsymbol{u}_i)-\varepsilon,\quad 0<\alpha_i<C\\ b=y_i-\boldsymbol{\omega}\varphi(\boldsymbol{u}_i)+\varepsilon\quad 0<\alpha_i^*<C\end{cases}$$

最后，得到支持向量机回归

$$\boldsymbol{y}=f(\boldsymbol{u})=\sum_{u_i\in SV}(\alpha_i-\alpha_i^*)K(u_i,u)+b$$

其中，SV 为支持向量的集合，决定了支持向量机的回归拟合效果。

（2）顺序前项搜索算法提取特征

顺序前向选择算法（SFS）利用特征评价函数，从较大运行数据中，选择一组最优特征，从而对数据进行有效利用，提高系统的运算时间[6]。

首先，对 n 个特征集合进行初始化，目标集合设为空集；接着计算出特征集合中每一个特征的评价函数值 FDR，并选择具有 FDR 最大的特征为目标集合中的第一元素。选择好第一个元素后，将剩下的 $n-1$ 个特征一一选择与第一元素特征进行匹配，比较组合特征得到的 FDR，选择 FDR 最大值作为加入目标子集的特征，则第二个元素就可以确定。依次重复上述步骤，直到添加到最大维数为止，即得到此数据集的最优特征。

设特征评价函数为

$$\mathrm{FDR}=\sum_{j}^{M}\sum_{i>j}^{M}\frac{(\mu_i-\mu_j)}{\sigma_i^2-\sigma_j^2}$$

式中，M 表示样本所含的类别；μ_i 和 μ_j 分别表示第 i 类和第 j 类的类内特征向量 SVR 残差计算的均值；σ_i 和 σ_j 分别表示第 i 类和第 j 类的 SVR 残差计算后的方差，具体的算法描述如下：

步骤一：将目标特征子集 X_k 初始化为 $X_k=\Phi$。

步骤二:计算特征集合 $F(f_1,f_2,\cdots,f_n)$ 的每一个特征 f_i 的 FDR(f_i) 值,将计算得到的值进行比较,找到其最大值记为 $FDR(f_a)=\max\{\mathrm{FDR}(f_i)\}$,并将特征 f_a 加入目标子集 X_k 中。

步骤三:将其余未入选的 $n-1$ 个特征依次与已入选特征集 f_a 匹配,得到匹配后 FDR 值的大小,按照大小排序为

$$\mathrm{FDR}(X_k\cup\{F_1\})>\mathrm{FDR}(X_k\cup\{F_2\})>\cdots>\mathrm{FDR}(X_k\cup\{F_{n-1}\})$$

则目标子集 X_k 更新后,可得

$$X_k=X_k\cup F_1$$

步骤四:按照步骤 3 的思路,每次只增加一个使得 FDR 最大的特征到目标子集中,直到最终 FDR 值达到最大水平,算法运行结束,即最佳特征就被选取出来。

(3) 概率神经网络方法

概率神经网络是由 D.F.Specht 于 1989 年首先提出的基于统计原理的一种前馈型神经网络[7]。概率神经网络结构简单,容易设计,能用线性学习算法实现非线性学习算法的功能,在模式分类问题中获得了广泛应用,MATLAB 提供的 newpnn 函数可以方便地设计概率神经网络。

概率神经网络可以视为一种径向基神经网络,在 RBF 网络的基础上,融合了密度函数估计和贝叶斯决策理论。在满足相关条件的基础上,以 PNN 实现判别边界渐近地逼近贝叶斯最佳判定面。

1) Bayes 决策理论

贝叶斯决策理论是主观贝叶斯派归纳理论的重要组成部分。贝叶斯决策理论就是在不完全情报下,对部分未知的状态用主观概率估计,然后用贝叶斯公式对发生概率进行修正,最后再利用期望值和修正概率做出最优决策。

贝叶斯决策理论的核心是最小风险准则,而基于“预期风险”最小规则,也是目前模式分类判定规则的公认标准,因此该理论适用于多数模式分类问题[8]。

2) 概率神经网络的结构

概率神经网络由输入层、模式层、求和层、输出层组成[9],如图 8-2 所示。模型各层的作用如下:

① 输入层的作用是接受训练样本集,并将样本的特征传给网络,因此其神经元的个数等于样本的维数。

② 模式层的作用是对由输入层输入的样本特征向量和训练样本中各个模式的匹配程度进行运算,而其神经元的个数与各类别的训练样本数之和相等。

③ 求和层的作用是计算出属于某种模式分类的概率总和,并得到各个模式的 $f(X)$。

④ 输出层的作用是从求和层输出的各个模式中选择最大后验概率密度的神经元作为整个网络模型的输出。具有最大概率密度函数的神经元输出为 1,其他神经元输出为 0。

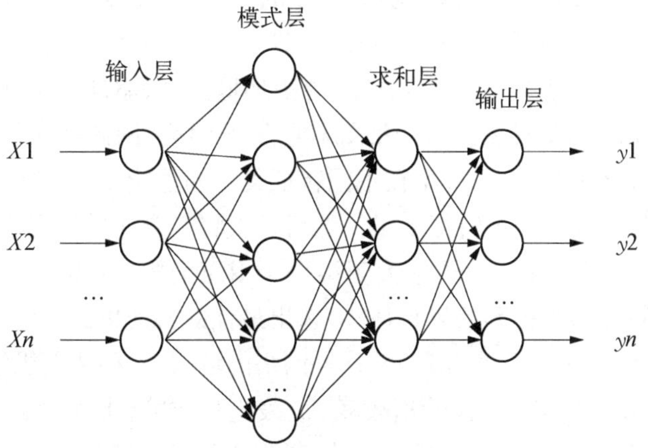

图 8-2　概率神经网络的结构图

8.2 海上风电机组的故障诊断技术

8.2.1 基于 SFS 的 PNN 诊断方法

在海上风电机组故障诊断过程中，机组利用自身的监控与采集(Supervisory Control And Data Acquisition, SCADA)系统对远程风机进行监测并收集风电机的运行参数。但是 SCADA 数据量巨大，不相关或冗余的特征值较多，若直接利用算法进行训练，很容易造成网络测试速度慢、模型精度小等问题。故提出一种基于 SFS 的 PNN 故障诊断方法，弥补了使用单一算法的局限性。本节在 SFS 算法的基础上，以 SVR 模型作为反馈风电机输出功率特征的预测器，并利用特征评价函数值 FDR 对特征集进行评估，通过 FDR 结果的大小，从多个特征集中选择最佳子集作为最佳特征参数；然后，将所选特征参数形成的数据集输入到 PNN 中进行训练，并获得测试所需结果。具体表述如下：

(1) 把 SCADA 的每个特征参数 x_i 作为一个向量输入，y_i 作为风电机组的功率输出值，即

$$T=\{(x_1,y_1),\cdots,(x_l,y_l)\}\in(\boldsymbol{X}\times\boldsymbol{Y})^l, x_i\in\boldsymbol{X}=\boldsymbol{R}^n; y_i\in\boldsymbol{Y}=\boldsymbol{R}, i=1,\cdots,l \tag{8-1}$$

将 SCADA 数据进行归一化处理，公式如下：

$$x'=\frac{x-x_{\min}}{x_{\max}-x_{\min}} \tag{8-2}$$

式中，x 为原始输入数据，x' 为归一化后的值，$x_{\max}$ 为原始数据中的最大值，$x_{\min}$ 原始数据中的最小值。

然后，建立 SVR 模型，输入风电机组 SCADA 的特征参数数据，并对功率的输出进行回归，可以得到风电机组的预测值和测量值。

(2) 将 SCADA 数据中影响输出功率变化的 18 个特征值代入 SFS 算法进行运算。18 个特征分别为：平均环境温度、平均风速、驱动电流、机舱平均温度、齿轮箱轴承温度、控制柜平均温度、电池柜温度、逆变器温度、周围环境湿度、驱动电压、电机转速、发电量、IGBT 温度、桨距角响应、散热器温度、轴承温度、机舱温度、网测变流器温度。将 18 个特征参数的 RBF 按升幂排列，表示模型在不同特征集下的性能，RBF 越大效果越好，所以选择一个 RBF 最大的作为第一个特征变量。然后再次将其余变量逐个添加到当前子集，重复进行上述步骤。若所添加新的子集大于第一个 RBF，则被选为待选参数；若小于则舍去，遍历所有待选特征参数得到结果特征集，选出最佳的特征集。

(3) 这里选择最佳的特征集为 PNN 神经网络的输入，五种风电机组的常见故障为输出，故障标记为① 叶片故障、② 齿轮箱故障、③ 发电机故障、④ 变桨距系统故障、⑤ 偏航系统故障，平滑因子选择 $\sigma=1.2$。通过训练，得到故障识别模型，进而可以得到测试样本的结果，找到发生故障的模块，图 8-3 为基于 SFS 的 PNN 神经网络的故障诊断流程图。

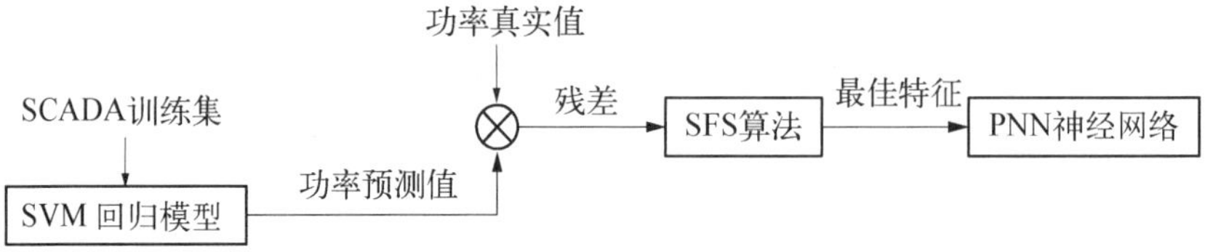

图 8-3 基于 SFS 的 PNN 神经网络方法的故障诊断图

8.2.2 风电机群分布式通信故障诊断技术

当前海上风电场大多采用集中控制方式，在陆地上建有监控中心，一旦通信干扰或控制装置出现故障，就可能使整个海上风电场处于失控状态。而分布式控制分散了集中式控制存在的风险，可以有效解决网络化系统控制问题，但是风电场中风机一旦出现故障时，相对于集中控制方式，分布式控制存在故障节点诊断难的问题。因此，对分布式风电机组通信节点进行有效、精确的诊断，可以有效地避免重大事故的发生，提高海上风电机组协同运作的可靠性。

针对海上风电机组分布式通信故障诊断难的问题，本节提出一种针对分布式系统的基于心跳检测 pull 算法的诊断方法。首先，对分布式风电场中的风电机群进行群落划分，这样可以简化分布式控制系统的通信链路和网络拓扑，为通信故障诊断与故障定位提供判定区域；接着，针对传统分布式通信检测中存在的“二值性”问题，利用心跳检测 pull 算法，在不通过基站的情况下，根据分布式群落的特点进行主从节点的故障诊断。

(1) 分布式风电机群的群落划分

海上风电场的网络连通是风电机组协调控制的基础，自组网的拓扑结构对分布式风电机组的协调控制以及分布式诊断定位具有重要影响。为了便于分布式系统的故障诊断和定位，这里先基于集群和局部优化的拓扑控制(Cluster And Local Optimization Topology Control，CLOTC)算法进行群落划分。CLOTC 算法用于风电场拓扑控制主要分为三个部分：风电机组节点分群、机群内无线拓扑控制、机群间拓扑结构实现。

1）风电机组节点分群

利用风电机组网络终端节点的相互通信获得相邻风机的终端数和对应的终端节点度的值，所谓节点度值是指该节点相关联的边的条数。设 u 为节点度，这里节点度值选择需满足以下目标：

目标1：要求 $3 < u < 8$。若小于3，会对分布式故障定位精度产生影响；若大于8，会影响网络拓扑的链路结构，造成链路的冗余、数据拥塞失效。

目标2：将得到的网络终端节点度值与相邻节点的度值进行比较，选择度值最大的为主节点，与主节点相邻的节点为从节点。如下所示：

$$A_u : \deg(u_0) > \deg(u_i) > \deg(u_2) > \cdots > \deg(u_n) \tag{8-3}$$

式中，u_0 为主节点；$u_1, u_2, u_3, \cdots, u_s$ 为 u_0 的从节点；n 为风电机节点数。

当节点度值相同时，则选择地址代码ID较小的为主节点，如下所示：

$$A_u : \mathrm{ID}_{u0} > \mathrm{ID}_{u1} > \mathrm{ID}_{u2} >, \cdots, > \mathrm{ID}_{un} \tag{8-4}$$

式中，$\mathrm{ID}_{u0}, \mathrm{ID}_{u1}, \mathrm{ID}_{u2}, \cdots, \mathrm{ID}_{un}$ 为 $u_0, u_1, u_2, \cdots, u_n$ 的地址编号数值。

循环往复上述过程，直至分布式风机网络中所有终端节点都加入各自的群中，此过程保证了整个风电场机群的全覆盖和连通性。

2）机群内无线拓扑控制

主节点确立后，进行风电场机群内拓扑控制的初始化。具体步骤是：首先，将海上风电机群看作一个分布式网络，相互连接的风电机组则可以看作网络中的节点。假设用一个含有 n 个节点的连通图 $N=\{V,E\}$ 表示，其中 $V=\{v_1, v_2, \cdots, v_n\}$ 为图中节点的集合；$E=\{(i,j) \in V \times V\}$ 为图中边的集合；利用普里姆算法[10]：设置两个新的集合 U 和 T，分别用于存放连通图 N 的最小生成树顶点和边。从所有 $u \in U, v \in (V-U)$ 的边 $(u,v) \in E$ 中找一条综合权值最小的边 (u_0, v_0)，将顶点 u_0 加入集合 U 中，边 v_0 加入集合 T 中，不断重复直至 $U=V$ 为止。$G=\{U,T\}$ 则为最小生成树图。这里，利用相邻节点链接间综合权值 W_{ij} 来选择边 (u_0, v_0)，如式(8-5)所示：

$$W_{ij} = d(i,j)^a / (e_i e_j / \sqrt{e_i + e_j})^b \tag{8-5}$$

式中，$d(i,j)$ 为节点 i 与节点 j 之间的距离；e_i, e_j 分别为风电机组相邻节点 ii 与节点 j 通信时候的剩余能量；a, b 为预设指数。

3）群落间拓扑结构实现

群落间的拓扑规则：群 A_i 的终端节点 m_{ij} 周期性地向邻群 B_i 的节点 n_{ij} 发送包含位置、节点地址和所属群位置的报文信息。若终端节点 m_{ij} 接收到 n_{ij} 的报文信息，则把信息存储到节点 m_{ij} 的边界表。当群 A_i 成员边界收集完后，群 A_i 会检查与相邻群 B_i 间是否存在两条不相交的链路：若不存在，则 A_i 和 B_i 以最大功率发送（接收）；若存在，主节点用 max min 的策略设置群成员的发送（接收）功率。最后，将网络中所有的机群按照上述规则进行连接，完成机群间拓扑结构实现。分布式风电机群的群落划分示意图，如图8-4所示：

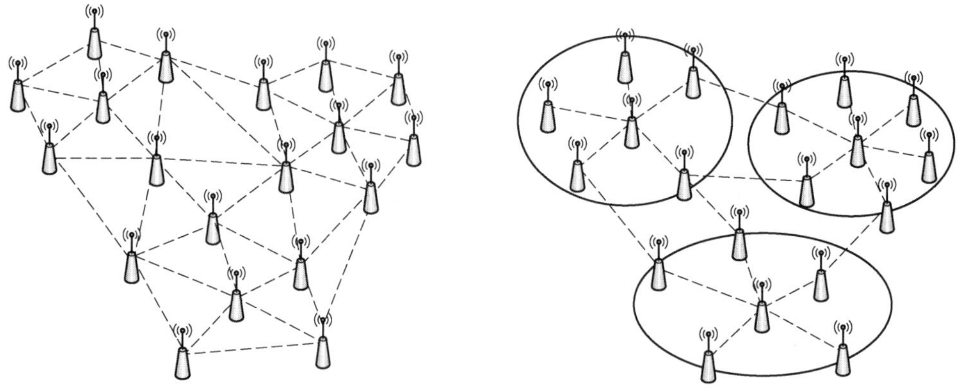

图 8-4　分布式风电机群的群落划分示意图

(2) 心跳检测算法介绍

本节针对传统海上风电机群分布式通信故障诊断技术，只能输出“怀疑”和“信任”二值性的问题，采用心跳检测 pull 算法，对分布式系统主从节点的故障进行分析与诊断定位。心跳机制原理是根据系统是否在超时值内收到来自被检测节点的心跳消息，从而判断被检测节点的状态。按照实现方式的不同，可以分为 push 模型和 pull 模型[11]：

1) 基于 push 模型的心跳检测算法，检测方法的工作方式如图 8-5 所示。p 节点周期性地发送心跳消息给 q 节点，q 节点会设定一个超时时间，如果 q 节点在超时值内没有收到 p 节点发送的消息，则判断 p 节点发生故障。

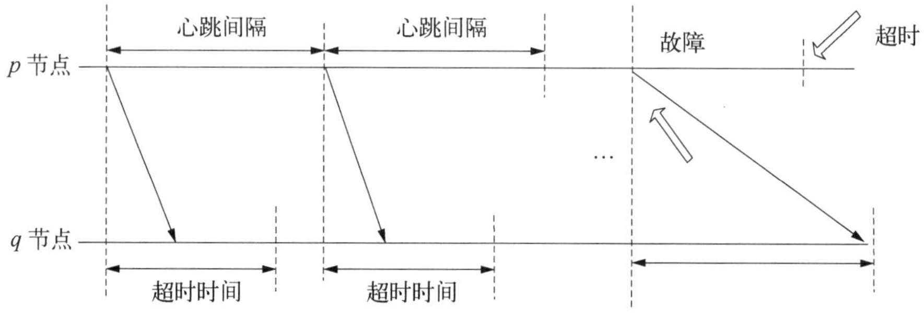

图 8-5　基于 push 模型的心跳机制

2)基于 pull 模型的心跳检测算法，检测方法的工作方式如图 8-6 所示：q 节点周期性地向 p 节点发送心跳检测消息，p 节点收到心跳消息之后进行消息回复。如果 q 节点

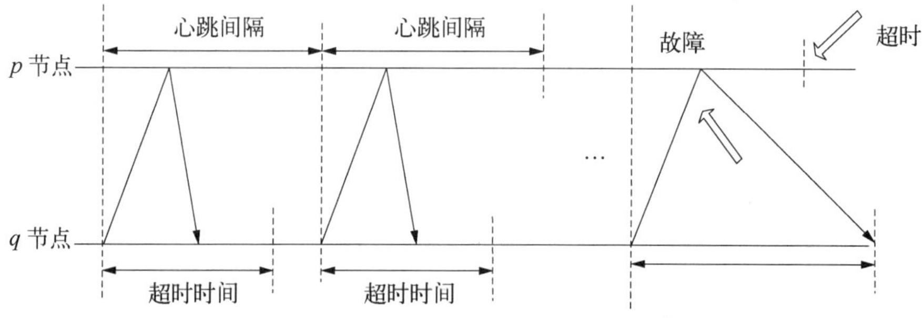

图 8-6　基于 pull 模型的心跳机制

在超时时间内没有收到 p 节点的心跳回复，则判断 p 节点发生故障。根据分布式环境的特性，本节提出基于 pull 模型的心跳检测算法。

pull 心跳机制原理图如图 8－7 所示：当 q 节点周期性以时间 T_Q 向 p 节点发送心跳检测包，p 节点收到心跳信息之后进行时间为 T_Q 的回复，并需要进行时间 T_L 的心跳等待接受。心跳消息时间 $T_A=2T_Q+T_L$，当两节点通信正常时候，如图 8－7 所示，在第 1、第 2 时刻，此时心跳周期检测时间为 $T_A=\Delta\eta$，当第 n 时刻通信出现故障，则故障心跳时刻 $T_C>T_A=\Delta\eta$。

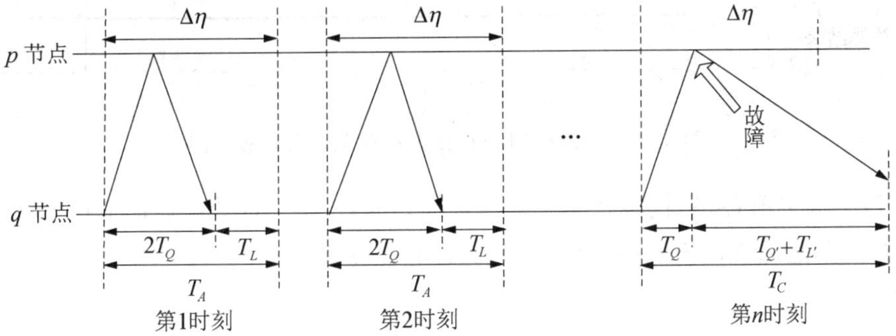

图 8－7　pull 心跳机制时间分布原理图

为了将心跳机制用于分布式风电机组通信故障节点的诊断，引入三个反应分布式故障检测基本性能的指标：

1）检测时间（T_D）：风机通信节点接收某一邻节点的心跳信息到判断该风机通信节点故障的时间；

2）错误间隔时间（T_{MR}）：风机通信节点之间两次发生故障输出之间的时间间隔；

3）错误持续时间（T_M）：风机通信节点之间检测修正一次错误怀疑所需要的时间。

（3）基于心跳检测 pull 算法的通信故障诊断

心跳检测机制能够较好地进行分布式故障诊断。针对分布式网络中主节点和从节点分别发生故障时的特性不同，分别提出以下故障诊断方法：

1）从节点的故障诊断

对于任意一个等值划分后的分布式网络，假设：主节点为 q_i，从节点 $\{p_1,p_2,\cdots,p_n\}$ 标记序号为 1、2、3，…，n，总时间进程为 T_D。从 0 时刻开始，主节点就和从节点实行并行通信，在任意一个时间进程 t_i 中，主节点 q 同时和 n 个从节点 $\{p_1,p_2,\cdots,p_n\}$ 进行网络通信，其中主节点和任意一个从节点 p_i 之间的两节点通信采用两节点心跳机制的通信策略。

心跳检测 pull 算法为整个分布式网络故障提供了故障判断准则：每一个分布式网络根据在 t_i 时刻自身的心跳策略技术和当时的进程情况，利用当前时刻所得时间参数计算出此时进程的输出值 Q，并在 t_i 时刻根据网络性能设定一个阈值 P；当进程输出值在阈值 P 内，此时分布式网络通信良好，系统运行正常；当进程输出值超过阈值 P，就认为此时分布式网络发生故障，网络通信失效，此时根据网络的进程输出可以查询出此时的故障从节点 p_n。心跳检测 pull 算法模型如图 8－8 所示：

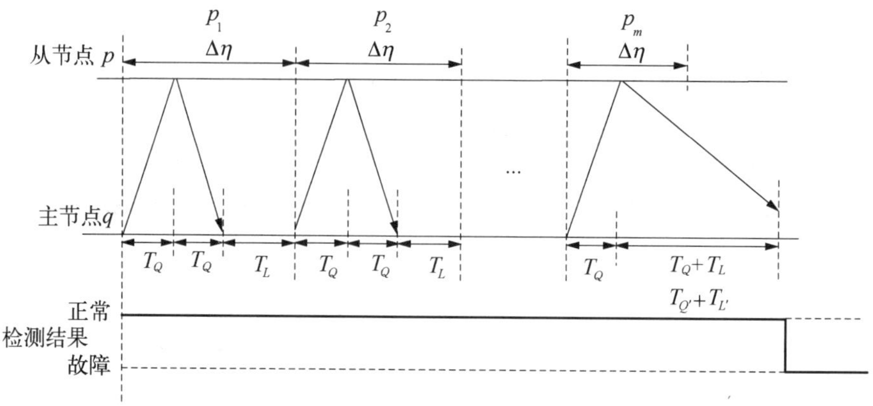

图 8-8　心跳检测 pull 算法 t_i 时刻从节点故障图

① 进程输出值 Q 的计算：在应用程序查询 t_i 时，根据当前风机通信节点的状态，为每一个分布式群落的进程输出一个 0～1 之间的实数 Q[12]：

$$Q=\begin{cases}1-\dfrac{\sigma^2}{(t_i-n^*\cdot\Delta\eta-u)^2+\sigma} & ,t_i-n^*\cdot\Delta\eta>u\\ 0 & ,t_i-n^*\cdot\Delta\eta\leqslant u\end{cases}\tag{8-6}$$

式中，t_i 为程序输出的当前时刻；n^* 为当前未收到应答消息的序号；u、σ^2 分别为 t_i 时刻内的分布期望和方差。

② 阈值 P 的计算

这里对分布式进程进行分析，可得 P 的大小受分布式网络错误间隔时间下限 T_{MR}^L 和错误持续时间上限 T_M^U 的影响，因此需要设定一个最佳阈值，来判断此时故障状态。T_{MR}^L、T_M^U 大小与 $E(T_{MR})$、$E(T_M)$ 的值有关，$E(T_{MR})$、$E(T_M)$ 分别为 T_{MR}^L、T_M^U 的期望。这里对分布式风电机通信输出由正常转换为故障状态信息进行分析，得到输出之间相互转换的概率，并通过引入马尔科夫链模型，得到状态转移图和状态转移矩阵，进而计算出 T_{MR} 的分布期望 $E(T_{MR})$。同理，对通信节点检测查询正确率 P^T 的分析与计算，并代入期望 $E(T_M)$ 的计算式中，即可算得 T_M 的分布期望 $E(T_M)$。最后由期望 $E(T_{MR})$、$E(T_M)$ 和 T_{MR}^L、T_M^U 的不等关系可得到阈值 P 的大小。

a. 计算错误间隔时间 T_{MR} 期望 $E(T_{MR})$

设分布式风电机组中，i 为任意风电机组通信输出时刻，随机序列 X_i 为风电机组通信输出状态，针对风电机的通信状态空间，可定义为 $G=\{T,F,W_T,W_F\}$。其中，T 为正常状态，F 为故障状态，W_T 为正常状态转移到故障状态，W_F 为故障状态转移到正常状态。

风电机组通信输出状态 X_i 仅与此时 i 消息时刻和 $i-1$ 时刻的输出状态有关，与 $i-1$ 时刻之前的状态无关，即 $P(X_i\mid X_{i-1})=P(X_i\mid X_{i-1},\cdots,X_1)$。由此把随机序列 X_i 看作一条马尔可夫链，即可得到马尔科夫状态转移图和状态转移矩阵，状态转移图，如图 8-9所示：

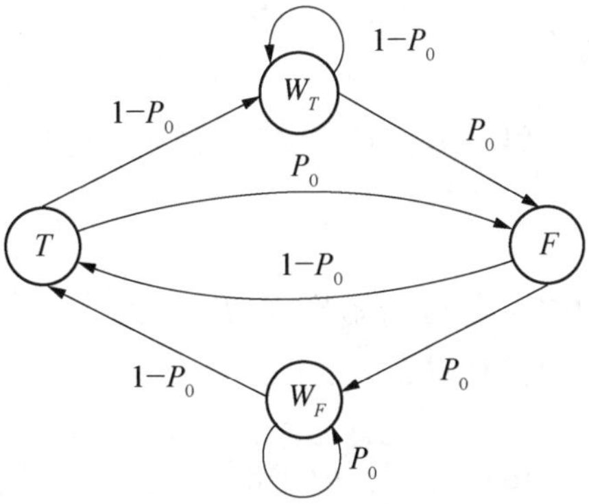

图 8-9　马尔科夫状态转移图

马尔科夫状态转移矩阵，如式(8-7)所示：

$$\boldsymbol{P}_n=\begin{bmatrix} p_0(1-P_0) & p_0(1-P_0) & p_0^2 & (1-P_0)^2 \\ p_0(1-P_0) & p_0(1-P_0) & p_0^2 & (1-P_0)^2 \\ p_0(1-P_0) & p_0(1-P_0) & p_0^2 & (1-P_0)^2 \\ p_0(1-P_0) & p_0(1-P_0) & p_0^2 & (1-P_0)^2 \end{bmatrix} \tag{8-7}$$

式中，p_0 为完成一次心跳检测后，q 节点没有收到 p 的应答消息的概率，且满足下式：

$$p_0=(1-P_m)\cdot P(T_D>\Delta\delta)+P_m \tag{8-8}$$

式中，P_m 为通信过程中的消息丢失率。由状态转移图和状态转移矩阵，计算期望 $E(T_{MR})$。

存在 $\lim\limits_{n\to\infty}p_n=p_0(1-p_0)>0$，从状态 F 出发再回到 F 的平均回转时间 T_s 满足 $T_s=1/p_0(1-p_0)$。考虑到风电机组通信节点发生一次状态转移所需时间为 $\Delta\eta$，则求得期望 $E(T_{MR})$，如下式所示：

$$E(T_{MR})=\Delta\eta/(1-p_m)P(T_D<\Delta\delta)\cdot[(1-P_m)\cdot P(T_D>\Delta\delta)+P_m] \tag{8-9}$$

令 $P_D=(1-p_m)P(T_D<\Delta\delta)\cdot[(1-P_m)\cdot P(T_D>\Delta\delta)+P_m]$，则式(8-9)可化简为：

$$E(T_{MR})=\Delta\eta/P_D \tag{8-10}$$

b. 计算错误持续时间 T_M 期望 $E(T_M)$

为了计算 $E(T_M)$，首先需要计算节点检测查询正确率，即在任意 t 时刻节点检测查询正确率 P_T，满足式(8-11)：

$$P_T=1-E(T_M)/E(T_{MR}) \tag{8-11}$$

假设在 $i\Delta\eta+\Delta\delta$ 时刻内，通信消息符合均匀分布。此区间上的查询正确率为：

$$P_T^{(i)}=1-\int_{(i-1)\Delta\eta+\Delta\delta}^{i\Delta\eta+\Delta\delta}\frac{1}{\Delta\eta}\{p_m+(1-P_m)P(T_D>\Delta\delta+x)-[(i-1)\Delta\eta+\Delta\delta]\}\mathrm{d}x$$
$$=1-\frac{1}{\Delta\eta}\int_0^{\Delta\eta}[P_m+(1-P_m)P(T_D>\Delta\delta+x)]\mathrm{d}x \tag{8-12}$$

可以看出,式(8-12)中 P_T^i 与区间无关,则 $P_T=P_T^{(i)}$。

令 $P(x)=P_m+(1-P_m)P(T_D>\Delta\delta+x)$,则有:

$$E(T_M)=\frac{\int_0^{\Delta\eta}p(x)\mathrm{d}x}{P_D}\leqslant\frac{\int_0^{\Delta\eta}p(0)\mathrm{d}x}{P_D}=\frac{\Delta\eta}{(1-P_m)P(T_D<\Delta\delta)} \tag{8-13}$$

c. 阈值 P 的计算

对于通信节点检测性能指标 T_{MR}、T_M 而言,满足 $E(T_{MR})\geqslant T_{MR}^L$ 和 $E(T_M)\leqslant T_M^U$。将式(8-10)和式(8-13)中的 $E(T_{MR})$ 和 $E(T_M)$ 代入式 8-13 中,得到:

$$\begin{cases}\dfrac{\Delta\eta}{(1-P_m)P(T_D<\Delta\delta)\cdot[(1-P_m)P(T_D>\Delta\delta+P_m)]}\geqslant T_{MR}^L\\ \dfrac{\Delta\eta}{(1-P_m)P(T_D<\Delta\delta)}\leqslant T_M^U\end{cases} \tag{8-14}$$

求解不等式,可得:

$$\begin{cases}P(T_D<\Delta\delta)\geqslant\dfrac{1+\sqrt{1-4\Delta\eta/T_{MR}^L}}{2(1-P_m)}\\ P(T_D<\Delta\delta)\geqslant\dfrac{\Delta\eta}{T_M^U(1-P_m)}\end{cases} \tag{8-15}$$

整理可得,在某一任意时刻 t_n,阈值 P 满足:

$$P=\mathrm{Max}\left[\frac{1+\sqrt{1-4\Delta\eta/T_{MR}^L}}{2(1-P_m)},\frac{\Delta\eta}{T_M^u(1-P_m)}\right] \tag{8-16}$$

当 $Q\leqslant P$ 时候,心跳时间间隔在设定的时间内,此时两节点间通信良好,满足通信要求;当 $Q>P$ 时候,心跳时间间隔超出设定时间,系统出现通信故障。

2) 主节点的故障诊断

群落 A_i 的邻边节点 m_{ij} 分别向本群内的主节点 q_i 和群落 B_i 的邻边节点 n_{ij} 发送心跳消息,形成了一个三节点心跳检测策略。在此情况形成的检测机制下,邻边节点 m_{ij} 分别和群落 A_i 中的主节点 q_i,邻群 n_{ij} 中的邻节点 B_i 之间的两两心跳检测通信。这里将心跳机制用于分布式从节点的故障诊断中。

如图 8-7 所示,第 n 时刻,邻边从节点刚发送完心跳消息后主节点立即发生故障,则群落 A_i 的主节点 q_i 和另一个群落 B_i 的邻边节点 n_{ij} 分别返回给邻边节点 m_{ij} 的心跳消息时间和最长等待时间将会不同，一个 (T_Q+T_L) 为正常返回等待时间，另一个为故障返回等待时间 (T_Q+T_L)。考虑整个分布式系统中，正常通信情况下 T_Q 大小受分布式网络负载运行的影响，分布式网络系统消息服从 $M/D/1$ 队列过程，通过 $M/D/1$ 模型的马尔科夫链状态转移过程可以获得消息发送时间 T_Q 的平均期望 $E(T_Q)$：

$$E(T_Q)=T_s+\frac{\lambda T_s^2}{2(1-\lambda T_s)} \tag{8-17}$$

式中，T_s 为数据包发送时间，λ 为消息传输速度，T_s、λ、T_L 由当前时刻分布式网络负载的决定。此时，将所得平均期望 $E(T_Q)$ 近似看成群落 B_i 的邻边节 n_{ij} 向群落 A_i 的邻边节点 m_{ij} 的正常返回心跳时间 T_Q。若满足式(8-18)，则可判断节点是否故障：

$$\begin{cases} T_{\bar{Q}}+T_{\bar{L}}>E(T_Q)+T_L, & \text{故障} \\ T_{\bar{Q}}+T_{\bar{L}}\leqslant E(T_Q)+T_L, & \text{正常} \end{cases} \tag{8-18}$$

式中，$T_{\bar{Q}}$ 为故障情况下从主节点向邻边从节点返回的心跳消息时间，$T_{\bar{L}}$ 为故障时主节点的最长等待消息。

图 8-10 是从节点 2 故障和主节点 1 故障诊断图。

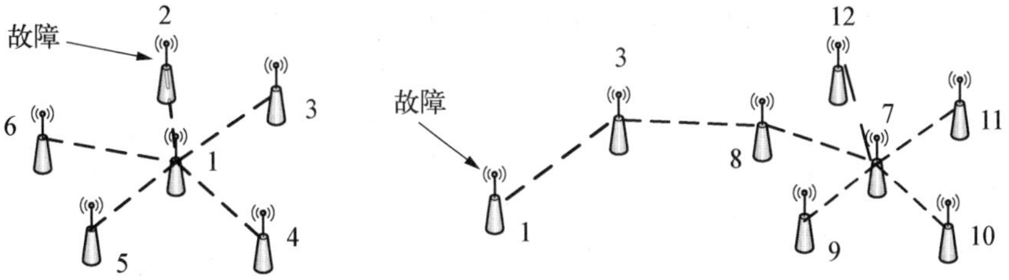

图 8-10　从节点 2 故障和主节点 1 故障诊断图

8.2.3　海上风电场的故障诊断算例仿真

(1) 风电机组设备故障诊断仿真分析

为验证所提出的基于 SFS 和 PNN 风电故障诊断算法的有效性，以国内某风电场的风机数据为依据对风电机组设备故障诊断进行仿真分析。

先按照风电机组的支持向量机回归模型进行回归。选择参数 $\varepsilon=0.1$，惩罚参数 $c=10$，输入风电机组的 SCADA 的特征参数数据，并对输出功率进行回归，可以得到输出功率的预测值和测量值，然后再利用 SFS 算法得到最佳子集。

PNN 神经网络利用 MATLAB 提供的 newpnn 函数建立，spread 为扩散速度，经过试验，spread 的值设为 1.2 时，输出的误差率最小，仿真效果如图 8-11～8-12 所示。由于测试数据都源于真实的故障信息，可以有效地验证诊断网络的性能，因此验证了概率神经网络对于风电机组故障分类诊断结果的正确性。

分别利用 BP 神经网络算法和小波神经网络算法，并采用同样的 120 个训练样本集对模型进行训练试验，将所得结果与 SFS 的 PNN 神经网络算法进行分析比较。如表 8-2

所示:诊断准确率分别为97.5%、65.2%、82.4%。当增加样本数时,虽然三种方法的诊断准确率都得到提升,但是PNN神经网络,精确度已经达到99.8%,相对其他两种检测准确率要高,所以本节提出的SFS的PNN神经网络诊断方法比其他两种算法诊断效果都要好。

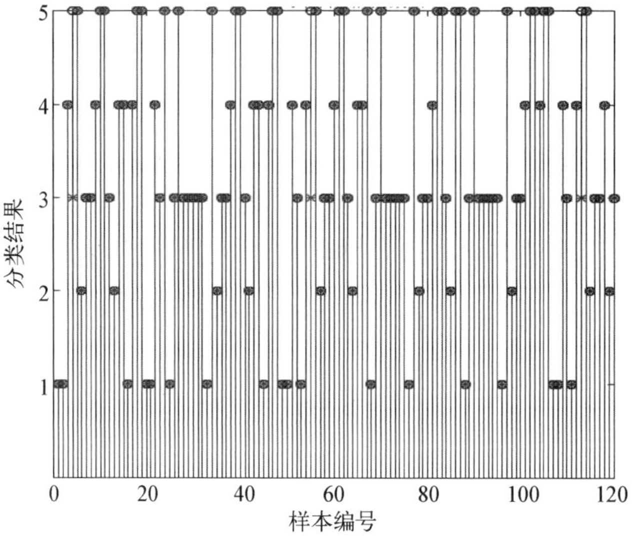

图8-11 风电机组PNN诊断训练样本图

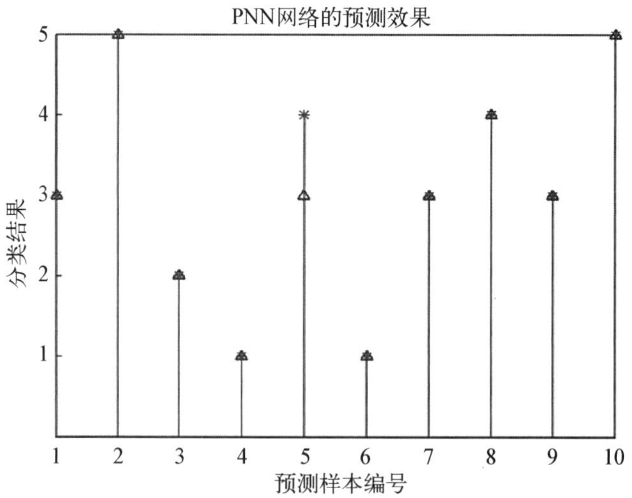

图8-12 风电机组PNN诊断预测效果图

表8-2 PNN、BP神经网络、小波神经网络诊断结果对比

算法	120个样本诊断准确率	240个样本诊断准确率	360个样本诊断准确率	480个样本诊断准确率
SFS的PNN	97.5%	98.4%	99.5%	99.8%
BP神经网络	65.2%	72.4%	81.6%	87.5%
小波神经网络	82.4%	87.5%	91.3%	93.6%

(2) 风电机组通信故障仿真分析

1) 群落划分实验分析

为了验证所提方法的有效性,采用 MATLAB 进行仿真,在边长为 1 400 m 的正方形区域内,随机部署 100 个节点进行仿真,且通信半径都为 150 m,节点初始能量为 0.5 J,节点能耗为 50 nJ/bit,发射放大器能耗为 10 pJ/(bit・m^2),数据聚合能耗为 5 nJ/bit。

图 8-13 为无拓扑控制算法的风电机组通信节点图,图 8-14 为使用 CLTC 算法后风电机组通信拓扑图,图中 1,2,…,18 代表了主节点。此时 CLTC 算法根据所设定的拓扑规则调整了风电机组无线终端的发射(接收)功率,来满足自己连通度的需要,减少了风电场中通信中的多余链路,为下面风电机组分布式网络拓扑故障诊断提供了可靠性区间。

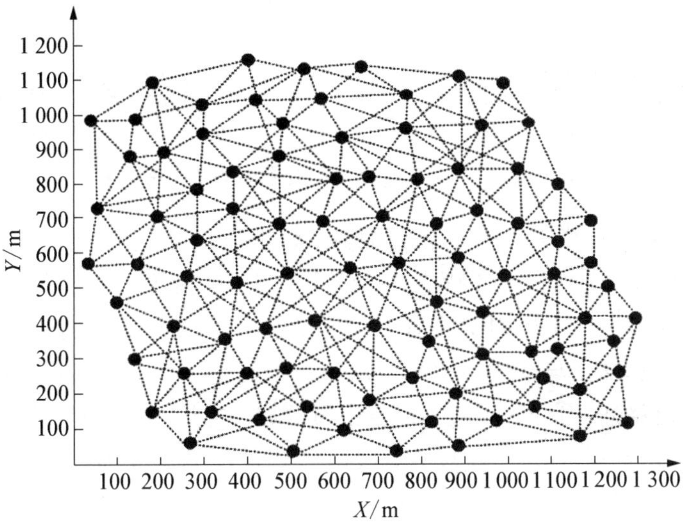

图 8-13　无拓扑控制算法的风电机组通信节点图

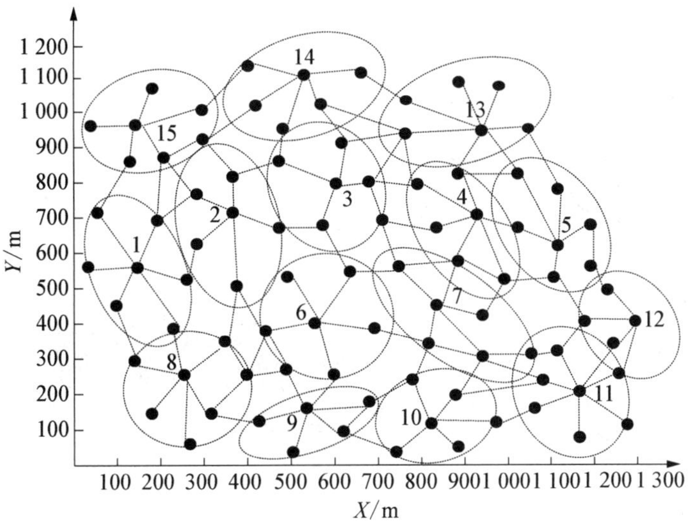

图 8-14　使用 CLTC 算法后风电机组通信拓扑图

2）心跳故障检测算法实验分析

为了测试心跳检测算法的性能和准确率，这里选取图 8-14 中主节点为 1 的群落、主节点为 2 的群落以及群落 1 和群落 2 所相交的邻边节点进行主、从故障的仿真分析。相应参数设置：$\Delta\eta=1$ s，$T_D=10\ 000$ ms，$T_Q=250$ ms，$T_s=230$ ms，$T_L=200$ ms，$\lambda=9\times10^{-4}$/ms，T_M 与 T_{MR} 和 P_T 随 T_D 的变化如图 8-15 所示：

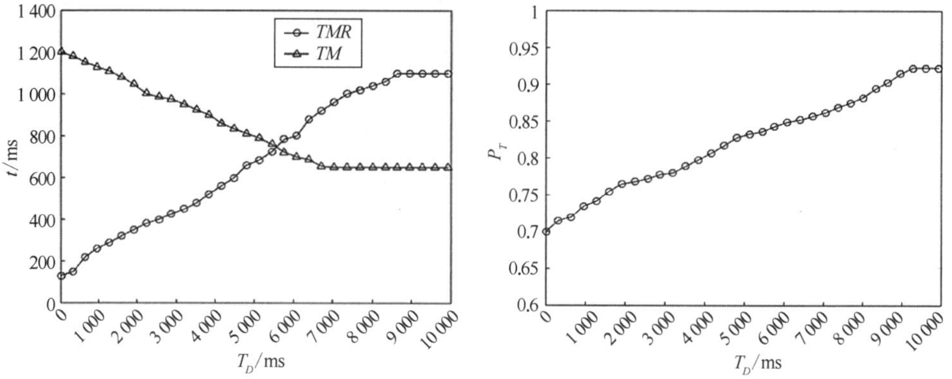

图 8-15　T_M、T_{MR}、P_T 随检测时间 T_D 变化图

基于心跳检测 pull 算法的从节点故障诊断如图 8-16 所示。此时主节点 1 向群内其他从节点发送心跳，从节点进行心跳应答。将 T_M 与 T_{MR} 和 P_T 相应时间内的参数值代入公式(8-6)和公式(8-16)中，计算得到反应群落输出状态的 Q 和阈值 P。计算 Q 和 P 的残差，设残差为 ΔQP，与 0 进行比较。从节点故障仿真结果如图 8-17 所示，由图可知：当 6 s 之前，网络通信良好，风机可以自由通信；6 s 之后，$Q>P$，即 $\Delta QP>0$，超出阈值 1，系统节点出现通信故障，这里只要找出 P 中的序号 n^*，即可知道群落中从节点的故障风机；当系统在 9 s 时，超出阈值 2 的值，风电机群无线通信节点处于严重失控，损坏程度进一步加深，需采取必要控制的措施。

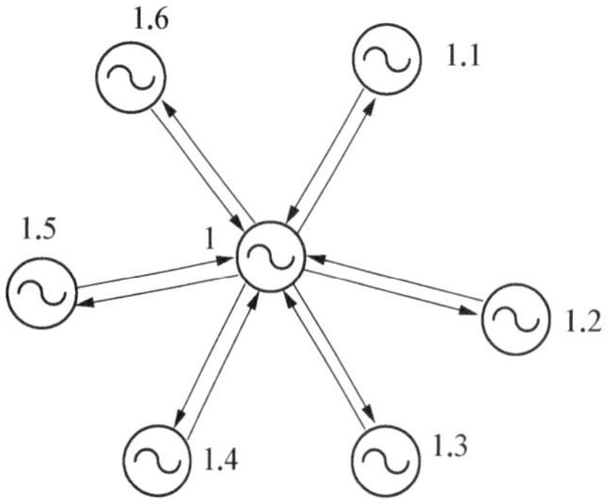

图 8-16　群落 1 中从节点故障诊断图

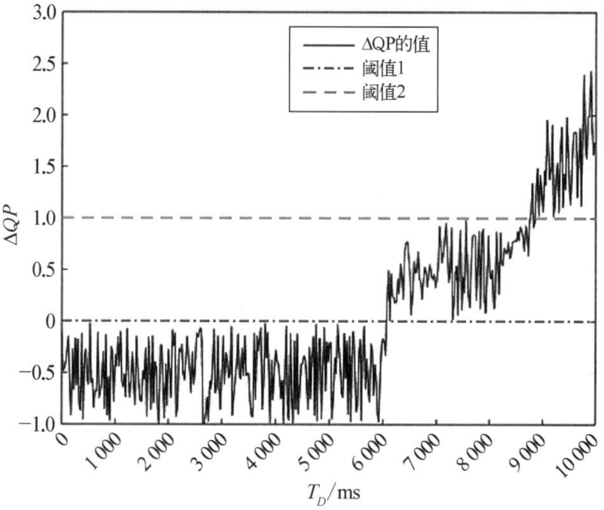

图 8-17　从节点故障诊断结果仿真图

基于心跳机制的主节点故障诊断：选择图 8－14 中群落 1 中的故障主节点，群落 1 中的邻边从节点和群落 2 的邻边从节点进行邻节点跨群检测，得到图 8－18 所示的群落 1 中主节点诊断图。图中三个节点分别为群 1 中的故障主节点、群 1 中的邻边从节点、群 2 中的邻边从节点，这时群落 1 中从节点分别发射心跳给故障主节点和群落 2 中的从节点，两节点分别对群 1 从节点进行心跳应答，这里对分布式心跳机制的主节点进行仿真测试，$T_{\bar{L}}$ 测得的数据 $T_{\bar{Q}}$，如图 8－19 所示。

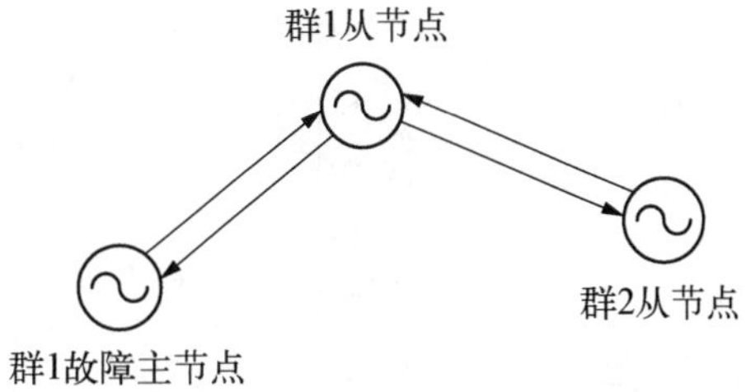

图 8－18　群落 1 中主节点诊断图

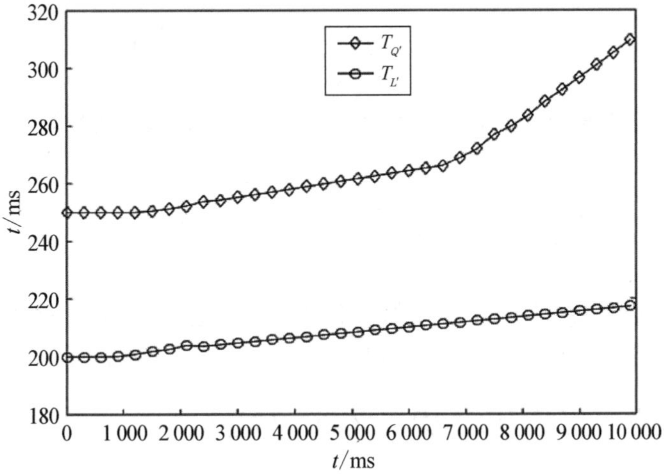

图 8－19　主节点故障诊断仿真图

将分布式参数 $T_s=230$ ms，$T_L=200$ ms，$\lambda=9\times10^{-4}$/ms 代入式(8－17)中，得到阈值 $E(T_Q)+T_L=470$ ms。再将图 8－19 中得到的 $T_{\bar{Q}}$ 和 $T_{\bar{L}}$ 代入 $T_{\bar{Q}}+T_{\bar{L}}$ 中，并和阈值 $E(T_Q)+T_L$ 进行比较。如表 8－3 所示，在第 8 秒时刻，主节点返回心跳应答时刻超出阈值，此时可以判断主节点发生故障。

表 8－3　主节点应答时间表

时刻	0 s	1 s	2 s	3 s	4 s	5 s
$(T_{Q'}+T_{L'})$/ms	450	452.5	455.7	458.6	459.7	460.2
时刻	6 s	7 s	8 s	9 s	10 s	
$(T_{Q'}+T_{L'})$/ms	465.3	468	473	482	491	

为测试心跳检测算法的优越性，将其和传统的“二值性”通信故障检测算法进行比较：如图 8－20 所示，随着故障节点率的增加，网络拓扑节点诊断的正确率呈下降趋势，而基于传统的通信故障检测算法的节点故障率甚至达到 30％左右。由此可得：本节提出的分布式心跳机制检测算法的节点故障诊断，相较于传统算法，诊断结果更为平稳，诊断精度更高。

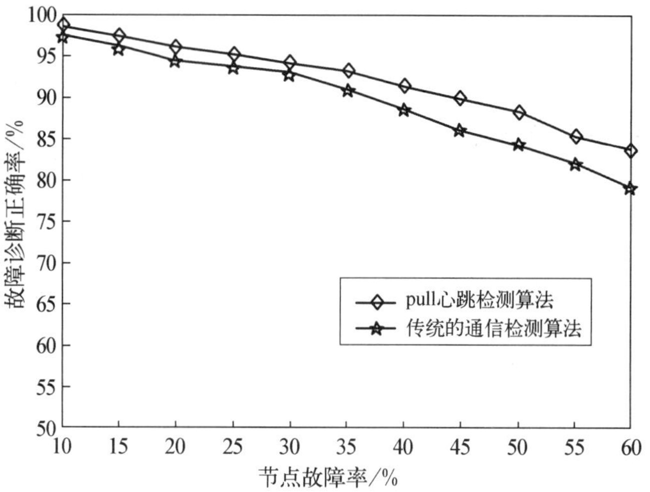

图 8-20 心跳检测算法与传统的算法故障正确率比较图

8.3 海上风电机组故障定位

当海上风电机组出现故障时，进行故障机组的准确定位与网络拓扑的自愈，可以及时避开故障机组，并进行网络的重新组网，提升海上风电场的可靠性。

8.3.1 基于两点坐标的 RSSI 质心坐标定位法

这里，先引入信号传输在故障定位技术中的运用，主要介绍 RSSI(Received Signal Strength Indicator)信号定位技术。因数据在无线通信设备接收端很容易获取，故 RSSI 方法被广泛地应用于定位任务中。为了准确地表示接收信号强度和传输距离之间的关系，通过观察数据与距离之间的变化关系，很多路径损耗模型被提出。本节利用对数一常态路径损耗模型[13]，来估算距离，表示如下：

$$P(d)=P(d_0)-10q\left(\frac{d}{d_0}\right)+U \tag{8-19}$$

式中，$P(d)$、$P(d_0)$ 分别表示在距离 d 和 d_0 处未知节点接收的信号强度；q 为路径损耗因子，一般取 2～5；d 为未知节点与参考节点之间的距离，d_0 为参考距离；U 为高斯随机变量。

若与故障节点相邻的信标节点只有两个节点，则采用质心法求解；若与故障节点相邻的节点多于三个，则建立三点估计未知节点坐标模型。

8.3.2 三点定位坐标介绍

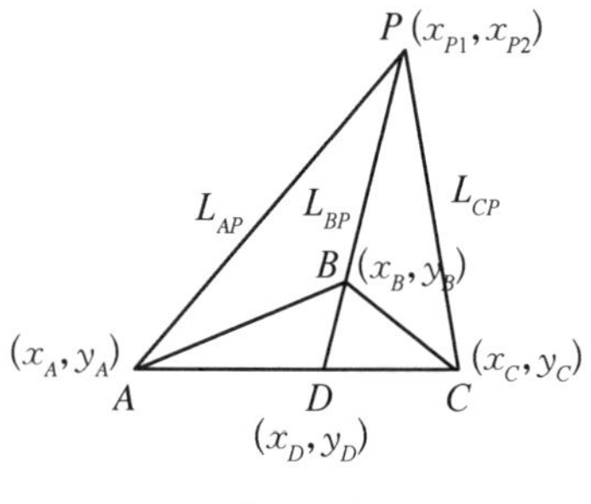

图 8-21 三点法求解未知坐标图

如图 8-21 所示，A、B、C 为信标节点，P 为故障定位节点，这里 A、B、C 坐标 (x_A,y_A)、(x_B,y_B)、(x_C,y_C) 和

距离 L_{AP}、L_{BP}、L_{CP} 已知，D 为直线 PB 与线段 AC 的交点。

根据三角形计算公式得到 $S_{\triangle ABP}S_{\triangle ABP}$、$S_{\triangle BCP}S_{\triangle BCP}$，如式(8-20)和(8-21)所示：

$$S_{\triangle ABP}=\frac{1}{2}L_{AB}L_{BP}\sin\angle ABP \tag{8-20}$$

$$S_{\triangle BCP}=\frac{1}{2}L_{BC}L_{BP}\sin\angle CBP \tag{8-21}$$

利用欧式几何学定理，可得公式如下：

$$\frac{L_{AD}}{L_{CD}}=\frac{L_{AB}\sin\angle ABP}{L_{BC}\sin\angle CBP} \tag{8-22}$$

由式(8-20～8-22)可得

$$\frac{S_{\triangle ABP}}{S_{\triangle BCP}}=\frac{\sin\angle ABP}{\sin\angle CBP} \tag{8-23}$$

令 $G=\frac{L_{AD}}{L_{AC}}=\frac{L_{AD}}{L_{AD}+L_{CD}}$，可得到 D 点坐标：

$$\begin{cases}x_D=G\cdot(x_C-x_A)+x_A\\ y_D=G\cdot(y_C-y_A)+y_A\end{cases} \tag{8-24}$$

L_{DP} 表示为：

$$L_{DP}=\sqrt{(1-G)\times L_{AP}^2+G\times L_{CP}^2-L_{AD}\times L_{CD}} \tag{8-25}$$

可以得到 P 点坐标，如式(8-26)所示

$$\begin{cases}x_{P_1}=H\cdot\frac{L_{BP}}{L_{BD}}\cdot(x_D-x_B)+x_B\\ y_{P_1}=H\cdot\frac{L_{BP}}{L_{BD}}\cdot(y_D-y_B)+y_B\end{cases} \tag{8-26}$$

这里需要考虑两种情况：若 P 点位于射线 DB 上，则 $H=\pm1$；若 P 点位于射线 BD 上，则 $H=-1$。互换 B 与 C 的坐标值可求出 (x_{P_2},y_{P_2})，互换 A 与 B 的坐标值可求出 (x_{P_3},y_{P_3})，接着再取 (x_{P_1},y_{P_1})、(x_{P_2},y_{P_2})、(x_{P_3},y_{P_3}) 的平均值，即可得到未知故障节点 $P(x_P,y_P)$ 的坐标。

8.3.3　基于改进遗传算法的故障节点定位算法

上述三点定位算法，可由三个信标节点，经式(8-26)求得故障节点的坐标，但误差定位准确率较差。这里为了提高定位准确率，根据海上风电机组的实际布置情况，以无线传输理论为基础，引入自适应遗传算法对目标定位误差模型进行求解，可以提高海上风电机组故障定位的准确率。

(1) 海上风电机组故障定位模型的建立

图(8-22)为海上风电机组的定位模型图,这里设任意故障节点坐标为 $M_j(x_j, y_j)$,信标节点为 $N_i(x_i, y_i)$,且两个风电机组之间的无线通信半径为 R。

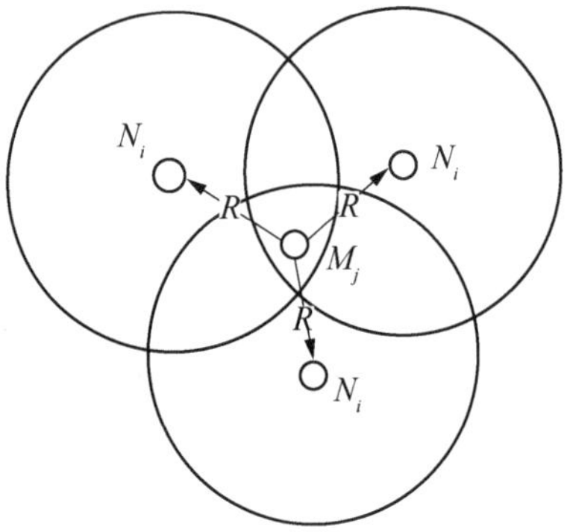

图 8-22　定位模型示意图

由图可知,故障节点坐标与对应的信标节点的约束方程为:

$$\sqrt{(x_i - x_j)^2 + (y_i - y_j)^2} \approx R_{ij} \tag{8-27}$$

则误差函数为:

$$L_{ij} = \left| \sqrt{(x_i - x_j)^2 + (y_i - y_j)^2} - R_{ij} \right| \tag{8-28}$$

目标定位误差模型为:

$$f(x) = \min\left(\sum_{i=1}^{n} L_{ij}\right) \tag{8-29}$$

式中,L_{ij} 为测量距离与实际距离的误差;R_{ij} 为坐标 M_j 与 N_i 之间的距离;n 为信标节点个数。

任意信标节点的约束方程如下:

$$L_j = \sum_{i=1}^{n} L_{ij} \tag{8-30}$$

求取 $L_j = 0$ 的解 $M_j = (x_j, y_j)$,则为模型最优解。

(2) 自适应遗传算法定位故障位置

自适应遗传算法(Adaptive Genetical Algorithm,AGA)能根据种群个体的优秀程度自动的改变交叉概率和变异概率。自适应遗传算法主要步骤如下:

步骤一:编码

算法采用二进制编码,每个坐标 $N_i(x_j, y_j)$ 被编码为一组二进制码,二进制码的首位为符号位,0 代表二进制码对应的基因型为正数,1 代表二进制码对应的基因型为负数,初始种群随机生成。

步骤二:适应度函数

这里设计的适应度函数包括惩罚函数项,如下所示:

$$H(x)=f(x)+\sum_{i=1}^{n}\alpha_j(R_{ij}-\sqrt{(x_i-x_j)^2+(y_i-y_j)^2}) \tag{8-31}$$

其中，α_j 为惩罚系数，满足下式：

$$\alpha_j=\begin{cases}0, & R_{ij}-\sqrt{(x_i-x_j)^2+(y_i-y_j)^2}\geqslant 0^2 \\ 1, & R_{ij}-\sqrt{(x_i-x_j)^2+(y_i-y_j)^2}<0\end{cases} \tag{8-32}$$

步骤三：自适应交叉率与变异率

交叉率 P_c 和变异率 P_m 如下式所示：

$$\begin{cases}P_c=\begin{cases}\left(\dfrac{P_{c1}+P_{c2}}{2}\right)^2\cos\left(\dfrac{f-f_{\text{avg}}}{f_{\min}-f_{\text{avg}}}\pi\right), & f\leqslant f_{\text{avg}} \\ P_{c1}, & f>f_{\text{avg}}\end{cases} \\ P_m=\begin{cases}\left(\dfrac{P_{m1}+P_{m2}}{2}\right)^2\cos\left(\dfrac{f-f_{\text{avg}}}{f_{\min}-f_{\text{avg}}}\pi\right), & f\leqslant f_{\text{avg}} \\ P_{m1}, & f>f_{\text{avg}}\end{cases}\end{cases} \tag{8-33}$$

其中，P_{c1}、P_{c2} 分别是最大、最小交叉率；P_{m1}、P_{m2} 是最大、最小变异率；f_{avg} 为每次迭代后群体的平均适应度值，$f_{\min}$ 为迭代后群体的最小适应度值，f 为群体中要改变的个体的适应度值。

步骤四：交叉算子的选择

文中的实数编码遗传算子采用非一致交叉算子和非均匀变异算子，非一致交叉算子如下所示：

$$\begin{cases}a_i'=ba_i+(1-b)a_j \\ a_j'=ba_j+(1-b)a_i\end{cases} \tag{8-34}$$

式中，a_i 和 a_j 为父代个体，a_i' 和 a_j' 为交叉操作所产生的子个体；b 为 0 到 1 之间的随机数。

非均匀变异算子如下式所示：

$$a_{ij}'=\begin{cases}a_{ij}+(a_{ij}-a_{\max})f(g), & r\geqslant 0.5 \\ a_{ij}+(a_{\min}-a_{ij})f(g), & r<0.5\end{cases} \tag{8-35}$$

式中，$a_{\max}$ 为 a_{ij} 的上界，$a_{\min}$ 为 a_{ij} 的下界；$f(g)=r(1-g/G_{\max})^2$，g 为最大迭代次数，$G_{\max}$ 为最大进化次数；r 为[0,1]的随机数。

步骤五：条件终止

采用最大进化代数与设定收敛条件相结合，输出最佳结果，终止条件。通信故障定位流程图，如图 8-23 所示。

(3) 算例分析

为了验证自适应遗传算法的定位性能，在风电机组无线网络拓扑群落划分后，利用

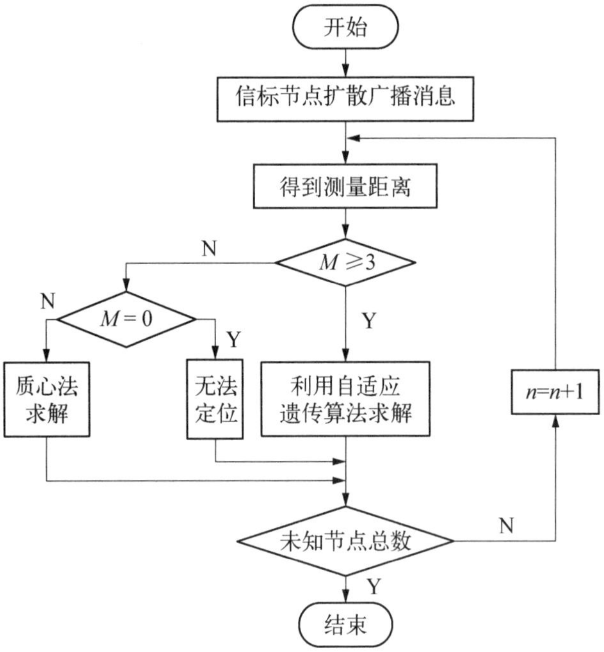

图 8-23 通信故障定位流程图

MATLAB 软件进行定位仿真实验。拓扑参数设置为:节点数 $N=100$,故障节点 $m=30$;遗传算法参数设置:种群数为 $n=200$,$g=1\ 000$,$r=3$,$P_{c1}=0.85$,$P_{c2}=0.6$,$P_{m1}=0.1$,$P_{m2}=0.01$。故障节点定位坐标和平均误差结果,如表 8-4 所示。

表 8-4 自适应遗传算法仿真结果

故障序列	算法定位坐标	信标节点 A	信标节点 B	信标节点 C	X 轴定位误差/m	Y 轴定位误差/m	平均误差/m
1	(23,550)	(80,680)	(92,470)	(200,400)	1.8	1.4	2.2
2	(412,805)	(510,820)	(523,726)	(530,742)	1.6	1.5	2.1
3	(326,552)	(260,500)	(343,450)	(487,513)	1.3	0.9	1.5
4	(260,92)	(180,122)	(270,225)	(310,110)	1.4	1.1	1.7
5	(520,400)	(410,380)	(680,372)	(592,520)	1.6	0.7	1.7
6	(900,800)	(810,784)	(900,680)	(1 000,814)	1.2	1.4	1.8
7	(920,380)	(800,400)	(930,420)	(1 200,323)	1.3	1.2	1.7
8	(1 130,670)	(1 100,600)	(1 200,520)	(1 230,790)	1.4	0.8	1.6
…	…	…	…	…	…	…	…

这里比较了遗传算法和自适应遗传算法收敛速度如图 8-24 所示。由图可知,自适应遗传算法的收敛速度快于遗传算法收敛速度。因此本节选择的自适应遗传算法有助于提高寻优速度。

如图 8-25 所示,当信标节点所占比例相同时,三种算法在坐标相同的情况下,比较

Z 轴误差大小，显然三点故障定位算法误差最大，而基于自适应遗传算法的故障定位精度最高，效果最好。

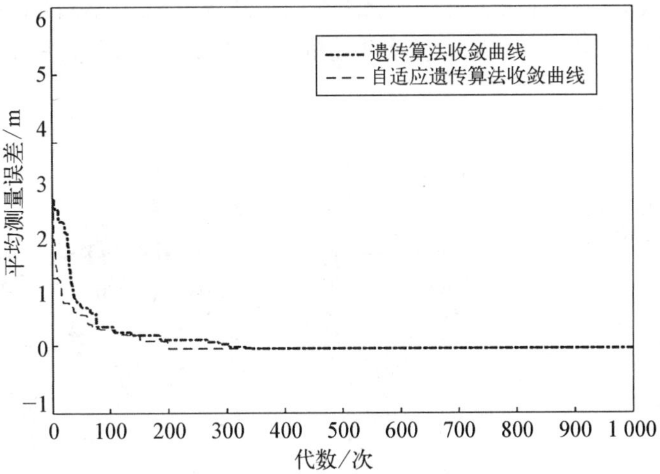

图 8-24　最优迭代次数示意图

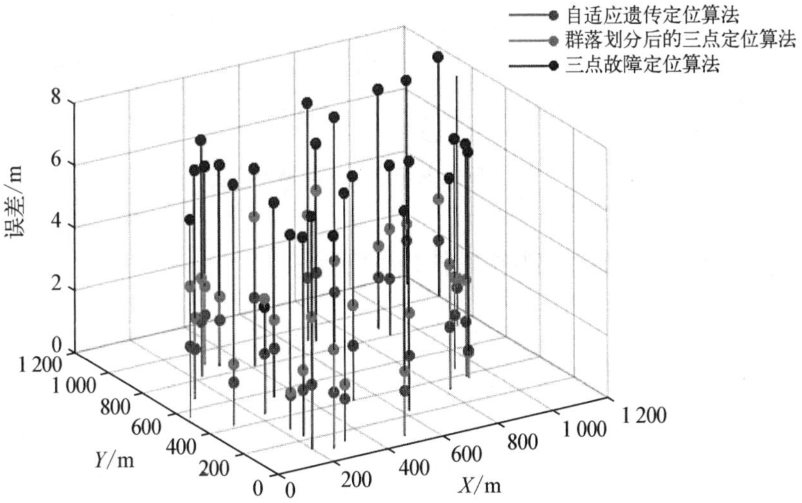

图 8-25　同等坐标下故障定位三种算法下误差分析图

8.4 海上风电场的网络拓扑自愈研究

为了提高海上风电机组网络拓扑的自愈能力，本节提出了基于 Q 学习的无线网络自愈算法：当网络拓扑出现故障时候，利用 Q 学习自愈算法中的反馈机制，来反映出各链路的通信信息，使得网络拓扑可以动态地感知出故障节点并自动地选择路径恢复，保证风电机组之间的路径畅通。

8.4.1　海上风电场无线网络自愈描述

无线网络自愈是指在通信过程中，当网络节点发生故障时，无须人工操作，网络拓扑可以主动避开故障节点，使得整个拓扑不受故障风机的影响。

海上风电场无线终端节点示意如图 8-26 所示：假定某个海上风电场有若干台风电机组，且每台风机都配有属于自己的无线终端，并设立几个基站（汇聚节点），无线终端通过通信连接到相应的基站，海上风电场的内部网络可以通过基站与外部网络进行连通。

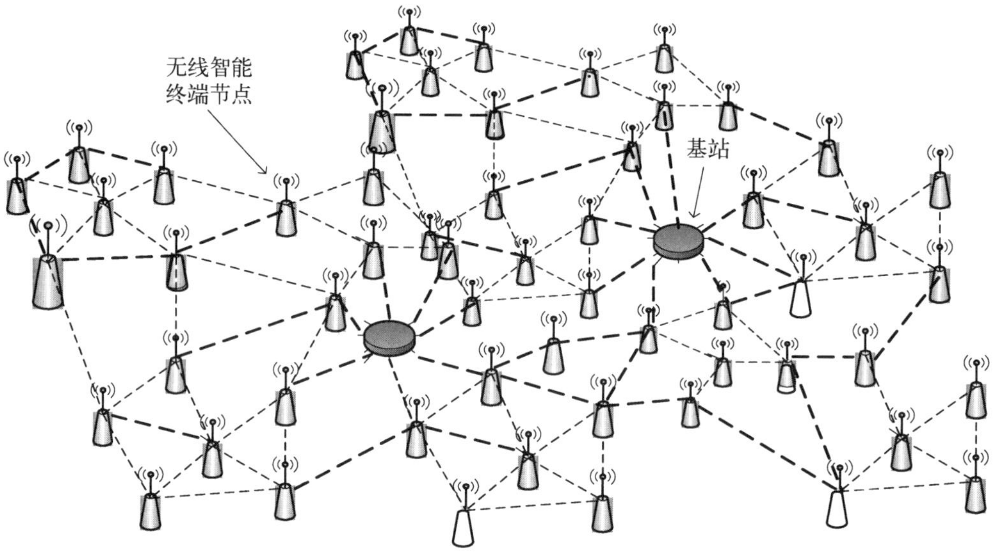

图 8-26 风电场无线终端网络示意图

8.4.2 基于 Q 学习的无线网络拓扑自愈算法

Q 学习是 Watkins 等人提出的一种与模型无关的强化学习算法，它通过不断“试错”并与环境进行信息的交互来改善策略[14]。

在海上风电机组相互通信时，每台风机都可以看作一个具有动态感知的节点，通信选择过程也可看作一个马尔科夫过程，利用 $Q(s_t, a_t)$ 来表示当前的估计值，s_t 和 a_t 分别为 t 时刻的状态和动作。

设风电机组的基站的集合记为 $S=\{S(1), S(2), \cdots, S(N_S)\}$，风电机组通信的动作集为 $a_I=\{a_1, a_2, \cdots, a_n\}$。各自风机通信由状态 s_t 转变成 s_{t+1} 时，得到相应的反馈函数，如式 8-36 所示：

$$r^{(i)}=w_1/P_0+w_2/T+w_3/P_m \tag{8-36}$$

式中，w_1、w_2 和 w_3 为权重系数由当前网络环境决定，其中 P_0 为丢包率；P_m 为能耗；T 为传输延迟时间。

$Q(s_t, a_t)$ 的大小决定了从状态 s_t 到达下一状态 s_{t+1} 的倾向，此时风电机组网络拓扑各个节点利用 Q 值更新，如式 8-37 所示：

$$Q(s_t, a_t)=Q(s_t, a_t)+\alpha(r_{t+1}+\gamma \max_{a_{t+1}\in As_{t+1})} Q(s_{t+1}, a_{t+1})-Q(s_t, a_t)) \tag{8-37}$$

式中，$\alpha \in (0,1)$ 是学习速率，$\gamma \in (0,1)$ 为折扣系数。

为了得到节点的最优 Q 值，动作 a_t 被选取的概率函数 P_r 为：

$$P_r(a_t \mid s,Q)=\frac{e^{Q(s_t,a_t)/\tau}}{\sum_{a\in A} e^{Q(s_t,a_t)/\tau}} \tag{8-38}$$

由上式可知，行为的选择取决于 $Q(s_t,a_t)$ 函数和参数 τ，参数 τ 是一个正的参数，用来控制搜索率。

算法流程如下：

步骤一：通信链路的建立。源节点广播消息给各邻节点，并记录各节点的反馈信息，当到达汇聚节点时，传输完毕，通信链路建立完成。源节点根据各个节点反馈来的信息，建立 Q 表。选择出最大 Q 值为优先传输路径。

步骤二：传输过程。当数据按照上述最优路径进行传输时候，记录下每个节点的信息。当数据再一次到达汇聚节点后，将记录的信息反馈给源节点，网络拓扑随即更新 Q 表，对下一次路径传输进行选择。

步骤三：故障自愈。在传输过程中出现故障时，网络拓扑根据优先级顺序选择次优的路径作为数据传输的恢复连接，如果自愈失败，那么按照优先顺序选择下一个链路进行自愈恢复，按照此方法，直到拓扑能够相互通信，正常运行。

8.4.3　基于 Q 学习自愈的仿真实验

将 Q 学习的无线网络自愈算法用于网络中，图 8-27 为海上风电机组分布式网络拓扑节点图。

图中，节点 1 为源节点，A，B，C 为汇聚节点，R_i 表示每个节点的剩余能量；通信链路上标注的是两节间传输消耗的能量。

利用 MATLAB 对该算法进行仿真。路径传输优先级顺序如表 8-5 所示。

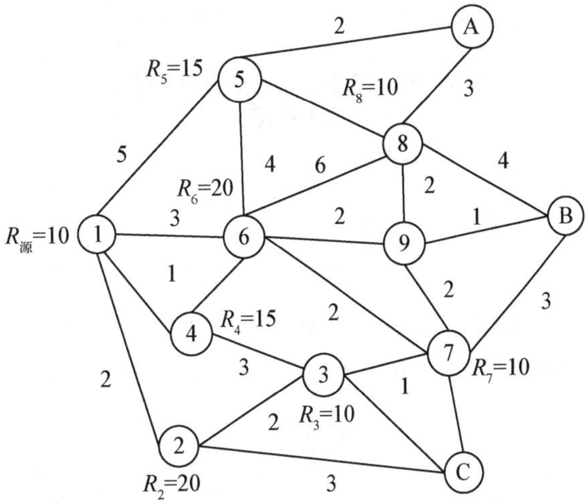

图 8-27　海上风电机组分布式网络拓扑节点图

表 8-5　路径传输优先级顺序表

优先级	路径	路径能量消耗	总延时/ms	优先级	路径	路径能量消耗	总延时/ms
1	1—4—6—7—C	5	6	5	1—6—9—B	7	7
2	1—4—3—C	8	6	6	1—4—6—8—A	11	6
3	1—5—6—7—C	12	11	7	1—4—3—7—B	8	7
4	1—6—7—C	6	5	9	1—6—7—B	8	7

续表

优先级	路径	路径能量消耗	总延时/ms	优先级	路径	路径能量消耗	总延时/ms
10	1—2—C	5	9	13	1—6—8—B	13	7
11	1—6—8—A	12	7	14	1—5—8—B	14	12
12	1—5—8—A	13	10	15	1—6—9—8—B	12	10

查询优先级表格可知，源节点到达汇聚节点 A，B，C 的最优路径分别为“1—4—6—8—A”，“1—6—9—B”，“1—4—6—7—C”。图 8-28 是从源节点 1 正常到达汇聚节 C 的最优路径传输图。假设某一时刻，数据在从源节点传输到汇聚节点 C 的过程中，风电机组 6 的无线终端出现异常，此时源节点查询路径传输优先级顺序表，源节点将自适应地选择 Q 值次优的链路进行恢复连接，如图 8-29 所示，以 1—4—3— C 作为恢复连接。

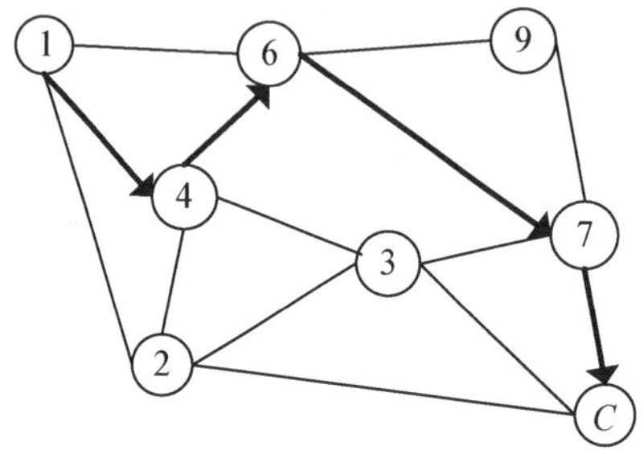

图 8-28　节点正常时无线网络通信数据传输图

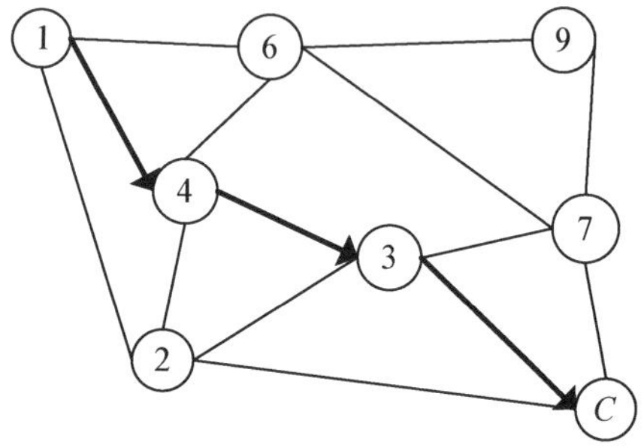

图 8-29　自愈算法下的无线网络通信故障传输恢复图

如果在节点发生了故障后，网络拓扑无论选择哪条路径都不能满足传输的要求，那么认定网络自愈失败。

这里将 Q 学习自愈算法和最小能量消耗路由算法[15]实验后的网络拓扑自愈失败率进行比较，仿真结果如图 8-30 所示。可以看出，Q 学习自愈算法的自愈失败率要低于最小能量消耗路由算法。

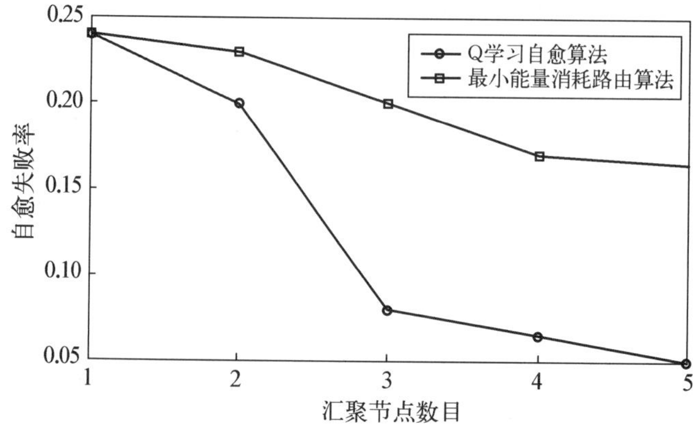

图 8-30　两种算法的恢复失败率

参考文献

[1] 陈立军,侯爽,叶翀,等.基于邻域粗糙集与支持向量机的大型风机齿轮箱故障诊断[J].机床与液压,2014,42(15):180-184.

[2] 洪滨,吕庆洲.基于分布式光纤温度传感器的风电场复合缆在线检测系统[J].自动化博览,2012,29(12):90-95,103.

[3] 姚万业,李新丽.基于状态监测的风电机组变桨系统故障诊断[J].可再生能源,2016,34(03):437-440.

[4] 周志华.机器学习[M].北京:清华大学出版社,2006.

[5] 邓乃扬,田英杰.支持向量机[M].南京:科学出版社,2008.

[6] 谢东,张兴,曹仁贤.参数自适应 *SFS* 算法多逆变器并网孤岛检测技术[J].电力系统自动化,2014,38(21):89-95.

[7] 彭钟华.基于遗传算法优化 *PNN* 的短期负荷预测[J].电气开关,2017,55(01):49-51,56.

[8] 杨凌霄,朱亚丽.基于概率神经网络的高压断路器故障诊断[J].电力系统保护与控制,2015,43(10):62-67.

[9] 张来斌,崔厚玺,王朝晖,等.基于信息熵神经网络的风力发电机故障诊断方法研究[J].机械强度,2009,31(01):132-135.

[10] 黄海平,王汝传,孙力娟,等.基于父亲树的无线传感器网络路由协议[J].计算机技术与发展,2008(08):4-7.

[11] 邵凌霜,周立,赵俊峰,等.一种 *WebService* 的服务质量预测方法[J].软件学报,2009,20(08):2062-2073.

[12] 陈瑞志.无线网络非均匀分簇路由算法改进研究与仿真[J].计算机仿真,2017,34(04):288-291.

[13] 王漫漫,束永安.多移动汇聚节点的无线传感网中基于服务质量的能耗[J].计算机应用,2018,38(03):758-762.

[14] 黄苏丹,刘淮源,曹广忠,等.基于自适应遗传算法的 *LED* 器件多应力条件下寿命快速评估系统模型[J].中国科学:技术科学,2016,46(09):940-949.

[15] 章韵,王静玉,陈志,等.基于 *Q* 学习的无线传感器网络自组织方法研究[J].传感技术学报,2010,23(11):1623-1626.

第9章

海上双馈机群分布式协调控制研究

在电力系统中,主要的控制方式为集中控制,风电机群也采用集中控制方式进行调度与管理。但是风电机群大规模集中控制会使控制中心风险聚集,系统容错性差,而灵活性更高的分布式控制却可以避免集中控制存在的问题。因此,采用分布式风力发电控制结构,能够极大地减小系统的通信负担,提高系统的可扩展性、容错能力以及灵活性。本章在分布式控制的基础上,实现对海上风电机群的协调控制。

9.1 图论基础知识

在描绘多智能体的通信关系时,图可以作为一个重要的数学工具,下面给出图论中的相关概念与定义[1]。

假设一个含有 $\nabla^{T}H$ 个节点的加权有向图可以用 $\boldsymbol{G}=(\boldsymbol{V},\boldsymbol{E},\boldsymbol{A})$ 来表示,其中, $\boldsymbol{V}=\{v_1,v_2,\cdots,v_n\}$ 是图中节点的集合, $\boldsymbol{E}\subseteq\boldsymbol{V}\times\boldsymbol{V}$ 是图中边的集合, $\boldsymbol{A}=[a_{ij}]\in\boldsymbol{R}^{n\times n}$ 是加权邻接矩阵。图中的任意一条有向边可以表示为 (v_i,v_j),即节点 v_i 能够向节点 v_j 发出信息。当 $\boldsymbol{G}$ 为一无向图时, (v_i,v_j) 表示节点 v_i 能够向节点 v_j 发出信息的同时节点 v_i 也能收到节点 v_j 发出的信息。所有 v_i 节点的邻居节点可写成集合形式 $\boldsymbol{N}_i=\{v_j\mid(v_i,v_j)\in E\}$,则 $\boldsymbol{N}_i$ 中元素的个数可以表示为 $|\boldsymbol{N}_i|$。假设 a_{ij} 表示 v_i 和 v_j 之间的权重系数,当 $(v_j,v_i)\in\boldsymbol{E}$ 时, $a_{ij}>0$;当 $(v_i,v_j)\notin\boldsymbol{E}$ 时, $a_{ij}=0$。此外,一般假设 $a_{ii}=0,i=1,2,\cdots,n$。对于无向图,总有 $a_{ij}=a_{ji}$。图 9-1 给出了两类拓扑结构示意图:无向图和有向图。节点之间的连线就表示节点间的信息交换。

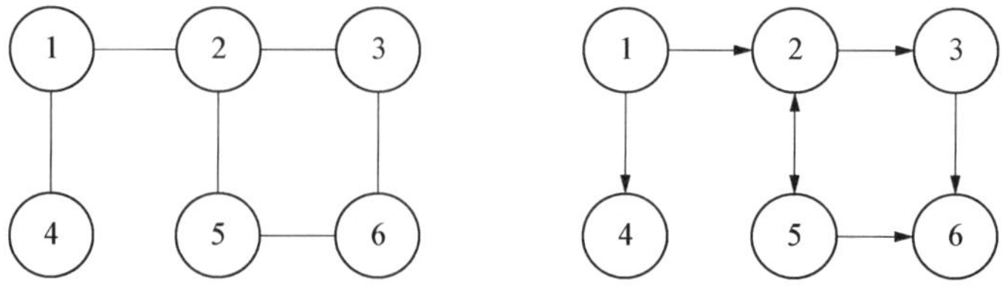

(a) 无向图　　(b) 有向图

图 9-1　无向图和有向图示例

节点 v_i 的入度、出度分别可以表示为 $\deg_{\text{in}}(v_i)=\sum_{j=1}^{n}a_{ij}$ 和 $\deg_{\text{out}}(v_i)=\sum_{j=1}^{n}a_{ji}$。若有向图 G 中存在一组边序列 $(v_{i1},v_{i2}),(v_{i2},v_{i3}),\cdots,(v_{i(k-1)},v_{ik})$，那么表示节点 v_{i1} 到 v_{ik} 存在一条有向路径。假设有向图 G 中的任意两个节点间都存在有向路径，那么该有向图 G 为强连通图。对于无向图 G，当任意两个节点间都存在一条路径时，那么该无向图 G 为连通图。在有向图中，假如除了一个源节点外其他节点都只存在一个父节点，那么表示该有向图含有一个有向树。当图中存在一个有向树能包含图中所有节点时，则称该图 G 包含有向生成树。

为将图中的节点信息更直观地表示出来，在此引入数学矩阵的概念。图的邻接矩阵可以表示为 $\boldsymbol{A}=[a_{ij}]\in\boldsymbol{R}^{n\times n}$，对于无向图，有 $\boldsymbol{A}=\boldsymbol{A}^{\mathrm{T}}$。有向图 G 的入度矩阵可以表示为 $\boldsymbol{D}=[d_{ij}]$，这是一个对角矩阵，其中 $d_{ij}=\begin{cases}0, & i\neq j\\ \sum_{j=1}^{n}a_{ij}, & i=j\end{cases}$，即表示入度矩阵 D 是由相关节点的入度构成。

图 G 的 *Laplacian* 矩阵可以表示为 $\boldsymbol{L}=[l_{ij}]=\boldsymbol{D}-\boldsymbol{A}$，其中，$l_{ij}=\begin{cases}\sum_{j\in \mathbf{N}_i} & i=j\\ -a_{ij} & i\neq j\end{cases}$。无向图的矩阵 $\boldsymbol{L}$ 是对称矩阵。

下面给出图 G 的 *Laplacian* 矩阵的三条重要性质：

(1) 无向图：图 G 的 *Laplacian* 矩阵有 n 个实数特征值，其中 $\lambda_1=0$ 是矩阵 $\boldsymbol{L}$ 的一个零特征值，而其他的所有特征值都具有非负实部。

(2) 有向图：当且仅当矩阵 $\boldsymbol{L}$ 的秩为 $\operatorname{rank}(\boldsymbol{L})=n-1$，有向图 G 包含生成树。

(3) 对于含有最小有向生成树的强连通图 G，由于 $\sum_{j=1}^{n}L_{ij}=0$，故 LL 的 0 特征值对应的右特征向量是 $\boldsymbol{T}=\boldsymbol{1}=[1,1,\cdots,1]^T\in\boldsymbol{R}^n$，$\boldsymbol{LT}=0$。

此外，给出关于图 G 的 *Laplacian* 矩阵的三条重要引理：

引理 9.1[2]：设图 G 为强连通图，图中节点数为 N，图 G 的 Laplacian 矩阵为 $\boldsymbol{L}$，则存在一个矢量 $\boldsymbol{p}=(p_1,p_2,\cdots,p_N)^T$，使得 $\boldsymbol{p}^T\boldsymbol{L}=0$ 且 $p_i>0,\forall i=1,2,\cdots,N$。

引理 9.2[3]：设图 G 为强连通图，令矢量 $p=(p_1,p_2,\cdots,p_N)^T$ 表示对应于图 G 的 Laplacian 矩阵 L 零特征值的左特征向量，则有

$$\sum_{i=1}^{N}\sum_{j=1}^{N}p_i a_{ij} r_i^{\mathrm{T}}(t)(r_i(t)-r_j(t))=\sum_{i=1}^{N}\sum_{j=1}^{N}p_j a_{ji} r_i^{\mathrm{T}}(t)(r_i(t)-r_j(t))$$

引理 9.3[4]：假设 $\boldsymbol{z}=[\boldsymbol{z}_1^{\mathrm{T}},\cdots,\boldsymbol{z}_p^{\mathrm{T}}]^{\mathrm{T}}$，其中 $\boldsymbol{z}_i\in R^m$，$\boldsymbol{L}_p\in\boldsymbol{R}^{p\times p}$ 为一有向图的 Laplacian 矩阵，那么下面几个条件是等价的：

(1) 该有向图有一个有向生成树；

(2) $(\boldsymbol{L}_p\otimes\boldsymbol{I}_m)\boldsymbol{z}=0$，则 $\boldsymbol{z}_1=\cdots=\boldsymbol{z}_p$；

(3) $\boldsymbol{L}_p$ 有一个 0 特征值，且其对应的特征向量为 $\boldsymbol{I}_p$，其他所有特征值均有正实部；

(4) 系统 $\dot{\boldsymbol{z}}=-(\boldsymbol{L}_p\otimes \boldsymbol{I}_m)\boldsymbol{z}$ 是渐近一致的；

(5) $\text{rank}(\boldsymbol{L}_p)=p-1$。

9.2 双馈风电机组的 Hamilton 实现

双馈风电机组主要有两部分组成：双馈感应发电机和传动机构。其中，传动机构用一阶模型表示出来；假设不考虑定子电磁瞬态，双馈感应发电机可以通过一个二阶模型表示。那么，双馈风电机组可以表示为如下三阶模型[5]：

$$\begin{cases}2H_{\text{tot}}\dfrac{\mathrm{d}s}{\mathrm{d}t}=P_{\text{s}}-P_{\text{m}}=-E'_d i_{ds}-E'_q i_{qs}-P_{\text{m}}\\ \dfrac{\mathrm{d}E'_q}{\mathrm{d}t}=-s\omega_{\text{s}}E'_d-\dfrac{1}{T'_0}[E'_q-(X_{\text{s}}-X'_{\text{s}})i_{ds}]+\omega_{\text{s}}\dfrac{L_{\text{m}}}{L_{\text{rr}}}v_{dr}\\ \dfrac{\mathrm{d}E'_d}{\mathrm{d}t}=s\omega_{\text{s}}E'_q-\dfrac{1}{T'_0}[E'_d+(X_{\text{s}}-X'_{\text{s}})i_{qs}]-\omega_{\text{s}}\dfrac{L_{\text{m}}}{L_{\text{rr}}}v_{qr}\end{cases}\tag{9-1}$$

其中，$X_{\text{s}}=\omega_{\text{s}}L_{\text{ss}}$，$X'_{\text{s}}=\omega_{\text{s}}(L_{\text{ss}}-L_{\text{m}}^2/L_{\text{rr}}$，$T'_0=L_{\text{rr}}/R_{\text{r}}$；$s$ 为转子转差率；H_{tot} 为风机和发电机整体的惯性常数；P_{s} 为机组输出的有功功率；$Q_{\text{s}}=E'_d i_{qs}-E'_q i_{ds}$ 为机组输出的无功功率；P_{m} 为风机输入的机械功率；L_{ss} 为定子自感；L_{rr} 为转子自感；L_{m} 为互感；R_{r} 为转子电阻；ω_{s} 为同步角速度；X_{s} 为定子电抗；X'_{s} 为定子瞬态电抗；i_{ds} 和 i_{qs} 分别为 d 轴和 q 轴的定子电流；E'_d 和 E'_q 分别为在瞬态电抗下的 d 轴和 q 轴电压；v_{dr} 和 v_{qr} 分别为 d 轴和 q 轴的转子电压。

首先，对双馈风电机组(9-1)进行改写：

$$\frac{\mathrm{d}}{\mathrm{d}t}\begin{bmatrix}s\\E'_q\\E'_d\end{bmatrix}=\begin{bmatrix}-\dfrac{i_{qs}}{2H_{\text{tot}}}E'_q-\dfrac{i_{ds}}{2H_{\text{tot}}}E'_d-\dfrac{P_{\text{m}}}{2H_{\text{tot}}}\\ -\dfrac{1}{T'_0}E'_q-s\omega_{\text{s}}E'_d+\dfrac{i_{ds}}{T'_0}(X_{\text{s}}-X'_{\text{s}})\\ s\omega_{\text{s}}E'_q-\dfrac{1}{T'_0}E'_d-\dfrac{i_{qs}}{T'_0}(X_{\text{s}}-X'_{\text{s}})\end{bmatrix}+\begin{bmatrix}0&0\\ \omega_{\text{s}}\dfrac{L_{\text{m}}}{L_{\text{rr}}}&0\\0&-\omega_{\text{s}}\dfrac{L_{\text{m}}}{L_{\text{rr}}}\end{bmatrix}\cdot\begin{bmatrix}v_{dr}\\v_{qr}\end{bmatrix}\tag{9-2}$$

下面，通过 Hamilton 能量方法，对模型进行 Hamilton 实现。基于系统模型结构设计 Hamilton 能量函数：

$$H=\frac{s^2}{2}+\frac{1}{2}\left(E'_q+\frac{P_{\text{m}}}{2i_{qs}}\right)^2+\frac{1}{2}\left(E'_d+\frac{P_{\text{m}}}{2i_{ds}}\right)^2\tag{9-3}$$

基于上述能量函数，系统(9-1)可以进一步改写成以下 PCH 形式：

$$\frac{\mathrm{d}}{\mathrm{d}t}\begin{bmatrix} s \\ E'_q \\ E'_d \end{bmatrix}=\begin{bmatrix} 0 & \frac{i_{qs}}{2H_{\mathrm{tot}}} & \frac{i_{ds}}{2H_{\mathrm{tot}}} \\ 0 & -\frac{1}{T'_0} & -s\omega_s \\ 0 & s\omega_s & -\frac{1}{T'_0} \end{bmatrix}\nabla \boldsymbol{H}+\begin{bmatrix} 0 \\ \frac{i_{ds}}{T'_0}(X_s-X'_s)+\frac{P_m}{2T'_0 i_{qs}}+s\omega_s\frac{P_m}{2i_{ds}} \\ -\frac{i_{ds}}{T'_0}(X_s-X'_s)+\frac{P_m}{2T'_0 i_{ds}}-s\omega_s\frac{P_m}{2i_{qs}} \end{bmatrix}+$$

$$\begin{bmatrix} 0 & 0 \\ \omega_s\frac{L_m}{L_{rr}} & 0 \\ 0 & -\omega_s\frac{L_m}{L_{rr}} \end{bmatrix}\cdot\begin{bmatrix} v_{dr} \\ v_{qr} \end{bmatrix} \tag{9-4}$$

其中，$\nabla\boldsymbol{H}=\begin{bmatrix} s & E'_q+\frac{P_m}{2i_{ds}} & E'_d+\frac{P_m}{2i_{ds}} \end{bmatrix}^{\mathrm{T}}$。

为方便后续设计需要，可以将上述 PCH 系统转换成 PCH－D 形式。对系统进行 PCH－D 实现，设计如下反馈控制律：

$$\boldsymbol{u}=\begin{bmatrix} v_{dr} \\ v_{qr} \end{bmatrix}=\boldsymbol{K}+\boldsymbol{\mu}=\begin{bmatrix} K_{dr} \\ K_{qr} \end{bmatrix}+\begin{bmatrix} \mu_{dr} \\ \mu_{qr} \end{bmatrix} \tag{9-5}$$

式中，控制律由两部分组成：预反馈控制 $\boldsymbol{K}$ 和输出反馈控制 $\boldsymbol{\mu}$。取

$$\boldsymbol{K}=\begin{bmatrix} K_{dr} \\ K_{qr} \end{bmatrix}=\begin{bmatrix} -\frac{L_{rr}}{\omega_s L_m}\left(\frac{i_{ds}}{T'_0}(X_s-X'_s)+\frac{P_m}{2T'_0 i_{ds}}+\left(\frac{\omega_s P_m}{2i_{ds}}-\frac{i_{qs}}{2H_{\mathrm{tot}}}\right)s\right) \\ \frac{L_{rr}}{\omega_s L_m}\left(-\frac{i_{ds}}{T'_0}(X_s-X'_s)+\frac{P_m}{2T'_0 i_{ds}}-\left(\frac{\omega_s P_m}{2i_{qs}}+\frac{i_{ds}}{2H_{\mathrm{tot}}}\right)s\right) \end{bmatrix} \tag{9-6}$$

将上述预反馈控制律代入系统(9－1)中，得到 *PCH－D* 系统：

$$\frac{\mathrm{d}}{\mathrm{d}t}\begin{bmatrix} s \\ E'_q \\ E'_d \end{bmatrix}=\begin{bmatrix} 0 & -\frac{i_{qs}}{2H_{\mathrm{tot}}} & -\frac{i_{ds}}{2H_{\mathrm{tot}}} \\ \frac{i_{qs}}{2H_{\mathrm{tot}}} & -\frac{1}{T'_0} & -s\omega_s \\ \frac{i_{ds}}{2H_{\mathrm{tot}}} & s\omega_s & -\frac{1}{T'_0} \end{bmatrix}\nabla \boldsymbol{H}+\begin{bmatrix} 0 & 0 \\ \omega_s\frac{L_m}{L_{rr}} & 0 \\ 0 & -\omega_s\frac{L_m}{L_{rr}} \end{bmatrix}\cdot\begin{bmatrix} \mu_{dr} \\ \mu_{qr} \end{bmatrix}$$

$$\overset{\mathrm{def}}{=\!=}(\boldsymbol{J}-\boldsymbol{R})\nabla\boldsymbol{H}+\boldsymbol{G\mu} \tag{9-7}$$

其中，$\boldsymbol{J}=\begin{bmatrix} 0 & -\frac{i_{qs}}{2H_{\mathrm{tot}}} & -\frac{i_{ds}}{2H_{\mathrm{tot}}} \\ \frac{i_{qs}}{2H_{\mathrm{tot}}} & 0 & -s\omega_s \\ \frac{i_{ds}}{2H_{\mathrm{tot}}} & s\omega_s & 0 \end{bmatrix}$，$\boldsymbol{R}=\begin{bmatrix} 0 & 0 & 0 \\ 0 & \frac{1}{T'_0} & 0 \\ 0 & 0 & \frac{1}{T'_0} \end{bmatrix}$，$\boldsymbol{G}=\begin{bmatrix} 0 & 0 \\ \omega_s\frac{L_m}{L_{rr}} & 0 \\ 0 & -\omega_s\frac{L_m}{L_{rr}} \end{bmatrix}$。

系统(9－7)满足 $PCH-D$ 形式。此时，系统的输出可以表示为如下形式：

$$y=\boldsymbol{G}^{T}\nabla\boldsymbol{H}=\begin{bmatrix}\omega_{s}\dfrac{L_{m}}{L_{rr}}\left(E'_{q}+\dfrac{P_{m}}{2i_{qs}}\right)\\-\omega_{s}\dfrac{L_{m}}{L_{rr}}\left(E'_{d}+\dfrac{P_{m}}{2i_{ds}}\right)\end{bmatrix}\tag{9-8}$$

对 $PCH-D$ 系统(9－7)寻找一个能量成型控制策略 $u=\beta(x)$，使闭环系统满足如下耗散形式：

$$\dot{x}=[\boldsymbol{J}(x)-\boldsymbol{R}(x)]\frac{\partial H_{d}(x)}{\partial x}\tag{9-9}$$

且闭环系统 $Hamilton$ 函数 $H_{d}(x)$ 满足：

$$\boldsymbol{g}^{\mathrm{T}}(x)\frac{\partial \boldsymbol{H}_{d}(x)}{\partial x}=\boldsymbol{y}+\boldsymbol{d}\tag{9-10}$$

其中，d 为能量成型控制策略中输出的调整值。则系统(9－7)在能量成型控制策略 $\boldsymbol{u}=\boldsymbol{\beta}(x)$ 的作用下可写成以下形式：

$$[\boldsymbol{J}(x)-\boldsymbol{R}(x)]\frac{\partial \boldsymbol{H}(x)}{\partial x}+\boldsymbol{g}(x)\boldsymbol{u}=[\boldsymbol{J}(x)-\boldsymbol{R}(x)]\frac{\partial \boldsymbol{H}_{d}(x)}{\partial x}\tag{9-11}$$

上式满足以下匹配条件：

$$\boldsymbol{g}^{\perp}(x)[\boldsymbol{J}(x)-\boldsymbol{R}(x)](\nabla\boldsymbol{H}_{d}(x)-\nabla\boldsymbol{H}(x))=0\tag{9-12}$$

其中，$\boldsymbol{g}^{\perp}(x)$ 是一个满秩左零化子，满足 $\boldsymbol{g}^{\perp}(x)\boldsymbol{g}(x)=0$。若 $\boldsymbol{g}^{\perp}(x)$ 为列满秩矩阵，那么能量成型控制策略可表示为

$$\boldsymbol{u}=\boldsymbol{\beta}(x)=[\boldsymbol{g}^{\mathrm{T}}(x)\boldsymbol{g}(x)]^{-1}\boldsymbol{g}^{\mathrm{T}}(x)(\boldsymbol{J}(x)-\boldsymbol{R}(x))(\nabla\boldsymbol{H}_{d}(x)-\nabla\boldsymbol{H}(x))\tag{9-13}$$

9.3 海上风电机群协同控制

9.3.1 输出同步问题描述

对双馈风机单机 PCH－D 模型(9－7)进行拓展，可以得到海上风电场的机群模型。基于风电机群模型和海上风电场的网络拓扑结构，设计分布式协同控制策略以解决双馈机群的输出同步控制问题。

假设海上风电场中含有 N 个双馈风电机组，风电机群模型可以写成如下形式：

$$\begin{cases}\dot{\boldsymbol{x}}_{i}=(\boldsymbol{J}_{i}-\boldsymbol{R}_{i})\nabla\boldsymbol{H}_{i}(\boldsymbol{x}_{i})+\boldsymbol{G}_{i}\boldsymbol{\mu}_{i}\\\boldsymbol{y}_{i}=\boldsymbol{G}_{i}^{\mathrm{T}}\nabla\boldsymbol{H}_{i}(\boldsymbol{x}_{i})\end{cases}\tag{9-14}$$

其中，$i=1,2,\cdots,N$。第 i 台风电机组的状态为 $\boldsymbol{x}_i=[s_i \quad E'_{qi} \quad E'_{di}]^{\mathrm{T}}$，输入 $\boldsymbol{\mu}_i=\begin{bmatrix}\mu_{dri}\\ \mu_{qri}\end{bmatrix}$，输出 $\boldsymbol{y}_i=\begin{bmatrix}\omega_{si}\dfrac{L_{mi}}{L_{rri}}\left(E'_{qi}+\dfrac{P_{mi}}{2i_{qsi}}\right)\\ -\omega_{si}\dfrac{L_{mi}}{L_{rri}}\left(E'_{di}+\dfrac{P_{mi}}{2i_{dsi}}\right)\end{bmatrix}$，Hamilton 能量函数 $\boldsymbol{H}_i$ 的梯度 $\nabla\boldsymbol{H}_i=\left[s_i \quad E'_{qi}+\dfrac{P_{mi}}{2i_{qsi}} \quad E'_{di}+\dfrac{P_{mi}}{2i_{dsi}}\right]^{\mathrm{T}}$，$\boldsymbol{J}_i$、$\boldsymbol{R}_i$ 和 $\boldsymbol{G}_i$ 同式(9－7)中 J、R 和 G，只是在每个变量上加上下标 i，说明这是第 i 台机组的参数。

海上风电场双馈风电机群的输出同步定义如下：

定义 9.1[6]：对于由 N 个 PCH－D 模型组成的网络化系统(9－14)，如果输出满足：

$$\lim_{t\to\infty}\| y_i(t)-y_j(t)\|=0,\ \forall i,j=1,2,\cdots,N$$

其中，$\| \quad \|$ 为欧式范数，则系统输出同步。

9.3.2　海上风电场协同控制策略

定理 9.1[7]：假设海上风电场网络拓扑为一连通的无向图，对双馈风电机群(9－14)设计如下分布式协同控制策略：

$$\boldsymbol{\mu}_i=\begin{bmatrix}\mu_{dri}\\ \mu_{qri}\end{bmatrix}=-\lambda_i\sum_{j=1}^{N}a_{ij}(y_i-y_j),\ \forall i,j=1,2,\cdots,N \tag{9-15}$$

其中，$\lambda_i>0$ 为可调增益，机组 i 和 j 之间存在通信连接时，其权重 $a_{ij}=1$，那么闭环系统(9－14)可以达到全局稳定，且风电场中的机组输出同步。

证明：取整个网络的 Hamilton 能量函数为 $\boldsymbol{H}=2\sum\limits_{i=1}^{N}\boldsymbol{H}_i(\boldsymbol{x}_i)$，进一步求导可得

$$\dot{\boldsymbol{H}}=2\sum_{i=1}^{N}\nabla^{\mathrm{T}}\boldsymbol{H}_i(\boldsymbol{J}_i-\boldsymbol{R}_i)\nabla H_i+2\sum_{i=1}^{N}\nabla^{\mathrm{T}}\boldsymbol{H}_i\boldsymbol{G}_i\boldsymbol{\mu}_i \tag{9-16}$$

将定理 9.1 中的协同控制律(9－15)代入上式，可得

$$\begin{aligned}\dot{\boldsymbol{H}}&=2\sum_{i=1}^{N}\nabla^{\mathrm{T}}\boldsymbol{H}_i(J_i-R_i)\nabla^{\mathrm{T}}\boldsymbol{H}_i+2\sum_{i=1}^{N}\nabla^{\mathrm{T}}\boldsymbol{H}_i\boldsymbol{G}_i\boldsymbol{\mu}_i\\&=2\sum_{i=1}^{N}\nabla^{\mathrm{T}}\boldsymbol{H}_i(\boldsymbol{J}_i-\boldsymbol{R}_i)\nabla\boldsymbol{H}_i-2\sum_{i=1}^{N}\nabla^{\mathrm{T}}\boldsymbol{H}_i\boldsymbol{G}_i\boldsymbol{\lambda}_i\sum_{j=1}^{N}a_{ij}(y_i-y_j)\\&=-2\sum_{i=1}^{N}\nabla^{\mathrm{T}}\boldsymbol{H}_i\boldsymbol{R}_i\nabla\boldsymbol{H}_i-2\sum_{i=1}^{N}\boldsymbol{y}_i^{\mathrm{T}}\boldsymbol{\lambda}_i\sum_{j=1}^{N}a_{ij}(y_i-y_j)\end{aligned} \tag{9-17}$$

对于无向图，系统的 Laplacian 矩阵 L 为一对称矩阵，因此

$$\dot{\boldsymbol{H}}\leqslant-\sum_{i=1}^{N}\lambda_i\sum_{j=1}^{N}a_{ij}y_i^{\mathrm{T}}(y_i-y_j)-\sum_{i=1}^{N}\lambda_i\sum_{j=1}^{N}a_{ij}y_j^{\mathrm{T}}(y_j-y_i)$$

$$=-\sum_{i=1}^{N}\lambda_i\sum_{j=1}^{N}a_{ij}(y_i-y_j)^{\mathrm{T}}(y_i-y_j)\leqslant 0 \tag{9-18}$$

由此可知，整个闭环系统是全局稳定的。下面，考虑集合

$$\boldsymbol{E}=\{x_i\mid \dot{\boldsymbol{H}}=0\}=\left\{x_i\;\middle|\;\sum_{i=1}^{N}\nabla^{\mathrm{T}}\boldsymbol{H}_i\boldsymbol{R}_i\nabla\boldsymbol{H}_i=0,\sum_{i=1}^{N}\sum_{j=1}^{N}a_{ij}(y_i-y_j)^{\mathrm{T}}(y_i-y_j)=0\right\} \tag{9-19}$$

可知 $\boldsymbol{E}\subseteq\bar{\boldsymbol{E}}=\{(y_i-y_j)^{\mathrm{T}}(y_i-y_j)\equiv 0\}$。根据 LaSalle's 不变集定理，当 $t\to\infty$ 时，系统的解收敛到集合 E 中，即风电场中的风电机群实现输出同步。证明完毕。

将定理 9.1 与预反馈控制律相结合，可以得到定理 9.2。

定理 9.2：考虑由 N 个双馈风电机组组成的分布式网络：

$$\begin{cases}2H_{\mathrm{tot}i}\dfrac{\mathrm{d}s_i}{\mathrm{d}t}=P_{\mathrm{s}i}-P_{\mathrm{m}i}=-E'_{di}i_{d\mathrm{s}i}-E'_{qi}i_{d\mathrm{s}i}-P_{\mathrm{m}i}\\ \dfrac{\mathrm{d}E'_{qi}}{\mathrm{d}t}=-s_i\omega_{\mathrm{s}i}E'_{di}-\dfrac{1}{T'_{0i}}[E'_{qi}-(X_{\mathrm{s}i}-X'_{\mathrm{s}i})i_{d\mathrm{s}i}]+\omega_{\mathrm{s}i}\dfrac{L_{\mathrm{m}i}}{L_{\mathrm{rr}i}}v_{d\mathrm{r}i}\\ \dfrac{\mathrm{d}E'_{di}}{\mathrm{d}t}=s_i\omega_{\mathrm{s}i}E'_{qi}-\dfrac{1}{T'_{0i}}[E'_{di}+(X_{\mathrm{s}i}-X'_{\mathrm{s}i})i_{q\mathrm{s}i}]-\omega_{\mathrm{s}i}\dfrac{L_{\mathrm{m}i}}{L_{\mathrm{rr}i}}v_{q\mathrm{r}i}\end{cases} \tag{9-20}$$

第 i 台双馈风电机组的整体控制策略可以设计为

$$\boldsymbol{u}_i=\begin{bmatrix}v_{d\mathrm{r}i}\\ v_{q\mathrm{r}i}\end{bmatrix}=\boldsymbol{K}_i+\boldsymbol{\mu}_i=\begin{bmatrix}K_{d\mathrm{r}i}\\ K_{q\mathrm{r}i}\end{bmatrix}+\begin{bmatrix}\mu_{d\mathrm{r}i}\\ \mu_{q\mathrm{r}i}\end{bmatrix} \tag{9-21}$$

其中，预反馈控制为

$$\boldsymbol{K}_i=\begin{bmatrix}K_{d\mathrm{r}i}\\ K_{q\mathrm{r}i}\end{bmatrix}=\begin{bmatrix}-\dfrac{L_{\mathrm{rr}i}}{\omega_{\mathrm{s}i}L_{\mathrm{m}i}}\left(\dfrac{i_{d\mathrm{s}i}}{T'_{0i}}(X_{\mathrm{s}i}-X'_{\mathrm{s}i})+\dfrac{P_{\mathrm{m}i}}{2T'_0 i_{q\mathrm{s}i}}+\left(\dfrac{\omega_{\mathrm{s}i}P_{\mathrm{m}i}}{2i_{d\mathrm{s}i}}-\dfrac{i_{q\mathrm{s}i}}{2H_{\mathrm{tot}i}}\right)s_i\right)\\ \dfrac{L_{\mathrm{rr}i}}{\omega_{\mathrm{s}i}L_{\mathrm{m}i}}\left(-\dfrac{i_{d\mathrm{s}i}}{T'_{0i}}(X_{\mathrm{s}i}-X'_{\mathrm{s}i})+\dfrac{P_{\mathrm{m}i}}{2T'_0 i_{d\mathrm{s}i}}-\left(\dfrac{\omega_{\mathrm{s}i}P_{\mathrm{m}i}}{2i_{q\mathrm{s}i}}+\dfrac{i_{d\mathrm{s}i}}{2H_{\mathrm{tot}i}}\right)s_i\right)\end{bmatrix} \tag{9-22}$$

协同控制策略为

$$\boldsymbol{\mu}=\begin{bmatrix}\mu_{d\mathrm{r}i}\\ \mu_{q\mathrm{r}i}\end{bmatrix}=\begin{bmatrix}-\lambda_i\sum_{j=1}^{N}\left(\omega_{\mathrm{s}i}\dfrac{L_{\mathrm{m}i}}{L_{\mathrm{rr}i}}\left(E'_{qi}+\dfrac{P_{\mathrm{m}i}}{2i_{q\mathrm{s}i}}\right)-\omega_{\mathrm{s}j}\dfrac{L_{\mathrm{m}i}}{L_{\mathrm{rr}j}}\left(E'_{qj}+\dfrac{P_{\mathrm{m}j}}{2i_{q\mathrm{s}j}}\right)\right)\\ \lambda_i\sum_{j=1}^{N}\left(\omega_{\mathrm{s}i}\dfrac{L_{\mathrm{m}i}}{L_{\mathrm{rr}i}}\left(E'_{di}+\dfrac{P_{\mathrm{m}i}}{2i_{d\mathrm{s}i}}\right)-\omega_{\mathrm{s}j}\dfrac{L_{\mathrm{m}j}}{L_{\mathrm{rr}j}}\left(E'_{dj}+\dfrac{P_{\mathrm{m}j}}{2i_{d\mathrm{s}j}}\right)\right)\end{bmatrix} \tag{9-23}$$

那么海上双馈风电机群(9－20)通过相互协调可以实现输出同步。当双馈风电机群输出同步时，机组输出可以统一表示为

$$\boldsymbol{y}_i = \boldsymbol{G}_i^{\mathrm{T}} \nabla \boldsymbol{H}_i = \begin{bmatrix} \omega_{si} \dfrac{L_{mi}}{L_{rri}} \left(E'_{qi} + \dfrac{P_{mi}}{2i_{qsi}} \right) \\ -\omega_{si} \dfrac{L_{mi}}{L_{rri}} \left(E'_{di} + \dfrac{P_{mi}}{2i_{dsi}} \right) \end{bmatrix} \tag{9-24}$$

由式(9－19)的集合 $\boldsymbol{E}$ 可知 $\nabla^{T}\boldsymbol{H}_i\boldsymbol{R}_i\nabla\boldsymbol{H}_i=0$，即

$$\frac{1}{T'_0}\left(E'_{qi}+\frac{P_{mi}}{2i_{qsi}}\right)^2+\frac{1}{T'_0}\left(E'_{di}+\frac{P_{mi}}{2i_{dsi}}\right)^2=0 \tag{9-25}$$

因此，

$$\begin{cases} E'_{qi}+\dfrac{P_{mi}}{2i_{qsi}}=0 \\ E'_{di}+\dfrac{P_{mi}}{2i_{dsi}}=0 \end{cases} \tag{9-26}$$

双馈机组输出的有功功率可以表示为

$$P_s=-E'_d i_{ds}-E'_q i_{qs} \tag{9-27}$$

当机组的输出同步时，有 $P_{si}=P_{mi}$。由于海上风力分布相对平均，同一海上风电场中的风电机组拥有相似的风能环境，因此可近似认为每台风电机组吸收的机械功率基本相同，即通过分布式协同控制策略，可以实现风电机群输出同步且输出的有功功率也保持同步。另外，该分布式控制方式是通过机组间的信息交换和相互协调，故障机组从网络中解列后，若结果仍然是一连通的无向图，那么协同控制方式仍然有效，不影响其他机组的整体控制效果。

9.3.3　仿真验证

在 MATLAB 中进行仿真验证，先研究海上风电机组稳定运行时的协同控制效果，仿真系统由 6 台双馈风电机组组成，假设海上风电场网络拓扑结构为一无向图，如图 9－2 所示。

主要参数如表 9－1 所示，其中 $H(x)=\sum_{i=1}^{N}H_i(x_i)$，$L_{rr}=L_m+L_r$。

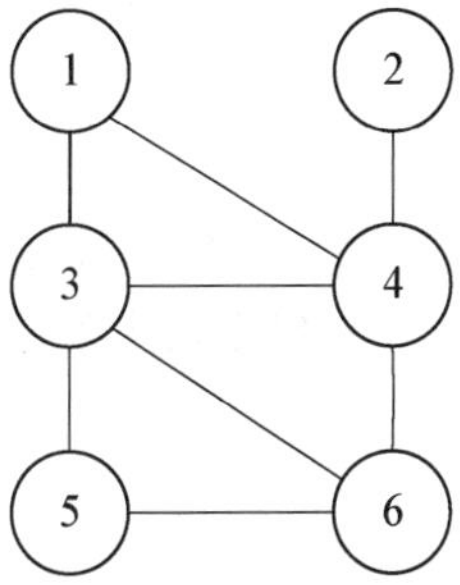

图 9－2　海上风电场网络拓扑结构图

表 9－1　风电机组主要参数表

主要参数	1#机组	2#机组	3#机组	4#机组	5#机组	6#机组
H_{tot}/s	3	5	4	3	4	3
L_m/p.u.	2.9	2.5	2.8	2.9	2.8	2.9
L_r/p.u.	0.156	0.126	0.149	0.156	0.156	0.156
R_r/p.u.	0.085	0.005	0.004	0.006	0.005	0.006

续表

主要参数	1#机组	2#机组	3#机组	4#机组	5#机组	6#机组
i_{qs}/p.u.	1.8	1.6	1.5	1.7	1.5	1.5
i_{ds}/p.u.	1.7	1.8	1.6	1.3	1.3	1.4
ω_s/p.u.	3.14	3.14	3.14	3.14	3.14	3.14
P_m/MW	7.5	7.5	7.5	7.5	7.5	7.5

假设同一海上风电场中的每台机组吸收相同的机械功率，那么对系统进行分布式协同控制，仿真结果如图 9-3 所示。由图可知，风电场中的 6 台机组可以快速收敛并最终实现同步，机组输出的有功功率最终保持一致。

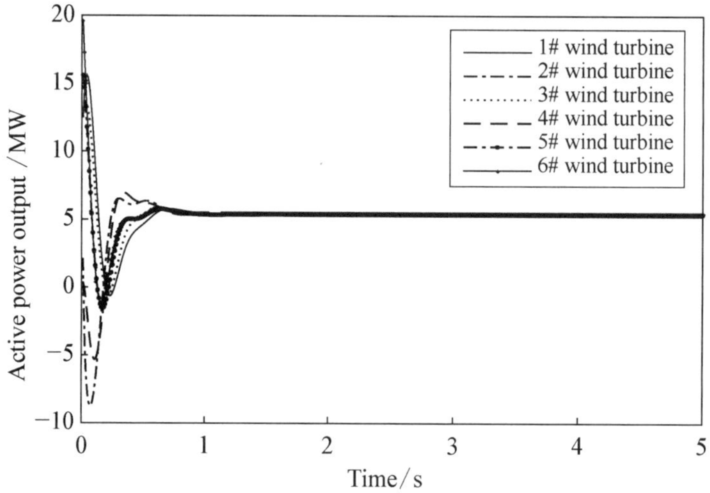

图 9-3 风电机组输出有功功率变化曲线

进一步研究分布式协同控制策略在海上风电场发生单机故障时的可靠性。假设在2.5 s 时，5 号机组发生单机故障，随后 5 号故障机组解列，解列后的网络拓扑如图 9-4 所示：

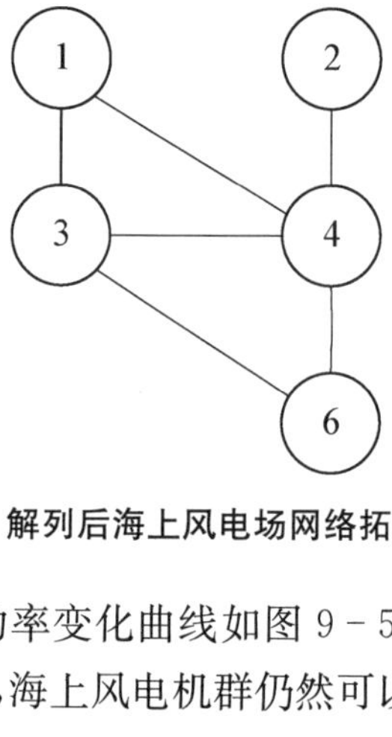

图 9-4 解列后海上风电场网络拓扑结构图

故障前后，各风电机组有功功率变化曲线如图 9-5 所示。由仿真结果可知，即便海上风电场中的单个机组发生故障，海上风电机群仍然可以通过该控制策略进行协调输出。

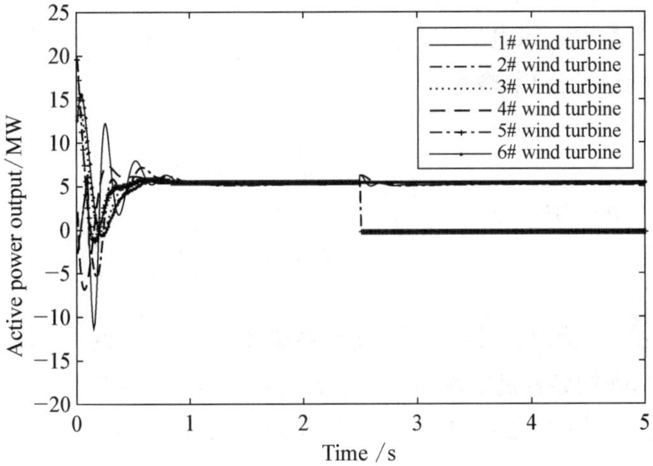

图 9-5 故障状况下风电机组输出有功功率变化曲线

9.4 海上风电机群主从控制

9.4.1 领导者 Hamilton 能量控制策略

将整个风电场作为一个分布式网络,考虑到通讯信息传递的方向,网络拓扑结构可看作一个有向图。有向图需要满足以下假设:

假设 9.1[8]:考虑海上风电场网络拓扑结构为有根节点的有向图,存在至少一个有向生成树。选择有向图中的根节点为领导者,其他节点即为跟随者。风电机群中只有一个领导者机组,其 PCH-D 模型描述为

$$\begin{cases}\dot{\boldsymbol{x}}_1=(\boldsymbol{J}_1-\boldsymbol{R}_1)\nabla \boldsymbol{H}_1(\boldsymbol{x}_1)+\boldsymbol{G}_1\boldsymbol{\mu}_1\\ \boldsymbol{y}_1=\boldsymbol{G}_1^{\mathrm{T}}\nabla \boldsymbol{H}_1(\boldsymbol{x}_1)\end{cases}\tag{9-28}$$

其中,风电机组状态为 $\boldsymbol{x}_1$,输入 $\boldsymbol{\mu}_1$,输出 $\boldsymbol{y}_1$,Hamilton 能量函数 H_1 的梯度 $\nabla\boldsymbol{H}_1$,$\boldsymbol{J}_1$,$\boldsymbol{R}_1$ 和 $\boldsymbol{G}_1$ 同式(9-14),只是在每个变量上加上下标 1,说明这是领导者机组的参数。

在分布式主从控制系统中,领导者接收上层的指令,并根据参考值调整输出功率,本节将通过 Hamilton 能量理论中能量成型方法设计其控制策略。

已知当前的 Hamilton 函数为 $H_1(x_1)$,而期望的 Hamilton 函数 $H_r(x_l)$ 满足

$$\boldsymbol{G}_1^{\mathrm{T}}\nabla H_r(\boldsymbol{x}_1)=\boldsymbol{y}_1+\boldsymbol{d}\tag{9-29}$$

其中常数向量 $\boldsymbol{d}=[d_1 \quad d_2]^T$ 表示机组接收上层指令后输出量调整的大小。设能量成型控制策略为 $\bar{\boldsymbol{\mu}}_1$,注意到式(9-28)中 $\boldsymbol{G}_1$ 为列满秩矩阵,则由式(9-13)可得到能量成型控制策略

$$\bar{\boldsymbol{\mu}}_1=(\boldsymbol{G}_1^{\mathrm{T}}\boldsymbol{G}_1)^{-1}\boldsymbol{G}_1^{\mathrm{T}}(\boldsymbol{J}_1-\boldsymbol{R}_1)(\nabla \boldsymbol{H}_r(\boldsymbol{x}_1)-\nabla \boldsymbol{H}_1(\boldsymbol{x}_1))\tag{9-30}$$

基于以上过程，设计领导者机组的控制策略，可得到以下定理。

定理 9.3[9]：考虑海上风电场中作为领导者的双馈机组(9-28)，基于能量成型方法，则设计 Hamilton 能量控制策略为

$$\boldsymbol{\mu}_1=\bar{\boldsymbol{\mu}}_1+\boldsymbol{\mu}_r=\frac{L_{rrl}^2}{\omega_{sl}^2 L_{ml}^2}\begin{bmatrix}-\frac{d_1}{T'_{01}}+s_1\omega_{sl}d_2\\ s_1\omega_{sl}d_1-\frac{d_2}{T'_{01}}\end{bmatrix}+\begin{bmatrix}\mu_{r1}\\ \mu_{r2}\end{bmatrix}\tag{9-31}$$

其中 $\boldsymbol{u}_r=[\mu_{r1}\quad \mu_{r2}]^T$ 为再设计控制器，使得系统(9-28)在新的 Hamilton 函数 $H_r(x_1)$ 下满足式(9-29)，则领导者机组输出功率达到指令所给的参考值。

证明：首先，根据式(9-29)设计期望的 Hamilton 函数 $H_r(x_1)$。对向量 $\boldsymbol{d}$ 进行分解，可得

$$\boldsymbol{G}_1^{\mathrm{T}}\nabla H_r(\boldsymbol{x}_1)=\boldsymbol{G}_1^{\mathrm{T}}\nabla H_1(\boldsymbol{x}_1)+\boldsymbol{G}_1^{\mathrm{T}}\bar{\boldsymbol{d}}$$

其中 $\bar{\boldsymbol{d}}=\dfrac{L_{rrl}}{\omega_{sl}L_{ml}}\begin{bmatrix}0\\ d_1\\ -d_2\end{bmatrix}$。由此可知，

$$\nabla \boldsymbol{H}_r(\boldsymbol{x}_1)=\nabla \boldsymbol{H}_1(\boldsymbol{x}_1)+\bar{\boldsymbol{d}}=\begin{bmatrix}s_1\\ E'_{ql}+\frac{P_{ml}}{2i_{qsl}}+\frac{L_{rrl}d_1}{\omega_{sl}L_{ml}}\\ E'_{dl}+\frac{P_{ml}}{2i_{dsl}}-\frac{L_{rrl}d_2}{\omega_{sl}L_{ml}}\end{bmatrix}$$

然后，根据能量成型控制策略(9-30)，可以得到

$$\bar{\boldsymbol{\mu}}=\left(\omega_{sl}^2\frac{L_{ml}^2}{L_{rrl}^2}\begin{bmatrix}1&0\\0&1\end{bmatrix}\right)^{-1}\begin{bmatrix}0&\omega_{sl}\frac{L_{ml}}{L_{rrl}}&0\\0&0&-\omega_{sl}\frac{L_{ml}}{L_{rrl}}\end{bmatrix}\cdot\begin{bmatrix}0&-\frac{i_{dsl}}{2H_{totl}}&-\frac{i_{dsl}}{2H_{totl}}\\ \frac{i_{qsl}}{2H_{totl}}&-\frac{1}{T'_{0l}}&-s_1\omega_{sl}\\ \frac{i_{dsl}}{2H_{totl}}&s_1\omega_{sl}&-\frac{1}{T'_{01}}\end{bmatrix}\cdot$$

$$\begin{bmatrix}0\\ \frac{L_{rrl}d_1}{\omega_{sl}L_{ml}}\\ -\frac{L_{rrl}d_2}{\omega_{sl}L_{ml}}\end{bmatrix}=\frac{L_{rrl}^2}{\omega_{sl}^2L_{ml}^2}\begin{bmatrix}-\frac{d_1}{T'_{01}}+s_1\omega_{sl}d_2\\ -s_1\omega_{sl}d_1-\frac{d_2}{T'_{01}}\end{bmatrix}$$

至此，获得能量成型控制策略。为后续再设计需要，可加入再设计控制器 μ_r。证明完毕。

9.4.2 跟随者分布式跟踪控制策略

海上风电场机群中的其他机组作为跟随者，一方面通过分布式控制达到输出同步，另一方面则在跟踪控制策略作用下，使得各机组输出跟随领导者输出变化。

考虑风电机群中跟随者机组的 PCH－D 描述为

$$\begin{cases}\dot{\boldsymbol{x}}_i=(\boldsymbol{J}_i-\boldsymbol{R}_i)\nabla\boldsymbol{H}_i(\boldsymbol{x}_i)+\boldsymbol{G}_i\boldsymbol{\mu}_i\\ \boldsymbol{y}_i=\boldsymbol{G}_i^{\mathrm{T}}\nabla\boldsymbol{H}_i(\boldsymbol{x}_i)\end{cases}\tag{9-32}$$

其中，$i=1,2,\cdots,N$。第 i 台风电机组的状态、输入、输出和各参数矩阵同式(9－14)。领导者机组在 Hamilton 能量控制策略(9－31)作用下，输出调整为 $\boldsymbol{y}_{\mathrm{r}}=\boldsymbol{G}_1^{\mathrm{T}}\nabla H_{\mathrm{r}}(\boldsymbol{x}_1)=\boldsymbol{y}_1+\boldsymbol{d}$。为保证跟踪者能一致跟踪到领导者，设计分布式主从控制策略，可得到以下定理。

定理 9.4：考虑海上风电场中双馈风电机群中领导者机组(9－28)和跟随者机组(9－32)，已知通信网络拓扑结构满足假设 9.1，当 $\mu_{\mathrm{r}}=0$ 时，设计分布式跟踪控制策略为

$$\boldsymbol{\mu}_i=\begin{bmatrix}\mu_{dri}\\ \mu_{qri}\end{bmatrix}=-\sum_{j=1}^{N}a_{ij}(y_i-y_j)-a_{i(N+1)}(y_i-y_r),\forall i,j=1,2,\cdots,N\tag{9-33}$$

在控制策略(9－33)作用下，跟随者机组能够有效跟踪到领导者机组的变化，因此海上风电场中的所有机组可达到输出同步。

证明：已知 $\mu_{\mathrm{r}}=0$，领导者机组的模型为

$$\begin{cases}\dot{\boldsymbol{x}}_1=(\boldsymbol{J}_1-\boldsymbol{R}_1)\nabla\boldsymbol{H}_{\mathrm{r}}(\boldsymbol{x}_1)\\ \boldsymbol{y}_{\mathrm{r}}=\boldsymbol{G}_1^{\mathrm{T}}\nabla\boldsymbol{H}_r(\boldsymbol{x}_1)\end{cases}$$

取整个网络的 Hamilton 能量函数：$\boldsymbol{H}=\sum_{i=1}^{N}\boldsymbol{H}_i(\boldsymbol{x}_i)+\boldsymbol{H}_{\mathrm{r}}(\boldsymbol{x}_1)$，求导可得

$$\dot{\boldsymbol{H}}=\sum_{i=1}^{N}\nabla^{\mathrm{T}}\boldsymbol{H}_i(\boldsymbol{J}_i-\boldsymbol{R}_i)\nabla\boldsymbol{H}_i+\nabla^{\mathrm{T}}\boldsymbol{H}_r(\boldsymbol{J}_l-\boldsymbol{R}_l)\nabla\boldsymbol{H}_r+\sum_{i=1}^{N}\nabla^{\mathrm{T}}\boldsymbol{H}_i\boldsymbol{G}_i\boldsymbol{\mu}_i$$

将定理 9.4 中的分布式跟踪控制策略(9－33)代入上式，可得

$$\begin{aligned}\dot{\boldsymbol{H}}&=\sum_{i=1}^{N+1}\nabla^{\mathrm{T}}\boldsymbol{H}_i(\boldsymbol{J}_i-\boldsymbol{R}_i)\nabla\boldsymbol{H}_i-\sum_{i=1}^{N}y_i^{\mathrm{T}}\sum_{j=1}^{N}a_{ij}(y_i-y_j)\\&\quad-\sum_{i=1}^{N}y_i^{\mathrm{T}}a_{i(N+1)}(y_{\mathrm{i}}-y_{\mathrm{r}})\\&=-\sum_{i=1}^{N+1}\nabla^{\mathrm{T}}\boldsymbol{H}_i\boldsymbol{R}_i\nabla\boldsymbol{H}_i-\sum_{i=1}^{N}y_i^{\mathrm{T}}\sum_{j=1}^{N+1}a_{ij}(y_i-y_j)\end{aligned}$$

式中，将输出 $\boldsymbol{y}=\begin{bmatrix}y_1\\ \vdots\\ y_N\end{bmatrix}$ 增广为 $\bar{\boldsymbol{y}}=\begin{bmatrix}y_1\\ \vdots\\ y_N\\ y_r\end{bmatrix}$。因此将上式改写为向量形式：

$$
\begin{aligned}
\dot{H} &= -\nabla^{T} H\boldsymbol{R}\nabla H - \bar{\boldsymbol{y}}^{T}(\boldsymbol{L}_{N+1}\otimes \boldsymbol{I}_{2})\bar{\boldsymbol{y}} \\
&\leqslant -\bar{\boldsymbol{y}}^{T}(\boldsymbol{L}_{N+1}\otimes \boldsymbol{I}_{2})\bar{\boldsymbol{y}}
\end{aligned}
$$

其中 $\boldsymbol{L}_{N+1}$ 为 $N+1$ 维 Laplacian 矩阵，$\boldsymbol{I}_2$ 为 2×2 的单位矩阵，$\boldsymbol{L}_{N+1}$ 最后一行的所有元素为 0。

由假设 9.1 可知，网络拓扑结构为有向图，且包含一个有向生成树，因此 $\dot{H}\leqslant 0$，且当 $(\boldsymbol{L}_{N+1}\otimes \boldsymbol{I}_2)\bar{\boldsymbol{y}}=0$ 时，$y_1=y_2=\cdots=y_N=y_r$，此时 y_r 是一个常值。证明完毕。

基于定理 9.3 和定理 9.4 的结论，结合预反馈控制，可以得到海上双馈风电机群 (9－20) 的整体主从控制策略，将其总结为以下定理：

定理 9.5：考虑如式(9－20)的由双馈风电机群组成的分布式网络，假设海上风电场通信网络拓扑结构满足假设 9.1，选择根节点作为领导者机组，其他机组作为跟随者。对领导者机组设计能量成型控制策略，对跟随者机组设计跟踪控制策略，则海上风电机群可以实现给定值跟踪和输出同步的控制目标。

9.4.3 仿真验证

本节通过 MATLAB 仿真验证了海上风电场机群的分布式主从控制的有效性，仿真主要分为两部分，第一部分先研究了在正常机组稳定运行情况下分布式主从控制效果；第二部分验证了跟随者单机故障状况下分布式主从控制策略的有效性。

(1) 主从控制仿真

仿真选取 6 台双馈风电机组，且风电机组的主要参数如表 9－1 所示，海上风电场的网络拓扑结构图如图 9－6(a)所示，为了证实海上风电场主从控制的有效性，该结构选取一个包括有效生成树的有向图，该有向生成树如图 9－6(b)所示，在该有向生成树中，1 号机组为领导者机组，而其他机组则为跟随机组。

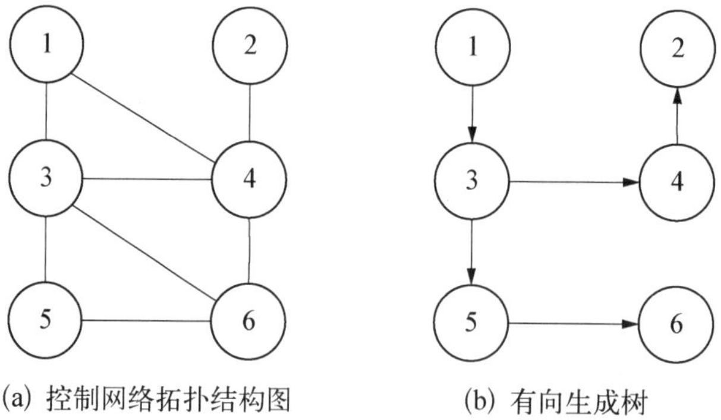

图 9－6　海上风电场网络拓扑结构图

从仿真结果图 9－7、9－8 可以看出，通过上层下达指令给领导者，领导者机组通过 Hamilton 能量控制策略调整其输出及有功输出，再对其他跟随者实行跟随者控制策略，最终可以实现主从控制的控制目标，即令领导者机组有功输出达到指令值，且海上风电场中的其他跟随者机组可以跟踪到领导者的有功输出。

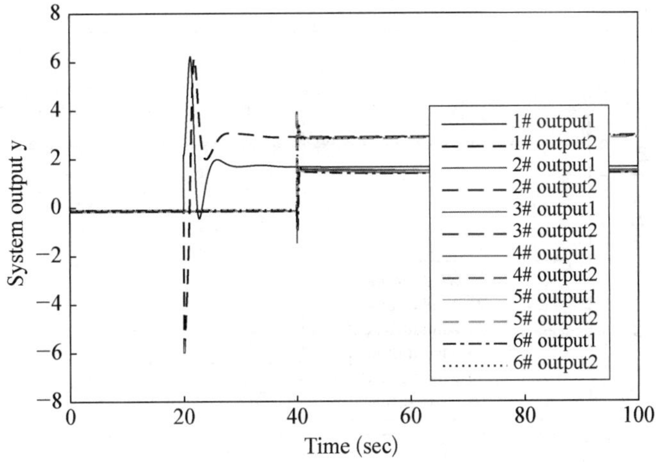

图 9－7　风电机组输出变化曲线

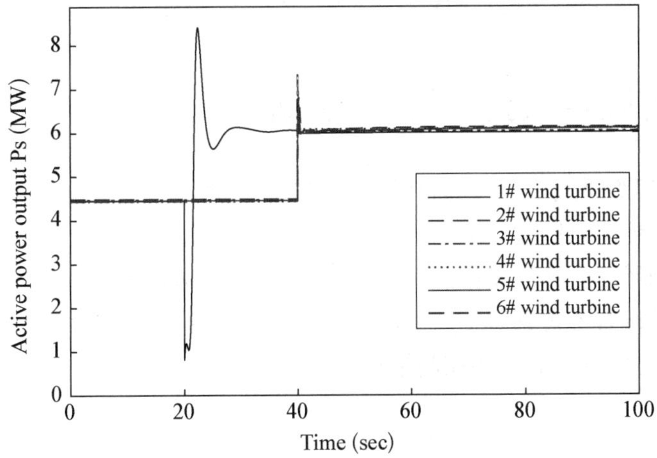

图 9－8　风电机组输出有功功率变化曲线

(2) 跟随者单机故障时主从控制仿真

进一步研究海上风电机组发生单机故障时，主从控制的有效性与可靠性。下面，通过仿真研究跟随者机组发生单机故障时的情况。

假设在 60 s 时 6 号机组发生单机故障，其有功输出跌落为 0。切除故障后海上风电场的网络拓扑如图 9-9 所示，对比图 9－6(a) 可知，当 6 号机组发生故障时，3 号机组将受到直接影响，因此图 9－10 中，3 号机组的有功输出在 60 s 后出现跌落，5 s 后切除 6 号故障机组，3 号机组又重新稳定到原来的目标值，其他机组正常工作不受影响。由此可知，在海上风电场中即便跟随者机组发生故障，主从控制律仍然有效，其他机组仍然能有效跟踪领导者机组的有功输出，跟随者单机故障不会影响到海上风电场的整体运行。

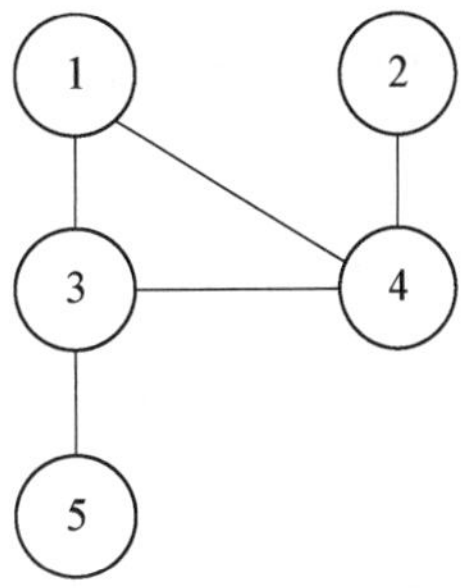

图 9－9　故障切除后网络拓扑结构图

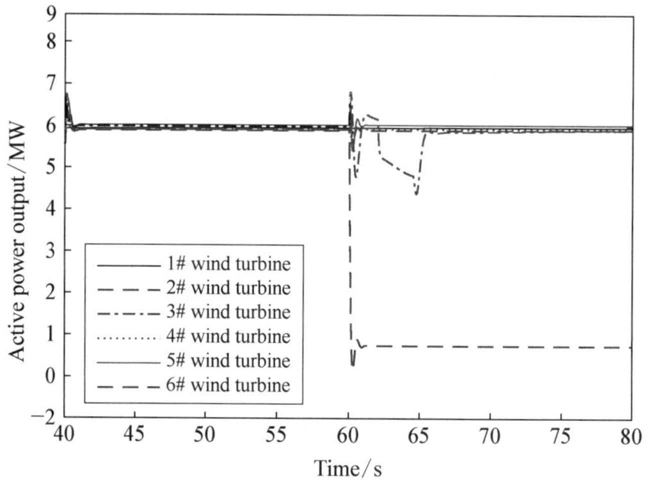

图 9-10 故障时海上风电场的有功输出变化曲线

9.5 海上风电场群互补控制

海上风电场相距遥远，各自风力环境差异明显，这就为多风电场间输出的相互补充提供了条件，从而保证向电网输出更为稳定的电能。本章从简单系统切入，先研究了两台风电机组的互补控制问题，在此基础上，进一步研究两个风电场的互补控制策略。由于海上风电场之间相距较远，考虑到海上风电场之间的通信会存在时延，因此进一步考虑了海上风电场之间存在通信时延的互补控制策略。

9.5.1 问题描述

基于双馈风电机组的单机 PCH-D 模型(9-7)，可以得到两台双馈风电机组的模型：

$$\begin{cases}\dot{\boldsymbol{x}}_i=(\boldsymbol{J}_i-\boldsymbol{R}_i)\nabla \boldsymbol{H}_i(\boldsymbol{x}_i)+\boldsymbol{G}_i\boldsymbol{\mu}_i\\ \boldsymbol{y}_i=\boldsymbol{G}_i^{\mathrm{T}}\nabla \boldsymbol{H}_i(\boldsymbol{x}_i)\end{cases}\quad i=1,2 \tag{9-34}$$

其中，两台机组的状态、输入、输出和各参数矩阵同式(9-7)。下面给出双机输出互补的定义。

定义 9.2：对于有通信连接的两台风电机组(9-34)，如果系统全局稳定且其输出满足以下条件：

$$\lim_{t\to\infty}(y_1(t)+y_2(t))=\boldsymbol{T} \tag{9-35}$$

其中，$\boldsymbol{T}\in\boldsymbol{R}^2$ 是一个常数向量，则称这两台风电机组可实现互补控制，且 $\boldsymbol{T}$ 为互补控制的目标值。

9.5.2 双馈风电机组互补控制策略

为达到双机互补控制的目标，控制策略设计包括两部分：通过 Hamilton 能量理论中能量成型方法调整机组的 Hamilton 能量函数，得到期望的 Hamilton 函数 $\boldsymbol{H}_{1d}(\boldsymbol{x}_1)$ 和 $\boldsymbol{H}_{2d}(\boldsymbol{x}_2)$；在新能量函数下，再对两台机组设计互补控制策略，即 $\boldsymbol{\mu}_i=\bar{\boldsymbol{\mu}}_i+\tilde{\boldsymbol{\mu}}_i$，$\bar{\boldsymbol{\mu}}_i$ 为能量成型控制策略，$\tilde{\boldsymbol{\mu}}_i$ 为后续协调控制器。

两台机组输出需要满足形式：

$$\boldsymbol{G}_i^{\mathrm{T}}\nabla\boldsymbol{H}_{id}(\boldsymbol{x}_i)\boldsymbol{y}_i-\boldsymbol{T}_i \tag{9-36}$$

其中 $\boldsymbol{T}_i=[\boldsymbol{T}_{i1}\quad\boldsymbol{T}_{i2}]^{\mathrm{T}}$ 为该机组的输出调整值。基于定理 9.3，可知

$$\bar{\boldsymbol{\mu}}_i=-\frac{L_{\mathrm{rr}i}^2}{\omega_{\mathrm{s}i}^2L_{\mathrm{m}i}^2}\begin{bmatrix}-\dfrac{T_{i1}}{T'_{0i}}+s_i\omega_{\mathrm{s}i}T_{i2}\\ -s_i\omega_{\mathrm{s}i}T_{i1}-\dfrac{T_{i2}}{T'_{0i}}\end{bmatrix} \tag{9-37}$$

在机组能量函数调整后，进一步设计两台风电机组的互补控制策略，可以得到以下定理。

定理 9.6[10]：考虑有通信连接的两台风电机组，能量成型控制律 $\bar{\boldsymbol{\mu}}_i$ 可由式(9-37)得到，则其整体控制策略为

$$\begin{cases}\boldsymbol{\mu}_1=l_{11}(-\boldsymbol{y}_1-\boldsymbol{y}_2+\boldsymbol{T})+\bar{\boldsymbol{\mu}}_1\\ \boldsymbol{\mu}_2=l_{22}(-\boldsymbol{y}_1-\boldsymbol{y}_2+\boldsymbol{T})+\bar{\boldsymbol{\mu}}_2\end{cases} \tag{9-38}$$

其中，$l_{ii}=d_i(i=1,2)$，$\boldsymbol{T}=\boldsymbol{T}_1+\boldsymbol{T}_2$，$\boldsymbol{L}_0=\begin{bmatrix}l_{11}&-l_{11}\\-l_{22}&l_{22}\end{bmatrix}$。此时系统(9-34)是全局稳定的，且两台风电机组可以实现输出互补。

证明：将控制策略(9-37)和(9-38)代入系统(9-34)，可得

$$\begin{aligned}\dot{\boldsymbol{x}}&=(\boldsymbol{J}-\boldsymbol{R})\nabla\boldsymbol{H}+\boldsymbol{G}\begin{bmatrix}l_{11}\\l_{22}\end{bmatrix}\otimes\boldsymbol{I}_2(-\boldsymbol{y}_1-\boldsymbol{y}_2+\boldsymbol{T})+\boldsymbol{G}\begin{bmatrix}\bar{\mu}_1\\\bar{\mu}_2\end{bmatrix}\\&=(\boldsymbol{J}-\boldsymbol{R})\nabla\boldsymbol{H}_d+\boldsymbol{G}\begin{bmatrix}l_{11}\\l_{22}\end{bmatrix}\otimes\boldsymbol{I}_2(-\boldsymbol{y}_1-\boldsymbol{y}_2+\boldsymbol{T})\end{aligned} \tag{9-39}$$

其中，$\boldsymbol{H}=\boldsymbol{H}_1+\boldsymbol{H}_2$，$\boldsymbol{H}_d=\boldsymbol{H}_{1d}+\boldsymbol{H}_{2d}$，$\boldsymbol{x}=[\boldsymbol{x}_1^{\mathrm{T}}\quad\boldsymbol{x}_2^{\mathrm{T}}]^{\mathrm{T}}$，$\boldsymbol{J}=\mathrm{diag}(\boldsymbol{J}_1,\boldsymbol{J}_2)$，$\boldsymbol{R}=\mathrm{diag}(\boldsymbol{R}_1,\boldsymbol{R}_2)$，$\boldsymbol{G}=\mathrm{diag}(\boldsymbol{G}_1,\boldsymbol{G}_2)$，$\boldsymbol{I}_2$ 为 2×2 的单位矩阵。

选取 $\boldsymbol{H}_d$ 作为 Hamilton 能量函数，其关于时间求导，可得

$$\begin{aligned}\dot{\boldsymbol{H}}_d&=\nabla\boldsymbol{H}_d^{\mathrm{T}}(\boldsymbol{J}-\boldsymbol{R})\nabla\boldsymbol{H}_d+(\nabla\boldsymbol{H}_d^{\mathrm{T}}\boldsymbol{G})\begin{bmatrix}l_{11}\\l_{22}\end{bmatrix}\otimes\boldsymbol{I}_2(-\boldsymbol{y}_1-\boldsymbol{y}_2+\boldsymbol{T})\\&=-\nabla\boldsymbol{H}_d^{\mathrm{T}}\boldsymbol{R}\nabla\boldsymbol{H}_d+[\boldsymbol{y}_1-\boldsymbol{T}_1\quad\boldsymbol{y}_2-\boldsymbol{T}_2]\begin{bmatrix}l_{11}\\l_{22}\end{bmatrix}\otimes\boldsymbol{I}_2(-\boldsymbol{y}_1-\boldsymbol{y}_2+\boldsymbol{T})\\&=-\nabla\boldsymbol{H}_d^{\mathrm{T}}\boldsymbol{R}\nabla\boldsymbol{H}_d-\begin{bmatrix}-(\boldsymbol{y}_1-\boldsymbol{T}_1)\\\boldsymbol{y}_2-\boldsymbol{T}_2\end{bmatrix}\boldsymbol{L}_0\otimes\boldsymbol{I}_2\begin{bmatrix}-(\boldsymbol{y}_1-\boldsymbol{T}_1)\\\boldsymbol{y}_2-\boldsymbol{T}_2\end{bmatrix}\leqslant0\end{aligned} \tag{9-40}$$

由此可知整个 PCH－D 系统是全局稳定的。进一步考虑如下集合

$$S=\{\boldsymbol{y}\mid \dot{\boldsymbol{H}}_d=0\}$$
$$=\left\{\boldsymbol{y}\,\middle|\,\nabla \boldsymbol{H}_d^{\mathrm{T}}\boldsymbol{R}\nabla \boldsymbol{H}_d=0,\boldsymbol{L}_0\otimes \boldsymbol{I}_2\begin{bmatrix}-(\boldsymbol{y}_1-\boldsymbol{T}_1)\\ \boldsymbol{y}_2-\boldsymbol{T}_2\end{bmatrix}=0\right\} \tag{9-41}$$

因为两台风电机组间有通信连接,则由引理 9.3 可知

$$\boldsymbol{S}\subseteq\bar{\boldsymbol{S}}=\{\boldsymbol{y}\mid -(\boldsymbol{y}_1-\boldsymbol{T}_1)=\boldsymbol{y}_2-\boldsymbol{T}_2\} \tag{9-42}$$

由 LaSalle's 不变集原理,当 $t\rightarrow\infty$ 时,系统所有的解收敛到集合 S 中,即满足

$$\lim_{t\rightarrow\infty}(\boldsymbol{y}_1(t)+\boldsymbol{y}_2(t))=\boldsymbol{T}_1+\boldsymbol{T}_2=\boldsymbol{T} \tag{9-43}$$

因此两台风电机组能够输出稳定,且机组之间能实现输出互补,证明完毕。

注意到风机输出的有功功率为

$$P_{si}=\frac{L_{rri}}{\omega_{si}L_{mi}}(i_{dsi}y_{i2}-i_{qsi}y_{i1})+P_{mi},i=1,2 \tag{9-44}$$

当采用以上互补控制策略时,两台双馈风电机组有功输出之和为

$$P_s=P_{s1}+P_{s2}=\sum_{i=1,2}\left(\frac{L_{rri}}{\omega_{si}L_{mi}}(i_{dsi}y_{i2}-i_{qsi}y_{i1})+P_{mi}\right)$$
$$=T_{12}\frac{L_{rr1}i_{ds1}}{\omega_{s1}L_{m1}}-T_{11}\frac{L_{rr1}i_{qs1}}{\omega_{s1}L_{m1}}+T_{22}\frac{L_{rr2}i_{qs2}}{\omega_{s2}L_{m2}}-T_{21}\frac{L_{rr2}i_{qs2}}{\omega_{s2}L_{m2}}+\sum_{i=1,2}P_{mi} \tag{9-45}$$

考虑两台双馈风电机组参数 L_{rri}、ω_{si}、L_{mi}、P_{mi}、i_{qsi}、i_{dsi} 均为一常值,当给定目标值 $\boldsymbol{T}_1$ 和 $\boldsymbol{T}_2$ 时,两台双馈风电机组输出有功功率之和 P_s 也为一定值;反之,假设给出两台风电机组总的输出有功的目标值 P_s,必然能找到一个对应的 $\boldsymbol{T}$ 满足式(9－45),并通过相应的互补控制律使得两台风电机组的总和达到目标值 P_s。

9.5.3　无通信时延的双馈风电场群互补控制

(1) 问题描述

本节中,对双馈风电机组 PCH－D 模型(9－7)进行拓展,得到两个风电场共 N 台风电机组的模型:

$$\begin{cases}\dot{\boldsymbol{x}}_i=(\boldsymbol{J}_i-\boldsymbol{R}_i)\nabla \boldsymbol{H}_i(\boldsymbol{x}_i)+\boldsymbol{G}_i\boldsymbol{\mu}_1\\ \boldsymbol{y}_i=\boldsymbol{G}_i^{\mathrm{T}}\nabla \boldsymbol{H}_i(\boldsymbol{x}_i)\end{cases} \tag{9-46}$$

其中,第 i 台风电机组状态、输入、输出和各参数矩阵同式(9－7)。

参照文献[11]中分组一致性的定义,本文给出系统(9－46)的输出互补定义如下:

定义 9.3:对于两个风电场中的共 N 个 PCH－D 节点组成的网络系统(9－46),若 $\boldsymbol{A}_1=\{i_1,i_2,\cdots,i_n\}\subset\{1,2,\cdots,N\}$,$\boldsymbol{A}_2=\{1,2,\cdots,N\}\backslash\boldsymbol{A}_1$,$\boldsymbol{T}=[T_{01}\quad T_{02}]^{\mathrm{T}}$ 是一个常数

向量，如果这 N 个 PCH－D 节点的输出满足以下条件：

$$\begin{cases}\lim\limits_{t\to\infty}\|\boldsymbol{y}_j(t)-\boldsymbol{y}_k(t)\|=\boldsymbol{0},\ \forall j,k\in\boldsymbol{A}_1\\ \lim\limits_{t\to\infty}\|\boldsymbol{y}_j(t)-\boldsymbol{y}_k(t)\|=\boldsymbol{0},\ \forall j,k\in\boldsymbol{A}_2\\ \lim\limits_{t\to\infty}(\boldsymbol{y}_j(t)+\boldsymbol{y}_k(t))=\boldsymbol{T},\ \forall j\in\boldsymbol{A}_1,k\in\boldsymbol{A}_2\end{cases}\tag{9-47}$$

其中，$\|\ \|$ 表示欧式范数，则称风电场 $\boldsymbol{A}_1$ 和 $\boldsymbol{A}_2$ 可以实现输出互补，$\boldsymbol{T}$ 为互补的目标值。

(2) 无通信时延的双馈风电机群互补控制策略

由于两个风电场间存在连接，可以看成是一个分布式网络，考虑通讯信息传递的方向，网络拓扑结构可作为一个有向图，且满足以下假设：

假设 9.2：考虑两个海上风电场构成的网络拓扑结构，其中存在至少一个有向生成树。

设计两个风电机群的分布式互补控制策略，可以得到定理如下：

定理 9.7：考虑两个风电场 $\boldsymbol{A}_1$ 和 $\boldsymbol{A}_2$ 组成的分布式网络(9－46)，假设该分布式网络拓扑结构满足假设 9.2，则其分布式互补控制策略为

$$\boldsymbol{\mu}_i=\delta_1\sum_{j\in N_i}[\delta_j(\boldsymbol{y}_j-\boldsymbol{T}_{e_j})-\delta_i(\boldsymbol{y}_i-\boldsymbol{T}_{e_i})+\bar{\boldsymbol{\mu}}_i,\ \forall i=1,2,\cdots,N]\tag{9-48}$$

其中，N_i 表示与第 i 号机组相邻机组的集合，$\delta_i=\begin{cases}-1, & i\in A_1\\ 1, & i\in A_2\end{cases}$，$e_i=\begin{cases}1, & i\in A_1\\ 2, & i\in A_2\end{cases}$，

$\boldsymbol{T}_1=\begin{bmatrix}T_{11}\\ T_{12}\end{bmatrix}$，$\boldsymbol{T}_2=\begin{bmatrix}T_{21}\\ T_{22}\end{bmatrix}$，$\bar{\boldsymbol{\mu}}_i=-\dfrac{L_{rri}^2}{\omega_{si}^2L_{mi}^2}\begin{bmatrix}-\dfrac{T_{e_i1}}{T'_{0i}}+s_i\omega_{si}T_{e_i2}\\ -s_i\omega_{si}T_{e_i1}-\dfrac{T_{e_i2}}{T'_{0i}}\end{bmatrix}$，$\boldsymbol{T}=\boldsymbol{T}_1+\boldsymbol{T}_2$ 为互补控制目标值。则闭环系统是全局稳定的，且两个风电场可以达到互补控制的要求。

证明：将互补控制策略(9－42)代入系统(9－40)可得

$$\begin{aligned}\dot{\boldsymbol{x}}_i&=(\boldsymbol{J}_i-\boldsymbol{R}_i)\nabla\boldsymbol{H}_i+\boldsymbol{G}_i\boldsymbol{\mu}_i\\ &=(\boldsymbol{J}_i-\boldsymbol{R}_i)\nabla\boldsymbol{H}_i+\boldsymbol{G}_i\delta_i\sum_{j\in N_i}[\delta_j(\boldsymbol{y}_j-\boldsymbol{T}_{e_j})-\delta_i(\boldsymbol{y}_i-\boldsymbol{T}_{e_i})]+\boldsymbol{G}_i\bar{\boldsymbol{\mu}}_i\end{aligned}\tag{9-49}$$

写成矩阵形式为

$$\dot{\boldsymbol{x}}=(\boldsymbol{J}-\boldsymbol{R})\nabla\boldsymbol{H}_d-\boldsymbol{G\delta L}\otimes\boldsymbol{I}_2\boldsymbol{y}_d\tag{9-50}$$

其中，$\boldsymbol{x}=[\boldsymbol{x}_1^{\mathrm{T}}\quad \boldsymbol{x}_2^{\mathrm{T}}\quad\cdots\quad \boldsymbol{x}_N^{\mathrm{T}}\quad]^{\mathrm{T}}$，$\boldsymbol{H}=\sum\limits_{i=1}^{N}\boldsymbol{H}_i$，$\boldsymbol{H}_d=\sum\limits_{i=1}^{N}H_{iD}$，$\boldsymbol{J}=\mathrm{diag}\{\boldsymbol{J}_1,\cdots,\boldsymbol{J}_N\}$，$\boldsymbol{R}=\mathrm{diag}(\boldsymbol{R}_1,\cdots,\boldsymbol{R}_N)$，$\boldsymbol{G}=\mathrm{diag}(\boldsymbol{G}_1,\cdots,\boldsymbol{G}_N)$，$\boldsymbol{y}_d=[\delta_1(\boldsymbol{y}_1-\boldsymbol{T}_{e_i})^{\mathrm{T}},\cdots,\delta_N(\boldsymbol{y}_N-\boldsymbol{T}_{e_N})^{\mathrm{T}}]^{\mathrm{T}}$，$\boldsymbol{\delta}=\mathrm{diag}(\delta_1,\cdots,\delta_N)$。

选取 $\boldsymbol{H}_d$ 作为 Hamilton 能量函数，那么其关于时间的导数可表示为

$$\begin{aligned}\dot{\boldsymbol{H}}_d&=\nabla \boldsymbol{H}_d^{\mathrm{T}}(\boldsymbol{J}-\boldsymbol{R})\nabla \boldsymbol{H}_d-(\nabla \boldsymbol{H}_d^{\mathrm{T}}\boldsymbol{G\delta})(\boldsymbol{L}\otimes \boldsymbol{I}_2)\boldsymbol{y}_d\\&=-\nabla \boldsymbol{H}_d^{\mathrm{T}}\boldsymbol{R}\nabla \boldsymbol{H}_d-\boldsymbol{y}_d^{\mathrm{T}}(\boldsymbol{L}\otimes \boldsymbol{I}_2)\boldsymbol{y}_d\leqslant 0\end{aligned}\tag{9-51}$$

由此可知整个 PCH－D 系统是全局稳定的，进一步，考虑如下集合

$$\begin{aligned}\boldsymbol{S}&=\{y\mid \dot{\boldsymbol{H}}_d=0\}\\&=\{\boldsymbol{y}\mid \nabla \boldsymbol{H}_d^{\mathrm{T}}\boldsymbol{R}\nabla \boldsymbol{H}_d=0,(\boldsymbol{L}\otimes \boldsymbol{I}_2)\boldsymbol{y}_d=0\}\end{aligned}\tag{9-52}$$

由于两个风电场组成的有向网络满足**假设 9.2**，则由**引理 9.3** 可知

$$\boldsymbol{S}\subseteq\bar{\boldsymbol{S}}=\{\boldsymbol{y}\mid \boldsymbol{\delta}_1(\boldsymbol{y}_1-\boldsymbol{T}_{e1})=\cdots=\boldsymbol{\delta}_N(\boldsymbol{y}_n-\boldsymbol{T}_{eN})\}\tag{9-53}$$

当 $t\to\infty$ 时，系统所有的解收敛到集合 S 中，即满足式(9－47)。

此时，两个风电场内部能达到输出同步，两个风电场之间能实现输出互补，证明完毕。

结合双馈风电机群的预反馈控制策略，将以上结果归结为以下定理。

定理 9.8: 考虑由两个海上风电场组成的双馈风电机群

$$\begin{cases}2H_{\mathrm{tot}i}\dfrac{\mathrm{d}s_i}{\mathrm{d}t}=-E'_{di}i_{dsi}-E'_{qi}i_{qsi}-P_{\mathrm{m}i}\\ \dfrac{\mathrm{d}E'_{qi}}{\mathrm{d}t}=-s_i\omega_{si}E'_{di}-\dfrac{1}{T'_{0i}}[E'_{qi}-(X_{si}-X'_{si})i_{dsi}]+\omega_{si}\dfrac{L_{\mathrm{m}i}}{L_{\mathrm{rr}i}}v_{dri},i=1,2,\cdots,N\\ \dfrac{\mathrm{d}E'_{di}}{\mathrm{d}t}=s_i\omega_{si}E'_{qi}-\dfrac{1}{T'_{0i}}[E'_{di}+(X_{si}-X'_{si})i_{qsi}]-\omega_{si}\dfrac{L_{\mathrm{m}i}}{L_{\mathrm{rr}i}}v_{qri}\end{cases}\tag{9-54}$$

若两个海上风电场内风电机群分别为 $A_1=\{i_1,i_2,\cdots,i_n\}\subset\{1,2,\cdots,N\}$ 和 $A_2=\{1,2,\cdots,N\}\backslash A_1$，风电场通信网络拓扑结构满足假设 9.2，且假设海上风电场之间不存在通信时延，在整体控制策略(9－55)的作用下，可使得两个风电场内部输出各自同步，且风电场之间实现输出互补。

不考虑通信时延时，两个海上发电场中第 i 台双馈风电机组的整体控制策略为：

$$\boldsymbol{\mu}_i=\begin{bmatrix}v_{dri}\\v_{qri}\end{bmatrix}=\boldsymbol{K}_i+\bar{\boldsymbol{\mu}}_i+\tilde{\boldsymbol{\mu}}_i=\begin{bmatrix}K_{dri}\\K_{qri}\end{bmatrix}+\begin{bmatrix}\bar{\mu}_{dri}\\\bar{\mu}_{qri}\end{bmatrix}+\begin{bmatrix}\tilde{\mu}_{dri}\\\tilde{\mu}_{qri}\end{bmatrix}\tag{9-55}$$

其中，预反馈控制为：

$$\boldsymbol{K}_i=\begin{bmatrix}K_{dri}\\K_{qri}\end{bmatrix}=\begin{bmatrix}-\dfrac{L_{\mathrm{rr}i}}{\omega_{si}L_{\mathrm{m}i}}\left(\dfrac{i_{dsi}}{T'_{0i}}(X_{si}-X'_{si})+\dfrac{P_{\mathrm{m}i}}{2T'_{0i}i_{qsi}}+\left(\dfrac{\omega_{si}P_{\mathrm{m}i}}{2i_{dsi}}-\dfrac{i_{qsi}}{2H_{\mathrm{tot}i}}\right)s_i\right)\\ \dfrac{L_{\mathrm{rr}i}}{\omega_{si}L_{\mathrm{m}i}}\left(-\dfrac{i_{qsi}}{T'_{0i}}(X_{si}-X'_{si})+\dfrac{P_{\mathrm{m}i}}{2T'_{0i}i_{dsi}}-\left(\dfrac{\omega_{si}P_{\mathrm{m}i}}{2i_{qsi}}-\dfrac{i_{dsi}}{2H_{\mathrm{tot}i}}\right)s_i\right)\end{bmatrix}\tag{9-56}$$

能量成型控制为：

$$\bar{\boldsymbol{\mu}}_i=-\frac{L_{rri}}{\omega_{si}L_{mi}}\begin{bmatrix}-\dfrac{T_{e_i1}}{T'_{0i}}+s_i\omega_{si}T_{e_i2}\\ -s_i\omega_{si}T_{e_i1}-\dfrac{T_{e_i2}}{T'_{0i}}\end{bmatrix} \tag{9-57}$$

协调控制为：

$$\tilde{\boldsymbol{\mu}}_i=\begin{bmatrix}\tilde{\mu}_{dri}\\ \tilde{\mu}_{qri}\end{bmatrix}=\delta_i\begin{bmatrix}-\sum\limits_{j=1}^{N}\left\{\delta_i\left[\omega_{si}\dfrac{L_{mi}}{L_{rri}}\left(E'_{qi}+\dfrac{P_{mi}}{2i_{qsi}}\right)-T_{e_i}\right]-\delta_j\left[\omega_{sj}\dfrac{L_{mj}}{L_{rrj}}\left(E'_{qj}+\dfrac{P_{mj}}{2i_{qsj}}\right)-T_{e_j}\right]\right\}\\ \sum\limits_{j=1}^{N}\left\{\delta_i\left[\omega_{si}\dfrac{L_{mi}}{L_{rri}}\left(E'_{di}+\dfrac{P_{mi}}{2i_{dsi}}\right)-T_{e_i}\right]+\delta_j\left[\omega_{sj}\dfrac{L_{mj}}{L_{rrj}}\left(E'_{dj}+\dfrac{P_{mj}}{2i_{dsj}}\right)-T_{e_j}\right]\right\}\end{bmatrix} \tag{9-58}$$

因此，海上风电机群整体互补控制策略由三部分组成：第一部分为预反馈控制(9－56)，对单个机组进行Hamilton实现；第二部分为能量成型控制(9－57)，用于调整机组的Hamilton能量函数，为互补控制设计做准备；第三部分为协调控制(9－58)，用于实现两个风电场中多台风电机组间的互补控制。其中，第二部分(9－57)和第三部分(9－58)合为分布式互补控制策略，实现风电场内的机组同步和风电场间的输出互补。

注意到风机输出的有功功率为：

$$P_{si}=\frac{L_{rri}}{\omega_{si}L_{mi}}(i_{dsi}y_{i2}-i_{qsi}y_{i1})+P_{mi},i=1,2,\cdots,N \tag{9-59}$$

当采用以上互补控制策略时，两个风电场内部输出各自同步，则有：

$$\begin{aligned}P_{sA}&=P_{sA_1}+P_{sA_2}=\sum_{i=1,\cdots,n}\left(\frac{L_{rri}}{\omega_{si}L_{mi}}(i_{dsi}y_{i2}-i_{qsi}y_{i1})+P_{mi}\right)\\&=T_{12}\sum_{i=i_1,\cdots,i_n}\frac{L_{rri}i_{dsi}}{\omega_{si}L_{mi}}-T_{11}\sum_{i=i_1,\cdots,i_n}\frac{L_{rri}i_{qsi}}{\omega_{si}L_{mi}}+T_{22}\sum_{i=i_{n+1},\cdots,i_N}\frac{L_{rri}i_{dsi}}{\omega_{si}L_{mi}}\\&\quad-T_{21}\sum_{i=i_{n+1},\cdots,i_N}\frac{L_{rri}i_{qsi}}{\omega_{si}L_{mi}}+\sum_{i=1,\cdots,N}P_{mi}\end{aligned} \tag{9-60}$$

当风电机群输出互补时，有：

$$\boldsymbol{T}_1+\boldsymbol{T}_2=\begin{bmatrix}T_{11}+T_{21}\\ T_{12}+T_{22}\end{bmatrix}=\begin{bmatrix}T_{01}\\ T_{02}\end{bmatrix}=\boldsymbol{T} \tag{9-61}$$

对于一个稳定运行的海上风电场，考虑各机组参数L_{rri}、ω_{si}、L_{mi}、P_{mi}、i_{qsi}、i_{dsi}均为一常值，此时两个风电场A_1和A_2输出的有功功率之和P_{sA}也为一定值。反之，假设给出两个风电场总的输出有功的目标值P_{sA}，必然能找到一个对应的$\boldsymbol{T}$满足式(9－60)，并通过相应的互补控制律使得两个风电场输出有功的总和达到目标值P_{sA}，即在一定条件下，通过互补控制律，能实现两个风电场总体有功功率的互补。

海上风电场的双机群分布式互补控制目标分为两部分，一方面保证单个风电场内部机组同步输出，另一方面保证两个风电场输出总和达到目标值。因此，除了互补控制外，通过相互协调可以使同一风电场内部各机组的输出达到同步，在分布式控制策略下，即使单机发生故障，整个风电场依然能够保持稳定输出，提高了海上风电场的可靠性。不过双风电场的有功互补适用于其中一个风电场风能充足、而另一个风电场风能较弱的情况，当两个风电场风力环境均不理想时，可以考虑其他方式，如启用备用机组或储能进行补充。

9.5.4 含通信时延的双馈风电机群互补控制

(1) 问题描述

通信时延是客观存在的，在同一风电场内，由于传输距离短，时延很小，基本可以忽略。而海上风电场之间距离遥远，两个风电场之间的通信时延一般是不可忽略，因此进一步考虑带有通信时延的风电机群具有重要的现实意义。下面给出时延情况下输出互补的定义。

定义 9.4: 对于两个风电场中的共 N 个 PCH－D 节点组成的网络系统(9－46)，若 $\boldsymbol{A}_1=\{i_1,i_2,\cdots i_n\}\subset\{1,2,\cdots,N\}$，$\boldsymbol{A}_2=\{1,2,\cdots,N\}\backslash\boldsymbol{A}_1$，且两个风电场之间存在通信时延，如果这 N 个 PCH－D 节点的输出满足以下条件：

$$\begin{cases}\lim\limits_{t\to\infty}\|\boldsymbol{y}_j(t-\tau_{ij})-\boldsymbol{y}_k(t-\tau_{ik})\|=\boldsymbol{0},\forall j,k\in\boldsymbol{A}_1\\ \lim\limits_{t\to\infty}\|\boldsymbol{y}_j(t-\tau_{ij})-\boldsymbol{y}_k(t-\tau_{ik})\|=\boldsymbol{0},\forall j,k\in\boldsymbol{A}_2\\ \lim\limits_{t\to\infty}(\boldsymbol{y}_j(t-\tau_{ij})+\boldsymbol{y}_k(t-\tau_{ik}))=\boldsymbol{T},\forall j\in\boldsymbol{A}_1,k\in\boldsymbol{A}_2\end{cases}\tag{9-62}$$

则称风电场 $\boldsymbol{A}_1$ 和 $\boldsymbol{A}_2$ 可以实现输出互补。其中，$\boldsymbol{T}=[T_{01}\quad T_{02}]^{\mathrm{T}}$ 为互补的目标值；τ_{ij} 表示信息从第 $j(j\in N_i)$ 个节点传送到第 i 个节点的时延总和。仅考虑两个风电场间的通信时延，即当 i 和 j 属于同一风电场时 $\tau_{ij}=0$，当 i 和 j 不属于同一风电场时，τ_{ij} 为一不为零的常数。

(2) 含通信时延的双馈风电机群互补控制策略

考虑风电场间的通信时延，为达到两个风电场间输出互补的控制效果，需要对分布式互补控制策略进行改进，进而得到以下定理。

定理 9.9: 考虑两个风电场 $\boldsymbol{A}_1$ 和 $\boldsymbol{A}_2$ 组成的分布式网络，假设该分布式网络拓扑结构满足假设 9.2，且两个风电场之间存在通信时延 τ_{ij}，则其分布式互补控制策略为

$$\boldsymbol{\mu}_i=\delta_i\sum_{j\in N_i}[\delta_j(\boldsymbol{y}_j(t-\tau_{ij})-\boldsymbol{T}_{e_j})-\delta_i(\boldsymbol{y}_i(t)-\boldsymbol{T}_{e_i})]+\bar{\boldsymbol{\mu}}_i,\forall i=1,2,\cdots,N\tag{9-63}$$

其中，N_i 表示与第 N_i 号机组相邻机组的集合，$\delta_i=\begin{cases}-1, & i\in\boldsymbol{A}_1\\ 1, & i\in\boldsymbol{A}_2\end{cases}$，$\boldsymbol{e}_i=\begin{cases}1, & i\in\boldsymbol{A}_1\\ 2, & i\in\boldsymbol{A}_2\end{cases}$，

$\boldsymbol{T}_1=\begin{bmatrix}T_{11}\\T_{12}\end{bmatrix}$，$\boldsymbol{T}_2=\begin{bmatrix}T_{21}\\T_{22}\end{bmatrix}$，$\bar{\boldsymbol{\mu}}_i=-\frac{L_{\mathrm{rri}}^2}{\omega_{\mathrm{si}}^2L_{\mathrm{mi}}^2}\begin{bmatrix}-\frac{T_{e_i1}}{T'_{0i}}+s_i\omega_{\mathrm{si}}T_{e_i2}\\-s_i\omega_{\mathrm{si}}T_{e_i1}-\frac{T_{e_i2}}{T'_{0i}}\end{bmatrix}$，$\boldsymbol{T}=\boldsymbol{T}_1+\boldsymbol{T}_2$为互补控制目标值。则闭环系统是全局稳定的，且两个风电场可以达到互补控制的要求。

证明：将互补控制策略(9-63)代入系统(9-46)可得

$$\begin{aligned}\dot{\boldsymbol{x}}_i&=(\boldsymbol{J}_i-\boldsymbol{R}_i)\nabla\boldsymbol{H}_i+\boldsymbol{G}_i\boldsymbol{\mu}_i\\&=\boldsymbol{G}_i\boldsymbol{\delta}_i\sum_{j\in N_i}[\boldsymbol{\delta}_j(\boldsymbol{y}_j(t-\tau_{ij})-\boldsymbol{T}_{e_j})-\boldsymbol{\delta}_i(\boldsymbol{y}_i(t)-\boldsymbol{T}_{e_i})]+\\&\quad\boldsymbol{G}_i\bar{\boldsymbol{\mu}}_i+(\boldsymbol{J}_i-\boldsymbol{R}_i)\nabla\boldsymbol{H}_i\end{aligned}\tag{9-64}$$

写成矩阵形式为

$$\dot{\boldsymbol{x}}=(\boldsymbol{J}-\boldsymbol{R})\nabla\boldsymbol{H}_d-\boldsymbol{G}\boldsymbol{\delta}\boldsymbol{L}\otimes\boldsymbol{I}_2\boldsymbol{y}_d\tag{9-65}$$

其中，$\boldsymbol{y}_d=[\boldsymbol{\delta}_1(\boldsymbol{y}_1(t-\tau_{i1})-\boldsymbol{T}_{e_1})^{\mathrm{T}},\cdots,\boldsymbol{\delta}_N(\boldsymbol{y}_N(t-\tau_{iN})-\boldsymbol{T}_{e_N})^{\mathrm{T}})]^{\mathrm{T}}$，$\boldsymbol{x}$，$\boldsymbol{J}$，$\boldsymbol{R}$，$\boldsymbol{H}$，$\boldsymbol{H}_d$，$\boldsymbol{G}$和$\boldsymbol{\delta}$同式(9-50)。

选取$\boldsymbol{H}_d$作为 Hamilton 能量函数，那么其关于时间的导数可表示为

$$\begin{aligned}\dot{\boldsymbol{H}}_d&=\nabla\boldsymbol{H}_d^{\mathrm{T}}(\boldsymbol{J}-\boldsymbol{R})\nabla\boldsymbol{H}_d-(\nabla\boldsymbol{H}_d^{\mathrm{T}}\boldsymbol{G}\boldsymbol{\delta})(\boldsymbol{L}\otimes\boldsymbol{I}_2)\boldsymbol{y}_d\\&=-\nabla\boldsymbol{H}_d^{\mathrm{T}}\boldsymbol{R}\nabla\boldsymbol{H}_d-\boldsymbol{y}_d^{\mathrm{T}}(\boldsymbol{L}\otimes\boldsymbol{I}_2)\boldsymbol{y}_d\leqslant 0\end{aligned}\tag{9-66}$$

由此可知整个 PCH-D 系统是全局稳定的，进一步，考虑如下集合

$$\begin{aligned}\boldsymbol{S}&=\{\boldsymbol{y}\mid\dot{\boldsymbol{H}}_d=0\}\\&=\{\boldsymbol{y}\mid\nabla\boldsymbol{H}_d^{\mathrm{T}}\boldsymbol{R}\nabla\boldsymbol{H}_d=0,(\boldsymbol{L}\otimes\boldsymbol{I}_2)\boldsymbol{y}_d=0\}\end{aligned}\tag{9-67}$$

由于两个风电场组成的有向网络满足**假设 9.2**，则由**引理 9.3** 可知$\boldsymbol{S}\subseteq\bar{\boldsymbol{S}}=\{\boldsymbol{y}\mid\boldsymbol{\delta}_1(\boldsymbol{y}_1(t-\tau_{i1})-\boldsymbol{T}_{e_1})=\cdots=\boldsymbol{\delta}_N(\boldsymbol{y}_N(t-\tau_{iN})-\boldsymbol{T}_{e_N})\}$。当$t\to\infty$时，系统所有的解收敛到集合$S$中，即满足式(9-62)。

在风电场存在通信时延的情况下，提出新的互补控制律(9-63)，两个风电场内部仍能达到输出同步，实现输出互补。证明完毕。

结合海上双馈风电机组的预反馈控制，可将以上结论总结为定理 9.10。

定理 9.10：考虑由海上双馈风电机群组成的分布式网络(9-54)，网络结构满足假设 9.2，假设海上风电场之间存在通信时延且该通信时延为一常数，在如下整体控制策略(9-68)的作用下，可使得两个风电场内部输出各自同步，且风电场之间实现输出互补。

考虑通信时延时，两个海上发电场中双馈机群的整体控制策略为：

$$\boldsymbol{u}_i=\begin{bmatrix}v_{\mathrm{dri}}\\v_{q\mathrm{ri}}\end{bmatrix}=\boldsymbol{K}_i+\bar{\boldsymbol{\mu}}_i+\tilde{\boldsymbol{\mu}}_i=\begin{bmatrix}K_{d\mathrm{ri}}\\K_{q\mathrm{ri}}\end{bmatrix}+\begin{bmatrix}\bar{\mu}_{d\mathrm{ri}}\\\bar{\mu}_{q\mathrm{ri}}\end{bmatrix}+\begin{bmatrix}\tilde{\mu}_{d\mathrm{ri}}\\\tilde{\mu}_{q\mathrm{ri}}\end{bmatrix}\tag{9-68}$$

其中，预反馈控制同式(9-56)，能量成型控制同式(9-57)，协调控制为：

$$\widetilde{\boldsymbol{\mu}}_i=\boldsymbol{\delta}_i\sum_{j\in N_i}[\boldsymbol{\delta}_j(\boldsymbol{y}_j(t-\tau_{ij})-\boldsymbol{T}_{e_j})-\boldsymbol{\delta}_i(\boldsymbol{y}_i(t)-\boldsymbol{T}_{e_i})] \tag{9-69}$$

海上风电场距离较远，两个风电场间的通信时延较大，会影响到控制策略的执行效果。具体来说，当一个风电场受到风力环境影响时，其发出的电能也将受到影响；另一个风电场检测到其输出变化，并通过互补控制策略调整自身输出。

关于风电场间时延的大小，考虑到海上风电场之间由一条海底通信电缆连接，其通信时延基本稳定，本书将其取为一定值。实际系统中，时延由传输时延、处理时延等多部分组成，具有一定的随机性和不确定性，无法完全看作一个定值。但是，只要实际值与所设定值相差不大，所用控制策略仍然是有效的。

9.5.5 仿真验证

本节将进行仿真验证，具体包括四个部分。第一部分为双机组互补控制仿真，第二部分为无通信时延状况下的双风电机群互补控制仿真，第三部分为有通信时延状况下的双风电机群互补控制仿真，第四部分为有通信时延状况下发生单机故障时的双风电机群互补控制仿真。

（1）双机组互补控制仿真

本节研究两台风电机组的互补控制，证明在双机组互补控制策略下，两台风电机组输出稳定且能达到输出和有功输出互补，即不仅能使两台风机的输出之和收敛到定值，还能使两台风机输出的有功功率之和收敛到定值。

风电机组 1 和 2 之间双向互联，如图 9－11 所示：

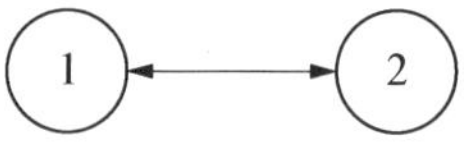

图 9－11 两台风电机组互联结构

两台海上风电机组的主要参数如下表所示：

表 9－2 两台双馈风电机组主要参数表

主要参数	1#机组	2#机组	主要参数	1#机组	2#机组
H_{tot}/s	3	5	i_{qs}/pu	1.8	1.6
L_m/pu	2.9	2.5	i_{ds}/pu	1.6	1.7
L_r/pu	0.156	0.126	ω_s/pu	3.14	3.14
R_r/pu	0.005	0.005	P_m/MW	7	7.5

设两台风电机组有功输出的目标值为 $P_{sA}=12$ MW，根据式(9－45)可取 $\boldsymbol{T}=[14.2\quad -4]^{\mathrm{T}}$，其中 $\boldsymbol{T}_{10}=[2\quad -5.8]^{\mathrm{T}}$，$\boldsymbol{T}_{20}=[12.2\quad 0.8]^{\mathrm{T}}$，由控制律(9－38)可得：

$$\begin{cases}\boldsymbol{\mu}_1=-\boldsymbol{y}_1-\boldsymbol{y}_2+\boldsymbol{T}+\bar{\boldsymbol{\mu}}_1\\ \boldsymbol{\mu}_2=-\boldsymbol{y}_1-\boldsymbol{y}_2+\boldsymbol{T}+\bar{\boldsymbol{\mu}}_2\end{cases} \tag{9-70}$$

由图 9－12～图 9－14 可知，采用双机组互补控制律可以使得两台风电机组的输出分别达到目标值 $\boldsymbol{T}_{10}$ 和 $\boldsymbol{T}_{20}$，且其有功输出之和达到目标值 P_{sA}（12 MW）。假设 4 s 时，由于外界原因，1 号机组输出和有功输出发生变化，重新调整两台机组的输出值，使其仍然满足式(9－45)，则调整后的双机组互补控制律仍然可以使得两台风电机组的有功输出之和达到目标值。

考虑两台有通信连接的双馈风电机组，当其中一台机组的输出和有功输出收到风力环境影响时，根据互补控制律，可以及时调整另一台机组的输出和有功输出，最终使得两台机组总的有功输出仍然保持在目标值，即当一台机组的有功输出减小时，另一台机组的有功输出能够及时补上，最终整个系统仍然能输出稳定的电能，即实现两台风电机组的输出互补。

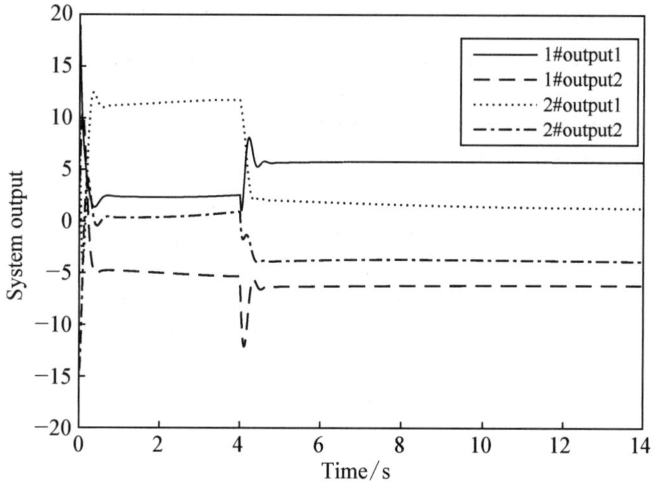

图 9－12　两台风电机组输出曲线

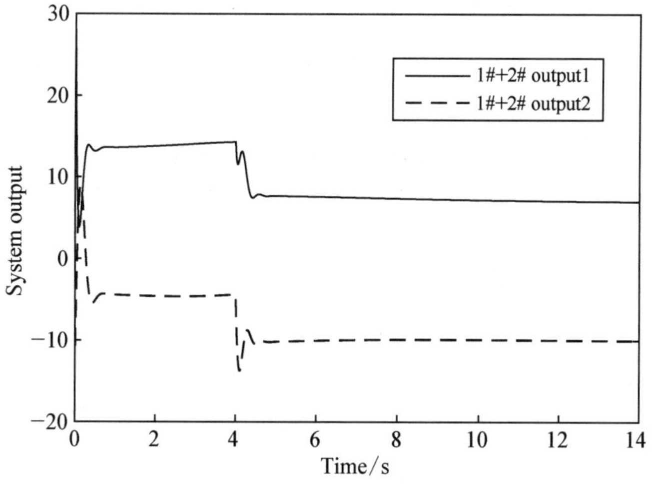

图 9－13　两台风电机组输出之和曲线

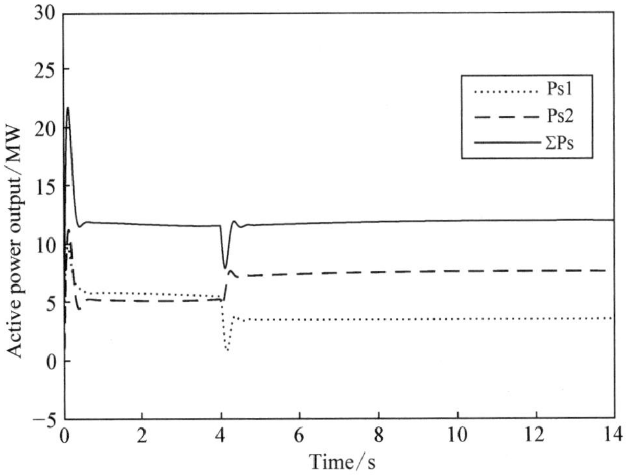

图 9-14 两台风电机组输出有功功率曲线

(2) 无通信时延的双馈风电机群的互补控制仿真

考虑两个风电场的风电机群拓扑结构如图 9-15 所示。

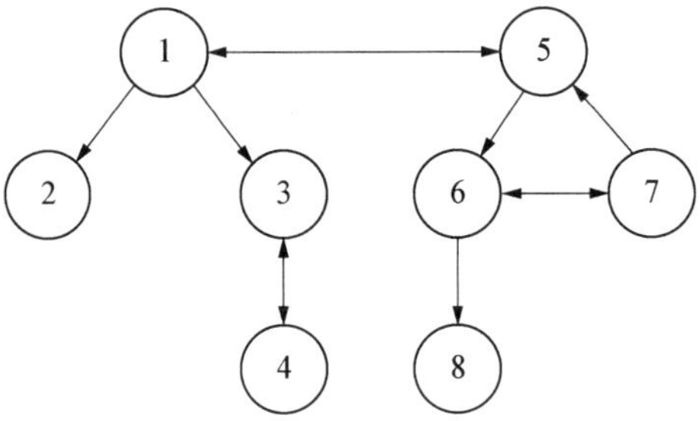

图 9-15 两个风电场拓扑结构图

仿真系统由两个海上风电场组成，每个风电场由 4 台双馈风电机组组成，即 $\boldsymbol{A}_1=\{1,2,3,4\}$，$\boldsymbol{A}_2=\{5,6,7,8\}$。取两个风电场输出的总的有功目标值 $P_{sA}=40$ MW，假设各风电机组的主要参数如表 9-3 所示：

表 9-3 风电场 A 双馈风电机组主要参数表

主要参数	1＃机组	2＃机组	3＃机组	4＃机组	5＃机组	6＃机组	7＃机组	8＃机组
H_{tot}/s	3	5	4	3	4	3	5	6
L_m/pu	2.9	2.5	2.8	2.9	2.6	3.0	2.8	2.7
L_r/pu	0.156	0.126	0.149	0.156	0.148	0.151	0.146	0.147
R_r/pu	0.005	0.005	0.004	0.006	0.005	0.008	0.008	0.005
i_{qs}/pu	1.8	1.6	1.5	1.7	1.8	1.9	1.5	1.8
i_{ds}/pu	1.7	1.8	1.6	1.3	1.6	1.7	1.5	1.5
ω_s/pu	3.14	3.14	3.14	3.14	3.14	3.14	3.14	3.14
P_m/MW	6.5	7	7.5	6.5	6	6	5	5.5

由式(9-70)可选取 $\boldsymbol{T}=[14\quad 12.6]^{\mathrm{T}}$，其中 $\boldsymbol{T}=\boldsymbol{T}_{10}+\boldsymbol{T}_{20}=\begin{bmatrix}5\\4.6\end{bmatrix}+\begin{bmatrix}9\\8\end{bmatrix}$，由互补控制策略(9-48)可得：

$$\begin{cases}\boldsymbol{\mu}_1=-\boldsymbol{y}_1-\boldsymbol{y}_5+\boldsymbol{T}+\bar{\boldsymbol{\mu}}_1\\\boldsymbol{\mu}_2=\boldsymbol{y}_1-\boldsymbol{y}_2+\bar{\boldsymbol{\mu}}_2\\\boldsymbol{\mu}_3=\boldsymbol{y}_1+\boldsymbol{y}_4-2\boldsymbol{y}_3+\bar{\boldsymbol{\mu}}_3\\\boldsymbol{\mu}_4=\boldsymbol{y}_3-\boldsymbol{y}_4+\bar{\boldsymbol{\mu}}_4\\\boldsymbol{\mu}_5=\boldsymbol{y}_7-\boldsymbol{y}_1-2\boldsymbol{y}_5+\boldsymbol{T}+\bar{\boldsymbol{\mu}}_5\\\boldsymbol{\mu}_6=\boldsymbol{y}_7+\boldsymbol{y}_5-2\boldsymbol{y}_6+\bar{\boldsymbol{\mu}}_6\\\boldsymbol{\mu}_7=\boldsymbol{y}_6-\boldsymbol{y}_7+\bar{\boldsymbol{\mu}}_7\\\boldsymbol{\mu}_8=\boldsymbol{y}_6-\boldsymbol{y}_8+\bar{\boldsymbol{\mu}}_8\end{cases}\tag{9-71}$$

假设初始时海上风电机场稳定运行，单个海上风电场内部达到输出同步状态，且两个海上风电场之间输出和有功输出均能互补，两个海上风电场输出有功总和达到目标值 40 MW。所有风电机组的输出响应曲线和有功输出曲线如图 9-16、9-17 所示，两个风电场的有功输出曲线如图 9-18 所示，由图可知，在 3 s 前，海上风电机组输出稳定且单个海上风电场内部输出同步，即 $y_1=y_2=y_3=y_4=y_{A_1}$，$y_5=y_6=y_7=y_8=y_{A_2}$，且两个风电场输出的有功功率为 40 MW。

假设在 3 s 时，风电场 A_2 海上风速发生变化导致 A_2 的 4 台风电机组的输入机械功率变为 3 MW、3 MW、4 MW、3.5 MW，此时在 A_1 风电场风能充足的情况下，根据互补控制策略调整 A_1 的有功输出，最终使两个海上风电场的有功输出仍然能保持在 40 MW。由图可知，在 3 s 后根据互补控制律重新调整风电机组的输出及有功输出，可以使得两个海上风电机场的有功输出仍然能保持至需要的目标值 40 MW。

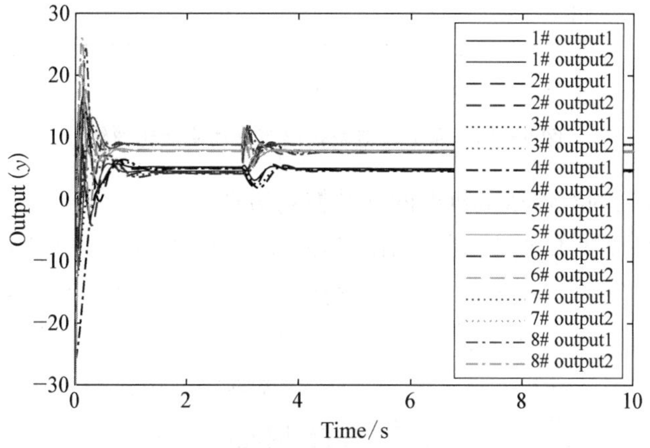

图 9-16　风电机组输出变化曲线

海上风电场双机群互补控制目标为：风电场各自同步、场间互补。即单个海上风电场内所有风电机组的输出达到同步，且 A_1 中任意一台风电机组的输出都与 A_2 中任意一台机组的输出互补，即它们输出之和收敛到目标值 T，且有两个海上风电场输出的有功功率的总和能够收敛至目标值 P_{sA} (40 MW)。当其中一台海上风电场的输出和有功输出受到外界风力环境影响时，根据互补控制策略自动调整其输出和有功输出，最终使得两个风电场输出再次互补，同时两个风电场的有功功率输出也仍然能保持在目标值 P_{sA}，即实现两个风电场的有功互补。

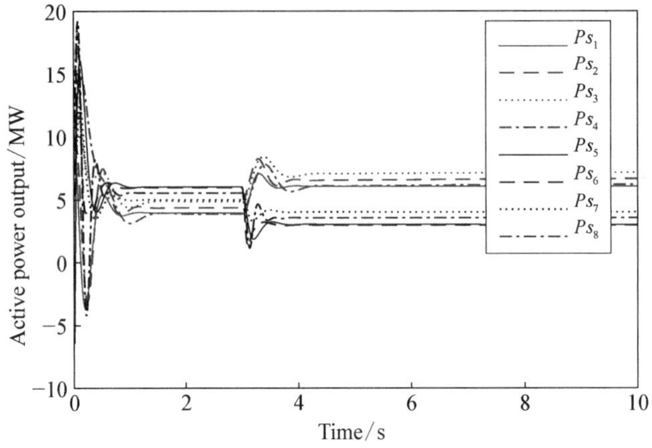

图 9-17 风电机组输出有功功率变化曲线

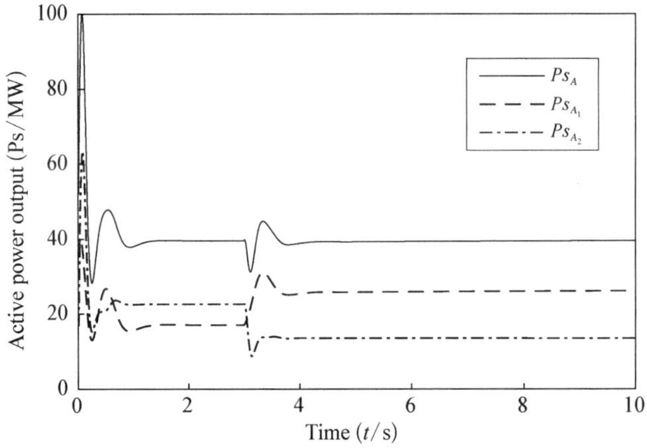

图 9-18 两个风电场输出有功功率变化曲线

(3) 有通信时延的双馈风电机群的互补控制仿真

考虑两个海上风电场之间存在通信时延的情况，这里假设 1 号机组和 5 号机组之间存在通信时延 τ_{15} 和 τ_{51}，其网络拓扑结构如图 9-19 所示。

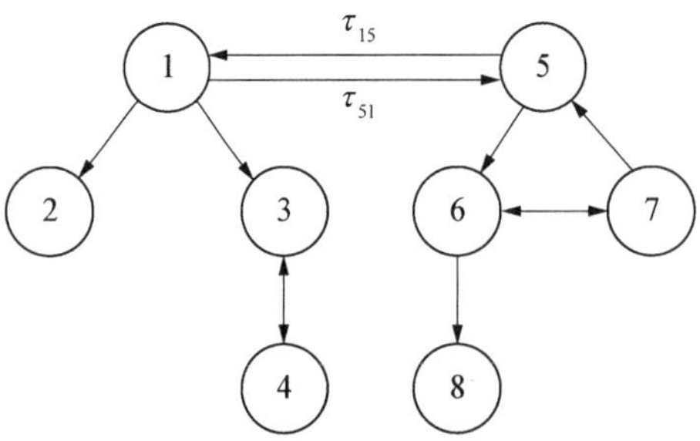

图 9-19 考虑通信时延的网络拓扑结构图

通常海上风电场之间的通信连接采用双向连接，因此可以取 $\tau_{15}=\tau_{51}=0.1$ s，在这部分的仿真中，仍然假设两个海上风电场有功输出的目标值为 P_{sA} (40 MW)，风电机组主要参数如表 9-3 所示，根据互补控制策略(9-63)可以给出：

$$
\begin{cases}
\boldsymbol{\mu}_1 = -\boldsymbol{y}_1(t) - \boldsymbol{y}_5(t-\tau_{15}) + \boldsymbol{T} + \bar{\boldsymbol{\mu}}_1 \\
\boldsymbol{\mu}_2 = \boldsymbol{y}_1(t) - \boldsymbol{y}_2(t) + \bar{\boldsymbol{\mu}}_2 \\
\boldsymbol{\mu}_3 = \boldsymbol{y}_1(t) + \boldsymbol{y}_4(t) - 2\boldsymbol{y}_3(t) + \bar{\boldsymbol{\mu}}_3 \\
\boldsymbol{\mu}_4 = \boldsymbol{y}_3(t) - \boldsymbol{y}_4(t) + \bar{\boldsymbol{\mu}}_4 \\
\boldsymbol{\mu}_5 = \boldsymbol{y}_7(t) - 2\boldsymbol{y}_5(t) - \boldsymbol{y}_1(t-\tau_{51}) + \boldsymbol{T} + \bar{\boldsymbol{\mu}}_5 \\
\boldsymbol{\mu}_6 = \boldsymbol{y}_7(t) + \boldsymbol{y}_5(t) - 2\boldsymbol{y}_6(t) + \bar{\boldsymbol{\mu}}_6 \\
\boldsymbol{\mu}_7 = \boldsymbol{y}_6(t) - \boldsymbol{y}_7(t) + \bar{\boldsymbol{\mu}}_7 \\
\boldsymbol{\mu}_8 = \boldsymbol{y}_6(t) - \boldsymbol{y}_8(t) + \bar{\boldsymbol{\mu}}_8
\end{cases}
\tag{9-72}
$$

假设 3 s 前双馈风机均达到稳定运行状态且输出和有功输出均达到目标输出值，其输出曲线和有功输出曲线如图 9-20～9-22 所示。假设在 3 s 时，由于外界风力环境影响，在风电场 A_2 有功输出发生变化之后，通过采用含有通信时延状况下的互补控制策略可以调整 A_1 的输出和有功输出，最终使得两个风电场的有功输出总和仍然能保持在 40 MW。由此可以验证两个海上风电场双馈风电机群的分布式互补控制策略有效性。

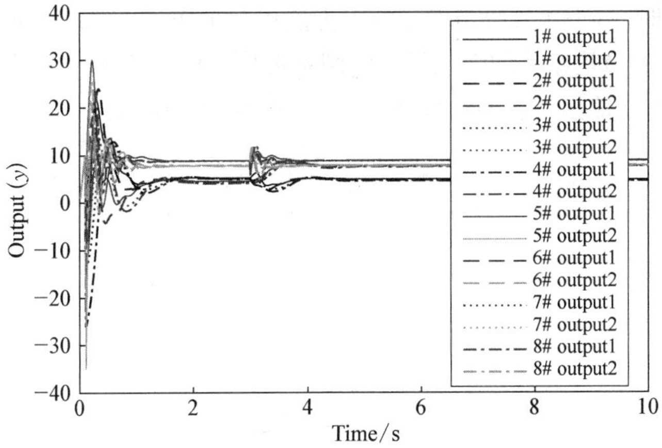

图 9-20 考虑通信时延状况下风电机组输出变化曲线

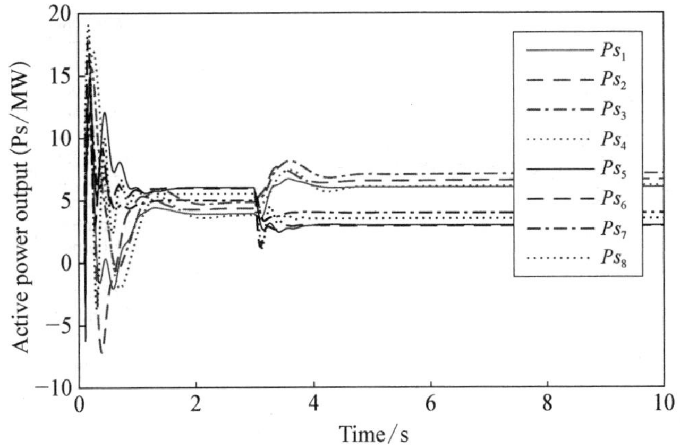

图 9-21 考虑通信时延状况下风电机组输出有功功率变化曲线

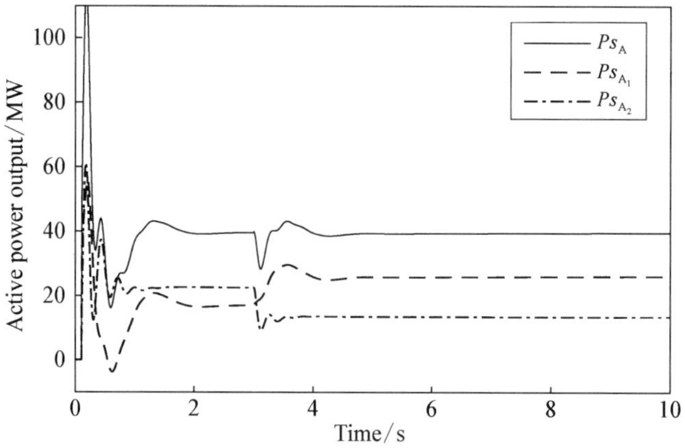

图 9-22　考虑通信时延状况下两个风电场输出有功功率变化曲线

(4) 有通信时延的双馈风电机群单机故障的互补控制仿真

为进一步研究上述分布式互补控制策略的可靠性，下面研究海上风电场发生单机故障时的情况。

初始时系统稳定运行，根据互补控制策略可以使得两个海上风电场达到互补控制的目标，假设在 3 s 时，由于 4 号机组发生故障无法正常工作，并在 3.5 s 时将 4 号机组从风电场中切除，切除故障机组后的海上风电场网络拓扑结构如图 9-23 所示，故障情况下海上风电场输出和有功输出变化曲线如图 9-24～图 9-26 所示：

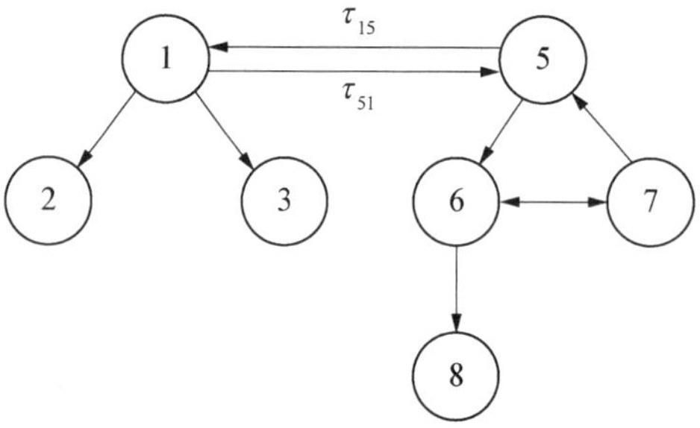

图 9-23　故障切除后海上风电场网络结构拓扑图

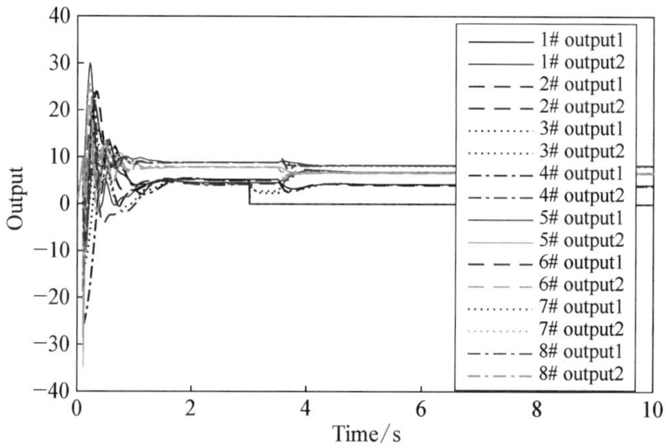

图 9-24　故障状况下风电机组输出变化曲线

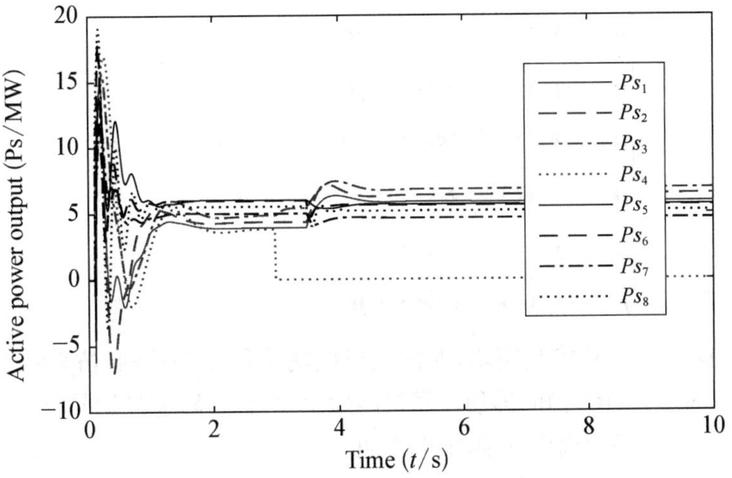

图 9-25　故障状况下风电机组有功输出变化曲线

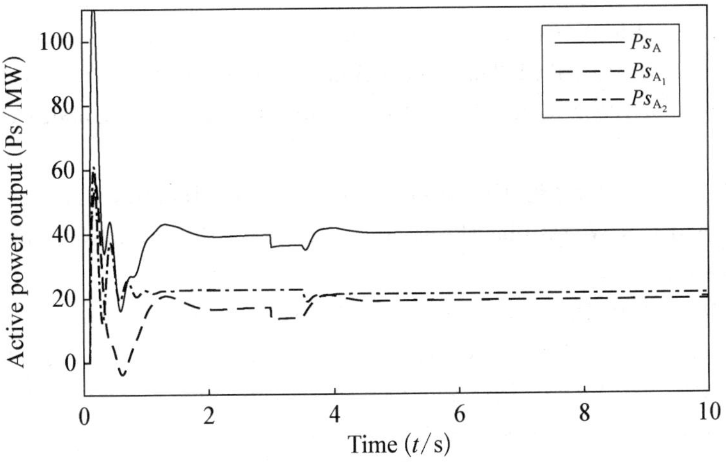

图 9-26　故障状况下海上风电场有功输出变化曲线

具体仿真过程可以分为以下几个阶段：

(1) 在 3 s 之前，系统稳定运行，两个海上风电场中的风电机组分别达到输出同步，即 $y_j(j \in \boldsymbol{A}_1)$ 和 $y_k(j \in \boldsymbol{A}_2)$ 分别收敛至 y_{A_1} 和 y_{A_2}，且两个风电场中所有机组的有功输出之和收敛至目标值 P_{sA} (40 MW)。

(2) 在 3 s 时，4 号发生故障，其输出和有功输出均跌落为 0，在 3 s 至 3.5 s 之间，故障机组仍然连接在海上风电场中，由图 9-19 可知，3 号和 4 号机组之间存在直接通信连接，因此 3 号机组会直接受到影响偏离原来的同步状态。

(3) 3.5 s 之后将 4 号故障机组从海上风电场中切除，其改变后的网络拓扑结构图如图 9-23 所示，由于其拓扑结构发生变化，因此重新根据互补控制律调整目标值 $\boldsymbol{T}' = [8 \quad -8.4]^{\mathrm{T}}$，此时互补控制策略调整为：

$$
\begin{cases}
\boldsymbol{\mu}_1=-\boldsymbol{y}_1(t)-\boldsymbol{y}_5(t-\tau_{15})+\boldsymbol{T}'+\bar{\boldsymbol{\mu}}_1\\
\boldsymbol{\mu}_2=\boldsymbol{y}_1(t)-\boldsymbol{y}_2(t)+\bar{\boldsymbol{\mu}}_2\\
\boldsymbol{\mu}_3=\boldsymbol{y}_1(t)-\boldsymbol{y}_3(t)+\bar{\boldsymbol{\mu}}_3\\
\boldsymbol{\mu}_5=\boldsymbol{y}_7(t)-2\boldsymbol{y}_5(t)-\boldsymbol{y}_1(t-\tau_{51})+\boldsymbol{T}'+\bar{\boldsymbol{\mu}}_5\\
\boldsymbol{\mu}_6=\boldsymbol{y}_7(t)+\boldsymbol{y}_5(t)-2\boldsymbol{y}_6(t)+\bar{\boldsymbol{\mu}}_6\\
\boldsymbol{\mu}_7=\boldsymbol{y}_6(t)-\boldsymbol{y}_7(t)+\bar{\boldsymbol{\mu}}_7\\
\boldsymbol{\mu}_8=\boldsymbol{y}_6(t)-\boldsymbol{y}_8(t)+\bar{\boldsymbol{\mu}}_8
\end{cases}
\tag{9-73}
$$

基于上述提出的互补控制策略，对海上风电场进行互补控制，仿真结果如图 9－24、9－25和 9－26 所示，由图可知，即便 4 号机组发生单机故障，通过调整互补控制策略仍然能保证两个海上风电场的输出分别同步，且两个海上风电场的有功输出之和仍然可以保持在 40 MW，整个海上风电场仍然可以正常运行。

参考文献

[1] REN W, BEARD R W. Consensus seeking in multi-agent systems under dynamically changing interaction topologies[J]. IEEE Transactions Automatic Control, 2005, 50(05): 655-661.

[2] HORN R A, JOHNSON C R. Matrix Analysis[M]. Cambridge: Cambridge University Press, 2012.

[3] 陈刚，余名.分布式无源性系统的同步控制与分析[J].自动化学报，2012，38(05)：882-888.

[4] REN W, BEARD R W. Distributed consensus in multi-vehicle cooperative control[M]. London: Springer-Verlag, 2008.

[5] WU F, ZHANG X P, JU P, et al. Decentralized nonlinear control of wind turbine with doubly fed induction generator[J]. IEEE Transactions on Power Systems, 2008, 23(02): 613-621.

[6] LI C S, WANG Y Z. Protocol Design for Output Consensus of Port-controlled Hamiltonian Multi-agent Systems[J]. Acta Automatica Sinica, 2014, 40(03): 415-422.

[7] 王冰，窦玉，王宏华.海上风电场双馈风电机群分布式协同控制研究[J].中国电机工程学报，2016，36(19)：5279-5287，5410.

[8] WANG B, TANG Z, GAO X, et al. Distributed Control Strategy of the Leader-Follower for Offshore Wind Farms under Fault Conditions[J]. Sustainability, 2019, 11(08)：1－20.

[9] 王冰，田敏，王宏华.基于 Hamilton 能量理论的海上风电场双馈机群分布式互补控制[J].电力自动化设备，2018，38(02)：58-66.

[10] WANG B, TIAN M, LIN T, et al. Distributed Complementary Control Research of Wind Turbines in Two Offshore Wind Farms[J]. Sustainability, 2018, 10(02)：553.

[11] 王玉振，杜英雪，王强.多智能体时滞和无时滞网络的加权分组一致性分析[J].控制与决策，2015，30(11)：1993-1998.

第10章 海上双馈风电机群不确定协调控制研究

本章利用双馈风电机群的 PCH－D 模型，针对非谐波扰动和输入时滞两种不确定情况，设计分布式协调控制器。首先，针对系统中存在的非谐波扰动，基于内模原理设计非谐波抑制控制器；然后，针对系统中存在的时滞，利用 Casimir 函数设计时滞控制器；进而，结合分布式控制方法，将单机控制拓展到风电机群的控制研究，提高双馈风电机群的抗干扰性和可靠性。

10.1 研究背景

随着风力发电的快速发展，大量风电场与电网相连，并注入电能。风力发电机组在并网过程接入各种电力电子设备，其中含有半导体的非线性元件，如整流器、变流器、PWM 变频器等；电压、电流受到非线性器件影响会引起畸变，从而产生非谐波对系统造成干扰。这些非谐波干扰会严重影响风电场电气设备的正常运行，如发电机会产生功率损耗、发热、机械振动和噪声等，对风力发电系统的安全稳定和经济运行造成影响[1]。因此，对系统中的非谐波干扰进行抑制对保护风电场的稳定运行非常重要。

同时，现代电力系统逐渐趋于多互联、大规模等特性发展，广域测量系统（Wide Area Measurement System，WAMS）被应用到电力系统中，在 WAMS 系统中，信号传输引起的时滞相对较大，呈现出不可忽视的随机特性，系统时滞问题在许多电力工程和应用中不可避免。风电机组的控制输入作为广域测量信号，其在控制回路的信号测量和传输过程中受到时滞的影响，可能导致风电机组系统在不稳定状态下的主特征值和主振荡频率的变化。因此，这些时滞通常是系统不稳定或性能恶化的主要来源。在风力发电机组系统中，输入时滞会导致电力系统控制器的预设参数失效，使系统运行点的稳定裕度降低，这些时滞会严重影响控制系统的稳定性[2]。随着大规模、远距离海上风电场的发展，风力发电产业对风电场的机组数量和电能传输距离提出了更高的要求。因此，需要对风电系统中的非谐波扰动问题和时滞问题进行相应的研究，降低其对控制系统稳定性和控制性能造成的不利影响。

10.2 海上风电场非谐波扰动抑制研究

10.2.1 非谐波扰动产生原因

非谐波已经成为当前电力系统中影响电能质量的主要因素之一，电工技术领域主要研究谐波的发生、传输、测量、危害及抑制问题。在变速恒频风力发电系统中非谐波的产生主要来自齿轮或交流励磁等环节，同时在并网过程中各种电力电子装置，包括大功率变换器以及其他非线性负载、整流逆变装置等，都会产生不同程度畸变的非谐波电流和非谐波电压，严重增加了系统中元件的损耗，影响电气设备的正常使用；非谐波使得电机和变压器等产生机械振动、噪声和非谐波过电压等问题，甚至损坏电机，直接对电力系统的电能质量造成严重影响[3]。因此，为了保证电网的稳定运行，本节对风力发电系统中非谐波问题进行分析，并采取非线性内模控制方法，对其进行有效控制，遏制其危害。

10.2.2 内模控制的设计

内模控制(Internal Model Control, IMC)是一种设计过程简便、控制性能好、鲁棒性强的先进控制方法，其主要设计思想是在控制系统中引入一个产生同类外部扰动信号的内部模型，并使实际系统与内部模型并连，基于内部模型设计动态控制器，将输出反馈转换成扰动估计，从而达到抵消抑制外部扰动的效果。

考虑扰动可以被建模为信号叠加到输入通道的情况，非线性受扰动的 Hamilton 系统表示为

$$\begin{cases}\dot{\boldsymbol{x}}=(\boldsymbol{J}-\boldsymbol{R})\dfrac{\partial \boldsymbol{H}}{\partial x}+\boldsymbol{G}(\boldsymbol{\mu}-\boldsymbol{\delta}(w))\\ \boldsymbol{y}=\boldsymbol{G}^{\mathrm{T}}\nabla \boldsymbol{H}\end{cases}\tag{10-1}$$

式中，系统状态向量 $\boldsymbol{x}\in\boldsymbol{R}^n$，控制输入 $\boldsymbol{\mu}\in\boldsymbol{R}^m$，输出 $\boldsymbol{y}\in\boldsymbol{R}^p$，为已知的光滑函数；外部输入干扰 $\boldsymbol{w}\in\boldsymbol{R}^r$，$\boldsymbol{\delta}(\boldsymbol{w})$ 这一类非谐波干扰信号通过一类非线性外部系统(10-2)产生，用于模拟实际系统中的扰动信号作用于被控系统，进而对受扰动系统通过内部模型的方法加以抑制[4]。扰动产生的外部系统如下所示：

$$\begin{cases}\dot{\boldsymbol{w}}=\boldsymbol{s}(\boldsymbol{w})\\ \boldsymbol{\delta}(\boldsymbol{w})=\boldsymbol{\gamma}(\boldsymbol{w})\end{cases}\tag{10-2}$$

这类非线性外部系统的周期解可包括调和函数和非线性函数，如极限环等，同时向量场 $\boldsymbol{s}(\boldsymbol{w})$ 的流是有界的，并且收敛于周期解。其中，外部系统满足假设条件如下：

假设 10.1 若外部系统(10-2)是泊松稳定的，则外部系统可表示为 $\dot{\boldsymbol{w}}=\boldsymbol{A}\boldsymbol{w}$，即矩阵 $\boldsymbol{A}$ 的特征值均为实部为 0 的单根。

非线性系统的输入干扰在电力电子应用中很常见，如交流/直流转换过程、电机转速波动、同步整流系统和开关电源。干扰通常是由一个自治的外部系统产生，在本书中，不

失一般性，设机组受到的非谐波周期扰动是由经典的 Van der Pol 电路模拟产生的[5]，具体形式如下：

$$\begin{cases}\dot{w}_1 = w_2 - \varsigma\left(\dfrac{1}{3}w_1^3 - w_1\right) \\ \dot{w}_2 = -w_2\end{cases} \tag{10-3}$$

其中，$\varsigma > 0$ 为调节电流或者电压周期的一个参数。式(10-3)中的 Jacobian 矩阵在原点的特征值为 $\frac{1}{2}(\varsigma \pm \sqrt{\varsigma^2 - 4})$。当 $\varsigma > 2$ 时，特征值是正的；当 $\varsigma \leqslant 2$ 时，特征值是具有正实部的共轭复数。因此，上式在平衡点是不稳定的，且存在一个极限环。

本节设计的内部模型，需要嵌入在摄动系统中，再通过控制输入以抵消外部系统产生的干扰，下面给出了这种浸入系统的相关定义。

定义 10.1：存在一个浸入系统

$$\begin{cases}\dot{\boldsymbol{\eta}} = \boldsymbol{F\eta} + \boldsymbol{G}'\boldsymbol{\gamma}(\boldsymbol{M\eta}) \\ \boldsymbol{\delta}(w) = \boldsymbol{T\eta}\end{cases} \tag{10-4}$$

其中，$\boldsymbol{\eta} \in \boldsymbol{R}^{n_\eta}$，矩阵 $\boldsymbol{F} \in \boldsymbol{R}^n$、$\boldsymbol{G}' \in \boldsymbol{R}^n$、$\boldsymbol{T} \in \boldsymbol{R}^n$、$\boldsymbol{M} \in \boldsymbol{R}^n$ 均已知，矩阵对 $(\boldsymbol{F}, \boldsymbol{T})$ 是可观测的非线性函数。$\boldsymbol{\gamma}(\boldsymbol{M\eta})$可表示为：

$$\boldsymbol{\gamma}(\boldsymbol{M\eta}) = \begin{bmatrix}\gamma_1\left(\sum_{i=1}^{n_\eta}\boldsymbol{M}_1\eta\right) \\ \cdots \\ \gamma_m\left(\sum_{i=1}^{n_\eta}\boldsymbol{M}_m\eta\right)\end{bmatrix} \tag{10-5}$$

满足 $((\boldsymbol{M\eta})_1 - (\boldsymbol{M\eta})_2)^{\mathrm{T}}(\boldsymbol{\gamma}((\boldsymbol{M\eta})_1) - \boldsymbol{\gamma}((\boldsymbol{M\eta})_2)) \geqslant 0$。选择具有适当维数的矩阵 $\boldsymbol{K}'$，使得 $\boldsymbol{F} - \boldsymbol{K}'\boldsymbol{T} = \boldsymbol{F}_0$ 满足 *Hurwitz* 要求。此外，必须存在正定矩阵 $\boldsymbol{P}_{\hat{\eta}}$ 和 $\boldsymbol{Q}_{\hat{\eta}}$ 满足

$$\begin{cases}\boldsymbol{P}_{\hat{\eta}}\boldsymbol{F}_0 + \boldsymbol{F}_0^{\mathrm{T}}\boldsymbol{P}_{\hat{\eta}} = -\boldsymbol{Q}_{\hat{\eta}} \\ \boldsymbol{P}_{\hat{\eta}}\boldsymbol{G}' + \boldsymbol{M}^{\mathrm{T}} = 0\end{cases} \tag{10-6}$$

考虑向量函数 $\boldsymbol{L}(x)$ 满足

$$\frac{\partial \boldsymbol{L}(\boldsymbol{x})}{\partial \boldsymbol{x}}\boldsymbol{G}'(\boldsymbol{x}) = \boldsymbol{K}' \tag{10-7}$$

存在两个数 $\alpha_1 \in \boldsymbol{R}^-$ 和 $\alpha_2 \in \boldsymbol{R}$，以及矩阵 $\boldsymbol{Q} \in \boldsymbol{R}^{n \times n}$，对于所有的 $\boldsymbol{\chi}$，下式成立

$$-\nabla^{\mathrm{T}}\boldsymbol{H}(\boldsymbol{x})\boldsymbol{R}\nabla\boldsymbol{H}(\boldsymbol{x}) - \nabla^{\mathrm{T}}\boldsymbol{H}(\boldsymbol{x})\boldsymbol{G}(\boldsymbol{x})\boldsymbol{T\chi} \leqslant \alpha_1\|\boldsymbol{Qx}\|^2 + \alpha_2\|\boldsymbol{Qx}\|\|\boldsymbol{x}\| \tag{10-8}$$

基于上述定义，为使系统在非线性外部干扰下保持稳定，设计基于内部模型的风电机组单机控制策略，具体定理如下：

定理 10.1：考虑海上风电场中的双馈风电机组(10-1)，其受到的非谐波周期性扰动由非线性外部系统(10-2)产生，设计内部模型控制器为

$$\begin{cases}\dot{\hat{\boldsymbol{\eta}}}=(\boldsymbol{F}-\boldsymbol{K}'\boldsymbol{T})(\hat{\boldsymbol{\eta}}-\boldsymbol{L}(\boldsymbol{x}))+\boldsymbol{G}'\boldsymbol{\gamma}(\boldsymbol{M}(\hat{\boldsymbol{\eta}}-\boldsymbol{L}(\boldsymbol{x})))+\boldsymbol{N}(\boldsymbol{x},\boldsymbol{\mu})\\ \boldsymbol{\mu}=\boldsymbol{T}(\hat{\boldsymbol{\eta}}-\boldsymbol{L}(\boldsymbol{x}))\end{cases}\tag{10-9}$$

其中 $\boldsymbol{N}(\boldsymbol{x},\boldsymbol{u})=\frac{\partial\boldsymbol{L}}{\partial\boldsymbol{x}}(\boldsymbol{J}-\boldsymbol{R})\frac{\partial\boldsymbol{H}}{\partial\boldsymbol{x}}+\frac{\partial\boldsymbol{L}}{\partial\boldsymbol{x}}\boldsymbol{G}'\boldsymbol{\mu}$。在满足以上**假设 10.1** 和**定义 10.1** 的情况下，能够使得单机闭环系统保持稳定。

证明：先将内模控制策略 $\boldsymbol{\mu}=\boldsymbol{T}(\hat{\boldsymbol{\eta}}-\boldsymbol{L}(\boldsymbol{x}))$ 代入系统的扰动 PCH-D 模型(10-1)中，可得

$$\begin{aligned}\dot{\boldsymbol{x}}&=(\boldsymbol{J}-\boldsymbol{R})\frac{\partial\boldsymbol{H}}{\partial\boldsymbol{x}}+\boldsymbol{G}(\boldsymbol{x})\boldsymbol{T}(\hat{\boldsymbol{\eta}}-\boldsymbol{L}(\boldsymbol{x}))-\boldsymbol{G}(\boldsymbol{x})\boldsymbol{\delta}(w)\\&=(\boldsymbol{J}-\boldsymbol{R})\frac{\partial\boldsymbol{H}}{\partial\boldsymbol{x}}-\boldsymbol{G}(\boldsymbol{x})\boldsymbol{T}(\hat{\boldsymbol{\eta}}-\boldsymbol{L}(\boldsymbol{x})-\boldsymbol{\eta})\end{aligned}\tag{10-10}$$

设 $\boldsymbol{\chi}=\boldsymbol{\eta}-\hat{\boldsymbol{\eta}}+\boldsymbol{L}(\boldsymbol{x})$，则有：

$$\dot{\boldsymbol{x}}=(\boldsymbol{J}-\boldsymbol{R})\frac{\partial\boldsymbol{H}}{\partial\boldsymbol{x}}-\boldsymbol{G}(\boldsymbol{x})\boldsymbol{T}\boldsymbol{\chi}$$

将 $\boldsymbol{\chi}$ 对时间求导，可得：

$$\dot{\boldsymbol{\chi}}=\dot{\boldsymbol{\eta}}-\dot{\hat{\boldsymbol{\eta}}}+\frac{\partial\boldsymbol{L}(\boldsymbol{x})}{\partial t}$$

再将式(10-4)和式(10-9)代入上式，可得

$$\dot{\boldsymbol{\chi}}=\boldsymbol{F}\boldsymbol{\eta}+\boldsymbol{G}\boldsymbol{\gamma}(\boldsymbol{M}\boldsymbol{\eta})-(\boldsymbol{F}-\boldsymbol{K}'\boldsymbol{T})(\hat{\boldsymbol{\eta}}-\boldsymbol{L}(\boldsymbol{x}))-\boldsymbol{G}\boldsymbol{\gamma}(\boldsymbol{M}(\hat{\boldsymbol{\eta}}-\boldsymbol{L}(\boldsymbol{x})))-\boldsymbol{N}(\boldsymbol{x},\boldsymbol{\mu})+\frac{\partial\boldsymbol{L}(\boldsymbol{x})}{\partial\boldsymbol{x}}\dot{\boldsymbol{x}}$$

进一步，计算

$$\begin{aligned}\dot{\boldsymbol{\chi}}&=\boldsymbol{F}\boldsymbol{\eta}+\boldsymbol{G}\boldsymbol{\gamma}(\boldsymbol{M}\boldsymbol{\eta})-(\boldsymbol{F}-\boldsymbol{K}'\boldsymbol{T})(\hat{\boldsymbol{\eta}}-\boldsymbol{L}(\boldsymbol{x}))-\boldsymbol{G}\boldsymbol{\gamma}(\boldsymbol{M}(\hat{\boldsymbol{\eta}}-\boldsymbol{L}(\boldsymbol{x})))-\boldsymbol{N}(\boldsymbol{x},\boldsymbol{\mu})+\frac{\partial\boldsymbol{L}(\boldsymbol{x})}{\partial\boldsymbol{x}}\dot{\boldsymbol{x}}\\&=(\boldsymbol{F}\boldsymbol{\eta}-\boldsymbol{K}'\boldsymbol{T}\boldsymbol{\eta}-\boldsymbol{F}_0(\hat{\boldsymbol{\eta}}-\boldsymbol{L}(\boldsymbol{x})))+\boldsymbol{G}\boldsymbol{\gamma}(\boldsymbol{M}\boldsymbol{\eta})-\boldsymbol{G}\boldsymbol{\gamma}(\boldsymbol{M}(\hat{\boldsymbol{\eta}}-\boldsymbol{L}(\boldsymbol{x})))\\&=\boldsymbol{F}_0\boldsymbol{\chi}+\boldsymbol{G}\boldsymbol{\gamma}(\boldsymbol{M}\boldsymbol{\eta})-\boldsymbol{G}\boldsymbol{\gamma}(\boldsymbol{M}(\hat{\boldsymbol{\eta}}-\boldsymbol{L}(\boldsymbol{x})))\end{aligned}$$

则整个系统表示为：

$$\begin{cases}\dot{\boldsymbol{x}}=(\boldsymbol{J}-\boldsymbol{R})\frac{\partial\boldsymbol{H}}{\partial\boldsymbol{x}}-\boldsymbol{G}(\boldsymbol{x})\boldsymbol{T}\boldsymbol{\chi}\\ \dot{\boldsymbol{\chi}}=\boldsymbol{F}_0\boldsymbol{\chi}+\boldsymbol{G}\boldsymbol{\gamma}(\boldsymbol{M}\boldsymbol{\eta})-\boldsymbol{G}\boldsymbol{\gamma}(\boldsymbol{M}(\hat{\boldsymbol{\eta}}-\boldsymbol{\chi}))\end{cases}$$

取单机系统 Lyapunov 函数为：

$$\boldsymbol{V}=\boldsymbol{H}(\boldsymbol{x})+\boldsymbol{\chi}^{\mathrm{T}}\boldsymbol{P}_{\hat{\eta}}\boldsymbol{\chi}$$

将 $\dot{\boldsymbol{\chi}}$ 代入,并对其求导,可得

$$\begin{aligned}\dot{\boldsymbol{V}}&=\nabla^{\mathrm{T}}\boldsymbol{H}(\boldsymbol{x})\dot{\boldsymbol{x}}+\boldsymbol{\chi}^{\mathrm{T}}(\boldsymbol{F}_0^{\mathrm{T}}\boldsymbol{P}_{\hat{\eta}}+\boldsymbol{P}_{\hat{\eta}}\boldsymbol{F}_0)\boldsymbol{\chi}+2\boldsymbol{\chi}^{\mathrm{T}}\boldsymbol{P}_{\hat{\eta}}\boldsymbol{G}(\boldsymbol{\gamma}(\boldsymbol{M\eta})-\boldsymbol{\gamma}(\boldsymbol{M}(\boldsymbol{\eta}-\boldsymbol{\chi})))\\&=-\nabla^{\mathrm{T}}\boldsymbol{H}(\boldsymbol{x})\boldsymbol{R}\nabla\boldsymbol{H}(\boldsymbol{x})-\nabla^{\mathrm{T}}\boldsymbol{H}(\boldsymbol{x})\boldsymbol{G}(\boldsymbol{x})\boldsymbol{T\chi}-\boldsymbol{\chi}^{\mathrm{T}}\boldsymbol{Q}_{\hat{\eta}}\boldsymbol{\chi}\\&\quad+2\boldsymbol{\chi}^{\mathrm{T}}\boldsymbol{P}_{\hat{\eta}}\boldsymbol{G}(\boldsymbol{\gamma}(\boldsymbol{M\eta})-\boldsymbol{\gamma}(\boldsymbol{M}(\boldsymbol{\eta}-\boldsymbol{\chi})))\end{aligned}$$

设 $\dot{\boldsymbol{V}}_1=2\boldsymbol{\chi}^{\mathrm{T}}\boldsymbol{P}_{\hat{\eta}}\boldsymbol{G}\{\{\boldsymbol{\gamma}(\boldsymbol{M\eta})-\boldsymbol{\gamma}[\boldsymbol{M}(\boldsymbol{\eta}-\boldsymbol{\chi})]\}$,因其满足式(10-6),即

$$\begin{aligned}\dot{\boldsymbol{V}}_1&=2\boldsymbol{\chi}^{\mathrm{T}}\boldsymbol{P}_{\hat{\eta}}\boldsymbol{G}\{\boldsymbol{\gamma}(\boldsymbol{M\eta})-\boldsymbol{\gamma}[\boldsymbol{M}(\boldsymbol{\eta}-\boldsymbol{\chi})]\}\\&=-2\boldsymbol{\chi}^{\mathrm{T}}\boldsymbol{M}^{\mathrm{T}}\{\boldsymbol{\gamma}(\boldsymbol{M\eta})-\boldsymbol{\gamma}[\boldsymbol{M}(\boldsymbol{\eta}-\boldsymbol{\chi})]\}\\&=-2\{\boldsymbol{M}[\boldsymbol{\eta}-(\boldsymbol{\eta}-\boldsymbol{\chi})]\}^{\mathrm{T}}\{\boldsymbol{\gamma}(\boldsymbol{M\eta})-\boldsymbol{\gamma}[\boldsymbol{M}(\boldsymbol{\eta}-\boldsymbol{\chi})]\}\leqslant 0\end{aligned}$$

则有

$$\dot{\boldsymbol{V}}=-\nabla^{\mathrm{T}}\boldsymbol{H}(\boldsymbol{x})\boldsymbol{R}\nabla\boldsymbol{H}(\boldsymbol{x})-\nabla^{\mathrm{T}}\boldsymbol{H}(\boldsymbol{x})\boldsymbol{G}(\boldsymbol{x})\boldsymbol{T\chi}-\boldsymbol{\chi}^{\mathrm{T}}\boldsymbol{Q}_{\hat{\eta}}\boldsymbol{\chi}+\dot{\boldsymbol{V}}_1$$

可得 $\dot{\boldsymbol{V}}\leqslant\alpha_1\|\boldsymbol{Qx}\|^2+\alpha_2\|\boldsymbol{Qx}\|\,\|\boldsymbol{\chi}\|-\boldsymbol{\chi}^{\mathrm{T}}\boldsymbol{Q}_{\hat{\eta}}\boldsymbol{\chi}+\dot{\boldsymbol{V}}_1$

因为 $\boldsymbol{Q}_{\hat{\eta}}$ 为正定矩阵,存在常数 $\beta_{Q_{\hat{\eta}}}<0$,使得 $-\boldsymbol{\chi}^{\mathrm{T}}\boldsymbol{Q}_{\hat{\eta}}\boldsymbol{\chi}\leqslant\beta_{Q_{\hat{\eta}}}\|\boldsymbol{\chi}\|^2$,则

$$\dot{\boldsymbol{V}}\leqslant\alpha_1\|\boldsymbol{Qx}\|^2+\alpha_2\|\boldsymbol{Qx}\|\,\|\boldsymbol{\chi}\|+\beta_{Q_{\hat{\eta}}}\|\boldsymbol{\chi}\|^2+\dot{\boldsymbol{V}}_1$$

根据杨氏不等式[6],可知:

$$\|\boldsymbol{Qx}\|\,\|\boldsymbol{\chi}\|\leqslant\varepsilon\|\boldsymbol{Qx}\|^2+C_\varepsilon\|\boldsymbol{\chi}\|^2$$

其中,ε 任意小,C_ε 任意大,则取 $\varepsilon=\dfrac{\lambda}{2}$,$C_\varepsilon=\dfrac{1}{2\lambda}$ 可得

$$\dot{\boldsymbol{V}}\leqslant\alpha_1\|\boldsymbol{Qx}\|^2+\frac{\alpha_2}{2}\lambda\|\boldsymbol{Qx}\|^2+\frac{\alpha_2}{2\lambda}\|\boldsymbol{\chi}\|^2+\beta_{Q_{\hat{\eta}}}\|\boldsymbol{\chi}\|^2+\dot{\boldsymbol{V}}_1$$

又取 $\lambda=-\dfrac{\alpha_1}{\alpha_2}$,可得:

$$\dot{\boldsymbol{V}}\leqslant\frac{1}{2}\alpha_1\|\boldsymbol{Qx}\|^2+\dot{\boldsymbol{V}}_1\leqslant 0$$

所以,当单机系统中存在一类非谐波输入干扰时,引入内模控制器,闭环系统可以达到全局稳定。因此,受非谐波扰动影响的机组在内模控制后可以抑制扰动,使得闭环系统保持稳定运行的工作状态。证明完毕。

当单个风电机组受到的非谐波干扰时,本节对双馈风电机组单机 PCH - D 模型进行内模控制,设计受扰动系统的内部模型控制器,机组通过控制器的作用抵消扰动的影响,保证了系统的全局稳定性。

10.2.3　含非谐波扰动的双馈风电机群内模控制策略

风电场一般拥有数十甚至上百台发电机组,为使得整个风电机群在受非谐波扰动情

况下也能够保持稳定，本节设计分布式控制策略，使得风电场内机群在抑制非谐波干扰的同时，机组之间能够实现分布式控制，保证整个受扰动风电机群从单机到机群都能够保持正常运行。分布式控制作用于海上风电机群网络拓扑结构中，具体设计如下：

定理 10.2：考虑含有 N 台机组的海上风力发电机群，满足假设 9.1 的条件，在机组受非谐波干扰的情况下，设计风电机群的干扰抑制策略

$$\boldsymbol{\mu}_1=\boldsymbol{T}_i(\hat{\boldsymbol{\eta}}_i-\boldsymbol{L}(\boldsymbol{x}_i))-\sum_{j=1}^{N}a_{ij}(\boldsymbol{y}_i-\boldsymbol{y}_j),\forall i,j=1,2,\cdots,N \tag{10-11}$$

其中，

$$\begin{cases}\hat{\boldsymbol{\eta}}=(\boldsymbol{F}_i-\boldsymbol{K}'_i\boldsymbol{T}_i)(\hat{\boldsymbol{\eta}}_i-\boldsymbol{L}_i(\boldsymbol{x}))+\boldsymbol{G}'_i\boldsymbol{\gamma}(\boldsymbol{M}_i\hat{\boldsymbol{\eta}}_i-\boldsymbol{L}_i(\boldsymbol{x})))+\boldsymbol{N}_I(\boldsymbol{x}_i,\tilde{\boldsymbol{\mu}}_i)\\ \tilde{\boldsymbol{\mu}}_i=\boldsymbol{T}_i(\hat{\boldsymbol{\eta}}_i-\boldsymbol{L}_i(\boldsymbol{x}_i))\end{cases} \tag{10-12}$$

其中 $a_{ij}=1$。在控制策略作用下，各风电机组能够抑制非谐波扰动，整个闭环机群系统全局稳定。

证明：设 $\boldsymbol{\mu}_i=\boldsymbol{\mu}_{i1}+\boldsymbol{\mu}_{i2}$，可将其分为两部分：

$$\begin{cases}\boldsymbol{\mu}_{i1}=\boldsymbol{T}_i(\hat{\boldsymbol{\eta}}_i-\boldsymbol{L}_i(\boldsymbol{x}_i))\\ \boldsymbol{\mu}_{i2}=-\sum_{j=1}^{N}a_{ij}(\boldsymbol{y}_i-\boldsymbol{y}_j)\end{cases}$$

其中，$\boldsymbol{\mu}_{i1}$ 的作用是消除扰动对每台机组的影响，$\boldsymbol{\mu}_{i2}$ 则调节多台机组之间的输出，实现多台机组的输出同步。

将控制策略 $\boldsymbol{\mu}_i$ 代入风电机群的扰动 PCH－D 模型(10－1)中，可得

$$\begin{aligned}\dot{\boldsymbol{x}}_i&=(\boldsymbol{J}_i-\boldsymbol{R}_i)\frac{\partial\boldsymbol{H}_i}{\partial\boldsymbol{x}_i}-\boldsymbol{G}_i(\boldsymbol{x}_i)\boldsymbol{T}_i(\hat{\boldsymbol{\eta}}_i-\boldsymbol{L}_i(\boldsymbol{x}_i))+\boldsymbol{G}_i(\boldsymbol{x}_i)\sum_{j=1}^{N}a_{ij}(\boldsymbol{y}_i-\boldsymbol{y}_j)-\boldsymbol{G}_i(\boldsymbol{x}_i)\boldsymbol{\delta}_i(t)\\ &=(\boldsymbol{J}_i-\boldsymbol{R}_i)\frac{\partial\boldsymbol{H}_i}{\partial\boldsymbol{x}_i}-\boldsymbol{G}_i(\boldsymbol{x}_i)\boldsymbol{T}_i\boldsymbol{\chi}_i-\boldsymbol{G}_i(\boldsymbol{x}_i)\sum_{j=1}^{N}a_{ij}(\boldsymbol{y}_i-\boldsymbol{y}_j)\end{aligned}$$

则整个系统为

$$\begin{cases}\dot{\boldsymbol{x}}_i=(\boldsymbol{J}_i-\boldsymbol{R}_i)\frac{\partial\boldsymbol{H}_i}{\partial\boldsymbol{x}_i}-\boldsymbol{G}_i(\boldsymbol{x}_i)\boldsymbol{T}_i\boldsymbol{\chi}_i-\boldsymbol{G}_i(\boldsymbol{x}_i)\sum_{j=1}^{N}a_{ij}(\boldsymbol{y}_i-\boldsymbol{y}_j)\\ \dot{\boldsymbol{\chi}}_i=\boldsymbol{F}_{i0}\boldsymbol{\chi}_i+\boldsymbol{G}'_i\boldsymbol{\gamma}(\boldsymbol{M}_i\boldsymbol{\eta}_i)-\boldsymbol{G}'_i\boldsymbol{\gamma}(\boldsymbol{M}_i(\hat{\boldsymbol{\eta}}_i-\boldsymbol{\chi}_i))\end{cases}$$

取系统的 Lyapunov 函数为：

$$\boldsymbol{V}=2\sum_{i=1}^{N}H_i(\boldsymbol{x}_i)+\sum_{i=1}^{N}\boldsymbol{\chi}_i^{\mathrm{T}}\boldsymbol{P}_{\hat{\eta}i}\boldsymbol{\chi}_i$$

对 Lyapunov 函数求导，将 $\dot{\boldsymbol{\chi}}$ 代入：

$$\dot{\boldsymbol{V}}=2\sum_{i=1}^{N}\boldsymbol{H}_i(\boldsymbol{x}_i)\nabla^{\mathrm{T}}H(\boldsymbol{x})\dot{\boldsymbol{x}}+\sum_{i=1}^{N}\{\boldsymbol{\chi}^{\mathrm{T}}(\boldsymbol{F}_0^{\mathrm{T}}\boldsymbol{P}_{\hat{\eta}}+\boldsymbol{P}_{\hat{\eta}}\boldsymbol{F}_0)\boldsymbol{\chi}+2\boldsymbol{\chi}^{\mathrm{T}}\boldsymbol{P}_{\hat{\eta}}\boldsymbol{G}'[\boldsymbol{\gamma}(\boldsymbol{M}\boldsymbol{\eta})-$$

$$\boldsymbol{\gamma}(\boldsymbol{M}(\boldsymbol{\eta}-\boldsymbol{\chi}))]\}$$

$$= -2\sum_{i=1}^{N}\nabla^{\mathrm{T}}\boldsymbol{H}_i(\boldsymbol{x}_i)\boldsymbol{R}_i\nabla\boldsymbol{H}_i(\boldsymbol{x}_i)-2\sum_{i=1}^{N}\nabla^{\mathrm{T}}\boldsymbol{H}_i(\boldsymbol{x}_i)\boldsymbol{G}_i(\boldsymbol{x}_i)\boldsymbol{T}_i\boldsymbol{\chi}_i-$$
$$2\sum_{i=1}^{N}\nabla^{\mathrm{T}}\boldsymbol{H}_i(\boldsymbol{x}_i)\boldsymbol{G}_i(\boldsymbol{x}_i)$$
$$\sum_{j=1}^{N}a_{ij}(\boldsymbol{y}_i-\boldsymbol{y}_j)+\sum_{i=1}^{N}\{-\boldsymbol{\chi}_i^{\mathrm{T}}\boldsymbol{Q}_{\hat{\eta}i}\boldsymbol{\chi}_i+2\boldsymbol{\chi}_i^{\mathrm{T}}\boldsymbol{P}_{\hat{\eta}i}\boldsymbol{G}_i'[\boldsymbol{\gamma}(\boldsymbol{M}_i\boldsymbol{\eta}_i)-\boldsymbol{\gamma}(\boldsymbol{M}_i(\boldsymbol{\eta}_i-\boldsymbol{\chi}_i))]\}$$

将 $\dot{\boldsymbol{V}}$ 写出向量形式：

$$\dot{\boldsymbol{V}}=-2\nabla^{\mathrm{T}}\boldsymbol{H}(\boldsymbol{x})\boldsymbol{R}\nabla\boldsymbol{H}(\boldsymbol{x})-2\nabla^{\mathrm{T}}\boldsymbol{H}(\boldsymbol{x})\boldsymbol{G}(\boldsymbol{x})\boldsymbol{T}\boldsymbol{\chi}-2\boldsymbol{y}^{\mathrm{T}}(\boldsymbol{L}_N\otimes\boldsymbol{I}_3)\boldsymbol{y}-\boldsymbol{\chi}^{\mathrm{T}}\boldsymbol{Q}_{\hat{\eta}}\boldsymbol{\chi}+\dot{\boldsymbol{V}}_1$$

其中，$\boldsymbol{L}_N$ 是 N 台机组的 Laplacian 矩阵，输出 $\boldsymbol{y}=[\boldsymbol{y}_1,\boldsymbol{y}_2,\cdots,\boldsymbol{y}_N]^{\mathrm{T}}$。同理存在 $\alpha_1\in R^-$ 和 $\alpha_2\in R$，$\beta_{Q_{\hat{\eta}}}<0$ 以及矩阵 $\boldsymbol{Q}\in R^{n\times n}$，使得：

$$\dot{\boldsymbol{V}}\leqslant 2\alpha_1\|\boldsymbol{Qx}\|^2+2\alpha_2\|\boldsymbol{Qx}\|\ \|\boldsymbol{\chi}\|+\beta_{Q_{\hat{\eta}}}\|\boldsymbol{\chi}\|^2+\dot{\boldsymbol{V}}_1-2\boldsymbol{y}^{\mathrm{T}}(\boldsymbol{L}_N\otimes\boldsymbol{I}_3)\boldsymbol{y}$$

取 $\varepsilon=\dfrac{\hat{\boldsymbol{\lambda}}}{2}$，$C_\varepsilon=\dfrac{1}{2\hat{\boldsymbol{\lambda}}}$，则：

$$\dot{\boldsymbol{V}}\leqslant 2\alpha_1\|\boldsymbol{Qx}\|^2+\alpha_2\hat{\lambda}\|\boldsymbol{Qx}\|^2+\frac{\alpha_2}{\hat{\lambda}}\|\boldsymbol{\chi}\|^2+\beta_{Q_{\hat{\eta}}}\|\boldsymbol{\chi}\|^2+\dot{\boldsymbol{V}}_1-2\boldsymbol{y}^{\mathrm{T}}(\boldsymbol{L}_N\otimes\boldsymbol{I}_3)\boldsymbol{y}$$

取 $\hat{\boldsymbol{\lambda}}=-\dfrac{\alpha_1}{\alpha_2}$，得

$$\dot{\boldsymbol{V}}\leqslant\alpha_1\|\boldsymbol{Qx}\|^2+\dot{\boldsymbol{V}}_1-2\boldsymbol{y}^{\mathrm{T}}(\boldsymbol{L}_N\otimes\boldsymbol{I}_3)\boldsymbol{y}\leqslant 0$$

因此，当风电机群在输入扰动下，设计基于内部模型的分布式协同控制策略，能够抵消外部系统扰动对风电机组的不利影响；同时，再对多台机组进行分布式控制，使得各机组之间在抑制干扰的同时相互协调输出，能够保持海上风电机群闭环系统稳定运行，大大提高了海上双馈风电场的可靠性和稳定性。证明完毕。

10.2.4　仿真验证

本节仿真验证具体分为两个部分：第一部分为双馈风电机组受非谐波扰动控制仿真；第二部分为双馈风电机群受非谐波扰动控制仿真。

(1) 含非谐波扰动的双馈风电单机组内模控制仿真

对于双馈风力发电机单机，考虑非谐波扰动是由著名的 Van der Pol 电路产生，其中取 $\varsigma=2$，则非谐波扰动可表示为：

$$\begin{cases}\dot{\omega}_1=\omega_2-2\left(\dfrac{1}{3}\omega_1^3-\omega_1\right)\\ \dot{\omega}_2=-\omega_1\end{cases}\tag{10-13}$$

为满足假设要求，取适当维数的矩阵和参数：

$$\boldsymbol{F}=\begin{bmatrix}2 & 1\\ -1 & 0\end{bmatrix},\boldsymbol{G}'=\begin{bmatrix}-2 & 0\\ 0 & 0\end{bmatrix},\boldsymbol{M}=\begin{bmatrix}1 & 0\\ 0 & 0\end{bmatrix}$$
$$\boldsymbol{T}=\begin{bmatrix}2 & -2\\ -1 & 1\end{bmatrix},\gamma_1(s)=\frac{1}{3}s^3,\gamma_2(s)=0 \tag{10-14}$$

针对多输入多输出系统，选取适当维数的矩阵 $\boldsymbol{T}$，使得叠加到输入通道的扰动 $\delta(w)$ 的维数与输入的维数相同，则：

$$\begin{cases}\delta_{dr}(t)=2\omega_1-2\omega_2\\ \delta_{qr}(t)=-\omega_1+\omega_2\end{cases} \tag{10-15}$$

受扰后的 PCH - D 系统为：

$$\frac{\mathrm{d}}{\mathrm{d}t}\begin{bmatrix}s\\ E_q'\\ E_d'\end{bmatrix}=\begin{bmatrix}0 & -\dfrac{i_{qs}}{2H_{\text{tot}}} & -\dfrac{i_{ds}}{2H_{\text{tot}}}\\ \dfrac{i_{ds}}{2H_{\text{tot}}} & -\dfrac{1}{T_0'} & -s\omega_s\\ \dfrac{i_{ds}}{2H_{\text{tot}}} & s\omega_s & -\dfrac{1}{T_0'}\end{bmatrix}\nabla\boldsymbol{H}+\begin{bmatrix}0 & 0\\ \omega_s\dfrac{L_m}{L_{rr}} & 0\\ 0 & -\omega_s\dfrac{L_m}{L_{rr}}\end{bmatrix}\cdot$$
$$\begin{bmatrix}\mu_{dr}-\delta_{dr}(w)\\ \mu_{qr}-\delta_{qr}(w)\end{bmatrix} \tag{10-16}$$

选取 $\boldsymbol{K}'=\begin{bmatrix}4 & 4\\ -1 & -1\end{bmatrix}$，代入式(10 - 6)和(10 - 7)，可得：

$$\boldsymbol{F}_0=\begin{bmatrix}-2 & 5\\ 0 & -1\end{bmatrix},\boldsymbol{P}_{\hat{\eta}}=\begin{bmatrix}\dfrac{1}{2} & 0\\ 0 & 2\end{bmatrix},\boldsymbol{Q}_{\hat{\eta}}=\begin{bmatrix}2 & -\dfrac{5}{2}\\ -\dfrac{5}{2} & 4\end{bmatrix} \tag{10-17}$$

设函数矩阵 $\boldsymbol{L}(x)=\begin{bmatrix}4(x_2+x_3)\\ -(x_2+x_3)\end{bmatrix}$，代入式(10 - 9)，计算可得

$$\begin{bmatrix}\dot{\hat{\eta}}_1\\ \dot{\hat{\eta}}_2\end{bmatrix}=\begin{bmatrix}-2 & 5\\ 0 & -1\end{bmatrix}\begin{bmatrix}\hat{\eta}_1-4(x_2+x_3)\\ \hat{\eta}_2+(x_2+x_3)\end{bmatrix}+\begin{bmatrix}-\dfrac{2}{3}(\hat{\eta}_1-4(x_2+x_3))^3\\ 0\end{bmatrix}$$
$$+\begin{bmatrix}4\left(\left(\dfrac{i_{qs}}{2H_{\text{tot}}}+\dfrac{i_{ds}}{2H_{\text{tot}}}\right)x_1+\left(-\dfrac{1}{T_0'}+s\omega_s\right)\left(x_2+\dfrac{P_m}{2i_{qs}}\right)\right)\\ -\left(\left(\dfrac{i_{ds}}{2H_{\text{tot}}}+\dfrac{i_{ds}}{2H_{\text{tot}}}\right)x_1+\left(-\dfrac{1}{T_0'}+s\omega_s\right)\left(x_2+\dfrac{P_m}{2i_{qs}}\right)\right)\end{bmatrix}$$

$$+\begin{bmatrix} 4\left(\left(-s\omega_{s}-\dfrac{1}{T_{0}'}\right)\left(x_{3}+\dfrac{P_{m}}{2i_{qs}}\right)\right) \\ -\left(\left(-s\omega_{s}-\dfrac{1}{T_{0}'}\right)\left(x_{3}+\dfrac{P_{m}}{2i_{ds}}\right)\right) \end{bmatrix}+\begin{bmatrix} 4 & 4 \\ -1 & -1 \end{bmatrix}\begin{bmatrix} \mu_{dr} \\ \mu_{qr} \end{bmatrix} \tag{10-18}$$

$$\begin{bmatrix} \mu_{dr} \\ \mu_{qr} \end{bmatrix}=\begin{bmatrix} 2 & -2 \\ -1 & 1 \end{bmatrix}\begin{bmatrix} \hat{\eta}_1-4(x_2+x_3) \\ \hat{\eta}_2+(x_2+x_3) \end{bmatrix}=\begin{bmatrix} 2\hat{\eta}_1-2\hat{\eta}_2-10(x_2+x_3) \\ -\hat{\eta}_1+\hat{\eta}_2+5(x_2+x_3) \end{bmatrix} \tag{10-19}$$

双馈风电单机组受谐波扰动仿真如图 10-1～10-3 所示，其中图 10-1 是外部系统的状态曲线，图 10-2 和图 10-3 分别是单机受非谐波扰动时，系统的输出响应和有功功率输出。当系统受到非谐波扰动 $\delta(w)$ 时，由系统输出曲线和有功功率曲线呈现明显的振荡波动形式，振幅过大，系统明显处于非稳定的运行状态，非谐波扰动对系统的稳定性影响较大。因此，需要对发电机组设计非谐波抑制控制器，以提高系统稳定性。

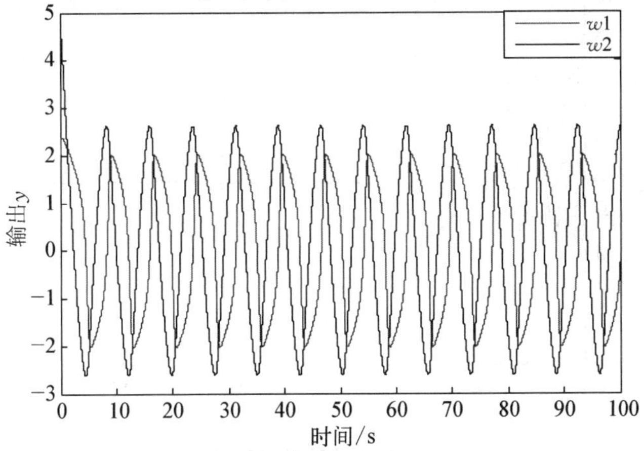

图 10-1　外部系统状态

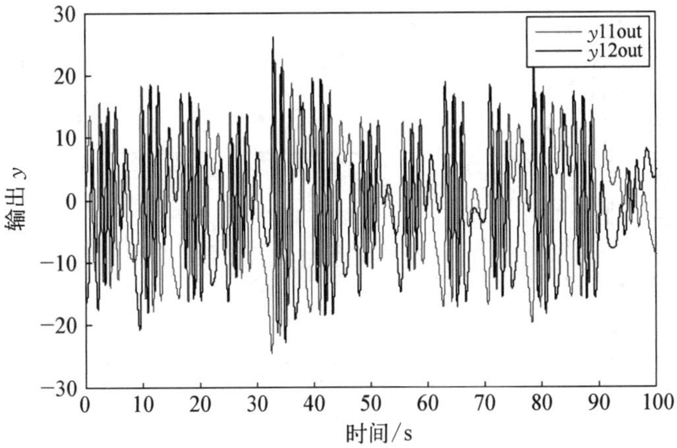

图 10-2　单机扰动输出响应

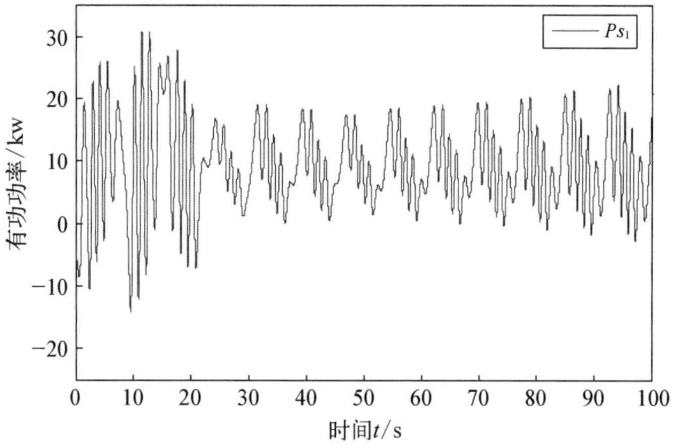

图 10-3 单机扰动有功功率输出

单机系统受非谐波扰动时，加入内部模型控制后的系统输出响应和有功功率输出曲线如图 10-4 和 10-5 所示。在受扰动系统加入内部模型控制器后，风电机组的输出和

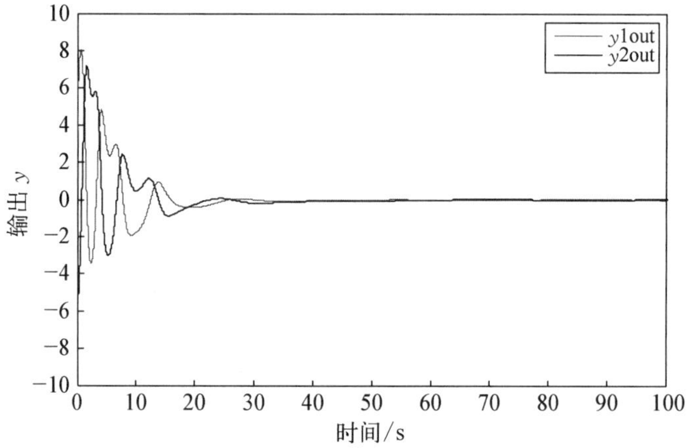

图 10-4 单机扰动抑制下输出响应

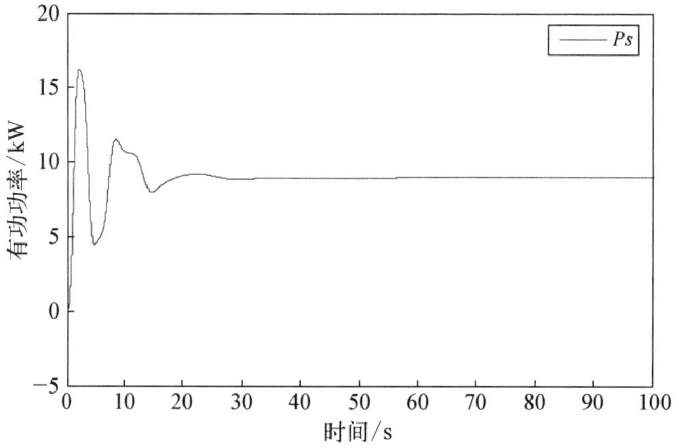

图 10-5 单机扰动抑制下有功功率输出

有功功率在前 20 s 时间内，振动幅度较大，同时呈现减小的趋势，20 s 后振幅波动范围较小，在约 30 s 后系统输出最后收敛至 0，系统的有功功率输出稳定在 10 kW 的标准值，系统处于稳定的运行状态。因此可知，在系统受到输入扰动时加入内部模型，能够有效消除扰动对系统的影响，提高了系统的抗干扰性。

(2) 含非谐波扰动的双馈风电机群分布式控制仿真

对于双馈风电机群，考虑到各机组通过通信线路相互连接，运用分布式控制方法，各机组形成的网络拓扑结构满足**假设 10.1**，取 6 台风电机组的网络拓扑如图 10-6 所示。

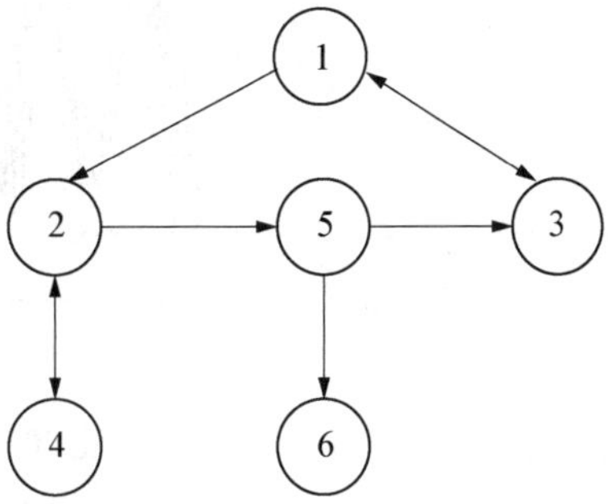

图 10-6　风电机组网络拓扑图

受扰动的各机组之间通过通信线路能够交换信息，利用分布式控制策略使得各机组之间相互协调，保持整个风电机群的稳定输出。设计 6 台机组的分布式控制策略为

$$\begin{cases} \boldsymbol{\mu}_1 = \boldsymbol{y}_3 - \boldsymbol{y}_1 \\ \boldsymbol{\mu}_2 = \boldsymbol{y}_1 + \boldsymbol{y}_4 - 2\boldsymbol{y}_2 \\ \boldsymbol{\mu}_3 = \boldsymbol{y}_1 + \boldsymbol{y}_5 - 2\boldsymbol{y}_3 \\ \boldsymbol{\mu}_4 = \boldsymbol{y}_2 - \boldsymbol{y}_4 \\ \boldsymbol{\mu}_5 = \boldsymbol{y}_2 - \boldsymbol{y}_5 \\ \boldsymbol{\mu}_6 = \boldsymbol{y}_5 - \boldsymbol{y}_6 \end{cases} \tag{10-20}$$

风电机群系统中的机组在非谐波扰动的影响下，采用分布式控制策略，系统的仿真图如图 10-7 和 10-8 所示，其中图 10-7 是风电机组受扰动下的输出响应，图 10-8 是风电机群受扰动下的有功功率输出。由图可知，整个风电机群由于扰动的影响，输出波动幅度较大，各机组的输出不一致，机组的有功功率振荡明显，风电机群处于非稳定状态，不满足风电场的运行需求。因此，要保持整个风电机群稳定运行，仅依靠分布式控制策略是不够的，抑制扰动对风电机组的影响十分必要。

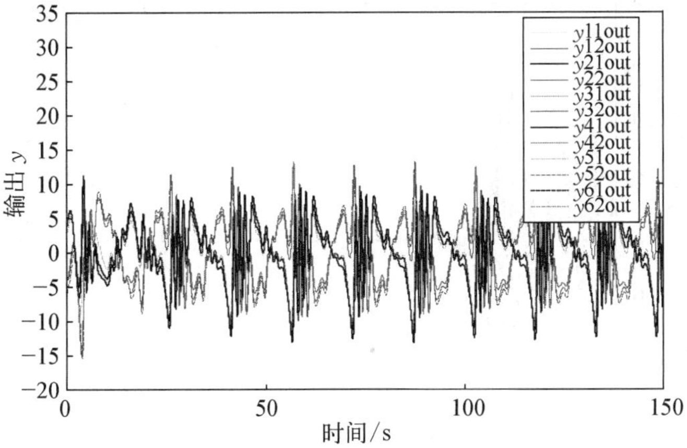

图 10-7　风电机组群扰动下输出响应

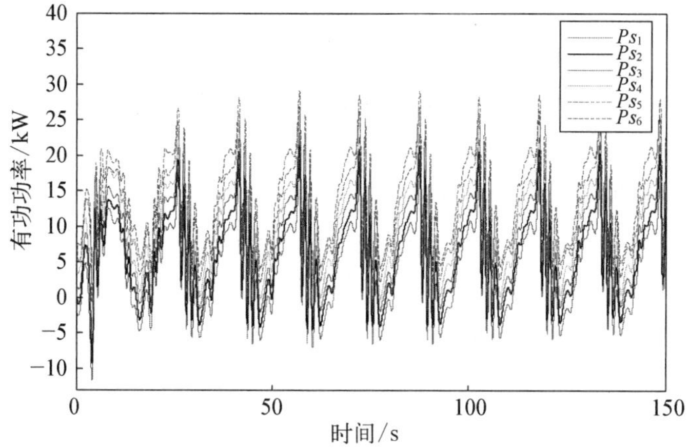

图 10-8　风电机组扰动下有功功率输出

基于内模控制的分布式协同控制策略(10-16),对含有6台机组的风电机群加以控制,假设每个机组受到的非谐波扰动相同,6台受扰机组在内模控制下分布式控制策略分别为

$$\begin{cases}\boldsymbol{\mu}_1=\boldsymbol{\mu}_{11}+\boldsymbol{y}_3-\boldsymbol{y}_1\\ \boldsymbol{\mu}_2=\boldsymbol{\mu}_{21}+\boldsymbol{y}_4+\boldsymbol{y}_1-2\boldsymbol{y}_2\\ \boldsymbol{\mu}_3=\boldsymbol{\mu}_{31}+\boldsymbol{y}_1+\boldsymbol{y}_5-2\boldsymbol{y}_3\\ \boldsymbol{\mu}_4=\boldsymbol{\mu}_{41}+\boldsymbol{y}_2-\boldsymbol{y}_4\\ \boldsymbol{\mu}_5=\boldsymbol{\mu}_{51}+\boldsymbol{y}_2-\boldsymbol{y}_5\\ \boldsymbol{\mu}_6=\boldsymbol{\mu}_{61}+\boldsymbol{y}_5-\boldsymbol{y}_6\end{cases}\tag{10-21}$$

受扰动双馈风电机群加入内模控制的输出曲线和有功功率曲线仿真图如图10-9和图10-10所示。各机组的输出和有功功率曲线在35 s之前,存在较大波动,且各个机组的输出无法实现协同;在约40 s后,6台机组的输出曲线和有功功率曲线波动幅度减小,且呈现出递减的趋势;在55 s后,各机组的输出曲线稳定收敛至0,有功功率曲线收敛至

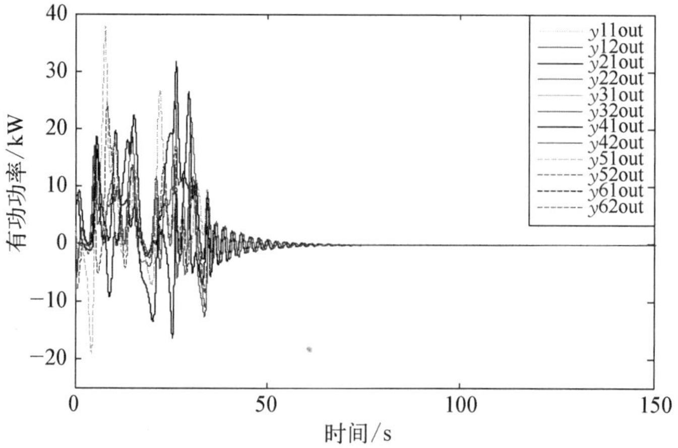

图 10-9　风电机组群扰动抑制下输出响应

小于 10 kW 的稳定数值，各机组在不同风速下输出同步且整个机群系统稳定运行。因此，在系统受到外部系统产生的非谐波干扰时，通过引入基于内部模型的分布式协同控制策略，系统能够保持稳定且输出同步，证明了内部模型的分布式协同控制策略抑制非谐波扰动是有效的。

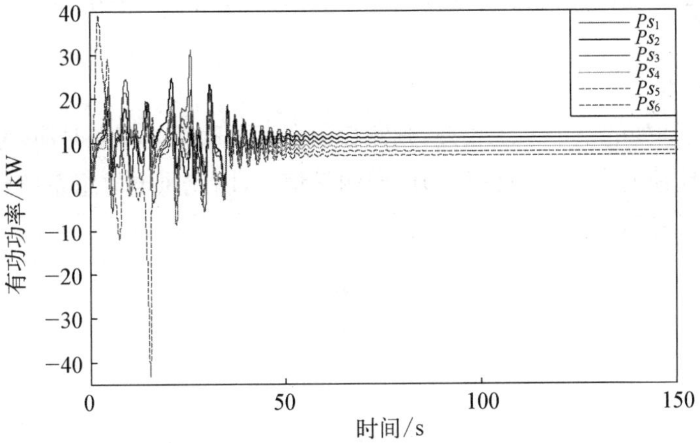

图 10－10　风电机组扰动抑制下有功功率输出

10.3　海上双馈风电机群时滞控制研究

10.3.1　时滞产生的原因

随着大电网互联和现代电力电子设备的介入，电网的规模日益扩大，电网结构日趋复杂，电力系统的动态行为也越来越复杂。WAMS 被应用到电力系统中，为现代电力系统的分布式同步测量和稳定控制提供了可能。WAMS 通常运用在三个方面：一是在发电厂或变电站处的相量测量单元，二是以光纤或微波为通信通道的通信系统，三是位于调度控制中心的集中控制系统。时滞主要出现在电力系统的信号量测与传输环节，由于海上风电场相距甚远，往往处在大电网的远端，远离负荷中心；风电机组之间形成的通信网络也相对比较复杂，WAMS 的引入也在反馈、传输过程中产生时滞。根据各个机组之间的相对距离，通信时延可能达到几十毫秒和数百毫秒不等，这些时滞会对控制系统的稳定性和性能产生不利的影响，使得原设计的控制策略失效，甚至整个系统失稳[7,8]。时滞系统的稳定性理论与控制方法一直是控制领域的研究热点，如何达到对时滞系统良好的控制性能也是控制领域的一个难点。

10.3.2　Casimir 函数方法设计

广义 Hamilton 系统作为非线性研究的重要领域，是用广义 piosson 括号定义的，Casimir 函数就是 Piosson 流形结构特殊性质之一。Casimir 函数与 Hamilton 系统关系密切，Casimir 函数在 Hamilton 系统中主要有两大重要作用：其一是利用 Casimir 函数作为守恒量可以有效判定 Hamilton 系统在平衡点的稳定性；其二是利用 Casimir 函数可以对有限维 Hamilton 系统进行约化，从而能够使原系统的维数降低[9]。

本节分析风电场中机组时滞情况下的控制问题，针对双馈风电机组 PCH - D 模型，引入 Casimir 函数，通过扩展互联的方法构造系统新的能量函数，将 Hamilton 函数作为扩展系统 Lyapunov 函数的候选形式，使得扩展后的风电机组系统能够在原平衡点保持稳定运行。

(1) 问题描述

风电机组与远处的电力系统相连，则测量数据不可避免地存在时滞，考虑到控制输入 u_{dr}，u_{qr} 中包含反馈的当地测量信息和广域测量信号，因此风电机组系统建模为含输入时延的 PCH - D 形式如下：

$$\begin{aligned}\dot{x} &= (\boldsymbol{J}-\boldsymbol{R})\frac{\partial \boldsymbol{H}}{\partial x}+\boldsymbol{G}(x)\boldsymbol{\mu}(t-\tau)\\ \boldsymbol{y} &= \boldsymbol{G}^{\mathrm{T}}\nabla \boldsymbol{H}\end{aligned} \tag{10-22}$$

其中 τ 为风机的输入时滞。风电机组之间距离不等，每台机组的广域信号中产生的时滞不同，τ 是满足 $\tau_{\min}\leqslant\tau\leqslant\tau_{\max}$ 的不确定常数，其中 $\tau_{\min}$ 为风电机群网络中最小时延，$\tau_{\max}$ 为风电机群网络中最大时延。

(2) Casimir 函数设计

风电机组用 PCH - D 系统来描述，其 Hamilton 能量函数可作为 Lyapunov 函数的候选函数。为使风电机组闭环系统在输入时延下具有稳定的性能，需通过互联来形成新的能量函数。设计互联的源系统如下：

$$\begin{cases}\boldsymbol{\xi}=(\boldsymbol{J}_1(\boldsymbol{\xi})-\boldsymbol{R}_1(\boldsymbol{\xi}))\nabla \boldsymbol{H}_1(\boldsymbol{\xi})+\boldsymbol{G}_1(\boldsymbol{\xi})\boldsymbol{\mu}_1(t-\tau)\\ \boldsymbol{y}_1=\boldsymbol{G}_1^T(\boldsymbol{\xi})\nabla \boldsymbol{H}_1(\boldsymbol{\xi})\end{cases} \tag{10-23}$$

其中，$\xi\in \boldsymbol{R}^{n_1}$，$y_1\in \boldsymbol{R}^{m}$，$\boldsymbol{\mu}_1(t-\tau)\in \boldsymbol{R}^{m}$，$H_1(\xi)$ 为用于动态控制扩展的 Hamilton 函数。

设计反馈互联控制器[10]为

$$\begin{cases}\boldsymbol{\mu}(t-\tau)=-(t-\tau)\boldsymbol{y}_1\\ \boldsymbol{u}_1(t-\tau)=(t-\tau)\boldsymbol{y}\end{cases} \tag{10-24}$$

系统通过互联，扩展为

$$\begin{bmatrix}\dot{x}\\ \dot{\xi}\end{bmatrix}=\begin{bmatrix}\boldsymbol{J}(t)-\boldsymbol{R}(t) & -\boldsymbol{G}(x)(t-\tau)\boldsymbol{G}_1^T(\xi)\\ \boldsymbol{G}_1(\xi)(t-\tau)\boldsymbol{G}^T(x) & \boldsymbol{J}(\xi)-\boldsymbol{R}(\xi)\end{bmatrix}\cdot\begin{bmatrix}\nabla \boldsymbol{H}(\boldsymbol{x})\\ \nabla \boldsymbol{H}_1(\boldsymbol{\xi})\end{bmatrix} \tag{10-25}$$

能否使用 Casimir 函数的方法来解决系统的时滞问题，首先需要判断互联后扩展系统的 Casimir 函数是否存在，下面给出系统 Casimir 函数存在的条件。

定义 10.2：函数 $\xi_i-c_i(x,t-\tau)$，$i=1,2,\cdots,n_1$，其为系统(10 - 25)的 Casimir 函数，满足：

$$\begin{cases}(\nabla C(x,t-\tau))^T\boldsymbol{J}\nabla C(x,t-\tau)=J_1\\ R\nabla C(x,t-\tau)=R_1=0\\ (\nabla C(x,t-\tau))^T J=G_1(t-\tau)G^T\end{cases}\tag{10-26}$$

其中 $C(x,t-\tau)=(c_1(x,t-\tau),c_2(x,t-\tau),\cdots,c_{n_i}(x,t-\tau))$，同时不变流形定义为

$$B=\{(x,\xi)\mid \xi_i=c_{n_i}(x,t-\tau)+d_i,i=1,2,\cdots,n_i\}\tag{10-27}$$

其中 $d_1,d_2,\cdots,d_n$ 为常数。

基于上述定义，为使风电机组系统在含有输入时滞情况下仍能够保持稳定运行，现基于 Casimir 函数方法设计风电机组单机控制策略，得到定理 10.3：

定理 10.3：考虑海上风电场中含输入时滞的双馈风电机组(10－22)，设计反馈控制器为

$$\boldsymbol{\mu}(t-\tau)=-(t-\tau)\boldsymbol{G}_1^{\mathrm{T}}\nabla\boldsymbol{H}_1(\xi_i,t)\Big|_{\xi_i=c_i(x,t-\tau)+d_i}\tag{10-28}$$

在满足定义 10.2 的情况下，使得单机闭环系统在输入时滞条件下保持稳定运行。

证明：对于含输入时滞的风电机组 PCH－D 模型(10－22)，将控制器：

$$\mu(t-\tau)=-(t-\tau)\boldsymbol{G}_1^{T}\nabla\boldsymbol{H}_1(\xi_i,t)\Big|_{\xi_i=c_i(x,t-\tau)+d_i}$$

代入互联后的扩展闭环系统(10－25)中，可得：

$$\begin{aligned}\dot{x}&=(\boldsymbol{J}(x,t)-\boldsymbol{R}(x,t))\nabla H(x,t)-\boldsymbol{G}(x,t)(t-\tau)\boldsymbol{G}_1^{\mathrm{T}}\nabla H_1(\xi,t)\\&=(\boldsymbol{J}(x,t)-\boldsymbol{R}(x,t))\nabla H(x,t)+(\boldsymbol{J}(x,t)-\boldsymbol{R}(x,t)))(t-\tau)\boldsymbol{D}(x)\nabla H_1(\xi,t)\\&=(\boldsymbol{J}(x,t)-\boldsymbol{R}(x,t))\nabla H(x,t)+(\boldsymbol{J}_i(x,t)-\boldsymbol{R}_i(x,t))\nabla\boldsymbol{C}_i(x,t-\tau)\nabla H_{1i}(\xi,t)\\&=(\boldsymbol{J}_i(x,t)-\boldsymbol{R}_i(x,t))\nabla H_i(x,t)+(\boldsymbol{J}_i(x,t)-\boldsymbol{R}_i(x,t))\nabla H_{1i}(x,t,t-\tau_i)\\&=(\boldsymbol{J}_i(x,t)-\boldsymbol{R}_i(x,t))\nabla H_{ai}(x,t,t-\tau_i)\end{aligned}$$

其中 $\boldsymbol{H}_a(x,t,t-\tau)=H(x,t)+H_1(x,t,t-\tau)$

引入 Casimir 函数，表示为：

$$\boldsymbol{H}_1(x,t,t-\tau)=\boldsymbol{H}_1(c_1(x,t-\tau)+d_1,\cdots,c_n(x,t-\tau)+d_n,t)$$

取互联系统中：

$$\begin{cases}\boldsymbol{H}_1(\xi,t)=\xi\\ \boldsymbol{C}(x_1,x_2,x_3,t-\tau)=\dfrac{1}{2}\tau x_1^2\\ \boldsymbol{G}_1(x,t)=\begin{bmatrix}\dfrac{ax_1\tau}{e(t-\tau)}&-\dfrac{bx_1\tau}{e(t-\tau)}\end{bmatrix}\end{cases}$$

则有：

$$\nabla H_1(\xi,t)=1,\nabla\boldsymbol{C}(x_1,x_2,x_3,t-\tau)=\begin{bmatrix}\tau x_1\\0\\0\end{bmatrix}$$

其满足 Casimir 函数存在的充分必要条件(10－26),进一步说明扩展系统的 Casimir 函数 $\xi_i - c_i(x, t-\tau)$ 存在,可取 $\xi = C(x, t-\tau)$,则有

$$
\begin{aligned}
H_a(x,t,t-\tau) &= H(x,t) + H_1(x,t,t-\tau) \\
&= \frac{x_1^2}{2} + \frac{1}{2}\left(x_2 + \frac{P_{\mathrm{m}}}{2i_{qs}}\right)^2 + \frac{1}{2}\left(x_3 + \frac{P_{\mathrm{m}}}{2i_{ds}}\right)^2 + \xi \\
&= \frac{x_1^2}{2} + \frac{1}{2}\left(x_2 + \frac{P_{\mathrm{m}}}{2i_{qs}}\right) + \frac{1}{2}\left(x_3 + \frac{P_{\mathrm{m}}}{2i_{ds}}\right)^2 + \frac{1}{2}\tau x_1^2 \geqslant 0
\end{aligned}
$$

可知扩展后单机系统 Hamilton 能量函数的平衡点与不含输入时滞的平衡点相同,系统能够被抑制在不变流形 B (10－27)上,同时将其作为系统的 Lyapunov 函数,使得输入时滞系统(10－22)在源系统(10－23)作用下能够保持全局稳定。证明完毕。

当单个风电机组输入含有时滞的影响下,可以通过 Casimir 函数方法,结合风电机组的 PCH－D 模型进行扩展互联,设计输出反馈控制器,使得时滞条件下的风电机组依旧能够保持有效稳定的 PCH－D 形式,消除了输入时滞对系统的影响,保持系统的稳定运行。

10.3.3 双馈风电机群的时滞控制策略

海上风电场中含有多台风电机组,它们通过通信线路相互连接,并向电网提供电能。海上环境复杂多变,风电机组之间距离远近不一,每台风机的广域信号存在的时滞受距离和环境的影响,在一定范围内随机变化。针对整个风电机群中机组普遍存在输入时滞的情况,本节将上节提出的单机输入时滞控制器拓展至风电机群的控制,在网络化的风电机群系统中,设计分布式控制策略,解决整个风电机群存在不同随机输入时滞时的控制问题,使得整个风电场能够保持全局稳定和有功功率的稳定输出,提高运行可靠性。设计时滞控制器的定理如下。

定理 10.4:考虑含有 N 台机组的海上风力发电机群,在满足假设 9.1 的条件下,风电机群系统输入中含有随机时滞,设计风电机群的输入时滞控制策略为

$$
\begin{aligned}
\boldsymbol{\mu}_i = -(t-\tau_i)\boldsymbol{G}_{1i}^{\mathrm{T}} \nabla \boldsymbol{H}_{1i}(\xi, t)\Big|_{\xi_i = c_i(x, t-\tau_i)+d_i} - \\
\sum_{j=1}^{N} a_{ij}(y_i - y_j),\ \forall i, j = 1, 2, \cdots, N
\end{aligned} \tag{10-29}
$$

其中,$\tau_{\min} \leqslant \tau_i \leqslant \tau_{\max}$,$a_{ij} = 1$。在该控制策略作用下,风电机群中各机组能够在存在输入时滞时输出收敛,并保持输出有功功率同步,整个闭环系统全局稳定。

证明:设 $\boldsymbol{\mu}_i = \boldsymbol{\mu}_{i1} + \boldsymbol{\mu}_{i2}$,可将其分为两部分:

$$
\begin{cases}
\boldsymbol{\mu}_{i1} = -(t-\tau_i)\boldsymbol{G}_{1i}^{\mathrm{T}} \nabla \boldsymbol{H}_{1i}(\xi, t)\Big|_{\xi_i = c_i(x, t-\tau_i)+d_i} \\
\boldsymbol{\mu}_{i2} = -\sum_{j=1}^{N} a_{ij}(\boldsymbol{y}_i - \boldsymbol{y}_j)
\end{cases}
$$

其中，$\boldsymbol{\mu}_{i1}$ 的作用是在机组输入含有时滞的情况下，保持机组为 PCH－D 稳定结构；μ_{i2} 的作用是调节多台机组网络化的输出，实现多台机组在该分布式控制网络结构中能够同步输出，从而实现整个风电场的稳定运行。

将风电场中的每台机组通过反馈互联控制器 μ_{i1} 与源系统互联得到扩展 PCH－D 系统

$$\begin{bmatrix}\dot{\boldsymbol{x}}\\ \dot{\boldsymbol{\xi}}\end{bmatrix}=\begin{bmatrix}\boldsymbol{J}(t)-\boldsymbol{R}(t) & -\boldsymbol{G}(x)(t-\tau)\boldsymbol{G}_1^T(\xi)\\ \boldsymbol{G}_1(\xi)(t-\tau)\boldsymbol{G}^T(x) & \boldsymbol{J}(\xi)-\boldsymbol{R}(\xi)\end{bmatrix}\begin{bmatrix}\nabla \boldsymbol{H}(\boldsymbol{x})\\ \nabla \boldsymbol{H}_1(\boldsymbol{\xi})\end{bmatrix}$$

再将控制策略 μ_i 代入风电机群的输入时滞 PCH－D 模型(10－22)中，可得：

$$\begin{aligned}\dot{\boldsymbol{x}}&=(\boldsymbol{J}_i-\boldsymbol{R}_i)\frac{\partial \boldsymbol{H}_i}{\partial x_i}-\boldsymbol{g}_i(x_i)(t-\tau_i)\boldsymbol{G}_{1i}^{\mathrm{T}}\nabla \boldsymbol{H}_{1i}(\xi,t)\Big|_{\xi_i=c_i(x,t-\tau_i)+d_i}-\\&\quad \boldsymbol{g}_i(x_i)\sum_{j=1}^{N}a_{ij}(\boldsymbol{y}_i-\boldsymbol{y}_j)\\&=(\boldsymbol{J}_i-\boldsymbol{R}_i)\frac{\partial \boldsymbol{H}_{ai}}{\partial x_i}-\boldsymbol{g}_i(x_i)\sum_{j=1}^{N}a_{ij}(\boldsymbol{y}_i-\boldsymbol{y}_j)\end{aligned}$$

其中，$\boldsymbol{H}_{ai}(x_i,t,t-\tau_i)=\boldsymbol{H}_i(x_i,t)+\boldsymbol{H}_{1i}(x_i,t,t-\tau_i)$，Casimir 函数表示为：

$$\boldsymbol{H}_{1i}(x_i,t,t-\tau_i)=\boldsymbol{H}_{1i}(c_1(x,t-\tau_i)+d_1,\cdots,c_{n_i}(x,t-\tau_i)+d_{ni},t)$$

取整个系统的 Lyapunov 函数为

$$V=2\sum_{i=1}^{N}\boldsymbol{H}_{ai}(x_i)$$

对 Lyapunov 函数求导，并将控制策略 μ_{i2} 代入，可得

$$\begin{aligned}\dot{V}&=2\sum_{i=1}^{N}\nabla^{\mathrm{T}}H_{ai}(x_i)\dot{x}_i\\&=2\sum_{i=1}^{N}\nabla^{\mathrm{T}}H_{ai}(x_i)(J_i-R_i)\nabla H_a+2\sum_{i=1}^{N}\nabla^{\mathrm{T}}H_{ai}(x_i)G_i\mu_{i2}\\&=2\sum_{i=1}^{N}\nabla^{\mathrm{T}}H_{ai}(x_i)(J_i-R_i)\nabla H_a-2\sum_{i=1}^{N}\nabla^{\mathrm{T}}H_{ai}(x_i)G_i\sum_{j=1}^{N}a_{ij}(y_i-y_j)\\&=2\sum_{i=1}^{N}\nabla^{\mathrm{T}}H_{ai}(x_i)(J_i-R_i)\nabla H_a-2\sum_{i=1}^{N}y_i^{\mathrm{T}}\sum_{j=1}^{N}a\,ij(y_i-y_j)\end{aligned}$$

将 $\dot{V}$ 写成向量形式

$$\dot{\boldsymbol{V}}=-2\nabla^{\mathrm{T}}\boldsymbol{H}_a(x)\boldsymbol{R}\nabla H_a(x)-2\boldsymbol{y}^{\mathrm{T}}(\boldsymbol{L}_N\otimes\boldsymbol{I}_3)y\leqslant 0$$

其中 $\boldsymbol{L}_N$ 是 N 个机组系统的 Laplacian 矩阵，输出 $\boldsymbol{y}=[y_1,y_2,\cdots,y_N]^T$。

当系统保持稳定运行时，风力机输出的有功功率等于其输入的机械功率。综上可知，利用 Casimir 函数方法设计相应的分布式控制策略，能够确保风电机组在一定范围的输入时滞下可以相互协调，整个闭环网络系统保持着稳定运行的工作状态。证明完毕。

当海上风电机群输入存在时滞时，通过引入 Casimir 函数，并互联反馈控制器保持系

统在输入时滞下的稳定 PCH－D 结构，使得单机稳定运行；当海上风电机群中的机组都存在一定的输入时滞，对各机组进行网络化分布式控制，使得各机组在输入时滞下相互协调，不仅消除了时滞对风电机组的影响，而且保证了整个风电场的稳定运行，显著提高了风电场的稳定性和可靠性。

10.3.4 仿真验证

本节仿真具体包括两个部分，第一部分为有时滞控制的双馈风电机组仿真；第二部分为有时滞控制的双馈风电机群仿真。

(1) 含输入时滞的双馈风电单机组时滞控制仿真

考虑双馈风力发电机群中一台风电单机的 PCH－D 模型，因其与其他机组以及远处电力系统相连，控制输入中反馈当地的测量信息和广域测量信号，则其不可避免地存在时滞τ，此处τ为$\tau_{\min}\leqslant\tau\leqslant\tau_{\max}$的一个常数，为方便分析，这里主要考虑距离对$\tau$值大小的影响。按风电机组相距最长距离和最短距离取$\tau_{\min}=0.03\ \text{s}$，$\tau_{\max}=0.5\ \text{s}$。互联系统中浸入系统满足 Casimir 函数存在的条件，将$\boldsymbol{G}_1(x,t)$代入设计的控制器，可得

$$\boldsymbol{\mu}(x,t-\tau)=-(t-\tau)\boldsymbol{G}_1^{\mathrm{T}}\nabla H_1(\xi,t)\Big|_{\xi_i=c_i(x,t-\tau)+d_i}=\begin{bmatrix}-\dfrac{a\tau x_1}{e}\\\dfrac{b\tau x_1}{e}\end{bmatrix}\qquad(10-30)$$

图 10－11 是双馈风电机组单机系统输入含有时延的输出响应和有功功率仿真结果图，图 10－12 是时滞系统加入 Casimir 函数控制后的输出响应曲线和有功功率输出曲线。从图 10－11 可知，单机系统的输出响应和有功功率输出均不稳定，呈现出大幅振荡波动形式，因此风电机组输入端受到时滞τ时，机组的稳定性受时滞影响而破坏，使得系统不能稳定运行。由图 10－12 可知，单机的输出响应和有功功率曲线在大约 20 s 前曲线波动幅度呈现递减趋势，20 s 后幅度大幅减小，25 s 后输出收敛至 0，有功功率输出收敛至 10 kW，整个系统达到稳定运行的工作状态。可以看出，单机系统因输入含有时延τ而趋于不稳定运行状态，通过 Casimir 函数方法可以有效地解决输入时滞问题，保持单机系统的全局稳定。

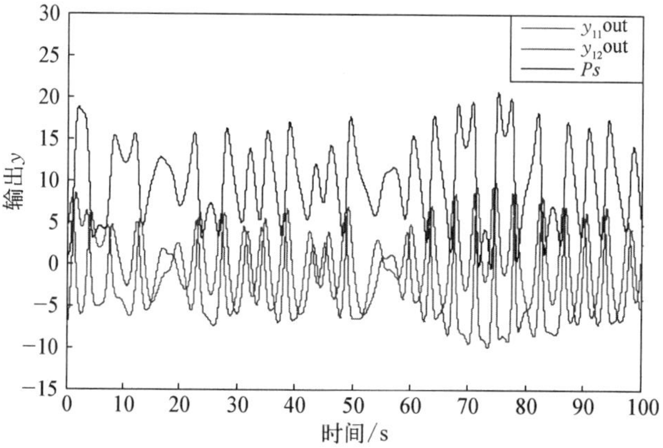

图 10－11 单机时滞输出响应

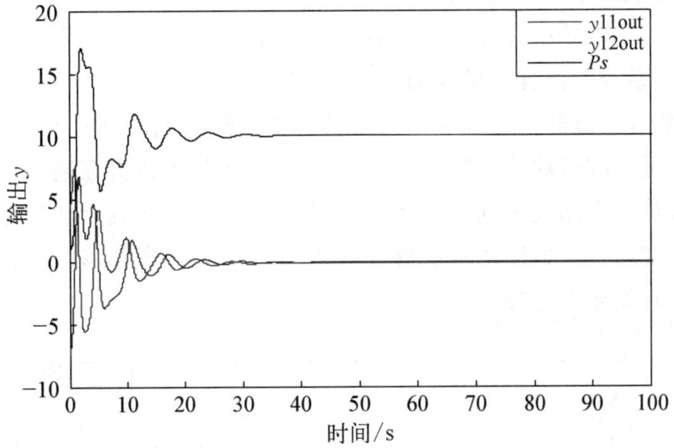

图 10－12　单机时滞控制后输出响应

(2) 含输入时滞的双馈风电机群分布式控制仿真

对于由 6 台双馈风力发电机组组成的风电机群，各机组形成的网络结构满足分布式协同控制应用的条件，即双馈风电机群系统的网络拓扑结构图是一个含有有向生成树的连通图，其网络拓扑如图 10－13 所示：

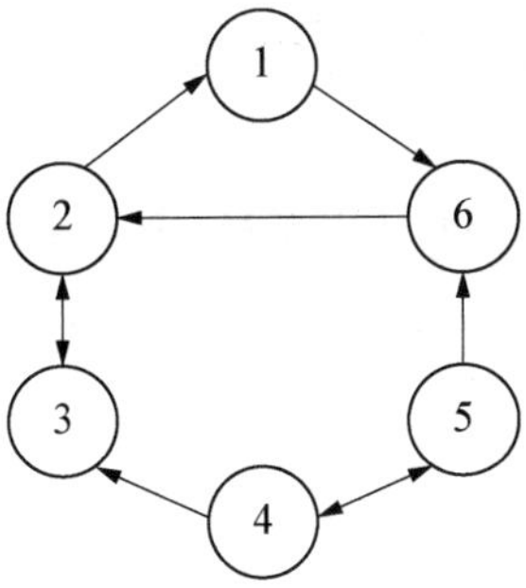

图 10－13　海上风电机群网络拓扑图

各机组之间通过通信网络连接，在运行过程中相互交换参数和状态等信息。为保持整个风电场的稳定输出，设计分布式协同控制策略，使得各机组之间实现相互协调，达到输出收敛一致的稳定效果，对 6 台机组设计分布式控制策略为

$$\begin{cases}\boldsymbol{\mu}_1=\boldsymbol{y}_2-\boldsymbol{y}_1\\ \boldsymbol{\mu}_2=\boldsymbol{y}_6+\boldsymbol{y}_3-2\boldsymbol{y}_2\\ \boldsymbol{\mu}_3=\boldsymbol{y}_2+\boldsymbol{y}_4-2\boldsymbol{y}_3\\ \boldsymbol{\mu}_4=\boldsymbol{y}_5-\boldsymbol{y}_4\\ \boldsymbol{\mu}_5=\boldsymbol{y}_4-\boldsymbol{y}_5\\ \boldsymbol{\mu}_6=\boldsymbol{y}_5+\boldsymbol{y}_1-2\boldsymbol{y}_6\end{cases} \tag{10-31}$$

1）存在输入时滞时无控制的情况

各机组在海上风电场中存在一定时滞 τ，且不同风机的输入时滞 $\tau_{\min} \leqslant \tau_i \leqslant \tau_{\max}$ 随机不同，风电机群系统的仿真结果如图 10－14 和 10－15。

图 10－14 是风电机群在含有输入时滞情况下的输出响应，图 10－15 是风电机群在含有输入时滞情况下的有功功率输出。由图可知，整个风电机群在输入时滞的影响下，各个机组输出和有功功率曲线都处于振荡的状态，整个机群系统处于非稳定状态，严重影响了风力发电的正常运行。为使系统能够在输入时滞下全局稳定，对含输入时滞的时滞系统设计相应的控制策略十分必要。

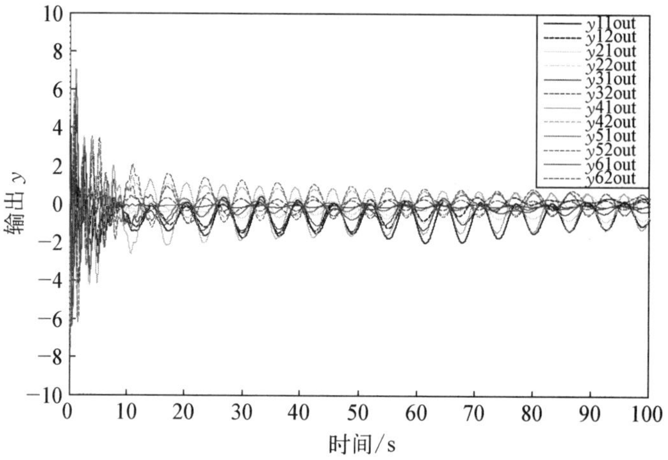

图 10－14　风电机群时滞下输出响应

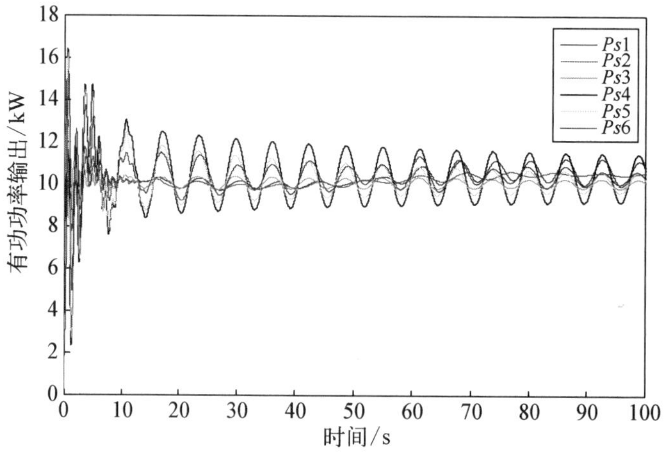

图 10－15　风电机群时滞下有功功率输出

2）存在输入时滞时有控制情况

对于含有时滞的双馈风电机群的控制，是利用 Casimir 函数方法，对风电机群内部每台机组进行互联控制，再经过机组之间的分布式协同控制策略对风电机群加以控制。设计 6 台含时滞机组的分布式控制策略为：

$$\begin{cases}\boldsymbol{\mu}_1=\boldsymbol{\mu}_{11}+\boldsymbol{y}_2-\boldsymbol{y}_1\\ \boldsymbol{\mu}_2=\boldsymbol{\mu}_{21}+\boldsymbol{y}_6+\boldsymbol{y}_3-2\boldsymbol{y}_2\\ \boldsymbol{\mu}_3=\boldsymbol{\mu}_{31}+\boldsymbol{y}_2+\boldsymbol{y}_4-2\boldsymbol{y}_3\\ \boldsymbol{\mu}_4=\boldsymbol{\mu}_{41}+\boldsymbol{y}_5-\boldsymbol{y}_4\\ \boldsymbol{\mu}_5=\boldsymbol{\mu}_{51}+\boldsymbol{y}_4-\boldsymbol{y}_5\\ \boldsymbol{\mu}_6=\boldsymbol{\mu}_{61}+\boldsymbol{y}_5+\boldsymbol{y}_1-2\boldsymbol{y}_6\end{cases} \tag{10-32}$$

对含输入时滞的双馈风电机群加入时滞控制后，得到相同的输出响应曲线和有功功率输出曲线仿真图如图 10 - 16 和 10 - 17 所示。从各机组的曲线上看，机组的输出曲线和有功功率输出曲线振幅随着调节时间减小，在大约 10 s 后，输出曲线和有功功率曲线波动幅度减小；在约 15 s 后，6 台机组的输出曲线同步收敛至 0，有功功率曲线收敛至 10 kW，各机组在经过 15 s 调节时间后，达到了输出同步且稳定的运行状态。因此，当风电

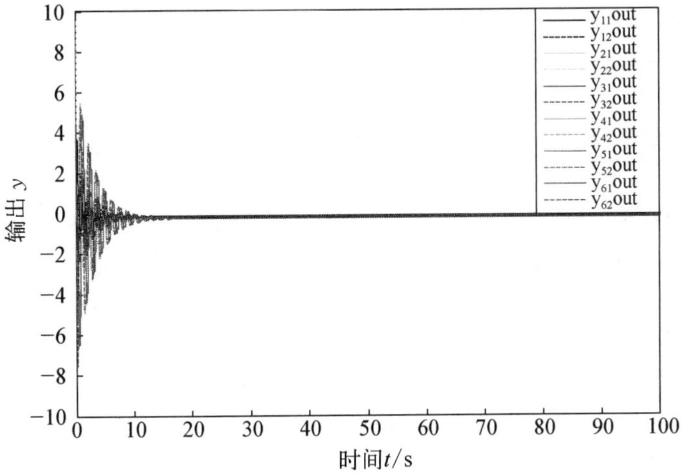

图 10 - 16　风电机组群输入时滞控制下输出响应

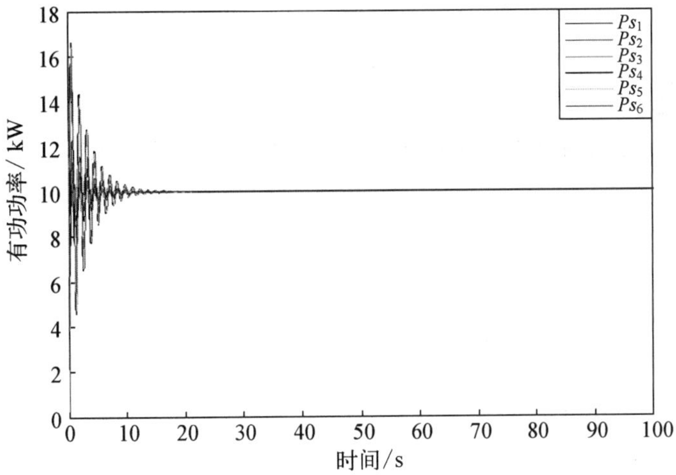

图 10 - 17　风电机组输入时滞控制下有功功率输出

机群输入含有一定时延影响风机正常运行时，通过引入 Casimir 函数方法设计分布式协同控制策略，系统能够有效地保持稳定且输出同步，证明了基于输入时滞的分布式协同控制策略的有效性。

通过以上仿真实现和分析可知，面对海上复杂恶劣的环境，双馈发电机组受非谐波扰动情况，利用内模控制原理，设计分布式内模控制器对双馈风电机群进行扰动抑制控制，能保持系统稳定运行；对于双馈发电机受输入时滞的影响，利用 Casimir 函数方法，设计时滞控制器，使得风电机组在时滞情况下，保持系统稳定。因此，本章针对扰动和时滞，分别设计两种对应的控制策略，提高发电机的可靠性和抗干扰性，为海上发电机组控制的发展提供了新的设计思路。

参考文献

[1] 贺益康，徐海亮.双馈风电机组电网适应性问题及其谐振控制解决方案[J].中国电机工程学报，2014，34(29)：5188-5203.

[2] LIN Z Z, XIA T, YE Y Z, et al. Application of wide area measurement systems to islanding detection of bulk power systems[J]. IEEE Transactions on Power Systems, 2013, 28(02): 2006-2015.

[3] 邹园.风力发电系统谐波检测及抑制方法的研究[D].保定：华北电力大学，2012.

[4] 唐桢，王冰，刘维扬，等.基于内模原理的海上风电机群干扰抑制研究[J].电力自动化设备，2020，40(03)：93-99.

[5] XI Z R, DING Z T. Global decentralised output regulation for a class of large-scale nonlinear systems with nonlinear exosystem[J]. IET Control Theory and Applications, 2007, 1(05): 1504-1511.

[6] 匡继昌.常用不等式[M].济南：山东科学技术出版社，2010.

[7] AMIR G, HASSAN M, ASHKAN R K, et al. Optimal design of a Wide Area Measurement System for improvement of power network monitoring using a dynamic multiobjective shortest path algorithm[J]. IEEE Systems Journal, 2017, 11(04): 2303-2314.

[8] SSTTINGER W , GIANNUZZI G. Monitoring Continental Europe: An Overview of WAM Systems Used in Italy and Switzerland[J]. IEEE Power and Energy Magazine, 2015, 13(05): 41-48.

[9] 杨鑫松，芮伟国.Casimir 函数在广义哈密顿控制系统中的应用[J].吉首大学学报(自然科学版)，2007(06)：22-29.

[10] 唐桢，王冰，刘维扬，等.输入时滞的海上风电机群分布式控制[J].控制理论与应用，2020，37(12)：2581-2590.